普通高等教育电气信息类系列教材

电机与拖动基础及MATLAB仿真

陈亚爱　周京华　编著

李正熙　主审

机械工业出版社

本书系统论述了电机与拖动基础方面的基本理论和实验技术。主要内容包括变压器、交流电机、直流电机、微控电机等的基本结构、工作原理、不同运行状态下的电磁物理过程和能量关系、电力拖动基础知识，以及电机与拖动系统的 MATLAB 仿真技术。本书内容丰富、新颖，每章均有与生产实际结合密切的典型实例或实际工程应用的设计方法，章后附有思考题与习题，在绪论、变压器、交直流电机与拖动这几章中均有相应的 MATLAB 仿真实例。本书在附录中还给出了部分变压器、交直流电动机等主要技术数据，供工程技术人员选择时参考。

本书可作为高等院校自动化、电气工程及其自动化、机械电子、机械制造及其自动化等相关专业的本科生、专科生以及成人教育学生的教材，对书中内容作适当取舍，也可作为学时较少的“电机学”课程的教材。书中注有“*”的内容，可根据各校的教学要求及学时数而取舍，同时本书也可供相关专业的研究生和工程技术人员参考。

本书配有免费电子课件，欢迎选用本书作教材的老师登录 www.cmpedu.com 注册下载。

图书在版编目（CIP）数据

电机与拖动基础及 MATLAB 仿真/陈亚爱，周京华编著. —北京：机械工业出版社，2011.5（2024.6 重印）
普通高等教育电气信息类系列教材
ISBN 978-7-111-34125-3

Ⅰ.①电… Ⅱ.①陈…②周… Ⅲ.①电机-高等学校-教材②电力传动-高等学校-教材③电机-计算机仿真-计算机辅助计算-软件包，MATLAB-高等学校-教材④电力传动-计算机仿真-计算机辅助计算-软件包，MATLAB-高等学校-教材 Ⅳ.①TM3②TM921

中国版本图书馆 CIP 数据核字（2011）第 063606 号

机械工业出版社（北京市百万庄大街 22 号 邮政编码 100037）
策划编辑：于苏华 责任编辑：于苏华 张利萍 版式设计：霍永明
责任校对：陈延翔 封面设计：张 静 责任印制：郜 敏
北京中科印刷有限公司印刷
2024 年 6 月第 1 版第 9 次印刷
184mm×260mm · 18.75 印张 · 460 千字
标准书号：ISBN 978-7-111-34125-3
定价：49.80 元

电话服务	网络服务
客服电话：010-88361066	机 工 官 网：www.cmpbook.com
010-88379833	机 工 官 博：weibo.com/cmp1952
010-68326294	金 书 网：www.golden-book.com
封底无防伪标均为盗版	机工教育服务网：www.cmpedu.com

前　言

“电机与拖动基础”是电类、自动化类专业的重要专业基础课之一，一般各高校自动化类专业培养计划中均将该课程列为必修课，该课程在整个专业培养计划的课程体系中起承上启下的作用。本课程的教学目的是使学生掌握常用的交、直流电机及变压器的基本结构、工作原理、运行性能等知识，为后续专业基础课和专业课的学习准备必要的基础知识，提高学生分析、解决实际问题的能力，也为从事自动化工程技术工作和科学研究奠定初步基础。

一方面，在各高校教学改革普遍压缩学时、加大课堂教学信息量、提高教学质量的形势下，要求教师在教学过程中不仅要对课程内容进行重新整合，还应在教学手段或方法上下工夫，将先进的多媒体技术应用于教学中，提高教学质量。另一方面，电机运行时电、磁、力、热等物理定律同时起作用，互相制约，同时又由于电力拖动系统中的动力用电机包括变压器、交流异步电动机、同步电动机、直流电动机等，种类繁多，各具特性，学生学习时有一定的难度，该课程历来是学生们公认难学的几门课之一。而 MATLAB 仿真工具自问世以来，凭借其强大的数值计算能力，迅速成为各个学科和工程技术领域主要的计算机仿真平台，它能有效应用于电机与拖动系统等工程技术问题的仿真，并已成为当今工科院校本科毕业生必须掌握的仿真工具。合理使用计算机仿真工具解决电机与拖动系统中的复杂问题，能大大简化学习过程中的数学推导和演算，集中精力于基本概念和分析问题的方法，将有效缓解学生对电机学课程学习的畏难情绪，激发学生们的学习热情和兴趣。为了提高教学质量，顺应教学改革，提高学生的学习兴趣，将计算机技术和软件技术应用于这一经典的传统课程中，有其重要的现实意义。

本书不仅结合电气、自动化专业的特点，以电力拖动系统中应用最广泛的电机和电力拖动为重点，从使用的角度介绍交、直流电机、变压器、控制电机等设备的基本工作原理、基本结构、主要工作特性以及电力拖动系统的运行特性等，同时结合 MATLAB 仿真技术在电力拖动系统应用的特点，将 MATLAB 软件对磁路计算的仿真，对变压器特性、异步电动机和同步电动机及直流电动机进行特性仿真等内容编入各相关章节中，为该课程的学习提供新思路和新方法，同时适量增加电机与电力拖动领域的最新技术成果内容，以适应“十二五”时期电气、自动化专业的教学要求。书中打“*”部分可根据实际情况选学。

本书绪论、第 1、2、3、4、5、7 章由陈亚爱编写，第 6 章由周京华编写，全书由李正熙教授主审。

在本书构思过程中，得到了北方工业大学机电工程学院、机械工业出版社的大力支持和帮助；在成书过程中，北方工业大学研究生薛颖、罗琼、金雍奥等同志付出了辛勤的劳动；本书的编写及出版受到了 2009 年北京市电气工程优秀教学团队、2009 年北京市科技新星计划（2009B01）、北京市属市管高等学校人才强教计划（PHR201008188）的资助，在此表示衷心的感谢。

在本书的编写过程中，参考了大量文献资料，已在书后的参考文献中列出，在此谨对所有参考文献的作者致以衷心的感谢。

由于编者水平有限，加之时间仓促，书中一定有不少疏漏和不妥之处，敬请前辈、同仁们以及广大读者原谅并不吝指正。

编　者

目　录

绪　论

0.1　电机的分类和应用

1. 分类

电机是以电磁感应为基础的机电能量转换或信号转换的机械装置。电机的种类繁多，按不同的功能可分成动力设备用和控制元件用两大类，其中动力设备用又分旋转电机和变压器两类，如图 0-1 所示。

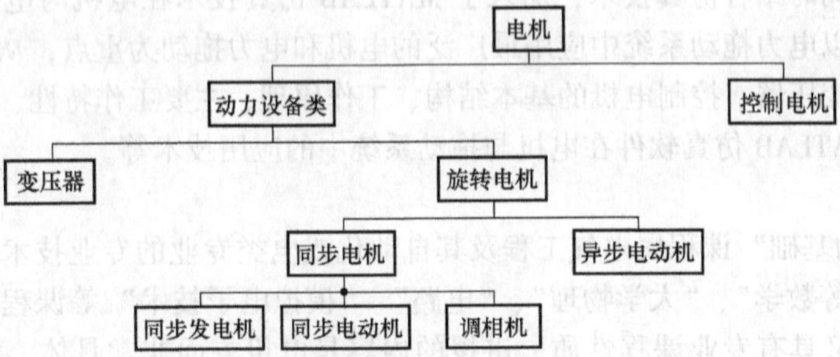

图 0-1　电机分类示意图

2. 应用

作为动力设备的旋转电机其主要任务是能量转换，主要解决如何提高能量转换的效率这一问题；控制电机的主要任务是完成控制信号的传递和转换，主要解决如何提高可靠性和精度等问题，而能量转换是次要的。因此，控制电机应具有高可靠性、高精度和快速响应等性能，并被广泛应用于各种自动控制系统中。

电能具有易于转换、传输、分配和控制的特点，因此已成为现代能源的主要形式，支撑着产业与生活。因此，与电能密切相关的电机广泛应用于社会生产各个部门和社会生活各个方面。电机和电力拖动在国民经济中有着广泛的应用，起着重要的作用。

电能生产——由同步发电机生产；

高压输电——由升压变压器将发电机发出的电压升高到输电电压再输送；

降压用电——由降压变压器将输来的高电压降为所需低电压，供给用电设备；

生产机械的拖动——由各种电动机或电力拖动系统实现；

控制系统中的信号转换——由各种控制电机完成。

0.2　我国电机工业概况[1]

我国电机工业体系是从新中国成立后建立的。建国后，电机制造工业得到迅猛发展，从初期的仿制到自行设计再到研发创新，经过 60 多年的发展，已建立了全国性的研究实验基地，培养了一大批从事研究、制造电机的专家和工程技术人员，有了统一的国家标准和系列产品。

在大型发电设备制造方面，已研制出600MW 的水氢氢冷汽轮发电机、300WM 的双水内冷和全氢冷汽轮发电机、650MW 的核电机组、700MW 的水轮发电机，电力变压器的最大容量已达到840MVA、电压最高为750kV。在大型交直流电机制造方面，已研制出 2×5000kW 的直流电动机、4700kW 的直流发电机、42MW 的同步电动机。在中、小、微型电机制造方面，已独立自主开发研制成100 多个系列，上千个品种。各种类型的电机基本上满足了生产和生活的需要。

0.3 本教材内容、课程性质、教学任务及学习方法

1. 教材内容

《电机与拖动基础及 MATLAB 仿真》教材，把“电机学”和“电力拖动基础”两门课内容整合为一，同时结合仿真技术，加入了 MATLAB 仿真技术在电机与电力拖动系统应用的实例。本教材以电力拖动系统中应用最广泛的电机和电力拖动为重点，从使用的角度介绍交、直流电机、变压器、控制电机的基本结构、工作原理、主要工作特性、电力拖动系统的运行特性以及 MATLAB 仿真软件在电机与拖动系统中的应用技术等。

2. 课程性质

“电机与拖动基础”课程属电气工程及其自动化或电类专业的专业技术基础课，学习过程中需用到“高等数学”、“大学物理”、“电路”、“模拟电子技术”等课程的知识。本课程虽是基础课，但又具有专业课程性质，讲授的内容是电机方面非常具体、实际的问题。因此，该课程具有内容涉及面广、理论性强、实践性强及综合性强等特点。

3. 教学任务

通过课程的学习，掌握常用交、直流电机及变压器的基本结构、工作原理、运行性能仿真和实验方法；了解交、直流电力拖动的基础知识，掌握异步电动机的特性分析、起制动方法和交流电机基本的调速方法；掌握他励直流电动机起制动及调速等各种运行状态的静动态特性和参数计算；熟悉常用控制电机的原理和特性，学会电动机容量的选择方法，熟悉 MATLAB 仿真软件在电机与拖动系统中的应用技术。为后续专业基础课和专业课的学习准备必要的基础知识，提高分析问题、解决问题的能力，也为从事自动化及电气工程技术工作和科学研究奠定初步基础。

4. 学习方法建议

本课程既涉及理论基础知识，又涉及工程技术问题，研究的对象——电机种类繁多，内容涉及面广，综合性强。因此，建议学习时注意以下三点：

1）在实际运行着的电机中，电、磁、力、热等物理定律同时起作用，互相制约，分析解决这种复杂问题时，往往需忽略一些次要矛盾，抓住主要矛盾加以解决，只要所得结果正确，引起的误差在允许的范围内，在工程上就是允许的，这与以前所学课程中解决问题理想化、单一化有很大区别，学习时需有足够的认识。

2）本课程的动力设备用电机包括变压器、交流异步电动机、同步电动机、直流电机等，种类繁多，各具特性，但就其内部电磁关系耦合过程和机电能量转换关系来说，仍有其内在联系。基本工作原理都是建立在电磁感应定律和电磁力定律基础上的；能量转换都是以

磁场为媒介，其电磁关系可抽象为电路参数，得出基本方程式和等效电路，这是共性方面。在学习中应将变压器、交流电机、直流电机的相似性有机地统一起来，注意课程内容的内在联系，形成学习本课程鲜明的主线，只要学好了变压器，对交流电机和直流电机的内容就比较容易掌握了。

3）理论联系实际，注重做好本课程要求的仿真和开设的相关实验，立足于学会使用各类电机。利用 MATLAB 仿真工具帮助理解课程所涉及的知识和电机的运行特性，在实验中学习解决实际问题的方法，注意培养解决工程实际问题的能力。

0.4 电机中的铁磁材料及其特性

电机是以电磁感应为基础、以磁场作为耦合媒介实现机电能量转换的装置，主要由两大系统组成：电路系统和磁路系统。铁磁材料是组成磁路的主要部分。

所谓铁磁材料是指导磁性能好的材料，包括铁、镍、钴等以及它们的合金。铁磁材料的磁导率 μ_{Fe} 要比非铁磁材料磁导率 μ 大得多（$\mu_{Fe} \gg \mu$），非铁磁材料磁导率接近真空磁导率 μ_0（$\mu_0 = 4\pi \times 10^{-7}\text{H/m}$），电机中常用铁磁材料的磁导率 $\mu_{Fe} = (2000 \sim 8000)\mu_0$[1]。铁磁材料能在外磁场中呈现很强的磁性，该现象称磁化，这是因为铁磁材料内部存在许多很小的被称为磁畴的天然磁化区，每个磁畴可看做一微型磁铁，其示意图如图 0-2 所示，磁化前，磁畴随机排列，铁磁材料对外不呈磁性，如图 0-2a 所示；磁化后，在外磁场的作用下，磁畴沿磁场方向排列整齐，铁磁材料呈现较强的磁性，如图 0-2b 所示，形成了一个附加磁场叠加在外磁场上，使合成磁场显著增强。利用这种特性，电机和变压器的铁心由磁导率较高的铁磁材料制成，以获得在一定的励磁磁动势下产生较强的磁场。

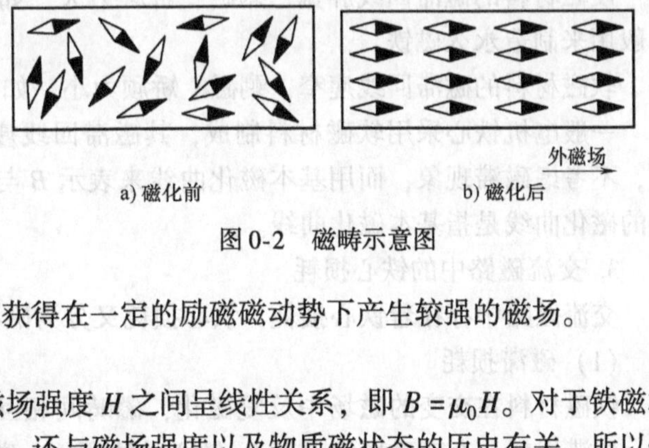

a) 磁化前　　b) 磁化后

图 0-2　磁畴示意图

1. 磁化曲线

在非铁磁材料中，磁通密度 B 和磁场强度 H 之间呈线性关系，即 $B = \mu_0 H$。对于铁磁材料，磁导率 μ_{Fe} 值除了比 μ_0 大得多以外，还与磁场强度以及物质磁状态的历史有关，所以铁磁材料的磁导率 μ_{Fe} 不是常数。在工程计算时，事先将各种铁磁材料用试验的方法，测得它们在不同磁场强度 H 下对应的磁通密度 B，绘制成 B-H 曲线，该 B-H 曲线称为磁化曲线。将未经磁化的铁磁材料进行磁化，磁场强度 H 由零增大时，磁通密度 B 随之增大，所得的 $B = f(H)$ 曲线称为起始磁化曲线，如图 0-3 所示。

由图 0-3 可见，曲线分四段，Oa 段：H 增大使得 B 增大，但 B 增大速度较慢；ab 段：B 随 H 迅速增大（呈直线段）；bc 段：B 随 H 增大的速度又较慢；cd 段：磁饱和区（又呈直线段）。其中，a 点称为跗点；拐弯点 b 称为膝点；c 点为饱和点。过了饱和点 c，铁磁材料的磁导率趋近于 μ_0。

铁磁材料具有如下特点：其磁化曲线具有饱和性，磁导率 μ_{Fe} 不是常数，且随 H 的变化而变化。

2. 磁滞回线

铁磁材料被反复磁化时，B-H 曲线不是单值，而是一条磁滞回线，如图 0-4 所示，同一个 H 值下，有两个 B 值与之对应。当 $H=0$ 时，$B\neq 0$，$B=B_r$，B_r 称为剩磁；当 $B=0$ 时，$H\neq 0$，$H=H_c$，H_c 称为矫顽力。

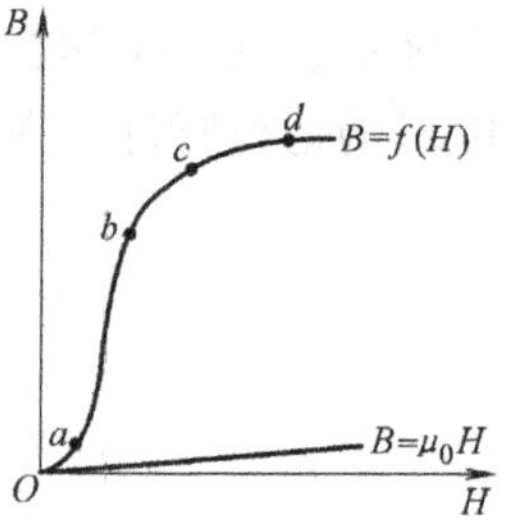

图 0-3 起始磁化曲线

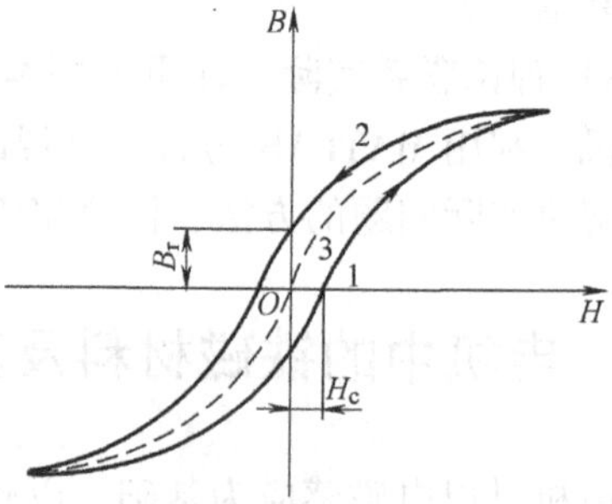

图 0-4 磁滞回线

剩磁的意义在于，当没有外部励磁时，也能在磁路中产生磁通。剩磁广泛用在扬声器和永磁电机等装置中。

不同的铁磁物质其磁滞回线宽窄是不同的，当铁磁材料的磁滞回线较窄时，可用其平均磁化曲线，即基本磁化曲线进行计算（如图 0-4 曲线 3 所示）。

根据磁滞回线形状的不同，铁磁材料可分为硬磁材料和软磁材料。

硬磁材料的磁滞回线胖宽，剩磁、矫顽力大，如钨钢、钴钢、镍铝钴合金、钕铁硼等。一般用来制造永久磁铁。

软磁材料的磁滞回线瘦窄，剩磁、矫顽力小，如硅钢片、铸钢等。

一般电机铁心采用软磁材料制成，其磁滞回线瘦窄，在进行磁路计算时，为了简化计算，不考虑磁滞现象，而用基本磁化曲线来表示 B 与 H 之间的关系，故通常所说的铁磁材料的磁化曲线是指基本磁化曲线。

3. 交流磁路中的铁心损耗

交流磁路中存在着铁心损耗，铁心损耗又分为磁滞损耗和涡流损耗。

（1）磁滞损耗

铁磁材料在交变的磁场中反复磁化，磁畴间相互摩擦，产生损耗，该损耗称为磁滞损耗。磁滞损耗与交变磁场的频率 f、铁心的体积 V、磁滞回线的面积成正比。磁滞损耗功率可用式（0-1）表示，即

$$p_h = k_h f B_m^n V \tag{0-1}$$

式中，k_h 为磁滞损耗系数，其数值大小取决于材料性质；f 为磁通交变频率；B_m^n 为磁通密度的最大值，对一般电工钢片 $n=1.6\sim2.3$。

（2）涡流损耗

铁心是导电的、有阻值的，当磁通交变时，铁心中会感应交变电动势，在导电的铁心中就会产生环流，该电流在铁心构成的回路与磁通相环链，故称涡流，涡流产生的损耗称为涡流损耗。涡流损耗功率可用式（0-2）表示，即

$$p_w = k_w f^2 B_m^2 \tag{0-2}$$

式中，k_w 为与材料有关的比例系数。

(3) 铁心损耗

铁心中的磁滞损耗和涡流损耗合称为铁心损耗，即有

$$p_{Fe} = p_h + p_w \tag{0-3}$$

0.5 常用的基本电磁定律

在学习电机与拖动课程过程中常要用到的基本电磁定律有全电流定律、磁路欧姆定律、电磁力定律、电磁感应定律、基尔霍夫电流定律和电压定律等，为便于读者使用，现简述于下。

1. 电路定律

(1) 电路欧姆定律

流过电阻 R 的电流 I 的大小与电阻两端的电压 U 成正比，与电阻 R 的大小成反比，即有

$$\begin{cases} I = \dfrac{U}{R}, \text{直流电路} \\ \dot{I} = \dfrac{\dot{U}}{Z}, \text{交流电路} \end{cases} \tag{0-4}$$

(2) 基尔霍夫第一定律

电路中任意节点的电流的代数和等于零，即有

$$\begin{cases} \sum I = 0, \text{直流电路} \\ \sum \dot{I} = 0, \text{交流电路} \end{cases} \tag{0-5}$$

(3) 基尔霍夫第二定律

对电路中任一回路，电压降的代数和等于电动势的代数和，即有

$$\begin{cases} \sum U = \sum E, \text{直流电路} \\ \sum \dot{U} = \sum \dot{E}, \text{交流电路} \end{cases} \tag{0-6}$$

2. 电磁感应定律

一匝数为 N 的线圈，在变化的磁场中产生的感应电动势的大小与线圈匝数 N 和线圈所交链的磁通对时间的变化率 $\mathrm{d}\phi/\mathrm{d}t$ 成正比，当感应电动势正方向与产生它的磁通正方向符合右手螺旋定则时，则有

$$e = -N\frac{\mathrm{d}\phi}{\mathrm{d}t} \tag{0-7}$$

3. 全电流定律

磁场中沿任一闭合回路的磁场强度 H 的线积分等于该闭合回路所包围的所有导体电流的代数和，即有

$$\oint H\,\mathrm{d}l = \sum IN \tag{0-8}$$

4. 电磁力定律

载流导体在磁场中受到力的作用，当磁场与导体相互垂直作用时，作用在载流导体上的电磁力为

$$F = BlI \tag{0-9}$$

5. 磁路定律

(1) 磁路基尔霍夫第一定律

在磁路中根据磁通的连续性可得：穿入任一闭合面的磁通必等于穿出该闭合面的磁通，即磁路中通过任何闭合面上的磁通的代数和等于零，则有

$$\sum \Phi = 0 \tag{0-10}$$

式（0-10）中一般将穿出闭合面的磁通取正号，穿入闭合面的磁通取负号。

(2) 磁路基尔霍夫第二定律

根据麦克斯韦方程［式（0-8）］可得：在闭合的磁路中，各段磁压降的代数和等于闭合磁路中磁动势的代数和，即有

$$\sum HL = \sum IN \tag{0-11}$$

式中，H 为磁场强度（A/m）；L 为各段磁路的长度（m）；N 为线积分线路所包围的导体数；I 为每根导体所流过的电流（A）。

(3) 磁路欧姆定律

在无分支的磁路中，磁通 Φ 与磁动势 F 大小成正比，与磁路中的总磁阻 R_m 的大小成反比，即有

$$\Phi = \frac{F}{R_m} \tag{0-12}$$

式中，R_m 为磁路的总磁阻（1/H）。

6. 电路与磁路的比较

磁路与电路有许多相似之处，为便于读者查阅，表 0-1 列出了电路和磁路常用的物理量和定律。

表 0-1　电路与磁路对比表

电路		磁路	
电导率	γ	磁导率	μ
电流	I	磁通	Φ
电动势	E	磁动势	F
电阻	R	磁阻	R_m
电压降	$U(IR)$	磁压降	$HL(\Phi R_m)$
电路欧姆定律	$I = \frac{U}{R}$	磁路欧姆定律	$\Phi = \frac{F}{R_m}$
电路基尔霍夫第一定律	$\sum I = 0$	磁路基尔霍夫第一定律	$\sum \Phi = 0$
电路基尔霍夫第二定律	$\sum IR = \sum E$	磁路基尔霍夫第二定律	$\sum HL = \sum IN$

0.6 磁路计算仿真

MATLAB 仿真软件凭借其强大的数值计算能力、优越的数据图形可视化技术和不断丰富的 Simulink 动态仿真模型库，已成为一个高效数值计算和可视化软件的代表，被广泛应用

于工程领域，在高校和科研院所也已成为教学、学术活动、技术研发和工程设计的重要仿真软件。本书在介绍电机与拖动基本理论和知识的过程中，将加入 MATLAB 仿真技术在电机、电力拖动领域应用的实例，便于读者更好地理解和掌握电机的相关知识。

1. 磁路计算仿真

磁路计算是电机、变压器分析和设计中的基本计算内容，使用 MATLAB 软件编制 M 文件的方法可以进行磁路分析。

【仿真实例 0-1】 图 0-5 所示为电工钢片叠压而成的磁路，叠片净长与包含绝缘的总长之比即铁心的叠压系数 $k_{Fe}=0.94$，各段铁心的截面积相同，均为 $A=0.8\times10^{-3}\text{m}^2$，各段铁心的平均长度分别为 $l_1=0.08\text{m}$，$l_2=0.1\text{m}$，$l_3=0.034\text{m}$，$l_4=0.04\text{m}$，$l_5=0.1\text{m}$，气隙长度 $\delta=0.006\text{m}$。已知铁心的相对磁导率为 1900，励磁绕组匝数 $N=2000$，若要在铁心中产生 $1\times10^{-3}\text{Wb}$ 的磁通，问需要多大的励磁电流？试用 M 语言编写计算程序。

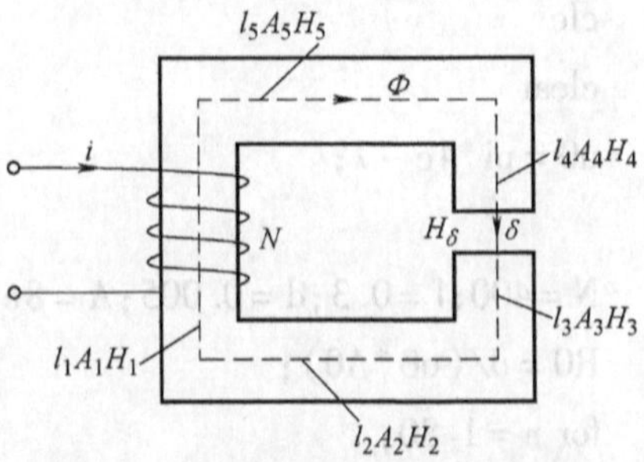

图 0-5 【仿真实例 0-1】的磁路结构

解：用 M 语言编写计算励磁电流的程序如下：

```
% 磁路计算求解励磁电流问题
clc                                          % 清除主程序窗口
clear                                        % 清除变量空间的变量
A=0.8*1e-3;                                  % 已知铁心截面积 m^2,1e-3 表示 10^-3
kFe=0.94;                                    % 已知铁心叠片系数
Ph=1*1e-3;                                   % 需产生的磁通量 Wb
u0=4*pi*1e-7;                                % 已知空气磁导率 H/m,1e-7 表示 10^-7
l1=0.08;l2=0.1;l3=0.034;l4=0.04;l5=0.1;      % 已知各段磁路长度 m
N=2000;                                      % 已知励磁绕组匝数
d=0.006;                                     % 已知气隙长度 m
Ak=kFe*A;                                    % 计算净截面积 m^2
B=Ph/Ak;                                     % 计算铁心磁通密度
uFe=1900*u0;                                 % 计算铁心磁导率
Hc=B/uFe;                                    % 计算铁心磁场强度
Fc=Hc*(l1+l2+l3+l4+l5);                      % 计算铁心的磁压降
Ha=Ph/u0/A;                                  % 计算气隙磁场强度
Fa=Ha*d;                                     % 计算气隙的磁压降
F=Fc+Fa;                                     % 计算总磁压降
i=F/N;                                       % 计算励磁电流
s=num2str(i);                                % 将数字转换成字符串
s1='励磁电流为:';                             % 定义字符串
s=strcat(s1,s,'A');                          % 合并字符串
disp(s);                                     % 显示计算结果
```

【**仿真实例 0-2**】 已知某电感线圈匝数 $N=400$，铁心长度 $l=0.3\text{m}$，截面积 $A=8\times10^{-4}\text{m}^2$，真空磁导率 $\mu_0=4\pi\times10^{-7}\text{H/m}$，气隙长度 $\delta=0.005\text{m}$，气隙截面积 $A_0=8\times10^{-4}\text{m}^2$，相对磁导率 $\mu_r=100\sim8000$，试计算电感系数 L 和绘制电感系数与相对磁导率之间的关系曲线 $L=f(\mu_r)$。

解：计算电感系数的公式为 $L=\mu_0\mu_r AN^2/l$，用 M 语言编写计算电感系数和绘制电感系数与相对磁导率之间关系曲线的程序如下：

```
% 求解电感系数和绘制 L=f(μr)曲线问题
clc                                              % 清除主程序窗口
clear                                            % 清除变量空间的变量
u0 = pi*4e-7;                                    % 已知空气磁导率 H/m,1e-7
                                                   表示 10^-7
N=400;l=0.3;d=0.005;A=8e-4;A0=8e-4;              % 已知匝数、铁心长度、气隙、截面积
R0=d/(u0*A0);                                    % 求气隙磁阻
for n=1:80;                                      % for 循环语句
    ur(n)=100+(10000-100)*(n-1)/100;             % 求相对磁导率
    Rm(n)=l/(ur(n)*u0*A);                        % 求铁心磁阻
    R=R0+Rm(n);                                  % 求计算总磁阻
    L(n)=N^2/R;                                  % 求电感系数
end                                              % for 循环语句的结束
plot(ur,L)                                       % 绘制 L=f(μr)曲线
title('{\itL=f}({\it\mu}_r)关系曲线')              % 标题'L=f(μr)关系曲线'
xlabel('铁心相对磁导率{\it\mu}_r')                   % 设置 x 坐标标签"铁心相对磁
                                                   导率μr"
ylabel('电感系数{\itL}/H')                          % 设置 y 坐标标签"电感系数 L/H"
```

运行上述程序，得到图 0-6 所示的 $L=f(\mu_r)$ 仿真曲线。

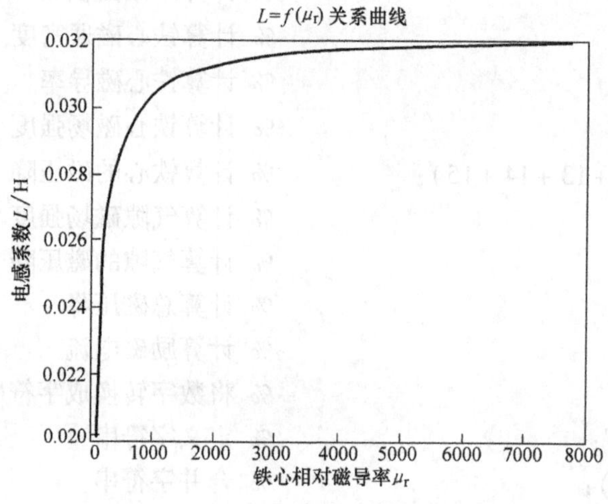

图 0-6 【仿真实例 0-2】的仿真结果

2. 磁化曲线仿真

磁化曲线是铁磁材料的重要特性之一，一般可根据试验数据通过曲线拟合取得，下面介绍用 MATLAB 软件拟合获得磁化曲线的方法。

【仿真实例 0-3】 已知某铁磁材料的磁化数据见表 0-2，试用 MATLAB 软件进行磁化曲线的拟合并绘制拟合的磁化曲线[2]。

表 0-2 某铁磁材料的磁化数据 I

B/T	0	0.01	0.02	0.03	0.04	0.05	0.06	0.07	0.08	0.09
0.4	1.38	1.40	1.42	1.44	1.46	1.48	1.50	1.52	1.54	1.56
0.5	1.58	1.60	1.62	1.64	1.66	1.69	1.71	1.74	1.76	1.78
0.6	1.81	1.84	1.86	1.89	1.91	1.94	1.97	2.00	2.03	2.06
0.7	2.10	2.13	2.16	2.20	2.24	2.28	2.32	2.36	2.40	2.45
0.8	2.50	2.55	2.60	2.65	2.70	2.76	2.81	2.87	2.93	2.99
0.9	3.06	3.13	3.19	3.26	3.33	3.41	3.49	3.57	3.65	3.74
1.0	3.83	3.92	4.01	4.11	4.22	4.33	4.44	4.56	4.67	4.80
1.1	4.93	5.07	5.21	5.36	5.52	5.68	5.84	6.00	6.16	6.33
1.2	6.52	6.72	6.94	7.16	7.38	7.62	7.86	8.10	8.36	8.62
1.3	8.90	9.20	9.50	9.80	10.1	10.5	10.9	11.3	11.7	12.1
1.4	12.6	13.1	13.6	14.2	14.8	15.5	16.3	17.1	18.1	19.1
1.5	20.1	21.2	22.4	23.7	25.0	26.7	28.5	30.4	32.6	35.1
1.6	37.8	40.7	43.7	46.8	50.0	53.4	56.8	60.4	64.0	67.8
1.7	72.0	76.4	80.8	85.4	90.2	95.0	100	105	110	116
1.8	122	128	134	140	146	152	158	165	172	180

解： 用 M 语言编写拟合磁化曲线的 MATLAB 程序如下：

```
% 拟合与绘制磁化曲线问题
clc
clear
Hdata = [1.38,1.40,1.42,1.44,1.46,1.48,1.50,1.52,1.54,1.56,…
         1.58,1.60,1.62,1.64,1.66,1.69,1.71,1.74,1.76,1.78,…
         1.81,1.84,1.86,1.89,1.91,1.94,1.97,2.00,2.03,2.06,…
         2.10,2.13,2.16,2.20,2.24,2.28,2.32,2.36,2.40,2.45,…
         2.50,2.55,2.60,2.65,2.70,2.76,2.81,2.87,2.93,2.99,…
         3.06,3.13,3.19,3.26,3.33,3.41,3.49,3.57,3.65,3.74,…
         3.83,3.92,4.01,4.11,4.22,4.33,4.44,4.56,4.67,4.80,…
         4.93,5.07,5.21,5.36,5.52,5.68,5.84,6.00,6.16,6.33,…
         6.52,6.72,6.94,7.16,7.38,7.62,7.86,8.10,8.36,8.62,…
         8.90,9.20,9.50,9.80,10.1,10.5,10.9,11.3,11.7,12.1,…
         12.6,13.1,13.6,14.2,14.8,15.5,16.3,17.1,18.1,19.1,…
         20.1,21.2,22.4,23.7,25.0,26.7,28.5,30.4,32.6,35.1,…
         37.8,40.7,43.7,46.8,50.0,53.4,56.8,60.4,64.0,67.8];  % 磁场强度数据
Bdata = 0.40:0.01:1.69;                                    % 磁感应强度数据
```

```
len = length(Hdata);                                    % 计算数组长度
Hmax = Hdata(len);                                      % 提取数组最大值
a = polyfit(Hdata,Bdata,13);                            % 计算多项式拟合系数 a
for n = 1:151                                           % 提取拟合数据
Hfit(n) = Hmax*(n-1)/150;
Bfit(n) = a(1)*Hfit(n)^13 + a(2)*Hfit(n)^12 + a(3)*Hfit(n)^11 + …
    a(4)*Hfit(n)^10 + a(5)*Hfit(n)^9 + a(6)*Hfit(n)^8 + a(7)*Hfit(n)^7 + …
    a(8)*Hfit(n)^6 + a(9)*Hfit(n)^5 + a(10)*Hfit(n)^4 + a(11)*Hfit(n)^3 + …
    a(12)*Hfit(n)^2 + a(13)*Hfit(n) + a(14);
    end
    plot(Hdata,Bdata,'*')                               % 对原数据描点绘图
    hold on                                             % 保持当前坐标轴和图形
    plot(Hfit,Bfit)                                     % 绘制多项式拟合曲线
    hold on                                             % 保持当前坐标轴和图形
title('磁化曲线')                                        % 标题'磁化曲线'
xlabel('{\itH}/(A/cm)')                                 % x 坐标标签"H/(A/cm)"
ylabel('{\itB}/T')                                      % y 坐标标签"B/T"
```

运行上述程序，得到图 0-7 所示的拟合曲线。

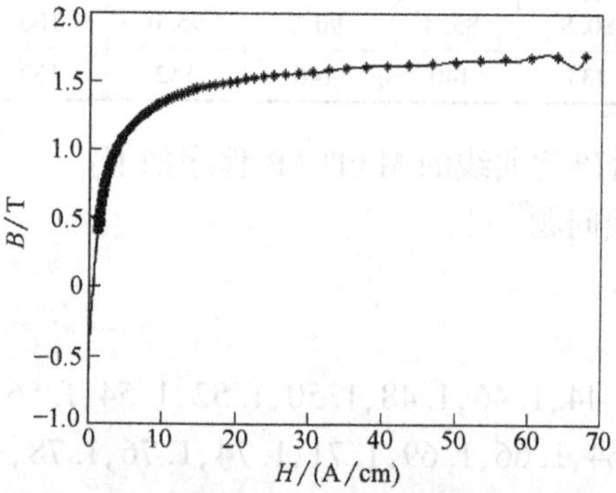

图 0-7 【仿真实例 0-3】仿真的拟合曲线

【仿真实例 0-4】 已知某种铁磁材料的磁化数据见表 0-3，试绘制其磁化曲线。

表 0-3 某铁磁材料的磁化数据 Ⅱ

B/T	*H*/(A·m^{-1})	*B*/T	*H*/(A·m^{-1})	*B*/T	*H*/(A·m^{-1})	*B*/T	*H*/(A·m^{-1})
0	0	0.50	78	0.85	155	1.20	520
0.20	43	0.55	84	0.90	173	1.25	643
0.25	49	0.60	90	0.95	192	1.30	800
0.30	55	0.65	100	1.00	210	1.35	920
0.35	61	0.70	110	1.05	240	1.40	1100
0.40	67	0.75	123	1.10	300	1.45	1300
0.45	72.5	0.80	137	1.15	395	1.50	1800

解：用 M 语言编写绘制磁化曲线的 MATLAB 程序如下：

```
% 绘制磁化曲线问题
clc
clear
Hdata = [43,49,55,61,67,72.5,78,84,90,100,110,…
123,137,155,173,192,210,240,300,395,…
520,643,800,920,1100,1300,1800];                % 磁场强度 H 值
Bdata = 0.2:0.05:1.50;                          % 磁感应强度 B 值
ydata = 0:0.001:1.6;                            % y 坐标 0 ~ 1.6
xdata = interp1(Bdata,Hdata,ydata,'spline');    % 采用样条插值的方法分析数据
plot(Hdata,Bdata,'*');                          % 用'*'描点绘制磁化曲线
hold on                                         % 保持当前坐标轴和图形
plot(xdata,ydata);                              % 绘制 x y 坐标
hold on                                         % 保持当前坐标轴和图形
title('磁化曲线')                               % 标题'磁化曲线'
xlabel('{\itH}/(A/m)')                          % x 坐标标签'H/(A/m)'
ylabel('{\itB}/T')                              % y 坐标标签'B/T'
ylim([0,1.80])                                  % y 坐标标注 0 ~ 1.8
```

运行上述 MATLAB 程序得到拟合的磁化曲线如图 0-8 所示。

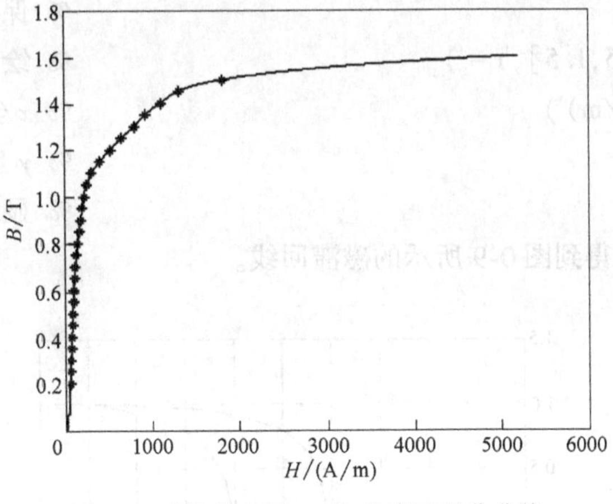

图 0-8 【仿真实例 0-4】仿真的磁化曲线

3. 磁滞回线仿真

【仿真实例 0-5】 已知对某种铁磁材料反复磁化，得到数据见表 0-4（表中列有正负两组数据），试绘制其磁滞回线。

表 0-4 某铁磁材料的磁化数据Ⅲ

B	0	0.2	0.4	0.6	0.7	0.8	0.9	1.0	0.95	0.9	0.8	0.7	0.6	0.4	0.2
H	48	52	58	73	85	103	135	193	80	42	2	-18	-29	-40	-45

（续）

B	0	-0.2	-0.4	-0.6	-0.7	-0.8	-0.9	-1.0	-0.95	-0.9	-0.8	-0.7	-0.6	-0.4	-0.2
H	-48	-52	-58	-73	-85	-103	-135	-193	-80	-42	-2	18	29	40	45

解：用 M 语言编写绘制磁滞回线的 MATLAB 程序如下：

```
% 绘制磁滞回线问题
clc
clear
Bdata = [0,0.2,0.4,0.6,0.7,0.8,0.9,1.0,0.95,0.9,0.8,…
0.7,0.6,0.4,0.2,0,-0.2,-0.4,-0.6,-0.7,-0.8,…
-0.9,-1.0,-0.95,-0.9,-0.8,-0.7,-0.6,-0.4,-0.2,0];
                                                   % 磁感应强度基本数据
Hdata = [48,52,58,73,85,103,135,193,80,42,2,-18,…
-29,-40,-45,-48,-52,-58,-73,-85,-103,-135,…
          -193,-80,-42,-2,18,29,40,45,48];         % 磁场强度基本数据
plot(Hdata,Bdata)                                  % 绘制磁滞回线
hold on                                            % 保持当前坐标轴和图形
title('磁滞回线')                                  % 标题'磁滞回线'
plot([-250,250],[0,0],'r-')                        % 绘制红色 x 轴坐标线
hold on                                            % 保持当前坐标轴和图形
plot([0,0],[-1.5,1.5],'r-')                        % 绘制红色 y 轴坐标线
xlabel('{\itH}/(A/m)')                             % x 坐标标签'H/(A/m)'
ylabel('{\itB}/T')                                 % y 坐标标签'B/T'
grid on                                            % 显示网格
```

运行上述程序，可得到图 0-9 所示的磁滞回线。

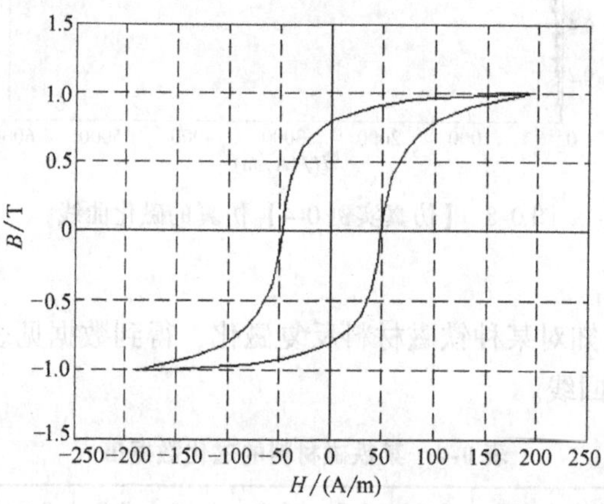

图 0-9 【仿真实例 0-5】仿真的磁滞回线

【仿真实例 0-6】 试根据【仿真实例 0-5】的磁滞回线绘制其平均曲线。

解：用 M 语言编写绘制基于【仿真实例 0-5】磁滞回线的平均曲线的 MATLAB 程序如下：

```
% 绘制磁滞回线的平均曲线问题
clc
clear
Bdata = [ -1.0, -0.95, -0.9, -0.8, -0.7, -0.6, -0.4, -0.2,…
        0,0.2,0.4,0.6,0.7,0.8,0.9,1.0,0.95,0.9,0.8,…
        0.7,0.6,0.4,0.2,0, -0.2, -0.4, -0.6, -0.7, -0.8, -0.9, -1.0];
                                                        % 磁感应强度基本数据
Hdata = [ -193, -80, -42, -2,18,29,40,45,48,52,58,73,85,…
        103,135,193,80,42,2, -18, -29, -40, -45,…
 -48, -52, -58, -73, -85, -103, -135, -193];            % 磁场强度基本数据
plot(Hdata,Bdata,'linewidth',1.5)                       % 绘制磁滞回线
hold on                                                 % 保持当前坐标轴和图形
Bdata1 = [ -1.0, -0.95, -0.9, -0.8, -0.7, -0.6, -0.4, -0.2,0,0.2,0.4,0.6,0.7,0.8,0.9,1.0];
Hdata1 = [ -193, -80, -42, -2,18,29,40,45,48,52,58,73,85,103,135,193];
Bdata2 = [ -1.0, -0.9, -0.8, -0.7, -0.6, -0.4, -0.2,0,0.2,0.4,0.6,0.7,0.8,0.9,0.95,1.0];
Hdata2 = [ -193, -135, -103, -85, -73, -58, -52, -48, -45, -40, -29, -18,2,42,80,193];
                                                        % 将数据分两组
If = -1.0:.05:1.0;                                      % 重新设置磁感应强度参数
Ean1 = spline(Bdata1,Hdata1,If);
Ean2 = spline(Bdata2,Hdata2,If);                        % 根据两组数据求 If 对应的
                                                        样条差值
plot((Ean1 + Ean2)/2,If,':','linewidth',1.5)            % 绘制平均值曲线
hold on                                                 % 保持当前坐标轴和图形
title('磁滞回线的平均曲线')                              % 标题'磁滞回线的平均曲线'
plot([ -250,250],[0,0],'r -')                           % 绘制红色 x 轴坐标线
hold on                                                 % 保持当前坐标轴和图形
plot([0,0],[ -1.5,1.5],'r -')                           % 绘制红色 y 轴坐标线
xlabel('{\itH}/(A/m)')                                  % x 坐标标签'H/(A/m)'
ylabel('{\itB}/T')                                      % y 坐标标签'B/T'
grid on                                                 % 显示网格
```

运行上述程序，可得到图 0-10 所示的磁滞回线的平均曲线。

需要指出，磁滞回线的基本磁化曲线是由反复磁化所得的一系列磁滞回线的顶点连接所得的，而这里磁滞回线的平均曲线是通过求解数值的平均而得的，两者在定义上是有区别的，但所得曲线的误差不大，可用此法近似得到基本磁化曲线。

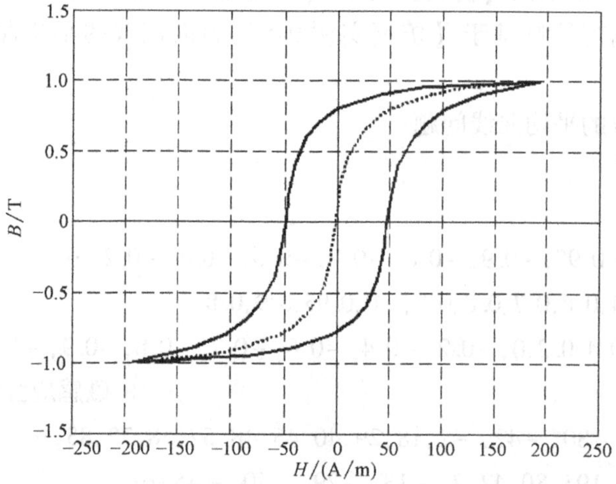

图 0-10 【仿真实例 0-6】仿真的磁滞回线的平均曲线

本 章 小 结

绪论中简要介绍了电机的分类、应用和我国电机工业的概况；为便于读者对“电机与拖动基础”课程的学习，介绍了本教材内容、课程性质、教学任务及学习方法。虽然每人都有适合自己的学习方法，但这里提到的三点建议，是针对学习本课程知识应普遍注意的基本问题。

铁磁材料是组成磁路的主要部分，其特点是能在外磁场中呈现很强的磁性，磁化曲线具有饱和性，其磁导率远大于非铁磁材料磁导率，且不是常数，随磁场强度的变化而变化。反复磁化过程中得到的磁滞回线表明，铁磁材料具有剩磁和矫顽力，磁滞现象是其基本特性之一。

绪论中列出的本课程常用的全电流定律、磁路欧姆定律、电磁力定律、电磁感应定律、基尔霍夫电流定律和电压定律等基本定律，将在后续各章的内容中贯穿始终。电路和磁路计算是分析并设计电机和变压器的基本计算，磁路计算与电路在形式上有类比关系（见表 0-1），不仅有类似电路中的基尔霍夫第一、第二定律和欧姆定律，也有类似电路中的节点电压法和回路电流法[3]。需要注意的是，在物理本质上磁路与电路的区别：电路中存在的漏电现象通常是极小的，可忽略不计；磁路中存在的漏磁现象较漏电现象严重，一般在电机和变压器设计中，为了提高计算精度，需要考虑漏磁的影响，只有在不需精确计算或为了简化计算时，才不考虑漏磁影响。

磁路、铁磁材料的基本特性包括自感系数、磁化曲线和磁滞回线等，对它们的研究可运用 MATLAB 仿真工具，所涉及的 MATLAB 仿真方法有绘制曲线、数值计算、曲线拟合、程序设计等，绪论中均以仿真实例形式给出，供读者学习和参考。

思考题与习题

0-1 基本磁化曲线与初始磁化曲线有何区别？磁路计算时用哪种磁化曲线？

0-2 铁心中有哪些损耗？这些损耗是如何产生的？又与哪些因素有关？

0-3 变压器和电机的磁路通常采用什么材料制成？这些材料有什么特点？

0-4 磁路与电路在物理本质上有何区别？

0-5 已知某电工钢片叠压而成的磁路如图 0-5 所示，叠片净长与包含绝缘的总长之比即铁心的叠压系数 $k_{Fe}=0.93$，各段铁心的截面积相同，均为 $A=0.86\times10^{-3}\text{m}^2$，各段铁心的平均长度分别为 $l_1=0.07\text{m}$，$l_2=0.1\text{m}$，$l_3=0.03\text{m}$，$l_4=0.035\text{m}$，$l_5=0.1\text{m}$，气隙长度 $\delta=0.005\text{m}$。已知铁心的相对磁导率为 1900，励磁绕组匝数 $N=1000$，若要在铁心中产生 $1\times10^{-3}\text{Wb}$ 的磁通，问需要多大的励磁电流？试用 M 语言编写计算程序。

第1章 变 压 器

本章教学基本要求

1. 了解变压器的主要结构、基本工作原理及主要额定值的意义。

2. 通过变压器的负载运行分析，深入理解负载运行时变压器各物理量之间的关系，绕组折算的物理意义及其计算方法，掌握负载运行时的等效电路、相量图、参数测定及求解电压变化率和效率的方法，学会分析变压器的运行性能。

3. 熟悉三相变压器的联结组标号，并能根据绕组接线图判别其联结组标号或按照已知的联结组标号画出绕组的接线图。

4. 了解自耦变压器、仪用互感器的结构特点、基本工作原理和使用注意事项。

重点：

1. 理解在不同运行状态下 I_0、I_1 和 I_2 等参数的物理意义。

2. 变压器的基本方程、等效电路、相量图以及运行特性。

3. 三相变压器的联结组标号。

1.1 概述

变压器是一种变换交流电的静止电气设备，本书以双绕组电力变压器为研究对象。

1.1.1 变压器的用途与分类

变压器按用途可分为输配电用的电力变压器，包括升、降压变压器等；供特殊电源用的特种变压器，包括电焊变压器、整流变压器、电炉变压器、中频变压器等；供测量用的仪用变压器，包括电流互感器、电压互感器、自耦变压器（调压器）等；用于自动控制系统的小功率变压器；用于通信系统的阻抗变换器等。按铁心结构分类，变压器有心式和壳式两种。心式结构的特点是绕组包裹铁心柱如图 1-1a 所示，其结构简单，较易套装绕组和绝缘，应用广泛；壳式结构的特点是铁心包裹绕组如图 1-1b 所示，其机械强度高，但制造复杂，常用于小容量的电信用变压器中。

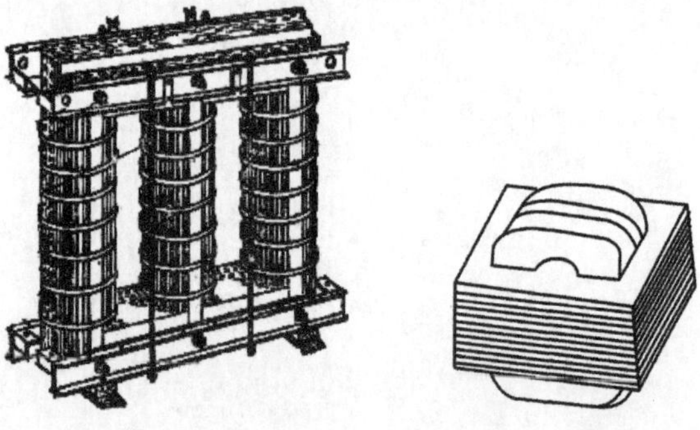

a) 心式变压器　　b) 壳式变压器

图 1-1　心式变压器和壳式变压器

1.1.2 变压器的基本工作原理

图 1-2 所示为单相变压器的基本工作原理示意图，在同一铁心上分别绕有匝数为 N_1 和 N_2 的两个高、低压绕

组，其中接电源的、从电网吸收电能的 AX 绕组称为一次绕组，接负载的、向外电路输出电能的 ax 绕组称为二次绕组。

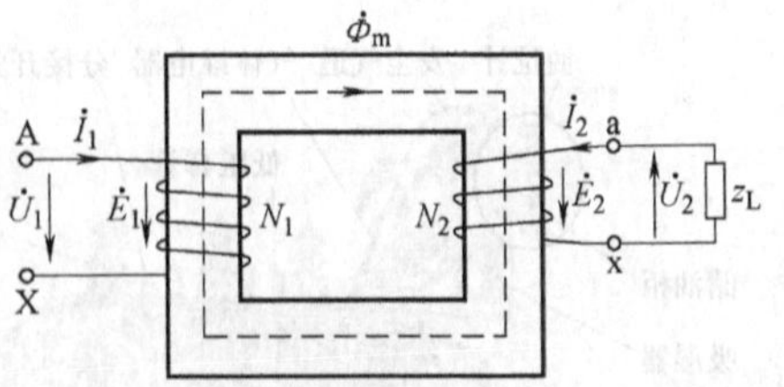

图 1-2 单相变压器的基本工作原理示意图

当一次绕组外加电压 U_1 时，二次侧就有电流 I_1 流过，并在铁心中产生与 U_1 同频率的交变主磁通 Φ_m，主磁通同时链绕一、二次绕组，根据电磁感应定律，会在一、二次绕组中产生感应电动势 E_1、E_2，二次侧在 E_2 的作用下产生负载电流 I_2，向负载输出电能。

根据电磁感应定律有

$$\begin{cases} e_1 = -N_1 \dfrac{\mathrm{d}\phi}{\mathrm{d}t} \\ e_2 = -N_2 \dfrac{\mathrm{d}\phi}{\mathrm{d}t} \end{cases} \tag{1-1}$$

$$\frac{E_1}{E_2} = \frac{N_1}{N_2} = k \tag{1-2}$$

式中，k 为变压器电压比。

如果忽略变压器一、二次绕组内阻和漏磁通，一、二次绕组端电压可近似为

$$\begin{cases} u_1 \approx e_1 \\ u_2 \approx e_2 \end{cases} \tag{1-3}$$

$$\frac{U_1}{U_2} \approx \frac{E_1}{E_2} = \frac{N_1}{N_2} = k \tag{1-4}$$

可见，只要改变一、二次绕组匝数之比，就可变换电压，满足不同用户的需求，这就是变压器的基本工作原理。

1.1.3 变压器的主要结构

变压器主要由铁心、绕组、油箱、附件等组成，图 1-3 所示为油浸式电力变压器。

铁心是变压器的磁路部分，由铁心柱（柱上套装绕组）、铁轭（连接铁心以形成闭合磁路）组成，为了减小涡流和磁滞损耗，提高磁路的导磁性，铁心通常采用厚度为 0. 27 ~ 0. 35mm 的硅钢片涂绝缘漆后交错叠成，变压器硅钢片的叠法如图 1-4 所示。小型变压器铁心截面为矩形或方形，大型变压器铁心截面为阶梯形，这是为了充分利用空间。

绕组是变压器的电路部分，采用铜线或铝线绕制而成，一、二次绕组同心套在铁心柱上，为便于绝缘，一般低压绕组放置在内，高压绕组放置在外，但大容量的低压大电流变压器，考虑到引出线工艺困难，往往把低压绕组套在高压绕组的外面。

器身是指铁心和绕组装在一起的整体。

油箱是装器身和变压器油的，为了便于散热，有的箱壁上焊有散热管。变压器油的作用是绝缘和冷却。

另外，有些场合不宜采用油浸式变压器时，常采用干式变压器，其主要部件是铁心和绕组，干式与油浸式变压器的铁心和绕组结构基本相同，绕组多采用纱包绝缘扁铜导线绕制，为增强绝缘性能，绕组常采用浇注[3]。

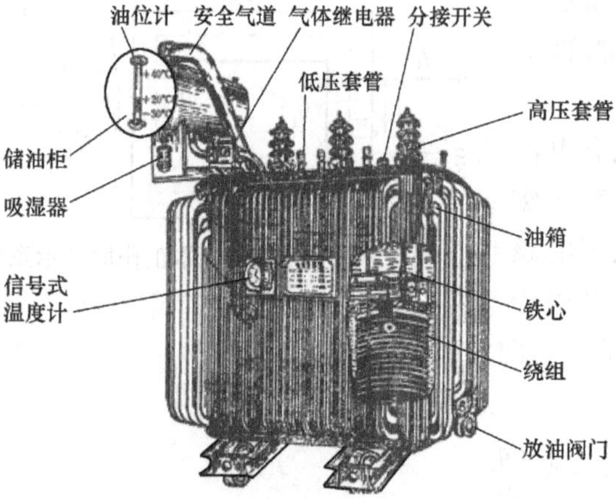

图 1-3 油浸式电力变压器

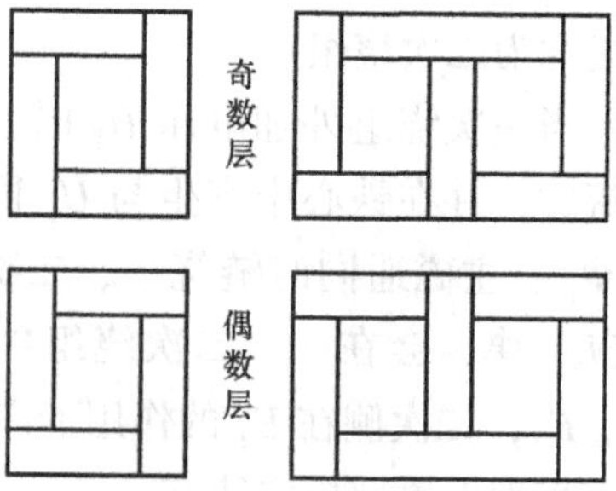

a) 单相 b) 三相

图 1-4 变压器硅钢片的叠法

1.1.4 变压器的铭牌数据和主要系列

1. 变压器的铭牌数据

每台变压器都有一铭牌，其示意图如图 1-5 所示，上面标注着型号、额定值及其他数据，便于用户了解变压器的运行性能。变压器的主要额定数据有：

电力变压器

产品型号	SL7-315/10	产品编号	
额定容量	315kVA	使用条件	户外式
额定电压	10000/400V	冷却条件	ONAN
额定电流	18.2/454.7A	短路电压	4%
额定频率	50Hz	器身吊重	765kg
相　　数	三相	油　　重	380kg
联结组标号	Y yno	总　　重	1525kg
制 造 厂		生产日期	

图 1-5 电力变压器铭牌示意图

额定容量 S_N 是变压器额定工作条件下输出能力的保证值，为额定视在功率，单位为伏安（VA）或千伏安（kVA）或兆伏安（MVA）。

一般容量在 630kVA 以下的为小型电力变压器；容量为 800～6300kVA 的为中型电力变压器；容量为 8000～63000kVA 的为大型电力变压器；90000kVA 及以上的为特大型电力变压器。

额定电压 U_{1N}/U_{2N} 均指线值电压。一次额定电压 U_{1N} 是指电源加在一次绕组上的额定电压；二次额定电压 U_{2N} 是指一次侧加额定电压二次侧空载时二次绕组的端电压，单位为伏（V）或千伏（kV）。

额定电流 I_{1N}/I_{2N} 均指线值电流。一、二次边额定电流是指在额定容量和额定电压时所长期允许通过的电流，单位为安（A）。

变压器的额定容量、额定电压、额定电流之间的关系有

单相变压器：

$$S_N = U_{1N}I_{1N} = U_{2N}I_{2N} \tag{1-5}$$

三相变压器：

$$S_N = \sqrt{3}U_{1N}I_{1N} = \sqrt{3}U_{2N}I_{2N} \tag{1-6}$$

额定频率 f_N 是指工业用电频率，我国规定为 50Hz。

2. 变压器的主要系列

(1) 型号说明

变压器型号包括基本代号、额定容量、额定电压以及结构性能特点，例如型号：SL7-630/10，其中“S”代表三相，“L”代表铝导线，“7”代表设计序号，“630”代表额定容量为630kVA，“10”代表高压绕组额定电压为10kV。

(2) 主要系列

我国生产的各种变压器系列产品有S7、SL7、S9、SC8等。其中SC8型为环氧树脂浇注干式变压器。

【例题1-1】 有一台三相电力变压器，已知：$S_N=2000\text{kVA}$，$U_{1N}/U_{2N}=10/0.4\text{kV}$，$f=50\text{Hz}$，Yd11联结组标号。试求：(1) 高、低压侧的额定电流；(2) 电压比。

解： (1) 高、低压侧的额定电流

$$I_{1N}=\frac{S_N}{\sqrt{3}U_{1N}}=\frac{2000}{\sqrt{3}\times10}\text{A}=115.5\text{A},I_{2N}=\frac{S_N}{\sqrt{3}U_{2N}}=\frac{2000}{\sqrt{3}\times0.4}\text{A}=2886.8\text{A}$$

(2) 电压比

$$k=\frac{U_{1N}/\sqrt{3}}{U_{2N}}=\frac{10/\sqrt{3}}{0.4}=14.4$$

注意：变压器的电压比是指一、二次侧相电压之比。

1.2 单相变压器的空载运行

1.2.1 变压器空载运行时的磁场

变压器空载运行也称无载运行，是指一次侧加电源电压，二次侧开路的运行状况。图1-6所示为变压器空载运行原理图，图中N_1、N_2分别为一、二次绕组匝数；U_1为电源电压；I_0为一次空载电流；Φ_m、Φ_{s1}分别为主磁通和漏磁通；E_1、E_{s1}、E_2分别为一次感应电动势、漏感电动势和二次感应电动势；U_{20}为二次空载电压。变压器空载运行时的电磁关系示意图如图1-7所示。

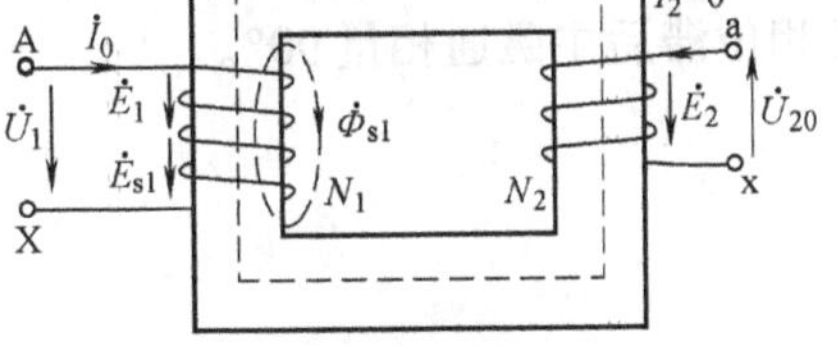

图1-6 变压器空载运行原理图

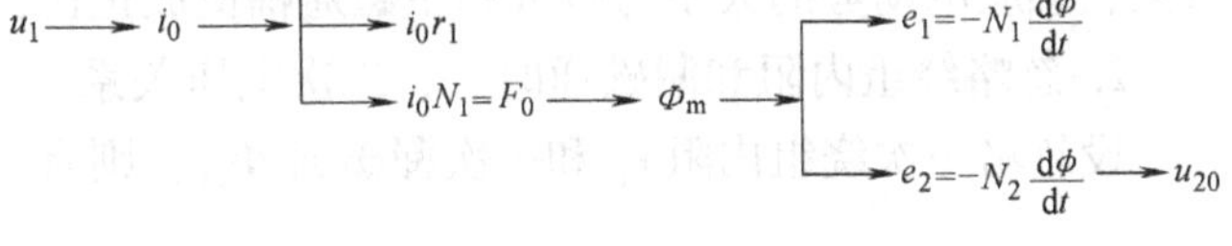

图1-7 变压器空载运行时的电磁关系示意图

图中漏磁通Φ_{s1}只占主磁通的0.1%～0.2%，主磁通Φ_m与i_0之间呈非线性关系，能向二次侧传递能量；而漏磁通Φ_{s1}与i_0之间呈线性关系，不向二次侧传递能量。

1.2.2 变压器各电磁量正方向

为了方便分析研究变压器运行时各电磁量的关系，需规定各电磁量的正方向，原则：一次绕组是电源的负载，则一次侧各量按电动机惯例；二次绕组是电源，则二次侧各量按发电机惯例。具体规定如下：

1）由于 u_1 是交流电，先任意规定 $\dot{U}_1$ 的正方向。

2）正方向的 $\dot{U}_1$ 确定了 $\dot{I}_0$ 的正方向。

3）$\dot{\Phi}_m$、$\dot{\Phi}_{s1}$正方向与 $\dot{I}_0$ 的正方向之间符合右手螺旋定则。

4）$\dot{E}_1$、$\dot{E}_{s1}$正方向分别与 $\dot{\Phi}_m$、$\dot{\Phi}_{s1}$正方向之间符合右手螺旋定则。

5）$\dot{E}_2$ 正方向与 $\dot{\Phi}_m$ 正方向之间符合右手螺旋定则。

6）$\dot{E}_2$ 正方向与 $\dot{U}_2$ 的正方向相反。

变压器空载运行时某一时刻各量的正方向如图 1-6 所示。

1.2.3 空载运行时电压、电动势与主磁通的关系

1. 电动势与主磁通的关系

由于电源电压为正弦交流量，则主磁通也是正弦交流量，设主磁通瞬时值为

$$\phi = \Phi_m \sin\omega t \tag{1-7}$$

根据电磁感应定律，一次感应电动势为

$$e_1 = -N_1\frac{d\phi}{dt} = -N_1\frac{d(\Phi_m \sin\omega t)}{dt} = -N_1\omega\Phi_m\cos\omega t = E_{1m}\sin(\omega t - 90°) \tag{1-8}$$

式中

$$E_{1m} = N_1\omega\Phi_m \tag{1-9}$$

同理可得二次感应电动势为

$$e_2 = -N_2\frac{d\phi}{dt} = -N_2\omega\Phi_m\cos\omega t = E_{2m}\sin(\omega t - 90°) \tag{1-10}$$

由式（1-8）~式（1-10）可得

$$\begin{cases} \dot{E}_1 = \dfrac{\dot{E}_{1m}}{\sqrt{2}} = -j\dfrac{N_1\omega}{\sqrt{2}}\dot{\Phi}_m = -j4.44fN_1\dot{\Phi}_m \\ \dot{E}_2 = \dfrac{\dot{E}_{2m}}{\sqrt{2}} = -j\dfrac{N_2\omega}{\sqrt{2}}\dot{\Phi}_m = -j4.44fN_2\dot{\Phi}_m \end{cases} \tag{1-11}$$

可见，感应电动势的大小与匝数和主磁通幅值成正比，且相位滞后主磁通相量 90°。

2. 忽略绕组内阻和漏磁通时一、二次电压关系

设忽略一次绕组内阻 r_1 和一次漏磁通 Φ_{s1}，则有

$$\begin{cases} \dot{U}_1 = -\dot{E}_1 \\ \dot{U}_2 = \dot{U}_{20} = \dot{E}_2 \end{cases} \tag{1-12}$$

$$\frac{U_1}{U_2} = \frac{U_1}{U_{20}} = \frac{E_1}{E_2} = \frac{N_1}{N_2} = k \tag{1-13}$$

由式（1-13）可见，当 $k>1$ 时为降压变压器；$k<1$ 时为升压变压器。忽略绕组内阻和漏磁通时变压器空载运行相量图如图 1-8 所示。

3. 考虑绕组内阻和漏磁通时的电压方程

设一次绕组内阻为 r_1，当绕组内通过电流时会产生压降 $\dot{I}_0 r_1$，同时考虑漏磁通的影响，

一次电压方程为

$$\dot{U}_1=-\dot{E}_1-\dot{E}_{s1}+\dot{I}_0r_1 \tag{1-14}$$

式中漏感电动势计算如下：

根据 $e_{s1}=-N_1\dfrac{d\Phi_{s1}}{dt}$，则有

$$\dot{E}_{s1}=-j\frac{N_1\omega}{\sqrt{2}}\dot{\Phi}_{s1} \tag{1-15}$$

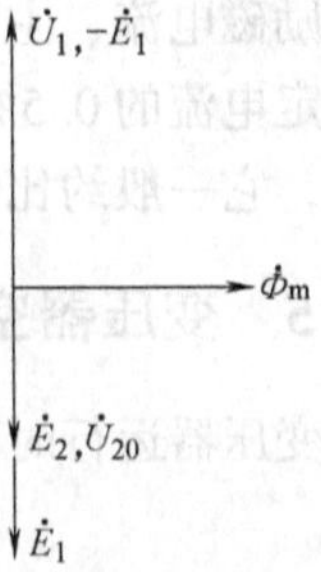

图1-8 忽略 r_1 和 Φ_{s1} 时变压器空载运行相量图

又根据电感定义可得

$$L_{s1}=\frac{N_1\Phi_{s1}}{\sqrt{2}I_0} \tag{1-16}$$

式中，L_{s1} 为一次绕组漏电感，由于漏磁路是变压器油和空气这些非导磁物质，所以磁阻基本为常数，即漏磁路为线性磁路，则漏电感也为常数。漏感电动势也可表示为

$$\dot{E}_{s1}=-j\frac{N_1\omega}{\sqrt{2}}\dot{\Phi}_{s1}=-j\omega L_{s1}\dot{I}_0=-jx_1\dot{I}_0 \tag{1-17}$$

式中，$x_1=\omega L_{s1}$ 为一次绕组的漏电抗，是常数。一次电压方程可写成

$$\dot{U}_1=-\dot{E}_1-\dot{E}_{s1}+\dot{I}_0r_1=-\dot{E}_1+\dot{I}_0(r_1+jx_1)=-\dot{E}_1+\dot{I}_0z_1 \tag{1-18}$$

式中，$z_1=r_1+jx_1$ 为一次侧的漏阻抗，也是常数。一般电力变压器中，存在 $\dot{I}_0r_1\ll\dot{E}_1$，则 $\dot{U}_1\approx-\dot{E}_1$，在研究 $\dot{U}_1$ 和 $\dot{E}_1$ 时，为了分析问题方便，往往忽略 $\dot{I}_0r_1$ 的影响。

1.2.4 变压器的励磁电流

产生主磁通所需的电流称为励磁电流，用 i_m 表示，变压器空载时，铁心上只有一次绕组电流 i_0 所形成的励磁磁动势，所以空载电流就是励磁电流，即 $i_0=i_m$。

因为电源电压 $\dot{U}_1$ 为正弦交流电，所以在单相变压器中 $\dot{E}_1$ 和 $\dot{\Phi}_m$ 也是按正弦规律变化的。但变压器磁路是由铁磁材料组成的，是非线性磁路。在非线性磁路中铁磁材料具有饱和现象，因此，当主磁通为正弦变化时，励磁电流应如何变化将是下面要讨论的问题。

1. 不考虑空载损耗时的励磁电流

在交流磁路中由于磁滞和涡流的存在会产生铁心损耗，在一次绕组内阻上会产生铜损耗，铁损和铜损之和即为变压器空载损耗。若不考虑空载损耗，变压器励磁电流 I_m 即为建立空载磁场的磁化电流 I_μ，只起励磁作用，不消耗有功功率，且滞后 $-\dot{E}_1 90°$，与主磁通同方向。一般变压器铁心工作在具有一定饱和程度的状态下，所以当电源电压为正弦波，感应电动势为正弦波，主磁通为正弦波时，磁化电流为尖顶波，读者可通过平均磁化曲线 $\phi=f(i_\mu)$ 和主磁通曲线 $\phi=f(\omega t)$，画出磁化电流曲线 $i_\mu=f(\omega t)$，证明磁化电流为尖顶波。

2. 考虑空载损耗时的励磁电流

空载损耗中主要是铁损，铜损只占空载损耗的2%。考虑空载损耗时，变压器的励磁电流 I_m 包含两个分量：一个是磁化电流 I_μ，起励磁作用；另一个是铁损电流 I_{Fe}，是有功分量，且与 $-\dot{E}_1$ 同相位。空载电流用相量表示为

$$\begin{cases}\dot{I}_m=\dot{I}_\mu+\dot{I}_{Fe}\\ I_m=\sqrt{I_\mu^2+I_{Fe}^2}\end{cases} \tag{1-19}$$

励磁电流、主磁通和感应电动势之间的相量关系如图 1-9 所示。电力变压器空载电流只占额定电流的 0.5% ~5%，随着容量增大，空载电流相对减小。空载电流中磁化电流是主要的，它一般约比铁损电流大 10 倍，所以铁损角 α_{Fe}很小。

1.2.5 变压器空载运行时的相量图与等效电路

变压器运行时各量之间的关系，除了可用基本方程表示外，还可用相量图和等效电路表示。

1. 相量图

变压器空载运行时，各电磁量都是同频率的正弦量，其相量图如图 1-10 所示。实际上 $\dot{I}_0 r_1$ 和 $\mathrm{j}\dot{I}_0 x_1$ 都很小，为了能清楚表示它们之间的相位关系，在图 1-10 中将这两相量放大画了，通常漏阻抗压降小于 0.5% U_N，$\dot{U}_1 \approx -\dot{E}_1$，图中 φ_0 为 $\dot{I}_0$ 与 $\dot{U}_1$ 之间的夹角，称为空载时的功率因数角，$\varphi_0 \approx 90°$，所以变压器一般不空载运行，因为功率因数很低。

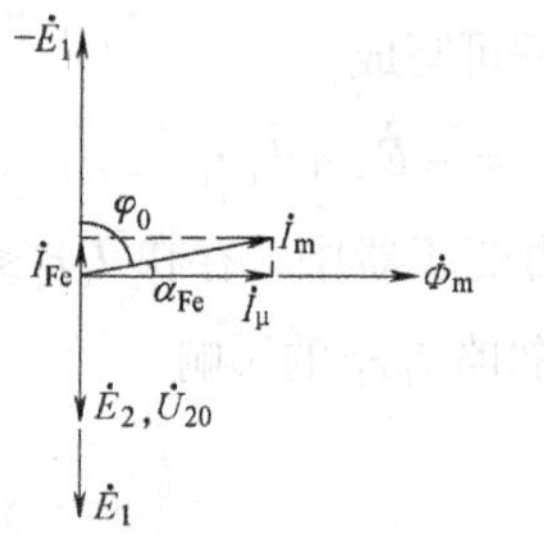

图 1-9 励磁电流、主磁通和感应电动势之间的相量关系

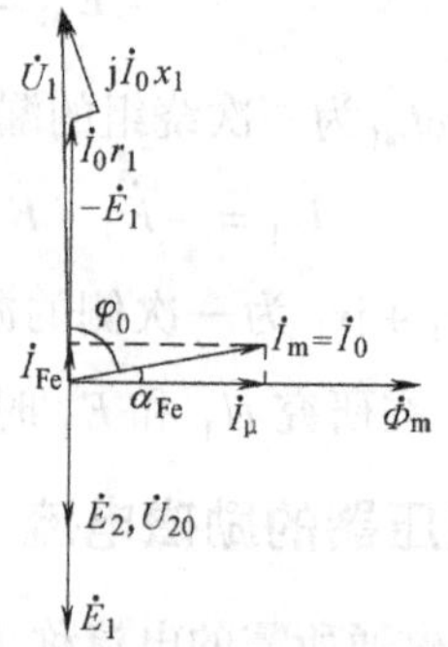

图 1-10 变压器空载运行时的相量图

2. 等效电路

变压器中既有电路、磁路的问题，又有电与磁之间相互耦合的问题。为了分析问题方便，在不改变变压器电磁关系的条件下，工程上常用一个线性电路来代替变压器这种复杂的电磁关系，该线性电路就称为等效电路。

由图 1-6 一次侧 AX 端看，存在

$$z_0 = \frac{\dot{U}_1}{\dot{I}_0} = \frac{-\dot{E}_1 + \dot{I}_0 z_1}{\dot{I}_0} = \frac{-\dot{E}_1}{\dot{I}_0} + z_1 = z_m + z_1 \tag{1-20}$$

其中

$$z_m = \frac{-\dot{E}_1}{\dot{I}_0} = \frac{-\dot{E}_1}{\dot{I}_m} = r_m + \mathrm{j}x_m \tag{1-21}$$

式中，z_m 称为励磁阻抗；r_m 称为励磁电阻，表示铁心中的损耗；x_m 称为励磁电抗，表示铁心中主磁通产生的电抗。z_m、r_m、x_m 统称为变压器的励磁参数，可通过试验测得。由于铁心有饱和现象，r_m 和 x_m 不是常数，是随铁心饱和程度增大而减小的参数，但实际上，电源电压可近似认为稳定，故励磁参数也可近似认为是常数。

根据式（1-20）和式（1-21）可画出变压器空载运行时的等效电路如图1-11所示。

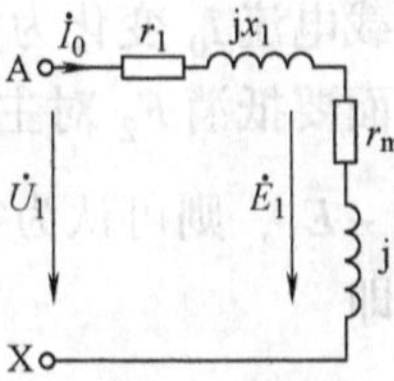

图1-11　空载运行时的等效电路

【例题1-2】　一台单相电力变压器，$S_N = 10500kVA$，$U_{1N}/U_{2N} = 35/6.6kV$，$f = 50Hz$，铁心有效截面积 $A = 0.158m^2$，铁心磁通密度幅值 $B_m = 1.415T$。试求：（1）高、低压绕组的每匝感应电动势；（2）高、低压绕组的匝数和电压比；（3）高、低压侧的额定电流。

解：（1）高、低压绕组的每匝感应电动势

$$E = 4.44f\Phi_m = 4.44fB_mA = 4.44 \times 50 \times 1.415 \times 0.158V = 49.6V$$

（2）高、低压绕组的匝数和电压比

$$N_1 = \frac{U_{1N}}{E} = \frac{35 \times 10^3}{49.6} = 705.6$$

$$N_2 = \frac{U_{2N}}{E} = \frac{6.6 \times 10^3}{49.6} = 133.1$$

$$k = \frac{U_{1N}}{U_{2N}} = \frac{35 \times 10^3}{6.6 \times 10^3} = 5.3$$

（3）高、低压侧的额定电流

$$I_{1N} = \frac{S_N}{U_{1N}} = \frac{10500 \times 10^3}{35 \times 10^3}A = 300A$$

$$I_{2N} = \frac{S_N}{U_{2N}} = \frac{10500 \times 10^3}{6.6 \times 10^3}A = 1591A$$

1.3　单相变压器的负载运行

变压器负载运行是指一次侧接电源，二次侧接负载 z_L 时的工作状态。如图1-12所示，此时二次侧有负载电流 I_2 通过，一次电流为 I_1，各量正方向规定与空载运行时相同。变压器负载运行时的电磁关系示意图如图1-13所示。

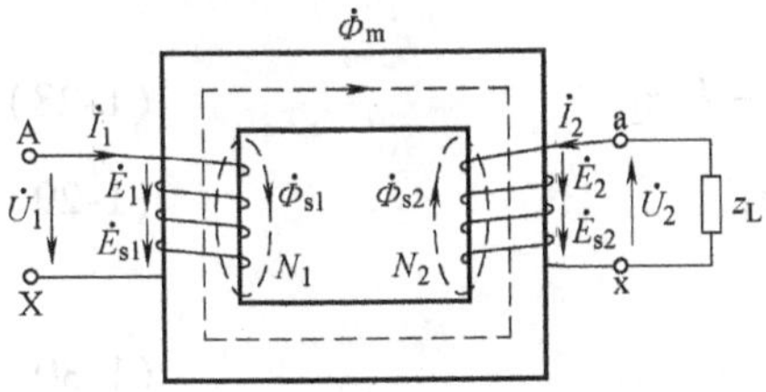

图1-12　变压器负载运行原理图

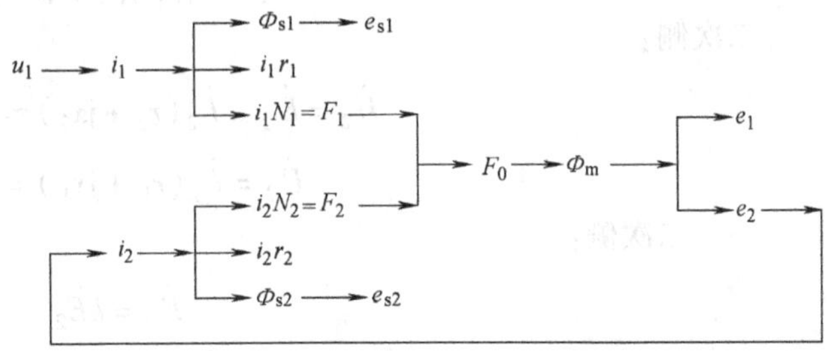

图1-13　变压器负载运行时的电磁关系示意图

1.3.1　负载运行时的磁动势平衡方程

由上面变压器负载运行的电磁关系分析可知，因二次侧出现了负载电流 I_2，在二次侧要产生磁动势 $F_2 = I_2N_2$，使主磁通发生变化，从而引起 E_1、E_2 的变化，E_1 的变化又使一次侧

从空载电流 I_0 变化为负载电流 I_1，产生的磁动势为 $F_1=I_1N_1$，一方面要建立主磁通 Φ_m，另一方面要抵消 F_2 对主磁通的影响。由于负载时的 I_1z_1 很小，约占 U_{1N} 的6%，忽略 I_1z_1 时有 $\dot{U}_1\approx-\dot{E}_1$，则可认为空载时主磁通与负载时主磁通近似相等，所以存在如下磁动势平衡方程，即

$$\begin{cases}\dot{F}_1=\dot{F}_0+(-\dot{F}_2)\\ \dot{I}_1N_1=\dot{I}_mN_1+(-\dot{I}_2N_2)\end{cases} \tag{1-22}$$

将式（1-22）两边同除以 N_1，得

$$\dot{I}_1=\dot{I}_m+\left(-\frac{N_2}{N_1}\dot{I}_2\right)=\dot{I}_m+\left(-\frac{\dot{I}_2}{k}\right) \tag{1-23}$$

可见负载时，一次电流由两部分组成：一部分是励磁分量 $\dot{I}_m$，用以产生负载时的主磁通，基本不随负载变化；另一部分是负载分量 $-\dot{I}_2/k$，用以抵消二次电流 $\dot{I}_2$ 对主磁通产生的影响，随负载变化而变化。由于 $\dot{I}_m\ll\dot{I}_1$，忽略 $\dot{I}_m$ 时，一、二次电流关系为

$$\dot{I}_1\approx-\frac{\dot{I}_2}{k} \tag{1-24}$$

或用有效值表示，即

$$\frac{I_1}{I_2}=\frac{N_2}{N_1}=\frac{1}{k} \tag{1-25}$$

式（1-25）表明，负载运行时，一、二次电流与匝数成反比，说明变压器在变电压的同时，也能变电流。

1.3.2 负载运行时的基本方程

一次侧：

$$\dot{U}_1=-\dot{E}_1+\dot{I}_1(r_1+jx_1)=-\dot{E}_1+\dot{I}_1z_1 \tag{1-26}$$

$$-\dot{E}_1=\dot{I}_m(r_m+jx_m)=\dot{I}_mz_m \tag{1-27}$$

二次侧：

$$\dot{U}_2=\dot{E}_2-\dot{I}_2(r_2+jx_2)=\dot{E}_2-\dot{I}_2z_2 \tag{1-28}$$

$$\dot{U}_2=\dot{I}_2(r_L+jx_L)=\dot{I}_2z_L \tag{1-29}$$

一、二次侧：

$$\dot{E}_1=k\dot{E}_2 \tag{1-30}$$

$$\dot{I}_1=\dot{I}_m+(-\dot{I}_2/k) \tag{1-31}$$

式中，r_2、x_2、z_2 分别为二次绕组的内阻、漏电抗和漏阻抗，z_L 为负载阻抗。

1.3.3 变压器的参数折算

1. 折算的目的

在对变压器进行定量计算时可用上述式（1-26）~式（1-31）六个方程联立求解，但计

算复杂，为了方便计算，引入折算法。变压器折算目的是简化定量计算和得出变压器一、二次侧之间有电的联系的等效电路。

2. 折算原则

变压器折算原则：折算前后变压器中的主磁通和一、二次漏磁通的数量和空间分布情况不变，并保持输出功率、损耗不变。

3. 折算方法

将一、二次绕组匝数变换成相同匝数，一般是二次侧向一次侧折算，即用匝数为 N_1 的一次绕组匝数，代替二次绕组匝数，并保持二次磁动势不变，折算后的各物理量右上角都加“′”。

(1) 电压、电动势的折算

根据式（1-11）和折算方法有

$$\dot{E}_2 = -\mathrm{j}4.44fN_2\dot{\Phi}_\mathrm{m},\ \dot{E}_2' = -\mathrm{j}4.44fN_1\dot{\Phi}_\mathrm{m}$$

所以，电动势的折算式为

$$\dot{E}_2' = \dot{E}_1 = k\dot{E}_2 \tag{1-32}$$

同理有

$$\dot{U}_2' = k\dot{U}_2 \tag{1-33}$$

(2) 电流的折算

保持二次磁动势不变，则有

$$\dot{F}_2 = N_2\dot{I}_2 = N_1\dot{I}_2'$$

所以，电流的折算式为

$$\dot{I}_2' = \frac{N_2}{N_1}\dot{I}_2 = \frac{\dot{I}_2}{k} \tag{1-34}$$

(3) 阻抗的折算

根据折算前后功率不变原则，应有

$$\dot{I}_2'^2 r_2' = \dot{I}_2^2 r_2 = k^2\dot{I}_2'^2 r_2$$

电阻折算式为

$$r_2' = k^2 r_2 \tag{1-35}$$

同理有

$$x_2' = k^2 x_2 \tag{1-36}$$

$$z_2' = k^2 z_2 \tag{1-37}$$

$$z_\mathrm{L}' = k^2 z_\mathrm{L} \tag{1-38}$$

可见，二次侧向一次侧折算时，单位为“V”的折算值等于原值乘电压比 k；单位为“A”的折算值等于原值乘电压比 k 的倒数；单位为“Ω”的折算值等于原值乘电压比 k 的二次方。如果一次侧向二次侧折算，求折算值时应做逆运算。

1.3.4 折算后变压器的基本方程

一次侧：

$$\begin{cases}\dot{U}_1 = -\dot{E}_1 + \dot{I}_1 z_1 \\ -\dot{E}_1 = \dot{I}_m z_m\end{cases} \tag{1-39}$$

二次侧：

$$\begin{cases}\dot{U}_2' = \dot{E}_2' - \dot{I}_2' z_2' \\ \dot{U}_2' = \dot{I}_2' z_L' \\ 或\dfrac{\dot{I}_2'}{\dot{E}_2'} = \dfrac{\dot{I}_2'}{\dot{E}_1} = \dfrac{1}{z_2' + z_L'}\end{cases} \tag{1-40}$$

一、二次侧：

$$\begin{cases}\dot{I}_1 = \dot{I}_m + (-\dot{I}_2') \\ \dot{E}_1 = \dot{E}_2'\end{cases} \tag{1-41}$$

1.3.5 等效电路

1. “T”形等效电路

由图 1-12 一次侧 AX 端看，存在

$$z = \frac{\dot{U}_1}{\dot{I}_1} = \frac{-\dot{E}_1 + \dot{I}_1 z_1}{\dot{I}_1} = z_1 + \frac{-\dot{E}_1}{\dot{I}_m + (-\dot{I}_2')} = z_1 + \frac{1}{\dfrac{\dot{I}_m}{-\dot{E}_1} + \dfrac{\dot{I}_2'}{\dot{E}_2'}} = z_1 + \frac{1}{\dfrac{1}{z_m} + \dfrac{1}{z_2' + z_L'}} \tag{1-42}$$

式（1-42）表明，从 AX 端看进去的等效阻抗是由负载阻抗 z_L' 与二次漏阻抗 z_2' 串联后再与励磁阻抗 z_m 并联，最后与一次漏阻抗 z_1 串联，所以等效电路如图 1-14 所示，因为其形状像字母 T，故称为“T”形等效电路。

2. “Γ”形等效电路

“T”形等效电路虽能准确反映变压器内部电磁关系，但其为串、并联电路，计算较复杂。由于 $z_1 \ll z_m$，为了简化计算，可将励磁支路左移到电源端，使其成为“Γ”形等效电路，如图 1-15 所示，近似后所引起的误差，工程上是允许的。

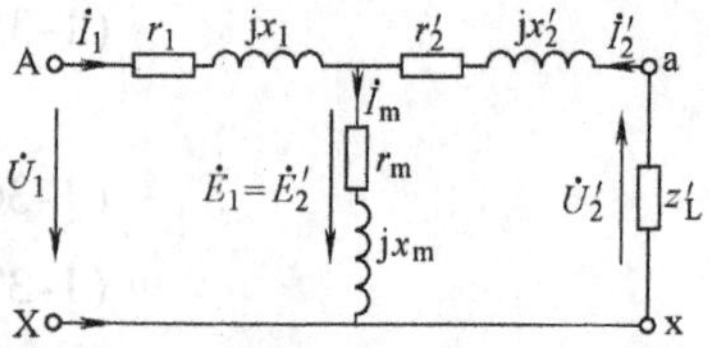

图 1-14 变压器“T”形等效电路

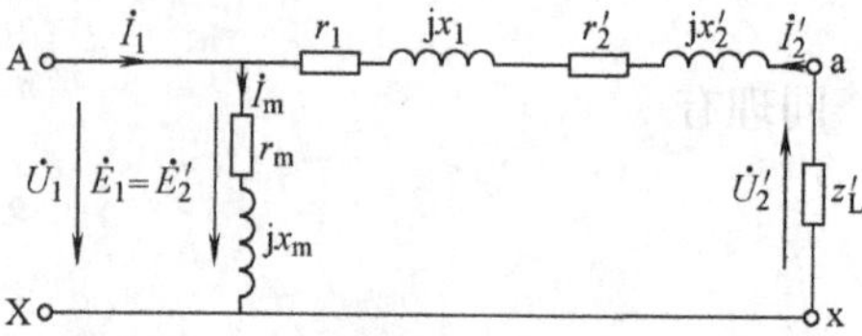

图 1-15 变压器“Γ”形等效电路

3. 简化等效电路

由于 $I_m \ll I_1$，当忽略 I_m 时，励磁支路可忽略，则等效电路变成了“一”字形，称为简化等效电路，如图 1-16a 所示。

如果令

$$z_k = r_k + jx_k = (r_1 + r_2') + j(x_1 + x_2') \tag{1-43}$$

式中，z_k、r_k、x_k 分别称为短路阻抗、短路电阻和短路电抗，它们统称为变压器的短路参数，可通过短路试验测得。用短路参数表示的简化等效电路可表示为图 1-16b 的形式。

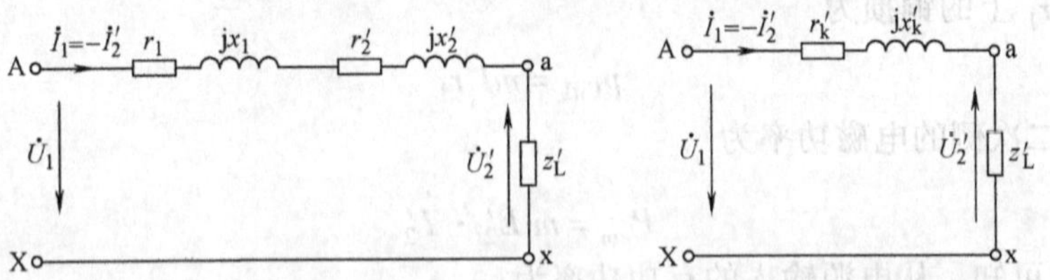

a) “一”字形简化等效电路　　b) 用短路参数表示的简化等效电路

图 1-16　变压器的简化等效电路

1.3.6　相量图和功率关系

1. 相量图

相量图能直观地表现变压器各物理量之间的相位关系。变压器所带的负载不同，相量图也不同，通常变压器的负载为感性，如已知 U_2、I_2，并且 I_2 滞后 U_2 角 φ_2、电压比 k、变压器参数 r_1、x_1、r_2、x_2、r_m、x_m，绘制相量图步骤如下：

① 根据电压比 k 计算出 U'_2、I'_2、r'_2、x'_2；②按比例画相量 $\dot{U}'_2$、$\dot{I}'_2$，使 $\dot{U}'_2$超前 $\dot{I}'_2\varphi_2$角；③在相量 $\dot{U}'_2$上依次画相量 $\dot{I}'_2r'_2$（使 $\dot{I}'_2r'_2 /\!/ \dot{I}'_2$）和 $\dot{I}'_2x'_2$（使 $\dot{I}'_2x'_2 \perp \dot{I}'_2$），得到相量 $\dot{E}_1=\dot{E}'_2$；④画出超前 $\dot{E}_1$90°的主磁通 $\dot{\Phi}_m$；⑤根据 $\dot{I}_m=-\dot{E}_1/z_m$ 画出相量 $\dot{I}_m$，使之超前 $\dot{\Phi}_m$ 一个铁损角 α_{Fe}；⑥画出相量 $-\dot{I}'_2$，根据 $\dot{I}_1=\dot{I}_m+(-\dot{I}'_2)$ 画相量 $\dot{I}_1$；⑦画出相量 $-\dot{E}_1$，在 $-\dot{E}_1$ 上依次画出相量 $\dot{I}_1r_1$（使 $\dot{I}_1r_1 /\!/ \dot{I}_1$）和 $\dot{I}_1x_1$（使 $\dot{I}_1x_1 \perp \dot{I}_1$），便得到相量 $\dot{U}_1$，$\dot{U}_1$ 与 $\dot{I}_1$ 的夹角 φ_1 是一次侧的功率因数角。变压器带感性负载运行时的相量图如图 1-17a 所示，为了清楚起见，图中一、二次侧的阻抗放大了，但实际存在 $U_1\approx E_1$，$U_2\approx E_2$。读者可根据上述方法自行画出变压器带容性负载和纯电阻性负载的相量图，变压器带感性负载运行时的简化相量图如图 1-17b 所示。

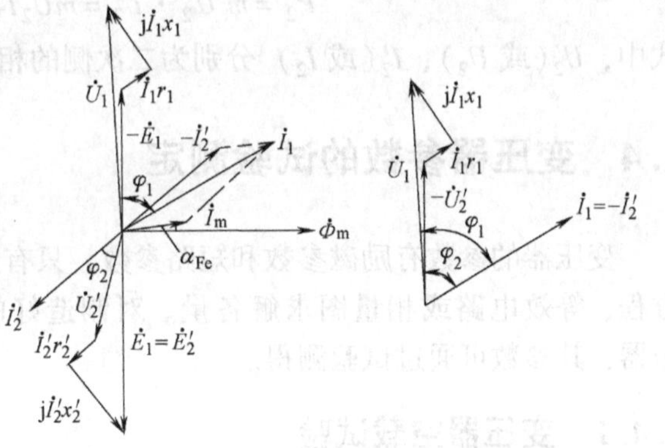

a) T形等效电路相量图　　b) 简化等效电路相量图

图 1-17　变压器带感性负载运行时的相量图

2. 功率关系

根据式（1-39）一次电压方程与一次电流 $\dot{I}_1$ 点积再乘以相数 m 后，可得

$$
\begin{aligned}
m\dot{U}_1\cdot\dot{I}_1 &= m(-\dot{E}_1)\cdot\dot{I}_1+m[\dot{I}_1(r_1+jx_1)]\cdot\dot{I}_1=m(-\dot{E}_1)\cdot(\dot{I}_m-\dot{I}'_2)+mI_1^2r_1\\
&=mI_m^2r_m+m\dot{E}_1\cdot\dot{I}'_2+mI_1^2r_1=mI_m^2r_m+m\dot{E}'_2\cdot\dot{I}'_2+mI_1^2r_1\\
&=p_{Fe}+P_{em}+p_{Cu1}=P_1
\end{aligned}
\tag{1-44}
$$

其中，励磁电阻 r_m 上的铁损为

$$p_{Fe}=mI_m^2r_m \tag{1-45}$$

一次绕组内阻 r_1 上的铜损为

$$p_{Cu1}=mI_1^2r_1 \tag{1-46}$$

一次侧传递到二次侧的电磁功率为

$$P_{em}=m\dot{E}_2'\cdot\dot{I}_2' \tag{1-47}$$

由图 1-14 可知，从电源输入的有功功率为

$$P_1=m\dot{U}_1\cdot\dot{I}_1=mU_1I_1\cos\varphi_1=p_{Fe}+P_{em}+p_{Cu1} \tag{1-48}$$

式中，m 为相数，当 $m=1$ 时为单相变压器，$m=3$ 时为三相变压器；U_1、I_1 分别为一次侧的相电压和相电流。

同样，根据式（1-40）二次电压方程与二次电流 $\dot{I}_2$ 点积再乘以相数 m 后，可得

$$\begin{aligned}m\dot{U}_2\cdot\dot{I}_2&=m\dot{E}_2'\cdot\dot{I}_2'-m[\dot{I}_2'(r_2'+\mathrm{j}x_2')]\cdot\dot{I}_2'\\&=m\dot{E}_2'\cdot\dot{I}_2'-mI_2'^2r_2'=P_{em}-p_{Cu2}=P_2\end{aligned} \tag{1-49}$$

式中，二次绕组内阻 r_2 上的铜损为

$$p_{Cu2}=mI_2'^2r_2'=mI_2^2r_2 \tag{1-50}$$

由图 1-14 可见，变压器输出的有功功率为

$$P_2=m\dot{U}_2'\cdot\dot{I}_2'=mU_2I_2\cos\varphi_2=P_{em}-p_{Cu2} \tag{1-51}$$

式中，U_2'（或 U_2）、I_2'（或 I_2）分别为二次侧的相电压和相电流。

1.4 变压器参数的试验测定

变压器的参数有励磁参数和短路参数，只有这些参数已知，才能运用前面所介绍的基本方程、等效电路或相量图求解各量。对制造好的变压器，其参数可通过试验测得。

1.4.1 变压器空载试验

通过空载试验可得励磁参数、电压比和铁损等数据。变压器空载试验接线图如图 1-18 所示。

为了便于测量和安全，空载试验一般在二次侧做，即在低压绕组 ax 上加电压 U_{2N}，高压绕组 AX 开路，测量电压 U_2、空载电流 I_{20}、输入功率 P_0 和开路电压 U_{10}。因变压器空载时无功率输出，所以输入的功率全部消耗在变压器的内部，为铁心损耗 p_{Fe} 和空载铜耗 $I_{20}{}^2r_2$ 之和，但空载电流 I_{20} 很小，$p_{Fe}\gg I_{20}{}^2r_2$，故可忽略空载铜耗，认为 $P_0\approx p_{Fe}=I_{20}{}^2r_m$。根据测得的空载试验数据可计算单相变压器的参数。

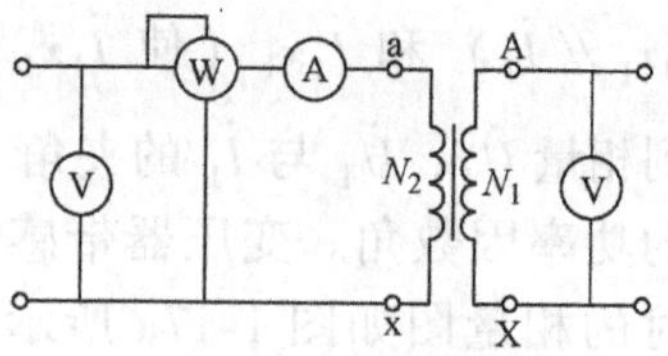

a) 单相变压器

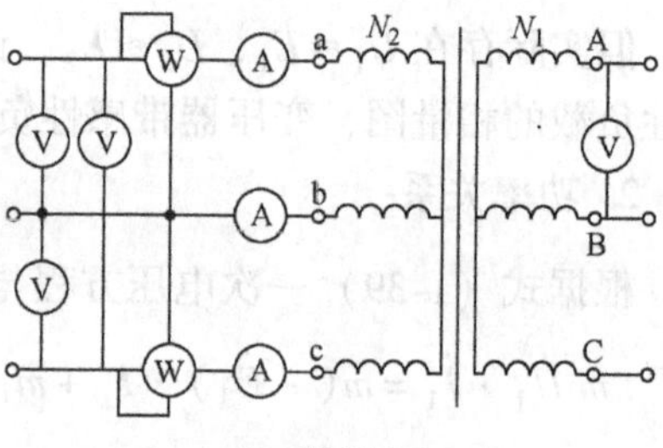

b) 三相变压器

图 1-18 变压器空载试验接线图

变压器电压比为

$$k = \frac{N_2}{N_1} = \frac{U_{2N}}{U_{10}} \tag{1-52}$$

空载阻抗为

$$z_0 = \frac{U_{2N}}{I_{20}} \tag{1-53}$$

空载电阻为

$$r_0 = \frac{P_0}{I_{20}^2} \tag{1-54}$$

其中，$z_0 = z_1 + z_m$；$r_0 = r_1 + r_m$。因 $z_m \gg z_1$，$r_m \gg r_1$，可认为

励磁阻抗为

$$z_m \approx z_0 = \frac{U_{2N}}{I_{20}} \tag{1-55}$$

励磁电阻为

$$r_m \approx r_0 = \frac{P_0}{I_{20}^2} \tag{1-56}$$

励磁电抗为

$$x_m = \sqrt{z_m^2 - r_m^2} \tag{1-57}$$

由于空载试验在低压侧做，计算所得的励磁参数是低压侧的值，如需折算到高压侧，各计算值应乘以 k^2，还应注意，励磁参数随电压的大小而变化，计算时要取额定电压下的数据。对于三相变压器，测得的功率是三相的，而励磁参数是指每一相的，故在计算时应将三相功率除以3，即取一相功率计算，同时应将测得的线值数据转换成相值数据，读者可自己推导三相变压器空载试验的参数计算公式。

1.4.2　变压器短路试验

通过短路试验可得短路参数、铜损等数据。变压器短路试验接线图如图1-19所示。

变压器短路试验一般在高压侧做，即一次侧加电压，二次侧短路。应注意，由于变压器的短路阻抗 z_k 一般很小，当一次侧的电流达到额定值时，一次侧所加的电压很低，所以在短路试验时，变压器的高压绕组前应接调压器，将调压器的输出电压由零开始慢慢升高，直至短路电流为额定电流为止，记录一次侧的短路电压 U_k、电流 I_1 和输入功率 P_k 数据。短路试验时，变压器二次侧无功率输出，输入功率全部消耗在内部，由于当绕组中短路电流为额定值时，一次侧所加的电压很低，主磁通比正常运行时小很多，铁心损耗 p_{Fe} 与铜损 p_{Cu} 相比可忽略，短路损耗中主要是一、二次侧的铜损，即 $P_k \approx p_{Cu} = p_{Cu1} + p_{Cu2}$。根据测得的短路试验

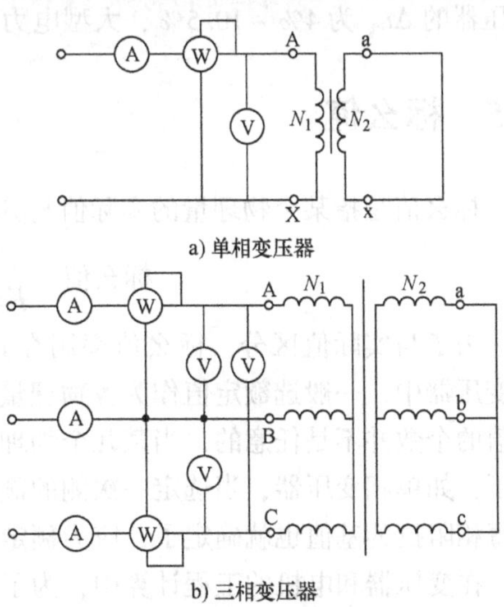

图1-19　变压器短路试验接线图

数据可计算单相变压器的参数。

短路阻抗为
$$z_k = \frac{U_k}{I_1} \tag{1-58}$$

短路电阻为
$$r_k = \frac{P_k}{I_1^2} \tag{1-59}$$

短路电抗为
$$x_k = \sqrt{z_k^2 - r_k^2} \tag{1-60}$$

根据规定，测得的电阻应换算到国标规定的75℃时的数值，换算公式为

对于铝线有
$$r_{k75℃} = r_k \frac{228+75}{228+\theta} \tag{1-61}$$

对于铜线有
$$r_{k75℃} = r_k \frac{234.5+75}{234.5+\theta} \tag{1-62}$$

式中，θ 为试验时的环境温度（℃）。

在75℃时的短路阻抗为
$$z_{k75℃} = \sqrt{r_{k75℃}^2 + x_k^2} \tag{1-63}$$

对于三相变压器应注意用相值计算，所得的参数也是每相值。如果要将一、二次侧参数分开，可近似认为 $r_1 \approx r_2'$，$x_1 \approx x_2'$，$z_1 \approx z_2'$。

短路试验时，当一次电流达额定值，加在一次绕组的电压为 $U_k = I_{1N} z_{k75℃}$，U_k 称为变压器的阻抗电压，可用一次额定电压的百分数表示，即
$$\Delta u_k = \frac{U_k}{U_{1N}} \times 100\% = \frac{I_{1N} z_{k75℃}}{U_{1N}} \times 100\% \tag{1-64}$$

它是变压器的一个重要参数，标在变压器的铭牌上，其数值的大小主要取决于变压器的结构，但 Δu_k 值的选择涉及变压器的电压稳定性、短路电流的大小、效率以及成本等因素。从运行角度考虑，希望 Δu_k 小些，能使变压器输出电压波动受负载变化的影响小些；而从限制短路电流考虑，则希望 Δu_k 大些，能使变压器短路故障电流小些。通常，中小型电力变压器的 Δu_k 为4% ~10.5%，大型电力变压器的 Δu_k 为12.5% ~17.5% [4]。

1.5 标幺值

标幺值是指某个物理量的实际值与其所选定的同一单位的固定值的比值，即
$$标幺值 = \frac{实际值(任意单位)}{基值(与实际值同单位)} \tag{1-65}$$

为了与实际值区分，标幺值都用在其右上角加“*”号表示。基值的选取是任意的，在变压器中，一般选额定值作为各物理量的基值，但存在有相互关系的几个物理量中，所选基值的个数并不是任意的，当某几个物理量的基值已被确定，其他物理量的基值也就跟着确定了，如单相变压器，当选定一次侧的额定电压和额定电流作为电压和电流的基值时，一次侧每相阻抗的基值也就确定了，应为额定电压除以额定电流，即 $z_{1N} = U_{1N}/I_{1N}$。

在变压器和电机的工程计算中，为了分析和运算方便，往往采用标幺值。变压器一、二次电压、电流、阻抗的标幺值为

$$U_1^* = \frac{U_1}{U_{1N}} \quad U_2^* = \frac{U_2}{U_{2N}} \quad I_1^* = \frac{I_1}{I_{1N}} \quad I_2^* = \frac{I_2}{I_{2N}}$$

$$z_1^* = \frac{z_1}{z_{1N}} = \frac{U_1/I_1}{U_{1N}/I_{1N}} = \frac{U_1^*}{I_1^*} \quad z_2^* = \frac{z_2}{z_{2N}} = \frac{U_2/I_2}{U_{2N}/I_{2N}} = \frac{U_2^*}{I_2^*}$$

采用标幺值时，变压器的短路阻抗标幺值与额定电流下的短路电压标幺值相等，即有

$$z_k^* = \frac{z_k}{z_{1N}} = \frac{z_k}{U_{1N}/I_{1N}} = \frac{I_k z_k}{U_{1N}} = \frac{U_k}{U_{1N}} = U_k^*$$

用标幺值来表示各物理量的优点如下：

1）采用标幺值时，不论变压器的容量如何，变压器的参数和性能指标总在一定的范围内，便于分析和比较。例如中小型电力变压器的短路阻抗标幺值 $z_k^* = 0.04 \sim 0.105$，如果求出的短路阻抗标幺值不在此范围内，就应核查一下是否存在计算或设计错误。

2）采用标幺值能直观地表示变压器的运行情况。例如已知一台运行着的变压器端电压和电流分别为35kV、20A，从这些实际数据上判断不出什么问题，但如果已知其标幺值为 $U_k^* = 1.0$、$I_k^* = 0.6$，说明这台变压器欠载运行。

3）采用标幺值时，一、二次侧各物理量不需进行折算，便于计算。例如二次电压向一次侧折算为 $U_2' = kU_2$，采用标幺值时，则有 $U'^*_2 = \frac{U_2'}{U_{1N}} = \frac{kU_2}{kU_{2N}} = \frac{U_2}{U_{2N}} = U_2^*$。

1.6 变压器的运行特性

变压器的运行特性有外特性 $U_2 = f(I_2)$ 和效率特性 $\eta = f(I_2)$，而变压器的主要性能指标是电压变化率。

1.6.1 电压变化率和外特性

变压器外特性是指当 $U_1 = U_{1N}$，$\cos\varphi_2 =$ 常数时，二次端电压随负载电流变化的规律，即 $U_2 = f(I_2)$ 曲线。由于变压器内部存在漏阻抗，当有负载电流时，就会产生电压降，所以输出电压是随负载电流变化而变化的，其变化规律与负载的性质有关。变压器外特性如图1-20所示。

为了表征电压随负载电流变化的程度，可用电压变化率 ΔU^* 表示。电压变化率是指在一次侧加额定电压，二次空载电压与某一功率因数下的额定负载的二次电压差值与二次额定电压的比值用百分数表示，即有

$$\Delta U^* = \frac{U_{2N} - U_2}{U_{2N}} \times 100\% = \frac{U_{1N} - U_2'}{U_{1N}} \times 100\% \tag{1-66}$$

电压变化率反映了变压器电压的稳定性，是一项重要的性能指标。可根据简化等效电路的相量图（见图1-21）推导出电压变化率的公式，即

$$\Delta U^* = \frac{U_{1N} - U_2'}{U_{1N}} \times 100\% = \beta \frac{I_{1N}(r_k \cos\varphi_2 + x_k \sin\varphi_2)}{U_{1N}} \times 100\% \tag{1-67}$$

式中，$\beta = I_1/I_{1N} = I_2/I_{2N}$，称为变压器的负载系数。若用标幺值表示，电压变化率公式为

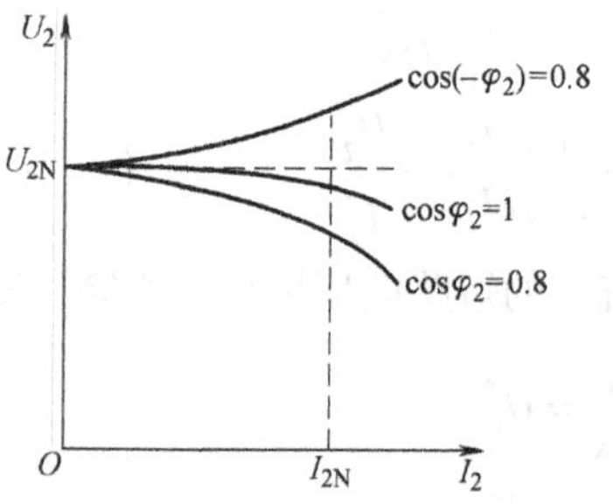

图 1-20 变压器外特性

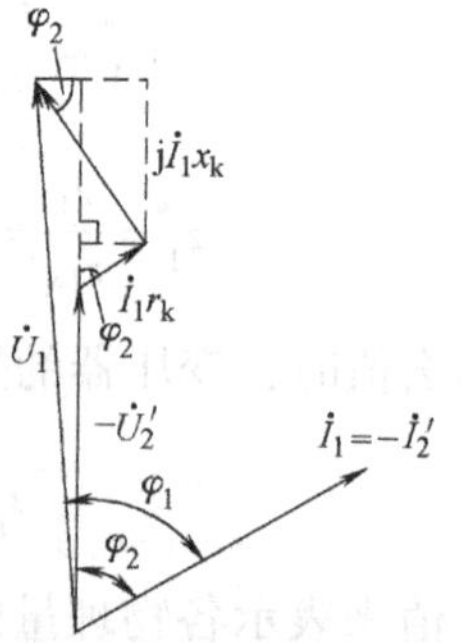

图 1-21 感性负载的简化等效电路相量图

$$\Delta U^* = \beta(r_k^* \cos\varphi_2 + x_k^* \sin\varphi_2) \tag{1-68}$$

由式（1-68）可见，变压器的电压变化率与短路参数 r_k 和 x_k、负载系数 β、负载功率因数角 φ_2 有关，当负载为电阻性或感性时，电压变化率 $\Delta U^*>0$，且电阻性负载的电压变化率小于感应负载的电压变化率；当负载为容性时，一般情况下，$|r_k\cos\varphi_2| < |x_k\sin\varphi_2|$，电压变化率 $\Delta U^*<0$，外特性上翘。

1.6.2 变压器效率和效率特性

变压器的效率为

$$\eta = \frac{P_2}{P_1} = \frac{P_1 - \sum p}{P_1} = 1 - \frac{\sum p}{P_2 + \sum p} \tag{1-69}$$

式中，$\sum p = p_{Fe} + p_{Cu}$ 为变压器的总损耗，P_1 为变压器的输入功率，P_2 为变压器的输出功率。由前面分析可知，变压器的空载损耗主要是铁损，不随负载变化而变化，则有 $P_0 \approx p_{Fe}$，所以铁损是不变损耗。铜损包括一、二次绕组上的铜损，与负载电流的二次方成正比，随负载电流的变化而变化，并与短路试验电流为额定值时的输入功率存在如下关系：$\beta^2 P_{kN} \approx p_{Cu}$，所以铜损是可变损耗。

设 $P_2 = mU_2I_2\cos\varphi_2 \approx mU_{2N}\beta I_{2N}\cos\varphi_2 = \beta S_N\cos\varphi_2$，则效率公式为

$$\eta = 1 - \frac{P_0 + \beta^2 P_{kN}}{\beta S_N \cos\varphi_2 + P_0 + \beta^2 P_{kN}} \tag{1-70}$$

由式（1-70）可见，变压器的效率与 P_0、P_{kN}、负载的性质以及负载率有关。效率特性是指当负载功率因数为常数时，效率与负载系数的关系，即 $\eta = f(\beta)$，如图 1-22 所示。由曲线可见，当负载变化到某一值时，效率为最大，即为 η_{max}，对应的负载系数为 β_m，对式（1-70）求导，并令 $\frac{d\eta}{d\beta}=0$，得最高效率时的负载系数为

$$\beta_m^2 P_{kN} = P_0 \quad 或 \quad \beta_m = \sqrt{\frac{P_0}{P_{kN}}} \tag{1-71}$$

可见，当不变损耗等于可变损耗时，变压器效率最高。效率特性的这个特点，对其他电机也适用，具有普遍意义。

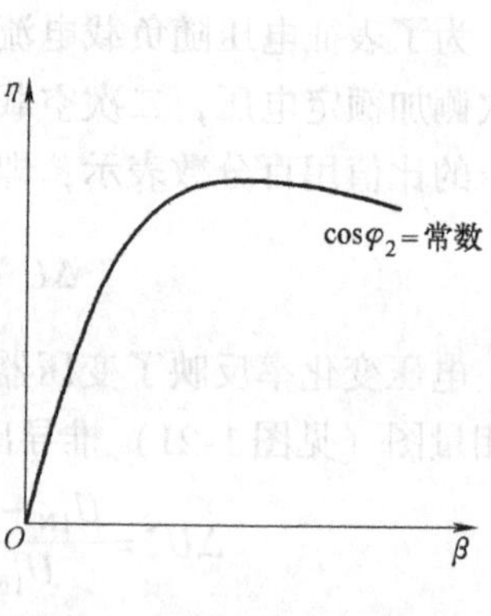

图 1-22 变压器效率特性

1.7 三相变压器

三相变压器广泛应用于电力系统中，在对称三相负载下运行时，变压器的各相电压、电流大小相等，互差120°相角，三相完全对称，前面所得出的单相变压器的基本方程、等效电路和相量图可直接用于三相变压器的任意一相。下面只讨论三相变压器特有的问题。

1.7.1 三相变压器的磁路系统

三相变压器的磁路系统分两种，一种是由三个容量与结构完全相同的单相变压器组成的三相变压器，如图1-23所示。其特点是每相都有自己独立的磁路，互不相关，各相的励磁电流在数值上完全相等。该结构的变压器称为三相组式变压器，其优点是对特大容量的变压器制造容易，备用量小；但其铁心用料多，占地面积大，只适用于超高压、特大容量的场合。

另一种三相变压器如图1-24所示，其特点是三相磁路相互关联，磁路长度不等，当外加三相对称电压时，三相励磁电流不对称，但因励磁电流很小，可忽略对负载运行的影响，该结构的变压器称为三相心式变压器，其优点是节省材料，体积小，效率高，维护方便。

故目前大、中、小容量的变压器广泛采用心式变压器。

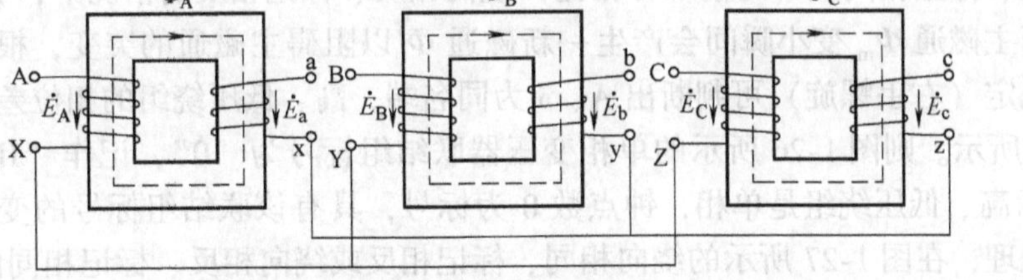

图1-23 三相组式变压器磁路系统

1.7.2 三相变压器的绕组联结组标号

三相绕组通常采用星形联结（记作“Y”或“y”）或三角形联结（记作“D”或“d”），在讨论三相绕组的联结组标号之前，先对绕组的首、末端的标志进行规定，见表1-1。

星形联结的三相绕组接法如图1-25a所示，三个末端连接在一起形成中性点，如果将中性点引出，就形成了三相四线制，表示为Y_N或y_n。三角形联结的三相绕组接法有两种，如图1-25b所示。

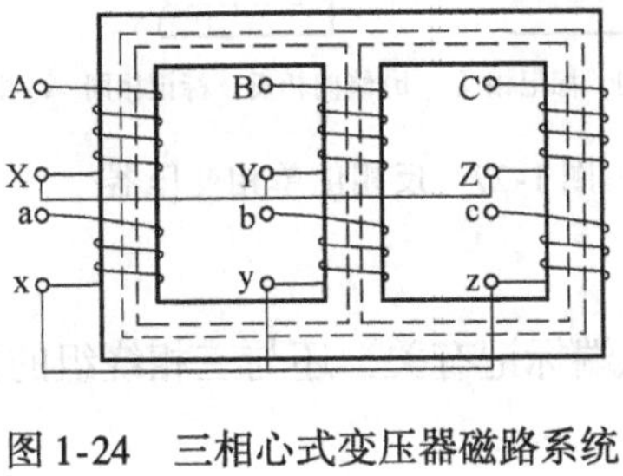

图1-24 三相心式变压器磁路系统

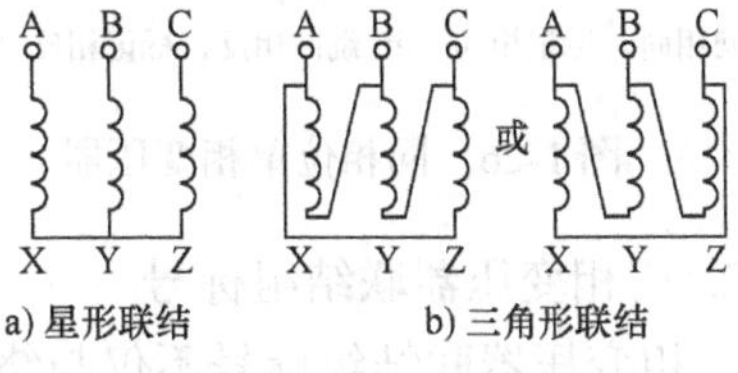

图1-25 星形和三角形联结

表 1-1　绕组首、末端的标志

绕组名称	单相变压器		三相变压器		中性点
	首端	末端	首端	末端	
高压绕组	A	X	A、B、C	X、Y、Z	N
低压绕组	a	x	a、b、c	x、y、z	n

1. 高、低压绕组中电动势的相位

无论单相变压器的高、低压绕组还是三相变压器的同一相高、低压绕组都是绕在同一铁心柱上，并被同一主磁通链绕，当主磁通交变时，在高、低压绕组中感应的电动势之间存在一定的极性关系。如图 1-26 所示，在任一瞬间，高压绕组的某一端的电位为正时，低压绕组也有一端的电位为正，两个绕组间同极性的一端称为同名端，记作“·”。

变压器的联结组标号可用时钟表示法来表示。首先规定各绕组的电动势均由首端指向末端，高压绕组电动势从 A 指向 X，记为“$\dot{E}_{AX}$”，简记为“$\dot{E}_A$”（以下均采用简记法），低压绕组电动势从 a 指向 x，记为“$\dot{E}_{ax}$”，简记为“$\dot{E}_a$”。所谓时钟表示法，就是把高压绕组线电动势作为时钟的长针，永远指向“12”点钟，低压绕组的线电动势作为短针，根据高、低压绕组线电动势之间的相位指向不同的钟点。

单相变压器高、低压绕组电动势的相位关系只有同相位和反相位两种。在图 1-26 所示的绕向相同、标记相同或（与前一种相比）绕向相反、标记相反的情况下，Φ_m 为铁心中的主磁通，当主磁通 Φ_m 变小瞬间会产生一新磁通 Φ' 以阻碍主磁通的突变，根据前面电动势正方向的规定（右手螺旋）可判断出 A、a 为同名端，高、低压绕组的相位差为 0°，相量图如图 1-26c 所示。则图 1-26 所示的单相变压器联结组标号为“0”，记作“II0”，其中罗马数字 II 表示高、低压绕组是单相，钟点数 0 为标号，具有该联结组标号的变压器称为同相变压器。同理，在图 1-27 所示的绕向相同、标记相反或绕向相反、标记相同的情况下，Φ_m 为铁心中的主磁通，当主磁通变小瞬间会产生一新磁通 Φ' 以阻碍主磁通的突变，则可判断出 A、a 为异名端，高、低压绕组的相位差为 180°，相量图如图 1-27c 所示，单相变压器联结组标号为“6”，记作“II6”，具有该联结组标号的变压器称为反相位变压器。

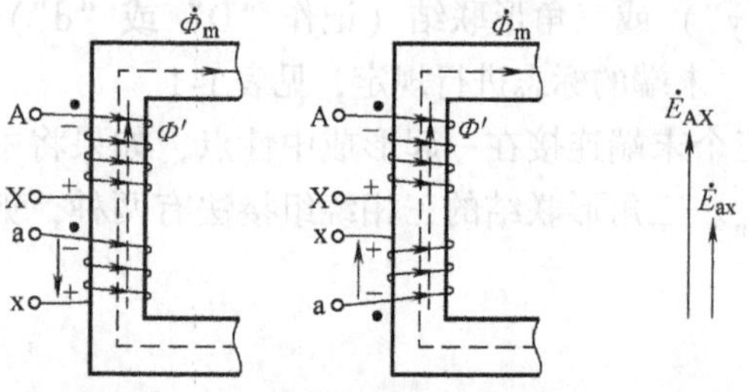

a) 绕向相同，标记相同　b) 绕向相反，标记相反　c) 相量图

图 1-26　同相位单相变压器

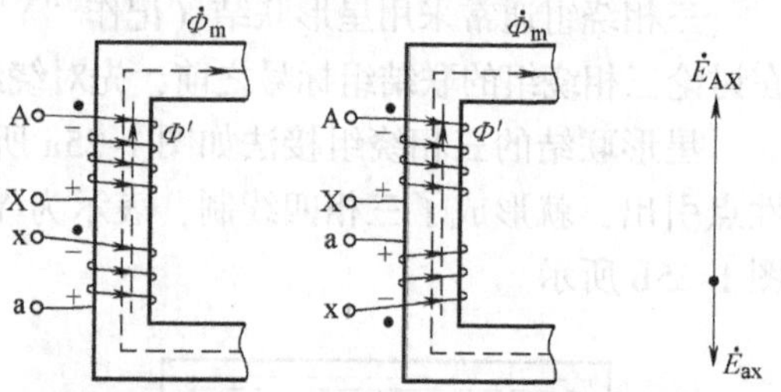

a) 绕向相同，标记相反　b) 绕向相反，标记相同　c) 相量图

图 1-27　反相位单相变压器

2. 三相变压器联结组标号

三相变压器联结组标号不仅与绕组的同名端和首、末端标记有关，还与三相绕组的连接方法有关。

确定三相变压器联结组标号的步骤：①根据三相变压器绕组联结方式（Y或y、D或d）画出高、低压绕组接线图（绕组按A、B、C相序自左向右排列）；②在接线图上标出相电动势和线电动势的假定正方向；③画出高压绕组电动势相量图，根据单相变压器判断同一相的相电动势方法，将A、a重合，再画出低压绕组的电动势相量图（画相量图时应注意三相量按顺相序画）；④根据高、低压绕组线电动势相位差，确定联结组标号。下面举例具体说明。

（1）Yy联结组标号

图1-28所示为三相变压器Yy的一种接线。

第一步：在接线图中标出相电动势$\dot{E}_A$、$\dot{E}_B$、$\dot{E}_C$和$\dot{E}_a$、$\dot{E}_b$、$\dot{E}_c$以及线电动势$\dot{E}_{AB}$、$\dot{E}_{ab}$的假定正方向和同名端，如图1-28a所示，从图中可见，每一铁心柱上的高、低压绕组的首端为同名端。

第二步：根据接线图画相量图。先画出高压绕组的相量图，一般习惯将A点画在左下方，按顺相序排列$\dot{E}_A$、$\dot{E}_B$、$\dot{E}_C$三相量，再根据同一铁心柱上高、低压绕组相位关系，将A点与a点重合，画$\dot{E}_a$相量，由于A、a为同名端，则$\dot{E}_A$、$\dot{E}_a$同相位，降压变压器$\dot{E}_A$比$\dot{E}_a$画得长些，相量$\dot{E}_{ax}$确定后，顺相序画出$\dot{E}_b$和$\dot{E}_c$相量，使x、y、z重合，则低压绕组的相量图画完。

第三步：在相量图上分别画出线电动势$\dot{E}_{AB}$、$\dot{E}_{ab}$，根据$\dot{E}_{AB}$、$\dot{E}_{ab}$相量的相位关系，确定联结组标号，由图1-28b可见，$\dot{E}_{AB}$和$\dot{E}_{ab}$同相位，则联结组标号为“Yy0”。

如果将上述接线图中的同名端改为异名端，如图1-29a所示，则其相量图如图1-29b所示，根据相量图可得三相变压器的联结组标号为Yy6。

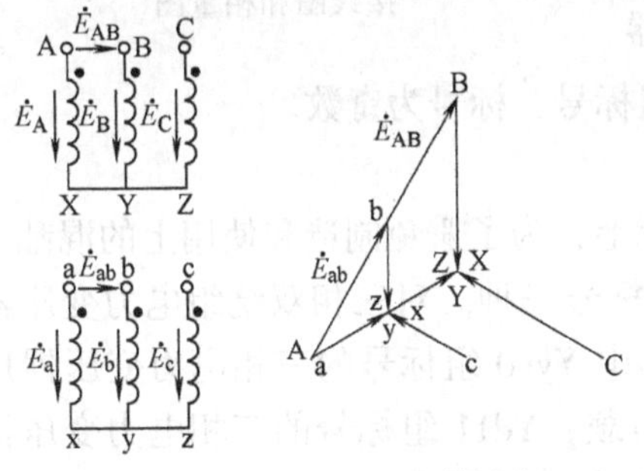

a) 接线图　b) 相量图

图1-28　Yy0联结组标号的接线图和相量图

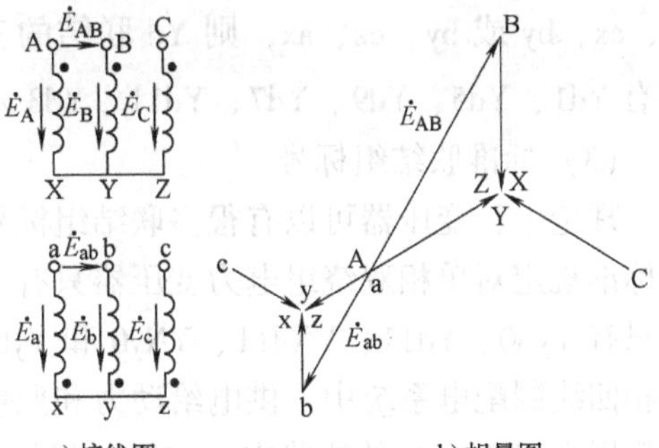

a) 接线图　b) 相量图

图1-29　Yy6联结组标号的接线图和相量图

如果在与高压绕组AX、BY、CZ套在同一铁心柱上的低压绕组依次为cz、ax、by时其接线图和相量图如图1-30所示，联结组标号为“Yy4”。因此，Yy联结的三相变压器，共有Yy0、Yy4、Yy8、Yy6、Yy10、Yy2六种联结组标号，标号为偶数。

（2）Yd联结组标号

如果低压绕组按ax、by、cz顺序接法，同一铁心柱上绕组首端为同名端，则其接线图如图 1-31a 所示，此时高、低压绕组相电动势同相位，但低压绕组线电动势 $\dot{E}_{ab}$滞后高压绕组线电动势 $\dot{E}_{AB}$30°，其相量图如图 1-31b 所示，从而可得三相变压器的联结组标号为 Yd1。

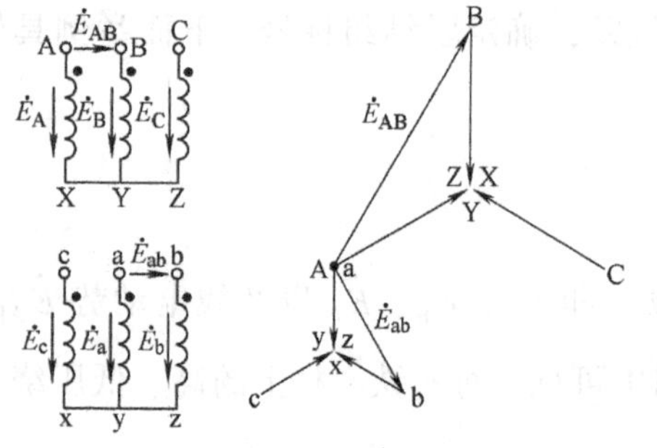

a) 接线图　b) 相量图

图 1-30　Yy4 联结组标号的接线图和相量图

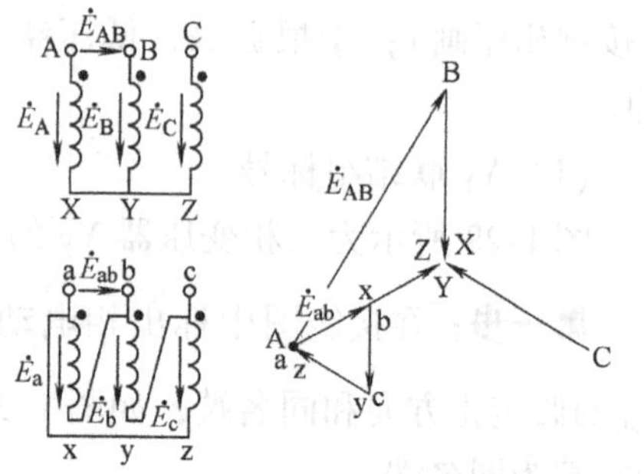

a) 接线图　b) 相量图

图 1-31　Yd1 联结组标号的接线图和相量图

如果低压绕组按 ax、cz、by 顺序接法，同一铁心柱上绕组首端为同名端，则其接线图如图 1-32a 所示，此时高、低压绕组相电动势同相位，但低压绕组线电动势 $\dot{E}_{ab}$超前高压绕组线电动势 $\dot{E}_{AB}$30°，其相量图如图 1-32b 所示，从而可得三相变压器的联结组标号为 Yd11。

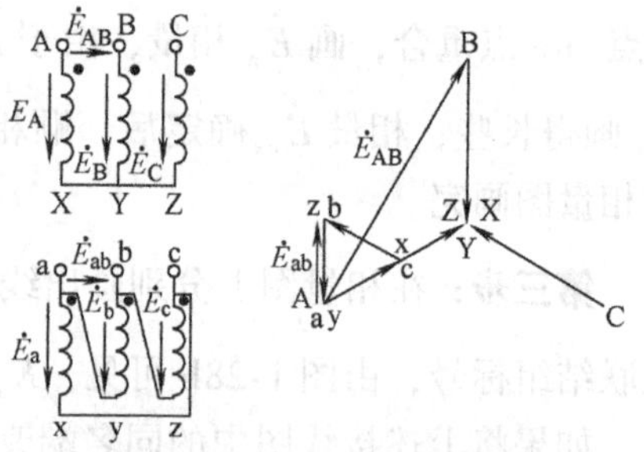

a) 接线图　b) 相量图

图 1-32　Yd11 联结组标号的接线图和相量图

考虑到高、低压绕组的首端可以是同名端也可以是异名端，而且与高压绕组 AX、BY、CZ 套在同一铁心柱上的低压绕组可以是 ax、by、cz，也可以是 cz、ax、by 或 by、cz、ax，则 Yd 联结的三相变压器共有 Yd1、Yd5、Yd9、Yd7、Yd11、Yd3 六种联结组标号，标号为奇数。

(3) 标准联结组标号

理论上，变压器可以有很多联结组标号。但实际上，为了避免制造和使用上的混乱，国家标准规定对单相双绕组电力变压器只有 II0 联结组标号一种。对三相双绕组电力变压器规定只有 Yyn0、Yd11、YNd11、YNy0 和 Yy0 五种。其中 Yyn0 组标号的三相电力变压器用于三相四线制配电系统中，供电给动力和照明的混合负载；Yd11 组标号的三相电力变压器用于低压高于 0.4kV 的线路中；YNd11 组标号的三相电力变压器用于 110kV 以上的中性点需接地的高压线路中；YNy0 组标号的三相电力变压器用于一次侧需接地的系统中；Yy0 组标号的三相电力变压器用于供电给三相动力负载的线路中。

1.7.3 试验确定绕组的极性和三相变压器的联结组标号 *

1. 试验确定绕组极性

对于制成的变压器，一、二次绕组一般安装在封闭的铁壳中，难以看出绕向，同名端就不易辨认，但可通过试验来测定极性。

如图1-33所示，先标出一、二次绕组的假定同极性的出线标号A、a和X、x，把X和x用导线连接，在一次侧加一较低的便于测量的交流电压，分别测量U_{AX}、U_{Aa}和U_{ax}，如果$U_{Aa}=U_{AX}-U_{ax}$，则说明假定标号A、a是同极性端，即为同名端；如果$U_{Aa}=U_{AX}+U_{ax}$，则说明假定标号A、a是异名端。假定标号不正确，将一次绕组或二次绕组的出线端标号互换即可。

对于三相变压器的每一相一、二次绕组之间的极性，与上述单相变压器的测法相同。而三相心式变压器一次侧各相绕组之间的极性，也可用交流法试验测定。如图1-34所示，先假定标出各相一次绕组的同极性的出线标号A、B、C和X、Y、Z，将Y、Z用导线连接，在A相绕组的A、X端加一较低的便于测量的交流电压，测量U_{BC}、U_{BY}、U_{CZ}，如果$U_{BC}=U_{BY}-U_{CZ}$，则说明假定的标号正确，B、C为同极性端，即同名端；如果$U_{BC}=U_{BY}+U_{CZ}$，则说明假定的标号不正确，B、C为异名端，将B或C相中的任一相出线端标号互换即可。用同样的方法测出A与B、A与C之间的极性，这样就确定出了一次侧三相绕组之间的极性端。

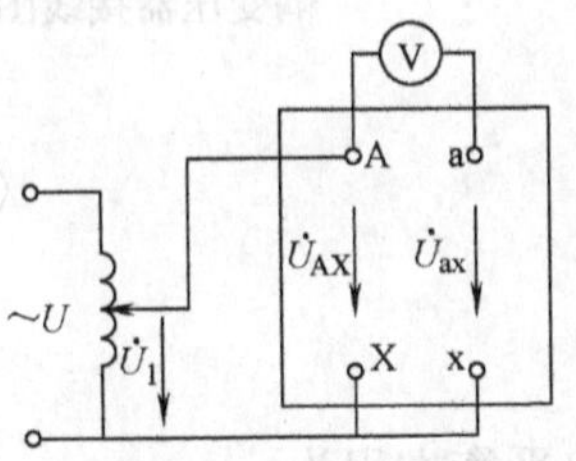

图1-33 变压器极性的测定

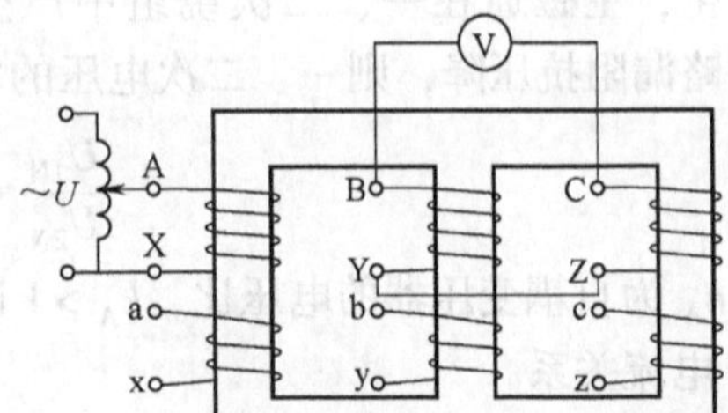

图1-34 三相心式变压器一次侧各相间极性的测定

2. 试验确定三相变压器联结组标号

下面举例介绍确定三相变压器联结组标号的试验方法，例如确定三相变压器Yy0联结组标号的试验方法，如图1-35a所示，用导线将A、a端点连接，在一次侧输入一较低的便于测量的三相交流电压，测量U_{AB}、U_{ab}、U_{Bb}、U_{Cc}、U_{Bc}、U_{Cb}。画Yy0联结组标号的相量图如图1-35b所示，作辅助线连接A与C、B与c和C与b各点，根据相量图上的几何图形可推导出公式为

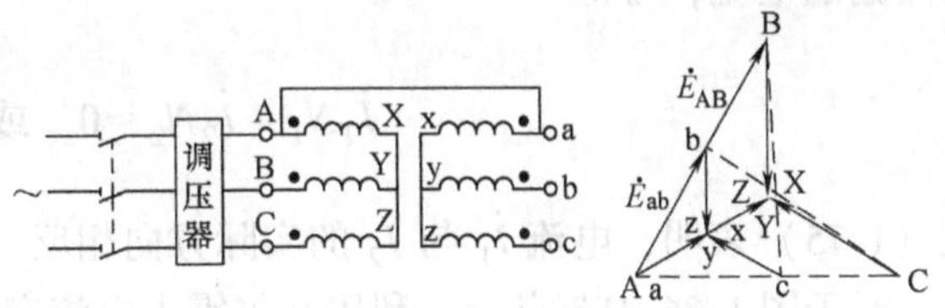

a) 接线图　b) 相量图

图1-35 Yy0试验接线图和相量图

$$U_{Bb}=U_{AB}-U_{ab}=KU_{ab}-U_{ab}=U_{ab}(K-1) \quad (1\text{-}72)$$

$$U_{Bc}=U_{Cb}=\sqrt{U_{AB}^2+U_{ab}^2-2U_{AB}U_{ab}\cos60°}$$

$$=U_{ab}\sqrt{K^2+1-K} \quad (1\text{-}73)$$

式中，K为变压器的线电压之比，$K=U_{AB}/U_{ab}$。

由式（1-72）和式（1-73）计算所得的电压值与试验测得的电压值比较，若相符，则说明是Yy0联结组标号。对于其他联结组标号的计算公式读者可按上述方法自行推导。

1.8 其他用途的变压器*

1.8.1 自耦变压器

自耦变压器的特点是二次绕组是一次绕组的一部分，一、二次绕组既有磁的耦合，又有电的联系。自耦变压器有单相和三相，有升压，也有降压。图 1-36 所示为单相双绕组自耦变压器接线图。

从图中可见，AX 为一次绕组，匝数为 N_1，ax 为二次绕组，匝数为 N_2，其中二次绕组也是一次绕组的一部分，称为公共绕组，将 Aa 绕组称为串联绕组。

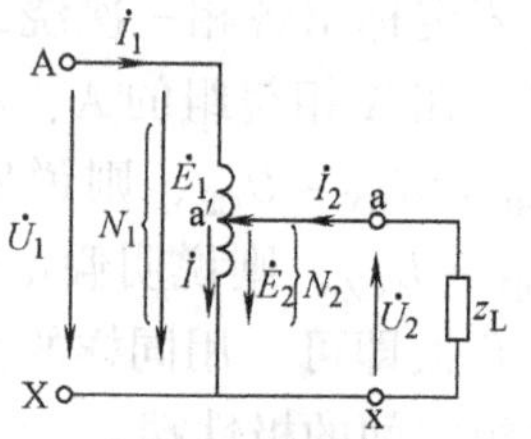

图 1-36 单相双绕组自耦变压器接线图

1. 电压关系

与双绕组变压器一样，当在一次侧加电压时，有主磁通和漏磁通产生，主磁通在一、二次绕组中产生感应电动势 $\dot{E}_1$、$\dot{E}_2$，如果忽略漏阻抗压降，则一、二次电压的关系为

$$\frac{U_{1N}}{U_{2N}} \approx \frac{E_1}{E_2} = \frac{N_1}{N_2} = k_A \tag{1-74}$$

式中，k_A 为自耦变压器的电压比，$k_A > 1$ 时为降压变压器。

2. 电流关系

负载运行时，主磁通可认为与空载时近似相等，则磁动势平衡方程为

$$\dot{I}_1 N_1 + \dot{I}_2 N_2 = \dot{I}_0 N_1$$

忽略励磁电流，可得

$$\dot{I}_1 N_1 + \dot{I}_2 N_2 \approx 0 \quad 或 \quad \dot{I}_1 \approx -\frac{\dot{I}_2}{k_A} \tag{1-75}$$

式（1-75）表明，电流 $\dot{I}_1$ 与 $\dot{I}_2$ 的实际方向相反。

对于图 1-36 中节点 a′，利用基尔霍夫电流定律，可得公共绕组 a′x 中的电流 I 为

$$\dot{I} = \dot{I}_1 + \dot{I}_2 = -\frac{\dot{I}_2}{k_A} + \dot{I}_2 = \left(1 - \frac{1}{k_A}\right)\dot{I}_2 \tag{1-76}$$

当忽略 $\dot{I}_0$ 时，$\dot{I}_1$ 与 $\dot{I}_2$ 反相，在 $k_A > 1$ 时，则有 $\dot{I}_2 > \dot{I}_1$，在节点 a′上的电流有效值为 $I = I_2 - I_1$。

3. 容量关系

自耦变压器中存在变压器容量和绕组容量这两个容量。

变压器容量是指一次侧输入容量或二次侧输出容量，又称通过容量，数值上等于额定电压与额定电流的乘积。

绕组容量是指该绕组的电压与电流的乘积，又称电磁容量。

对于双绕组变压器，功率是全部通过一、二次绕组的，电磁耦合从一次侧传送到二次侧，即有 $S_N = U_{1N} I_{1N} = U_{2N} I_{2N}$，所以，变压器的绕组容量就等于一次绕组容量或二次绕组容

量，也就是铭牌上标注的变压器容量。但是自耦变压器的变压器容量与绕组容量却不相等。

自耦变压器的额定变压器容量为

$$S_N = U_{1N}I_{1N} = U_{2N}I_{2N} \tag{1-77}$$

Aa 串联绕组的绕组容量为

$$S_{Aa} = U_{Aa}I_{1N} = \frac{N_1 - N_2}{N_1}U_{1N}I_{1N} = \left(1 - \frac{1}{k_A}\right)S_N \tag{1-78}$$

ax 公共绕组的绕组容量为

$$S_{ax} = U_{ax}I_N = U_{2N}I_{2N}\left(1 - \frac{1}{k_A}\right) = \left(1 - \frac{1}{k_A}\right)S_N \tag{1-79}$$

式（1-78）和式（1-79）说明，额定运行时串联绕组与公共绕组的绕组容量相等，均为自耦变压器容量的（$1-1/k_A$）。

自耦变压器的输入容量为

$$S_1 = U_1I_1 = (U_{Aa} + U_{ax})I_1 = U_{Aa}I_1 + U_{ax}I_1 = S_{em} + S_{tr} \tag{1-80}$$

式中，S_{em}为电磁容量；S_{tr}为传导容量。说明输入容量中一部分是电磁容量，是通过电磁感应作用传到二次侧的；另一部分是传导容量，是由 I_1 直接传到二次侧，不需要增加绕组容量，所以自耦变压器的变压器容量大于绕组容量，和同容量的普通双绕组变压器比，耗材少，体积小，成本低，效率高。电压比 k_A 越接近1，（$1-1/k_A$）越小，绕组容量越小于变压器容量，自耦变压器优点越突出，故一般电压比在1.5~2之间。自耦变压器在电力系统、工厂、实验室以及家用电器中等均有应用。

1.8.2 互感器

1. 电压互感器

电压互感器的作用是将高电压降为低电压（一般额定值为100V）供电给测量仪表和继电器的电压线圈，使测量、继电保护回路与高压线路隔离，保证人员和设备的安全。电压互感器接线图如图1-37所示，一次绕组并联在被测的高压线路上，二次绕组与电压表、功率表的电压线圈等构成闭合回路。由于二次侧所接的电压表等负载的阻抗很大，二次电流很小，电压互感器实际上相当于一台空载运行的双绕组降压变压器。为了减小测量误差，设计时应尽量减小短路阻抗和励磁电流，当忽略漏阻抗压降时有

$$\frac{U_1}{U_2} = \frac{E_1}{E_2} = \frac{N_1}{N_2} = k_u \tag{1-81}$$

式中，k_u为电压互感器的变压比。一般与电压互感器相配的电压表，已考虑变压比的折算，所以从电压表上可直接读出实际的电压值。

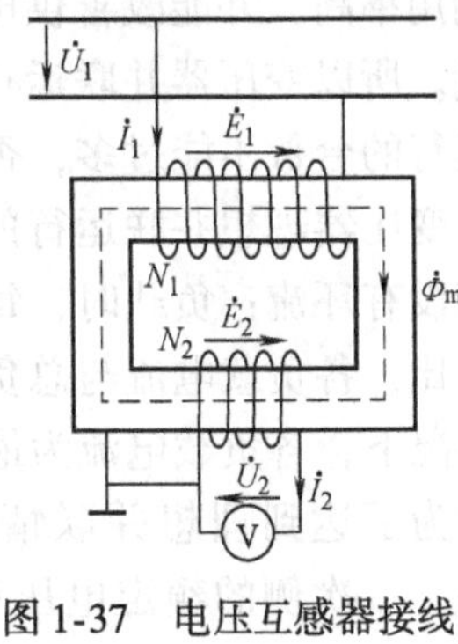

图1-37 电压互感器接线图

实际应用中，阻抗压降虽很小但还是存在，会产生一定的误差，所以电压互感器常用精度等级为0.5、1.0、3.0。

电压互感器在使用时应注意：①二次侧绝不允许短路，否则会产生很大的短路电流，烧坏电压互感器；②为确保工作人员安全，电压互感器的二次绕组以及铁心应可靠接地；③为确保测量精度，电压互感器的二次侧不宜并联过多的负载。

2. 电流互感器

电流互感器的作用是将电路中流过的大电流变换成小电流（额定值为 5A 或 1A）供电给测量仪表和继电器的电流线圈。电流互感器接线图如图 1-38 所示，一次绕组串在被测的高压线路中，二次绕组与电流表、功率表的电流线圈等构成闭合回路。由于一次绕组匝数为一匝或几匝，二次绕组匝数很多，而二次侧所接的电流表等负载的阻抗很小，电流互感器实际上相当于一台处于短路状态的升压变压器。为了减小测量误差，设计时应尽量减小励磁电流。电流互感器磁动势平衡关系为

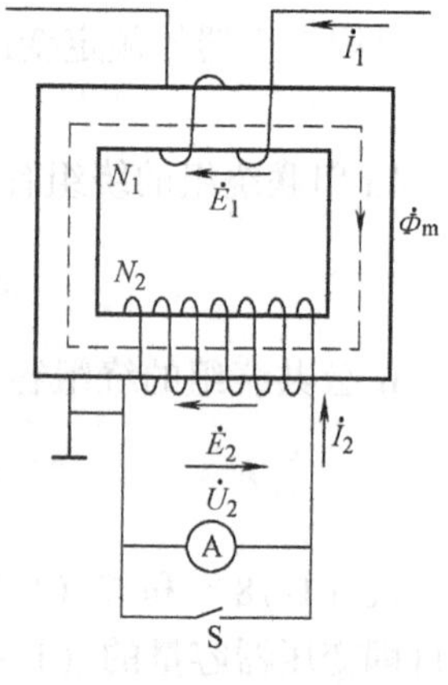

图 1-38 电流互感器接线图

$$\dot{I}_1N_1+\dot{I}_2N_2=\dot{I}_0N_1 \tag{1-82}$$

当忽略励磁电流时，则有

$$\dot{I}_1N_1+\dot{I}_2N_2=0 \quad 或 \quad \dot{I}_1=-\frac{N_2}{N_1}\dot{I}_2=-k_i\dot{I}_2 \tag{1-83}$$

式中，k_i 为电流互感器的变流比，$k_i=N_2/N_1$。

实际应用中，励磁电流虽小但还是存在，会产生一定的误差，所以电流互感器常用精度等级为 0.2、0.5、1.0、3.0 和 10。

电流互感器在使用时应注意：①二次侧绝不允许开路，否则，$I_2=0$ 时，被测线路中的大电流 I_1 全部成为励磁电流，使铁心严重过热，二次侧感应高电压，损坏电流互感器，并危及人员和其他设备安全；②为确保工作人员安全，电流互感器的二次绕组以及铁心应可靠接地；③为确保测量精度，电流互感器的二次侧所接负载阻抗不应超过允许值。

1.9 变压器并联运行*

变压器的并联运行是指将两台或两台以上的变压器的一、二次绕组同一标号的出线端连在一起接到母线上的运行方式，其接线图如图 1-39 所示。

变压器并联运行的优点：供电可靠性高，检修方便，变压器利用率高，并能改善供电系统的功率因数，减小变压器的备用量。所以变压器并联运行方式技术合理且经济，但变压器并联运行的台数不能过多，否则反而不经济。

变压器理想并联运行的情况：空载时，每台变压器二次侧之间没有环流；负载时，每台变压器分担的负载电流与其容量成正比，各负载电流与总负载电流同相位，使总负载电流一定的情况下，各负载电流为最小。

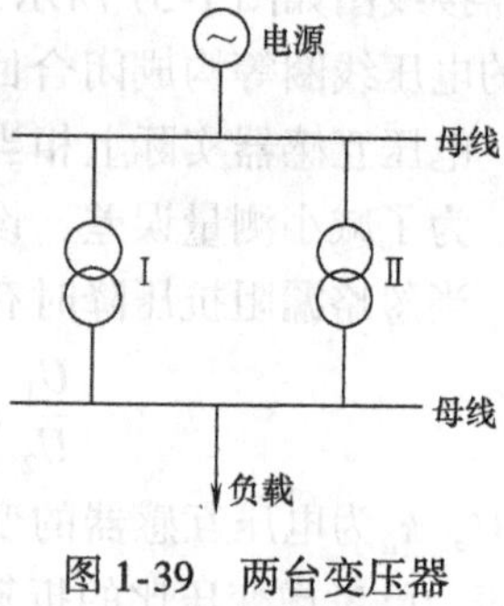

图 1-39 两台变压器并联运行接线图

为了达到理想并联情况，并联运行的变压器必须满足：①一、二次侧的额定电压相同，即电压比相等；②联结组标号相同；③短路阻抗标幺值相等。

实际上，满足①、②条件，可使变压器之间无环流；满足③条件，可使变压器所带负载按额定容量合理分配。变压器并联运行时，条件②是必须满足的，而条件①、③允许有一定误差。

1.9.1 电压比不等时的变压器并联运行

以其他两条件满足但电压比不等的两台变压器并联运行为例，其接线图如图 1-40 所示。设第一台的电压比为 k_{I}，第二台电压比为 k_{II}，且 $k_{\mathrm{I}} > k_{\mathrm{II}}$，忽略励磁电流。由于两台变压器一次侧同接一电源，电压比不等，二次侧空载电压必不相等，即 $\dot{U}_{20\mathrm{I}} = \dot{U}_1/k_{\mathrm{I}}$，$\dot{U}_{20\mathrm{II}} = \dot{U}_1/k_{\mathrm{II}}$，$\dot{U}_{20\mathrm{I}} < \dot{U}_{20\mathrm{II}}$，说明二次侧空载时就已有环流，其大小为

$$\dot{I}_{2c} = \frac{\dot{U}_1/k_{\mathrm{II}} - \dot{U}_1/k_{\mathrm{I}}}{z_{k\mathrm{I}} + z_{k\mathrm{II}}} \tag{1-84}$$

式中，$z_{k\mathrm{I}}$、$z_{k\mathrm{II}}$ 分别为折算到二次侧的两台变压器的短路阻抗。由于短路阻抗值很小，即使电压比相差很小，也会产生较大的环流，从而造成变压器损耗增大，输出容量减小，使变压器实际分担负载电流不合理。所以应把环流限制在一定范围内，一般要求环流不超过额定电流的 10%，则电压比之差不超过 1%。

1.9.2 联结组标号不同时的变压器并联运行

以两台联结组标号分别为 Yy0 和 Yd11 的变压器为例，它们并联运行时二次电压相量图如图 1-41 所示，二次侧的线电动势相等，但相位互差 30°，使二次侧回路存在电压差为

$$\Delta U_2 = 2U_2 \sin 15° = 0.518U_2 \quad 或 \quad \Delta U_2^* = 0.518 \tag{1-85}$$

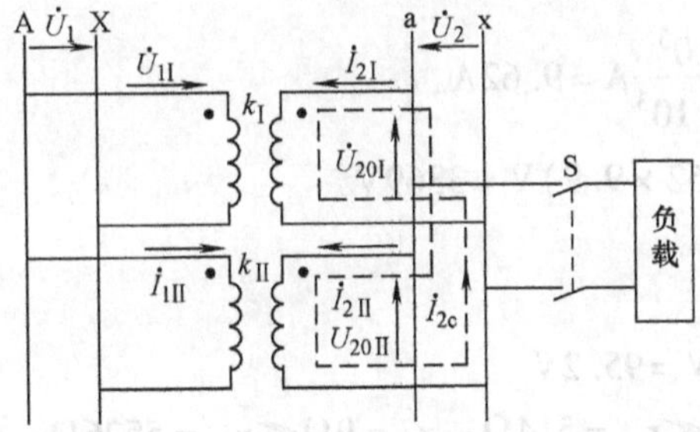

图 1-40 变压器电压比不等时并联运行接线图

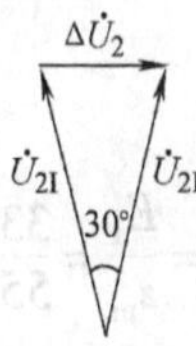

图 1-41 Yy0 和 Yd11 并联运行时二次电压相量图

由于短路阻抗很小，假设 $z_{k\mathrm{I}}^* = z_{k\mathrm{II}}^* = 0.05$，在二次侧产生的环流为

$$I_c^* = \frac{\Delta U_2^*}{z_{k\mathrm{I}}^* + z_{k\mathrm{II}}^*} = \frac{0.518}{2 \times 0.05} = 5.18 \quad 或 \quad I_c = 5.18I_{2\mathrm{N}} \tag{1-86}$$

可见，环流是额定电流的好几倍，非常大，是绝不允许的，所以变压器并联运行时，联结组标号一定要相同。

1.9.3 短路阻抗标幺值不等时的并联运行

图 1-42 所示为两台短路阻抗标幺值不等的变压器并联运行等效电路，可得

$$U_{\mathrm{Aa}} = I_{1\mathrm{I}} z_{k\mathrm{I}} = I_{1\mathrm{II}} z_{k\mathrm{II}} \tag{1-87}$$

用标幺值表示为

$$I_{1\mathrm{I}}^{*}z_{\mathrm{k\,I}}^{*}=I_{1\mathrm{II}}^{*}z_{\mathrm{k\,II}}^{*} \quad 或 \quad \frac{I_{1\mathrm{I}}^{*}}{I_{1\mathrm{II}}^{*}}=\frac{z_{\mathrm{k\,II}}^{*}}{z_{\mathrm{k\,I}}^{*}} \tag{1-88}$$

式（1-88）说明各台变压器负载电流标幺值与短路阻抗标幺值成反比，为使各台变压器的负担合理，应根据变压器容量来分担负载，即 $I_{1\mathrm{I}}^{*}=I_{1\mathrm{II}}^{*}$ 时，要求各台变压器的阻抗标幺值相等。所以为了使各台变压器负担的负载电流与理想分配相差不至于太大，规定并联运行的各变压器的短路阻抗标幺值相差不应大于10%。

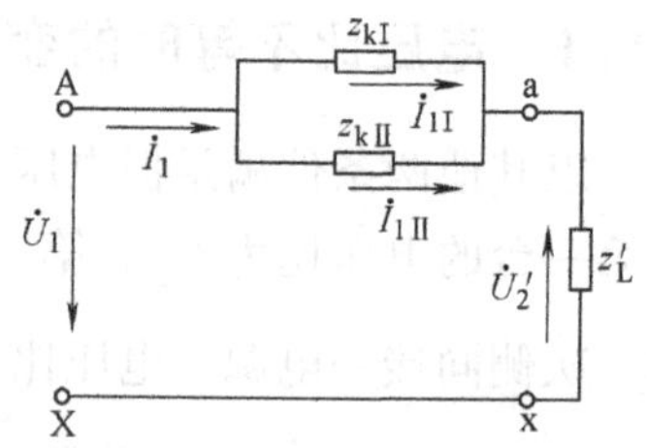

图 1-42 两台短路阻抗标幺值不等的变压器并联运行等效电路

1.10 实例（应用）

【实例 1-1】 一台三相电力变压器，Yy 联结，$S_N=100\text{kVA}$，$U_{1N}/U_{2N}=6\text{kV}/0.4\text{kV}$，每相参数：$r_1=4.2\Omega$，$x_1=9\Omega$，$r_m=514\Omega$，$z_m=5550\Omega$。求：$I_{1N}$、$I_0$ 及每相的 z_1、x_m、U_1、E_1、I_0、I_1z_1。

解：（1）$z_1=\sqrt{r_1^2+x_1^2}=\sqrt{4.2^2+9^2}\Omega=9.9\Omega$

$$x_m=\sqrt{z_m^2-r_m^2}=\sqrt{5550^2-514^2}\Omega=5526\Omega$$

（2）$U_1=\dfrac{U_{1N}}{\sqrt{3}}=\dfrac{6\times10^3}{\sqrt{3}}\text{V}=3464\text{V}$

$$I_{1N}=\frac{S_N}{\sqrt{3}U_{1N}}=\frac{100\times10^3}{\sqrt{3}\times6\times10^3}\text{A}=9.62\text{A}$$

$$E_1=U_1-I_1z_1=(3464-9.62\times9.9)\text{V}=3369\text{V}$$

（3）$I_0=\dfrac{E_1}{z_m}=\dfrac{3369}{5550}\text{A}=0.607\text{A}$

$$I_1z_1=9.62\times9.9\text{V}=95.2\text{V}$$

【点评】 从本例题的计算可推出：$r_1=4.2\Omega\ll r_m=514\Omega$；$x_1=9\Omega\ll x_m=5526\Omega$；$z_1=9.9\Omega\ll z_m=5550\Omega$；$r_m=514\Omega\ll x_m=5526\Omega$；$I_0/I_{1N}=6.3\%$，所以可认为 $I_1\approx I_2$，因容量 $S_N=100\text{kVA}$ 不大，故本例中 I_0 占 I_{1N} 较多，对大容量的变压器，空载电流所占比例会更小些；$I_1z_1/U_1=2.7\%$，所以有 $U_1\approx E_1$。

【实例 1-2】 一台单相变压器，其额定参数为额定容量 $S_N=10\text{kVA}$，额定频率 $f_N=50\text{Hz}$，额定电压 $U_{1N}/U_{2N}=380\text{V}/220\text{V}$，一次绕组漏阻抗 $z_1=(0.14+\text{j}0.22)\Omega$，二次绕组漏阻抗 $z_2=(0.035+\text{j}0.055)\Omega$，励磁阻抗 $z_m=(30+\text{j}310)\Omega$，负载阻抗 $z_L=(4+\text{j}3)\Omega$。试分别用"T"形等效电路和"Γ"形简化等效电路计算当一次侧加额定电压时，一、二次侧的实际电流、励磁电流以及二次侧的电压。

解：（1）用"T"形等效电路计算

变压器的电压比为 $k=\dfrac{U_{1N}}{U_{2N}}=\dfrac{380}{220}=1.73$

一次额定电流为 $I_{1N}=\dfrac{S_N}{U_{1N}}=\dfrac{10\times10^3}{380}\text{A}=26.32\text{A}$

二次额定电流为 $I_{2N}=\dfrac{S_N}{U_{2N}}=\dfrac{10\times10^3}{220}\text{A}=45.45\text{A}$

用"T"形等效电路求解，二次侧折算到一次侧的参数为

$$z=z_1+\frac{z_m(z_2'+z_L')}{z_m+z_2'+z_L'}=(11.51+\text{j}9.4665)\Omega=14.90\angle 39.436°\Omega$$

取参考相量为 $380\angle 0°\text{V}$，则所求各电流为

$$\dot{I}_1=\frac{\dot{U}_1}{z}=\frac{380\angle 0°}{14.9\angle 39.436°}=25.50\angle -39.436°\text{A}$$

$$-\dot{E}_1=\dot{U}_1-\dot{I}_1 z_1=373.68\angle -0.317°\text{V}$$

$$-\dot{I}_2'=\frac{-\dot{E}_1}{z_2'+z_L'}=24.67\angle -37.447°\text{A}$$

$$\dot{I}_m=\frac{-\dot{E}_1}{z_m}=1.20\angle -84.789°\text{A}$$

即一次电流 $I_1=25.50\text{A}$，二次电流 $I_2=kI_2'=42.68\text{A}$，励磁电流 $I_m=1.20\text{A}$，二次电压 $U_2=I_2|z_L|=213.40\text{V}$。

(2) 用"Γ"形简化等效电路计算

变压器的电压比、一次额定电流、二次额定电流与"T"形等效电路相同，用"Γ"形简化等效电路计算二次侧折算到一次侧的参数为

$$z=\frac{z_m(z_1+z_2'+z_L')}{z_m+z_1+z_2'+z_L'}=(11.4872+\text{j}9.4597)\Omega=14.88\angle 39.471°\Omega$$

取参考相量为 $380\angle 0°\text{V}$，则所求各电流为

$$\dot{I}_1=\frac{\dot{U}_1}{z}=\frac{380\angle 0°}{14.88\angle 39.471°}\text{A}=25.54\angle -39.471°\text{A}$$

$$-\dot{E}_1=\dot{U}_1=380\angle 0°\text{V}$$

$$-\dot{I}_2'=\frac{-\dot{E}_1}{z_1+z_2'+z_L'}=24.69\angle -37.469°\text{A}$$

$$\dot{I}_m=\frac{-\dot{E}_1}{z_m}=1.22\angle -84.472°\text{A}$$

即一次电流 $I_1=25.54\text{A}$，二次电流 $I_2=k\,I_2'=42.71\text{A}$，励磁电流 $I_m=1.22\text{A}$，二次电压 $U_2=I_2|z_L|=213.55\text{V}$。

【点评】 "T"形等效电路虽然能够精确反映变压器内部的电磁关系，但它有阻抗的串联和并联支路，复数运算比较复杂。实际电力变压器的负载运行时 $I_0\ll I_1$，$z_1\ll z_m$，当负载变化时，一次侧感应电动势变化很小，所以可认为空载电流不随负载变化，将"T"形等效电路简化为"Γ"形简化等效电路，使计算大为简化，从对应的各物理量计算结果看，引起的最大误差为 1.69%，在工程上是允许的，因此，工程计算中一般采用简化等效电路。

【实例 1-3】 某台三相电力变压器铭牌数据：额定容量 $S_N=750\text{kVA}$，额定电压 $U_{1N}/U_{2N}=10\text{kV}/0.4\text{kV}$，Yy 联结。试验测得每相短路电阻 $r_k=1.42\Omega$，短路电抗 $x_k=$

6.50Ω。变压器一次侧接额定电压，二次侧接三相对称负载，已知每相负载阻抗 $z_L=(0.25+j0.08)\Omega$。试计算：（1）变压器一、二次电流；（2）二次电压；（3）输入的有功功率和无功功率；（4）输出的有功功率和无功功率；（5）效率。

解：（1）计算一、二次电流

电压比为

$$k=\frac{U_{1N}/\sqrt{3}}{U_{2N}/\sqrt{3}}=\frac{10000/\sqrt{3}}{400/\sqrt{3}}=25$$

负载阻抗为

$$z_L=(0.25+j0.08)\Omega=0.262\angle 17.74°\Omega$$

折算到一次侧的负载阻抗为

$$z_L'=k^2z_L=25^2(0.25+j0.08)\Omega=(156.25+j50)\Omega$$

本题忽略空载电流 I_0，采用简化等效电路计算，则从一次侧看进去的每相总阻抗为

$$z=z_k+z_L'=[1.42+156.25+j(6.50+50)]\Omega=(157.67+j56.50)\Omega=167.49\angle 19.71°\Omega$$

一次电流为

$$I_1=\frac{U_{1N}/\sqrt{3}}{z}=\frac{10000/\sqrt{3}}{167.49}A=34.47A$$

二次电流为

$$I_2=kI_1=25\times 34.47A=861.75A$$

（2）计算二次电压

二次电压为

$$U_2=\sqrt{3}I_2z_L=\sqrt{3}\times 861.75\times 0.262V=391.1V$$

（3）计算输入的有功功率和无功功率

一次侧功率因数为

$$\cos\varphi_1=\cos 19.71°=0.94$$

输入的有功功率为

$$P_1=\sqrt{3}U_{1N}I_1\cos\varphi_1=\sqrt{3}\times 10000\times 34.47\times 0.94W=561.2kW$$

输入的无功功率为

$$Q_1=\sqrt{3}U_{1N}I_1\sin\varphi_1=\sqrt{3}\times 10000\times 34.47\times 0.34var=203.0kvar$$

（4）计算输出的有功功率和无功功率

二次侧功率因数为

$$\cos\varphi_2=\cos 17.74°=0.95$$

输出的有功功率为

$$P_2=\sqrt{3}U_2I_2\cos\varphi_2=\sqrt{3}\times 391.1\times 861.75\times 0.95W=554.6kW$$

输出的无功功率为

$$Q_2=\sqrt{3}U_2I_2\sin\varphi_2=\sqrt{3}\times 391.1\times 861.75\times 0.30var=175.1kvar$$

（5）计算效率

变压器效率为

$$\eta = \frac{P_2}{P_1} = \frac{554.6 \times 10^3}{561.2 \times 10^3} = 98.82\%$$

【点评】 在没有特别指出求相值的情况下，求三相变压器的一、二次电压或电流时，均指求线电压或线电流。实际电力变压器的负载运行时 $I_0 \ll I_1$，工程计算一般采用简化等效电路。

【实例 1-4】 一台型号为 SL-1250/10 的三相电力变压器额定数据：$S_N = 1250\text{kV} \cdot \text{A}$，$U_{1N}/U_{2N} = 10\text{kV}/0.4\text{kV}$，Yy 联结。在低压侧做空载试验，测得数据为 $U_2 = U_{2N} = 400\text{V}$，$I_2 = I_{20} = 25.4\text{A}$，$p_0 = 2410\text{W}$。在高压侧做短路试验，测得数据为 $U_1 = U_{1k} = 440\text{V}$，$I_1 = I_{1N} = 72.17\text{A}$，$p_k = 13595\text{W}$，室温为 20℃。试求：（1）折算到一次侧的励磁阻抗和短路阻抗，用标幺值表示；（2）阻抗电压及其百分值。

解：（1）计算励磁阻抗和短路阻抗

变压器的电压比为

$$k = \frac{U_{1N}/\sqrt{3}}{U_{2N}/\sqrt{3}} = \frac{10000/\sqrt{3}}{400/\sqrt{3}} = 25$$

折算到一次侧的励磁参数为

$$z_m = k^2 \frac{U_0/\sqrt{3}}{I_0} = 25^2 \times \frac{400/\sqrt{3}}{25.4}\Omega = 5683\Omega$$

$$r_m = k^2 \frac{p_0/3}{I_0^2} = 25^2 \times \frac{2410/3}{25.4^2}\Omega = 778\Omega$$

$$x_m = \sqrt{z_m^2 - r_m^2} = \sqrt{5683^2 - 778^2}\Omega = 5629\Omega$$

一次绕组阻抗基准值为

$$z_{1N} = \frac{U_{1N}}{\sqrt{3} I_{1N}} = \frac{10000}{\sqrt{3} \times 72.17}\Omega = 80\Omega$$

励磁参数的标幺值为

$$z_m^* = \frac{z_m}{z_{1N}} = \frac{5683}{80} = 71.03$$

$$r_m^* = \frac{r_m}{z_{1N}} = \frac{778}{80} = 9.73$$

$$x_m^* = \frac{x_m}{z_{1N}} = \frac{5629}{80} = 70.36$$

短路参数分别为

$$z_k = \frac{U_k/\sqrt{3}}{I_k} = \frac{440/\sqrt{3}}{72.17}\Omega = 3.52\Omega$$

$$r_k = \frac{p_k/3}{I_k^2} = \frac{13595/3}{72.17^2}\Omega = 0.87\Omega$$

$$x_k = \sqrt{z_k^2 - r_k^2} = \sqrt{3.52^2 - 0.87^2}\Omega = 3.41\Omega$$

变压器为铝线，换算到 75℃时的参数为

$$r_{k75℃}=r_k\frac{228+75}{228+20}=0.87\times\frac{228+75}{228+20}\Omega=1.06\Omega$$

$$z_{k75℃}=\sqrt{r_{k75℃}^{\ 2}+x_k^2}=\sqrt{1.06^2+3.14^2}\Omega=3.31\Omega$$

短路参数标幺值为

$$z_{k75℃}^*=\frac{z_{k75℃}}{z_{1N}}=\frac{3.31}{80}=0.0414$$

$$r_{k75℃}^*=\frac{r_{k75℃}}{z_{1N}}=\frac{1.06}{80}=0.0133$$

$$x_k^*=\frac{x_k}{z_{1N}}=\frac{3.41}{80}=0.0426$$

一次侧漏阻抗、电阻、漏电抗在75℃时的参数为

$$z_1\approx z_2'=\frac{1}{2}z_{k75℃}=\frac{1}{2}\times3.31\Omega=1.655\Omega$$

$$r_1\approx r_2'=\frac{1}{2}r_{k75℃}=\frac{1}{2}\times1.06\Omega=0.53\Omega$$

$$x_1\approx x_2'=\frac{1}{2}x_k=\frac{1}{2}\times3.41\Omega=1.705\Omega$$

一次侧漏阻抗、电阻、漏电抗标幺值为

$$z_1^*=0.0207,\quad r_1^*=0.0066,\quad x_1^*=0.0213$$

二次侧漏阻抗、电阻、漏电抗为

$$z_2=\frac{z_2'}{k^2}=\frac{1.655}{25^2}\Omega=0.0026\Omega$$

$$r_2=\frac{r_2'}{k^2}=\frac{0.53}{25^2}\Omega=0.0008\Omega$$

$$x_2=\frac{x_2'}{k^2}=\frac{1.705}{25^2}\Omega=0.0027\Omega$$

（2）计算阻抗电压及其百分值

阻抗电压为

$$U_k=I_{1N}z_{k75℃}=72.17\times3.31\text{V}=238.88\text{V}$$

阻抗电压百分值为

$$\Delta u_k=\frac{U_k}{U_{1N}/\sqrt{3}}\times100\%=\frac{238.88}{10000/\sqrt{3}}\times100\%=4.14\%$$

【点评】 三相变压器试验时测得的功率是三相的总值，而参数计算是指每一相的值，要注意换算。在二次侧做空载试验一是为了安全，二是为了便于读数。短路电压一般标于铭牌上，其值的大小反映了变压器在额定负载下运行时的漏阻抗压降的大小。从运行角度看，希望此值大些，这样使输出电压受负载波动的影响小些；但阻抗电压小时，变压器发生短路故障的短路电流必然很大，可能会损害变压器。因此电力变压器的短路电压应在某个范围，一般中小容量变压器的短路电压百分值为4%～10.5%。

【实例 1-5】 在选择变压器时，有两台电力变压器Ⅰ号和Ⅱ号可供选择。这两台变压器

额定容量均为100kVA，最大效率均为97%。在负载功率因数为1时，Ⅰ号变压器在负载系数为0.9时有最大效率；Ⅱ号变压器在负载满载时有最大效率。现实际负载情况：空载运行10h；功率因数为1时满载运行8h；功率因数为0.8（滞后）过载10%运行6h，试选择变压器。

解： 当不变损耗等于可变损耗时，变压器效率最高，则有

$$\eta_{\max} = \frac{\beta_m S_N \cos\varphi_2}{\beta_m S_N \cos\varphi_2 + 2p_0} \tag{1-89}$$

对于Ⅰ号变压器：$S_N = 100\text{kVA}$，$\beta_m = 0.9$，$\eta_{\max} = 0.97$，$\cos\varphi_2 = 1$，则由式（1-89）可得

$$p_0 = \frac{1}{2}\frac{1-\eta_{\max}}{\eta_{\max}}\beta_m S_N \cos\varphi_2 = \frac{1}{2} \times \frac{1-0.97}{0.97} \times 0.9 \times 100 \times 10^3 \times 1\text{W} = 1392\text{W}$$

又因为不变损耗等于可变损耗，则有

$$p_{kN} = \frac{p_0}{\beta^2} = \frac{1392}{0.9^2}\text{W} = 1719\text{W}$$

对于Ⅱ号变压器：$S_N = 100\text{kVA}$，$\beta_m = 1.0$，$\eta_{\max} = 0.97$，$\cos\varphi_2 = 1$，则由式（1-89）可得

$$p_0 = \frac{1}{2}\frac{1-\eta_{\max}}{\eta_{\max}}\beta_m S_N \cos\varphi_2 = \frac{1}{2} \times \frac{1-0.97}{0.97} \times 100 \times 10^3 \times 1\text{W} = 1546\text{W}$$

$$p_{kN} = \frac{p_0}{\beta_m^2} = \frac{1546}{1.0^2}\text{W} = 1546\text{W}$$

投入运行后变压器总损耗为

$$\sum p = p_0 \times 24\text{h} + p_{Cu} \times 8\text{h} + 1.1^2 \times p_{Cu} \times 0.8 \times 6\text{h}$$

Ⅰ号变压器的损耗为

$$\sum p = 1392\text{W} \times 24\text{h} + 1719\text{W} \times 8\text{h} + 1.1^2 \times 1719\text{W} \times 0.8 \times 6\text{h} = 57.14\text{kW}\cdot\text{h}$$

Ⅱ号变压器的损耗为

$$\sum p = (24\text{h} + 8\text{h} + 1.1^2 \times 0.8 \times 6\text{h}) \times 1546\text{W} = 58.45\text{kW}\cdot\text{h}$$

从上面的计算可得出Ⅰ号变压器的损耗比Ⅱ号变压器的损耗小，所以应选择Ⅰ号变压器。

【点评】 电力变压器的额定容量是指在设计标准规定的环境温度下（最高气温40℃，年平均气温20℃）和使用年限（一般20年）内，所能连续输出的最大视在功率（kVA）。但在实际运行中，由于负荷在不断变化，且我国绝大多数地区的环境温度低于设计标准所规定的环境温度，因而变压器具有一定的过载潜力。在选择变压器容量时应充分利用这种潜力[5]。

【实例1-6】 晶体管功率放大器对输出信号来说相当于一个交流电源，其电动势 $E_s = 8.5\text{V}$，内阻 $R_s = 72\Omega$。另有一扬声器电阻 $R_L = 8\Omega$。现采用两种方法把扬声器接入放大器电路作负载，一种直接接入，另一种经过电压比 $k = 3$ 的变压器接入，如图1-43所示。忽略变压器的漏阻抗和励磁电流。求：（1）两种接法时扬声器获得的功率；（2）要使放大器输出功率最大，变压器电压比应为多少？（3）变压器在电路中的作用是什么？

解：（1）直接接入时，电源输出的电流为

$I_1 = E_s/(R_s + R_L) = 8.5/(72 + 8)\text{A} = 0.106\text{A}$

扬声器获得的功率为

$$P_1 = I_1^2 R_L = 0.106^2 \times 8\text{W} = 0.09\text{W}$$

通过变压器接入时，电源输出电流为

$$I_2 = E_s/(R_s + R') = E_s/(R_s + k^2 R_L)$$

$$= 8.5/(72 + 3^2 \times 8)\text{A} = 0.06\text{A}$$

扬声器获得的功率为

$$P_2 = I_2^2 R' = 0.06^2 \times 72\text{W} = 0.26\text{W}$$

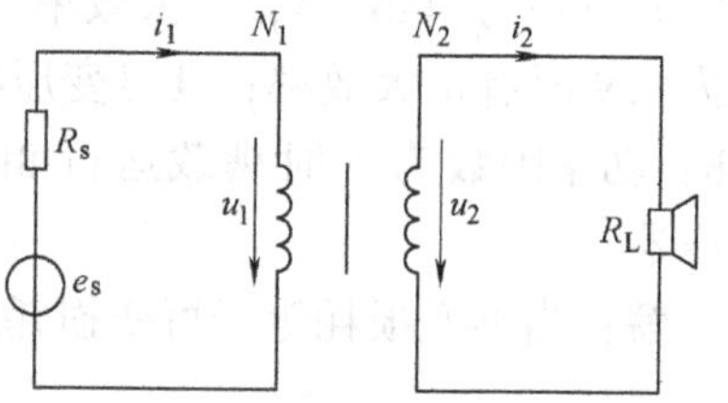

图 1-43 扬声器经变压器接功率放大器

(2) 要使放大器输出功率最大，要求电源的外阻等于其内阻，即 $R_s = R' = k^2 R_L$，则电压比

$$k = \sqrt{R_s/R} = \sqrt{72/8} = 3$$

(3) 变压器在电路中的作用是变阻抗。

【点评】 实际应用中变压器不仅可变换电压和变换电流，还可应用于阻抗匹配[6]。

【实例 1-7】 试设计基于 TOPSwitch-GX 工作在非连续导电模式下的单端反激开关电源中的高频变压器，使其实现相关开关电源功能。设计指标：开关电源交流输入为 85 ~ 250V（工频 50Hz），MOS 开关管工作频率为 132kHz，变压器输出功率为 20W，三路输出电压和电流分别为 +12V，0.5A、-12V，0.5A、+5V，1A，输出纹波小于 5%。

解：采用文献《AN-32 应用指南 TOPSwitch-GX 反激式电源设计方法》中介绍的方法，高频变压器的设计步骤如下：

第一步 参数计算

(1) 确定电路各项参数（U_{ACmax}、U_{ACmin}、f_L、U_o、P_o、η、Z）

根据题意，最小交流输入电压：$U_{ACmin} = 85\text{V}$。

最大交流输入电压：$U_{ACmax} = 250\text{V}$。

交流输入电压频率：$f_L = 50\text{Hz}$。

三路输出电压：$U_{o1} = +5\text{V}$、$U_{o2} = +12\text{V}$、$U_{o3} = -12\text{V}$。

输出功率：$P_o = 20\text{W}$。

电源效率：$\eta = 0.8$（在没有更好的参考数据情况下，通常取 0.8）。

损耗分配因子：$Z = 0.5$（如果 $Z = 1$ 说明所有损耗都在变压器二次侧，如果 $Z = 0$ 说明损耗都在一次侧，在没有更好的参考数据情况下，通常取 0.5）。

(2) 选择反馈电路器件，并根据输出要求选取偏置电压 U_B

表 1-2 所示为各种反馈回路的偏置电压取值及其参数。从表中可见，使用光耦合器/TL431 作为反馈电路，输出精度最好，本设计采用光耦合器/TL431 反馈回路，查表 1-2 可知偏置电压 $U_B = 12\text{V}$。

表 1-2 各种反馈回路的偏置电压取值及其参数

反馈电路	U_B/V	电路容差	负载调整率	输入电压	总调整率
初级/基本	5.8	±10%	±5%	±1.5%	±16.5%
初级/增强	27.8	±5%	±2.5%	±1.5%	±9%
光耦合器/稳压管	12	±5%	±1%	±0.5%	±6.5%
光耦合器/TL431	12	±1%	±0.2%	±0.2%	±1.4%

(3) 确定最小和最大直流输入电压 U_{min} 和 U_{max}

设开关电源的桥式整流大额导通时间 $t_C=3ms$，$C_{in}=60\mu F$，则最小直流输入电压为

$$U_{min}=\sqrt{2U_{ACmin}^2-\frac{2P_o\left(\frac{1}{2f_L}-t_C\right)}{\eta C_{in}}}=\sqrt{2\times85^2-\frac{2\times20\left(\frac{1}{2\times50}-3\times10^{-3}\right)}{0.8\times60\times10^{-6}}}V=93V$$

最大直流输入电压为

$$U_{max}=\sqrt{2}U_{ACmin}=\sqrt{2}\times85V=120.2V$$

(4) 确定反射输出电压 U_{OR} 以及钳位稳压管电压 U_{CLO}

多路输出时 U_{OR} 取 100V，单输出时 U_{OR} 取 120V，这些取值都是经验数据，可使交叉稳压精度和效率实现最优化设计。

本设计中为多路输出，则 $U_{OR}=100V$。

钳位稳压管电压 $U_{CLO}=1.5U_{OR}=150V$。

(5) 对相应的工作模式及电流波形设定电流波形参数 K_P

根据设计要求，在非连续导电模式下工作，取 $K_P=1.0$（若在连续导电模式下工作，宽交流电压输入时，取 $K_P=0.4$；AC 230V 单电压或 AC 115V 倍压整流时，取 $K_P=0.6$。）

(6) 根据 U_{min} 和 U_{OR} 确定最大占空比 D_{max}

非连续导电模式下的最大占空比为

$$D_{max}=\frac{U_{OR}}{K_P(U_{min}-U_{DS})+U_{OR}}=\frac{100}{1\times(93-10)+100}=0.546$$

其中，漏极与源极之间的电压 $U_{DS}=10V$。

(7) 计算一次峰值电流 I_P

输入平均电流 I_{avg} 为

$$I_{avg}=\frac{P_0}{U_{min}\eta}=\frac{20}{93\times0.8}A=0.269A$$

一次峰值电流 I_P 为

$$I_P=\frac{2I_{avg}}{D_{max}}=\frac{2\times0.269}{0.546}A=0.985A$$

(8) 计算一次有效电流 I_{rms}

一次有效电流 I_{rms} 为

$$I_{rms}=\sqrt{D_{max}\times\frac{I_P^2}{3}}=\sqrt{0.546\times\frac{0.985^2}{3}}A=0.472A$$

(9) 计算最小一次电感量 L_P

一次电感量 L_P 为

$$L_P=\frac{P_o\times10^6}{\frac{1}{2}I_P^2f_s}\frac{Z(1-\eta)+\eta}{\eta}=\frac{20\times10^6}{\frac{1}{2}\times0.985^2\times132\times10^3}\times\frac{0.5(1-0.8)+0.8}{0.8}\mu H=351\mu H$$

其中，f_s 为 TOPSwitch-GX 芯片的工作频率，单位为 Hz；L_P 单位为 μH；P_o 单位为 W；I_P 单位为 A。

(10) 确定二次绕组匝数 N_S

N_S 为单位电压对应的绕组匝数，采用 0.7 匝/伏特较为合适。肖特基二极管正向导通压降 U_{D1} 取 0.5V，7815、7915 正向压降 U_{D2}、U_{D3} 取 3V，则

+5V 输出侧绕组匝数

$$N_{S(+5V)} = N_S(U_{o1} + U_{D1}) = 0.7(5+0.5)\text{V} = 3.85\text{V}，取4匝。$$

+12V 输出侧绕组匝数

$$N_{S(+12V)} = N_{S(+5V)}(U_{o2} + U_{D2})/(U_{o1} + U_{D1}) = 4(12+3)/(5+0.5)\text{V} = 10.9\text{V}，取11匝。$$

-12V 输出侧绕组匝数

$$N_{S(-12V)} = N_{S(+5V)}(U_{o3} + U_{D3})/(U_{o1} + U_{D1}) = 4(12+3)/(5+0.5)\text{V} = 10.9\text{V}，取11匝。$$

（11）计算一次绕组匝数 N_P 以及偏置绕组匝数 N_B

输出整流二极管正向压降 U_D 为 0.5V，偏置绕组整流二极管正向压降 U_{DB} 为 0.5V，则一次绕组匝数为

$$N_P = N_S\frac{U_{OR}}{U_o + U_D} = 4\times\frac{100}{5+0.5} = 72.7，取73匝。$$

偏置绕组匝数为

$$N_B = N_S\frac{U_B + U_{DB}}{U_o + U_D} = 4\times\frac{12+0.5}{5+0.5} = 9.1，取9匝。$$

（12）确定绕组导线线径

计算相应导线线径（单位为 mm）公式为

$$d_w = 1.13\sqrt{\frac{I_N}{J}}$$

式中，I_N 为相应绕组额定电流（A），$I_N = I_{avg} = P_{in}/U_{in}$；$J$ 为电流密度（A/mm^2），取值范围在 3～10A/mm^2，这里取 $J = 3\text{A/mm}^2$。

一次侧线径：

$$I_{N1} = \frac{P_0}{U_{ACmin}\eta} = \frac{20}{85\times0.8}\text{A} = 0.294\text{A}，d_{w1} = 1.13\sqrt{\frac{0.294}{3}}\text{mm} = 0.35\text{mm}，取0.4\text{mm}。$$

二次侧线径：

+5V 侧，$I_{N2} = 1\text{A}$，$d_{w2} = 1.13\sqrt{\frac{1}{3}}\text{mm} = 0.65\text{mm}$，取 0.5mm。

+12V 侧，$I_{N3} = 0.5\text{A}$，$d_{w3} = 1.13\sqrt{\frac{0.5}{3}}\text{mm} = 0.46\text{mm}$，取 0.5mm。

-12V 侧，$I_{N4} = 0.5\text{A}$，$d_{w4} = 1.13\sqrt{\frac{0.5}{3}}\text{mm} = 0.46\text{mm}$，取 0.5mm。

第二步 磁心与骨架选择

根据工作频率 f_s 和输出功率 P_o 选择磁心和骨架，附录 A 列出了各种磁心的型号，查附录 A 可选用 EI25、EI28、EI30 型等磁心和骨架。手工绕制时，考虑一定余量，实际中采用 EI33 型磁心和骨架，即磁心为铁氧体磁心。

第三步 变压器缠制

二次侧 +5V 的线路采取两股并绕的方法，以达到截面积的要求。

绕线时可采用三明治绕法，即把二次绕组夹在中间，可减小变压器的漏感，反馈绕组缠

在最外层。绕线时高压和低压之间缠三层绝缘胶带，低压与低压之间缠两层绝缘胶带。如果二次绕组匝数较少，则需均匀分布在整个骨架上。如果电感不够，可在磁心间贴几层绝缘胶带以增加气隙量，最后将磁心与骨架固定缠牢。对于一确定的变压器骨架，一次绕组尽可能避免最后几圈多占一层，需适当调整漆包线的直径，尽量减少层数，实现均匀分布。

变压器制成后还需测试，验证是否达到设计指标，此略。图1-44给出了绕制成的高频变压器和基于TOPSwitch-GX单端反激开关电源的实物照片。

【点评】 本实例详细介绍了基于TOPSwitch-GX单端反激开关电源中的高频变压器的设计，其中高频变压器的绕制是有技巧的，需在实践中提高。

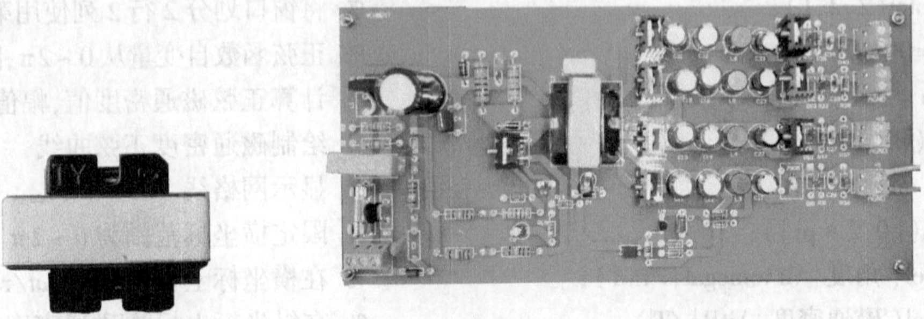

a) 绕制成的高频变压器　　b) 基于TOPSwitch－GX的单端反激开关电源

图1-44 高频变压器和单端反激开关电源的实物照片

1.11 变压器仿真

1.11.1 变压器励磁电流仿真

1. 忽略铁心损耗励磁电流仿真

(1) 磁路未饱和情况

【仿真实例1-1】 已知某铁磁材料的基本磁化曲线数据见表1-3，(1) 试画出基本磁化曲线；(2) 若磁通按正弦规律变化，试画出磁路未饱和时的磁化电流曲线。

表1-3 基本磁化曲线数据[7]

B/T	0.1	0.2	0.3	0.4	0.5	0.6	0.7	0.8	0.9	1.0	1.1	1.2	1.3
H/(A/m)	5	10	20	25	40	50	60	70	90	110	150	200	300
B/T	1.34	1.38	1.41	1.43	1.45	1.47	1.48	1.49	1.495	1.5	1.55	1.6	
H/(A/m)	400	500	600	700	800	900	1000	1100	1200	1700	5000	10000	

解：用M语言编写绘制基本磁化曲线和磁路未饱和时的磁化电流曲线的MATLAB程序如下：

```
clc
clear
Bdata = [0.1,0.2,0.3,0.4,0.5,0.6,0.7,0.8,0.9,1,1.1,…% 磁通密度基本数据
```

```
        1.2,1.3,1.34,1.38,1.41,1.43,1.45,1.47,…
        1.48,1.49,1.495,1.5,1.55,1.6];
Hdata = [5,10,20,25,40,50,60,70,90,110,150,…% 磁场强度基本数据
        200,300,400,500,600,700,800,900,…
        1000,1100,1200,1700,5000,10000];
B = [ -Bdata,0,Bdata];                    % 将磁通密度数据扩展为正负值
H = [ -Hdata,0,Hdata];                    % 将磁场强度数据扩展为正负值
B = sort(B);                              % 对磁通密度数据进行排序
H = sort(H);                              % 对磁场强度数据进行排序
subplot(2,2,1);                           % 将窗口划分 2 行 2 列使用第 1 子窗口
Bx =0:0.01:2 * pi;                        % 正弦函数自变量从 0 ~2π,间隔 0.01
Bsin = 1.1 * sin(Bx);                     % 计算正弦磁通密度值,幅值为 1.1
plot(Bx,Bsin);                            % 绘制磁通密度正弦曲线
grid on;                                  % 显示网格线
xlim([0,2 * pi]);                         % 限定横坐标范围为 0 ~2π
xlabel('角度{\it\omegat}/rad');           % 在横坐标上标注'角度 ωt/rad'
ylabel('磁通密度{\itB}/T');               % 在纵坐标上标注'磁通密度 B/T'
subplot(2,2,2);                           % 将窗口划分 2 行 2 列使用第 2 子窗口
hold on                                   % 保持图形
plot(H,B,'ro');                           % 用红色'o'绘制原始数据点
grid on;                                  % 显示网格线
xlabel('磁场强度{\itH}/(A/m)');           % 在横坐标上标注'磁场强度 H/(A/m)'
ylabel('磁通密度{\itB}/T');               % 在纵坐标上标注'磁通密度 B/T'
mymodel = fittype('a * sinh(b * x)');     % 选择 sinh 为拟合模型
opts = fitoptions(mymodel);               % 初始化设置
set(opts,'Robust','LAR','Normalize','Off');  % 设置使用线性最小二乘法拟合
Fit = fit(B',H',mymodel,opts);            % 拟合
bt = B;                                   % 拟合曲线临时磁通密度数据
ht = Fit.a. * sinh(Fit.b. * bt);          % 拟合曲线临时磁场强度数据
plot(ht,bt);                              % 在原始数据窗口绘制拟合曲线
subplot(2,2,4);                           % 将窗口划分 2 行 2 列使用第 4 子窗口
hold on;                                  % 保持图形
MX = 1.6;                                 % 磁通密度最大值
BI1 = sin(( -MX:0.01:MX)./MX. *pi). *MX;  % 磁通正弦变化
HI1 = Fit.a. *Fit.b. *BI1;                % 拟合曲线映射后的磁场强度
XI1 = 1:length(BI1);                      % 初始化 x 轴刻度
XI1 = XI1/length(BI1) *2 *pi;             % 折算到 0 ~2π
plot(XI1,HI1);                            % 绘制磁化电流曲线
grid on;                                  % 显示网格线
```

```
xlim([0,2*pi]);                                 % 限定横坐标显示范围
xlabel('角度{\it\omegat}/rad');                  % 在横坐标上标注'角度 ωt/rad'
ylabel('磁化电流{\itI}/安匝');                    % 在纵坐标上标注'磁化电流 I/安匝'
```

运行上述程序,可得到图1-45所示的仿真结果。从仿真结果看,由于磁路未饱和,磁化电流也是正弦波形。

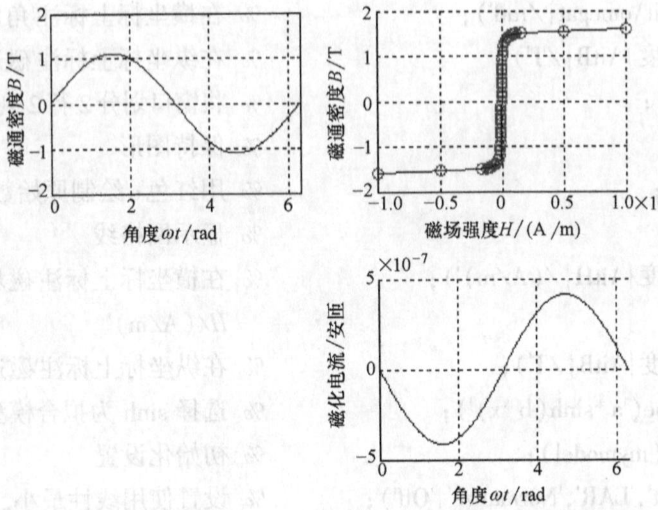

图1-45 基本磁化曲线和磁路未饱和时的磁化电流曲线仿真结果

(2)磁路饱和情况

【仿真实例1-2】 已知某铁磁材料的基本磁化曲线数据与【仿真实例1-1】相同(见表1-3),(1)试画出基本磁化曲线;(2)若磁通按正弦规律变化,试画出磁路饱和时的磁化电流曲线。

解:用M语言编写绘制基本磁化曲线和磁路饱和时的磁化电流曲线的MATLAB程序如下:

```
clc
clear
Bdata=[0.1,0.2,0.3,0.4,0.5,0.6,0.7,0.8,0.9,1,1.1,…% 磁通密度基本数据
       1.2,1.3,1.34,1.38,1.41,1.43,1.45,1.47,…
       1.48,1.49,1.495,1.5,1.55,1.6];
Hdata=[5,10,20,25,40,50,60,70,90,110,150,…        % 磁场强度基本数据
        200,300,400,500,600,700,800,900,…
        1000,1100,1200,1700,5000,10000];
B=[-Bdata,0,Bdata];                               % 将磁通密度数据扩展为正负值
H=[-Hdata,0,Hdata];                               % 将磁场强度数据扩展为正负值
B=sort(B);                                        % 对磁通密度数据进行排序
H=sort(H);                                        % 对磁场强度数据进行排序
subplot(2,2,1);                                   % 将窗口划分2行2列使用
                                                    第1子窗口
```

```
Bx = 0:0.01:2 *pi;                              % 正弦函数自变量从 0 ~ 2π,间隔 0.01
Bsin = 1.5 *sin(Bx);                            % 计算正弦磁通密度值,幅值为 1.5
plot(Bx,Bsin);                                  % 绘制磁通密度正弦曲线
grid on;                                        % 显示网格线
xlim([0,2 *pi]);                                % 限定横坐标范围为 0 ~ 2π
xlabel('角度{\it\omegat}/rad');                  % 在横坐标上标注'角度 ωt/rad'
ylabel('磁通密度{\itB}/T');                      % 在纵坐标上标注'磁通密度 B/T'
subplot(2,2,2);                                 % 将窗口划分 2 行 2 列使用第 2 子窗口
hold on                                         % 保持图形
plot(H,B,'ro');                                 % 用红色'o'绘制原始数据点
grid on;                                        % 显示网格线
xlabel('磁场强度{\itH}/(A/m)');                  % 在横坐标上标注'磁场强度
                                                  H/(A/m)'
ylabel('磁通密度{\itB}/T');                      % 在纵坐标上标注'磁通密度 B/T'
mymodel = fittype('a *sinh(b *x)');             % 选择 sinh 为拟合模型
opts = fitoptions(mymodel);                     % 初始化设置
set(opts,'Robust','LAR','Normalize','Off');     % 设置使用线性最小二乘法拟合
Fit = fit(B',H',mymodel,opts);                  % 拟合
bt = B;                                         % 拟合曲线临时磁通密度数据
ht = Fit.a. *sinh(Fit.b. *bt);                  % 拟合曲线临时磁场强度数据
plot(ht,bt);                                    % 在原始数据窗口绘制拟合曲线
subplot(2,2,4);                                 % 将窗口划分 2 行 2 列使用第 4 子窗口
hold on;                                        % 保持图形
MX = 1.6;                                       % 磁通密度最大值
BI1 = sin((-MX:0.01:MX)./MX. *pi). *MX;         % 磁通正弦变化
HI1 = Fit.a. *sinh(Fit.b. *BI1);                % 拟合曲线映射后的磁场强度
XI1 = 1:length(BI1);                            % 初始化 x 轴刻度
XI1 = XI1/length(BI1) *2 *pi;                   % 折算到 0 ~ 2π
plot(XI1,HI1);                                  % 绘制磁化电流曲线
grid on;                                        % 显示网格线
xlim([0,2 *pi]);                                % 限定横坐标显示范围
xlabel('角度{\it\omegat}/rad');                  % 在横坐标上标注'角度 ωt/rad'
ylabel('磁化电流{\itI}/安匝');                   % 在纵坐标上标注'磁化电流 I/安匝'
```

运行上述程序,可得到图 1-46 所示的仿真结果。从仿真结果看,由于磁路饱和引起磁化电流发生畸变,变成了尖顶波,但因磁化曲线是对称的,所以磁化电流也是正负半波对称波形。

2. 考虑铁心损耗的励磁电流仿真

【仿真实例 1-3】 某铁磁材料的磁滞回线数据见表 1-4,(1)试绘制该铁磁材料的磁滞回

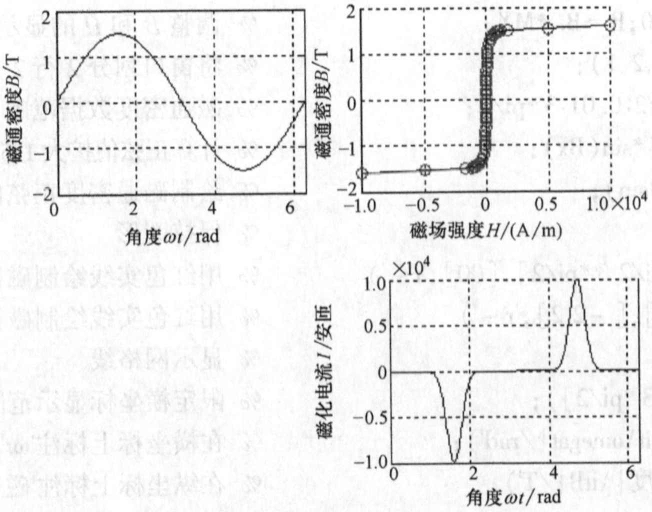

图1-46 基本磁化曲线和磁路饱和时的磁化电流曲线仿真结果

线;(2)若磁通按正弦规律变化时,绘制相应的磁化电流曲线。

表1-4 某铁磁材料的磁滞回线数据

B/T	0	0.2	0.4	0.6	0.7	0.8	0.9	1.0	0.95	0.9
H/(A/m)	0.24	0.26	0.29	0.365	0.425	0.515	0.675	0.965	0.4	0.21
B/T	0.8	0.7	0.6	0.4	0.2	0	−0.2	−0.4	−0.6	−0.7
H(A/m)	0.01	−0.09	−0.145	−0.2	−0.225	−0.24	−0.26	−0.29	−0.365	−0.425
B/T	−0.8	−0.9	−1.0	−0.95	−0.9	−0.8	−0.7	−0.6	−0.4	−0.2
H/(A/m)	−0.515	−0.675	−0.965	−0.4	−0.21	−0.01	0.09	0.145	0.2	0.225

解: 用M语言编写绘制磁滞回线和磁化电流曲线的MATLAB程序如下:

```
clc
clear
Bdata = [0,0.2,0.4,0.6,0.7,0.8,0.9,1.0,0.95,0.9,0.8,…
    0.7,0.6,0.4,0.2,0,-0.2,-0.4,-0.6,-0.7,-0.8,…
    -0.9,-1.0,-0.95,-0.9,-0.8,-0.7,-0.6,-0.4,-0.2,0];
                                        % 输入磁感应强度基本数据
Hdata = [0.24,0.26,0.29,0.365,0.425,0.515,0.675,…
    0.965,0.4,0.21,0.01,-0.09,-0.145,-0.2,…
    -0.225,-0.24,-0.26,-0.29,-0.365,-0.425,…
    -0.515,-0.675,-0.965,-0.4,-0.21,-0.01,…
    0.09,0.145,0.2,0.225,0.24];         % 输入磁场强度基本数据
MX = 1.39;                              % 磁通密度最大值
```

```
    H = Hdata; B = Bdata;                        % 磁滞回线数据
    H = H. *10; B = B. *MX;                      % 调整 B 和 H 的显示比例
    subplot(2,2,1);                              % 将窗口划分 2 行 2 列使用第 1 子窗口
    Bx = -pi/2:0.01:3*pi/2;                      % 磁通密度数据范围 -π/2 ~ 3π/2
    Bsin = 1.5*sin(Bx);                          % 计算正弦值扩大 1.5 倍以适应磁滞回线
    plot(Bx,Bsin);                               % 绘制磁通密度正弦曲线
    hold on;                                     % 保持图形
    plot([-pi/2 3*pi/2],[0 0],'r-')              % 用红色实线绘制磁密曲线的 x 坐标轴
    plot([0 0],[-2 2],'r-')                      % 用红色实线绘制磁密曲线的 y 坐标轴
grid on;                                         % 显示网格线
xlim([-pi/2,3*pi/2]);                            % 限定横坐标显示范围 -π/2 ~ 3π/2
xlabel('角度{\it\omegat}/rad');                  % 在横坐标上标注'ωt'
ylabel('磁通密度{\itB}/T');                      % 在纵坐标上标注'磁通密度 B/T'
subplot(2,2,2);                                  % 将窗口划分 2 行 2 列使用第 2 子窗口
hold on;                                         % 保持图形
plot(H,B,'ro');                                  % 用红色'o'绘制磁滞回线
B1 = B(1:8); H1 = H(1:8);                        % 第 1 象限数据 B >0 数据
B2 = B(8:15); H2 = H(8:15);                      % 第 2 象限数据 B >0 数据
B3 = B(16:23); H3 = H(16:23);                    % 第 3 象限数据 B >0 数据
B4 = B(23:30); H4 = H(23:30);                    % 第 4 象限数据 B >0 数据
BB1 = [B4,B1]; HH1 = [H4,H1];                    % 磁滞回线的下分支
XI1 = -10:0.1:10;                                % 设置横坐标值
YI1 = interp1(HH1,BB1,XI1,'spline');             % 用 3 次样条插值计算
plot(XI1,YI1);                                   % 绘制插值后磁滞回线下分支
BB2 = [B2,B3]; HH2 = [H2,H3];                    % 磁滞回线的上分支
XI2 = -10:0.1:10;                                % 设置横坐标值
YI2 = interp1(HH2,BB2,XI2,'spline');             % 用 3 次样条插值计算
plot(XI2,YI2);                                   % 绘制插值后磁滞回线上分支
grid on;                                         % 显示网格线
xlabel('磁场强度{\itH}/(A/m)');                  % 在横坐标上标注'磁场强度 H/(A/m)'
ylabel('磁通密度{\itB}/T');                      % 在纵坐标上标注'磁通密度 B/T'
xlim([-15 15])                                   % 设置横坐标范围
subplot(2,2,4);                                  % 将窗口划分 2 行 2 列使用第 4 子窗口
XI1 = sin((0:0.01:MX)./MX.*pi./2).*MX;           % 磁通密度正弦变化(0 ~ π/2)
YI1 = interp1(B1,H1,XI1,'spline');               % 用 3 次样条插值计算
lengthX = length(XI1) -1;                        % 计算先前波形的横坐标长度
X1 = (0:lengthX);                                % 设置横坐标范围(0 ~ π/2)
X1 = X1/lengthX*pi./2;
plot(X1,YI1);                                    % 绘制 0 ~ π/2 上的曲线
```

```
hold on;                                          % 保持图形
XI2 = sin((MX:0.01:2*MX)./MX.*pi./2).*MX;         % 磁通密度正弦变化(π/2～π)
YI2 = interp1(B(8:16),H(8:16),XI2,'spline');      % 用3次样条插值计算
lengthX = length(XI2) - 1;                        % 计算先前波形的横坐标长度
X2 = (lengthX:2*lengthX);                         % 设置横坐标范围(π/2～π)
X2 = X2/lengthX*pi./2;
plot(X2,YI2);                                     % 绘制π/2～π上的曲线
XI3 = sin((MX:0.01:1.5*MX)./MX.*pi).*MX;          % 磁通密度正弦变化(π～3π/2)
YI3 = interp1(B3,H3,XI3,'spline');                % 用3次样条插值计算
lengthX = length(XI3) - 1;                        % 计算先前波形的横坐标长度
X3 = (2*lengthX:3*lengthX);                       % 设置横坐标范围(π～3π/2)
X3 = X3/lengthX*pi./2;
plot(X3,YI3);                                     % 绘制π～3π/2上的曲线
XI4 = sin((1.5*MX:0.01:2*MX)./MX.*pi).*MX;        % 磁通密度正弦变化(3π/2～2π)
YI4 = interp1(B4,H4,XI4,'spline');                % 用3次样条插值计算
lengthX = length(XI4) - 1;                        % 计算先前波形的横坐标长度
X4 = (3*lengthX:4*lengthX);                       % 设置横坐标范围(3π/2～2π)
X4 = X4/lengthX*pi./2;
plot(X4,YI4);                                     % 绘制3π/2～2π上的曲线
grid on;                                          % 显示网格线
plot([0,2*pi],[0 0],'r-')                         % 用红色实线绘制磁化电流曲线
                                                  的x坐标轴
xlim([0,2*pi]);                                   % 限定横坐标显示范围0～2π
xlabel('角度{\it\omegat}/rad');                   % 在横坐标上标注'ωt'
ylabel('磁化电流{\itI}/安匝');                    % 在纵坐标上标注'磁化电流
                                                  I/安匝'
```

运行上述程序，可得到图1-47所示的仿真结果。从仿真结果看，由于磁路饱和以及磁滞引起磁化电流发生畸变，波形不但变成了尖顶波，且正负半波是不对称波形。

1.11.2 变压器运行状态仿真

1. 变压器空载运行状态仿真

【仿真实例1-4】 已知某单相变压器 $U_{1N}/U_{2N}=220V/110V$，$S_N=1kVA$，试建立该变压器仿真模型，仿真显示该变压器空载运行时一、二次电压和电流波形。

解： 根据题意用Simulink对该单相变压器空载运行进行建模，其仿真模型如图1-48所示，通过运行可得到图1-49所示的仿真结果。

2. 变压器负载运行状态仿真

【仿真实例1-5】 某单相变压器，其额定参数见【实例1-2】，试用Simulink建立仿真模型，计算当一次侧加额定电压时，一、二次侧的实际电流、励磁电流以及二次侧的电压。

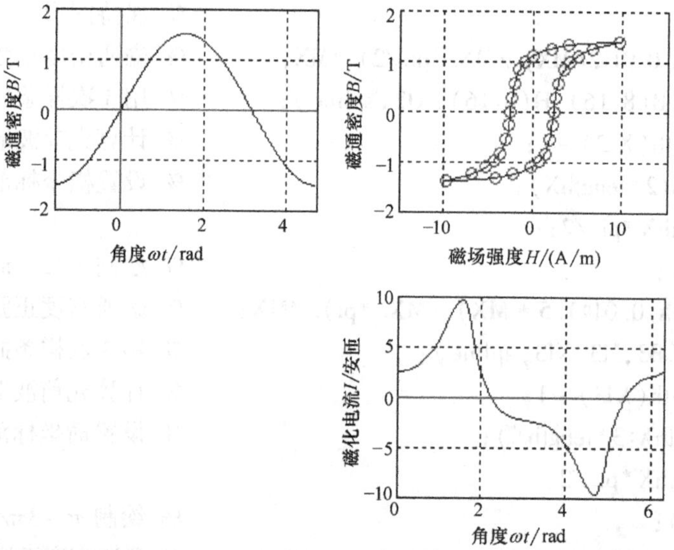

图 1-47 磁滞回线及磁路饱和且考虑铁损时的磁化电流仿真结果

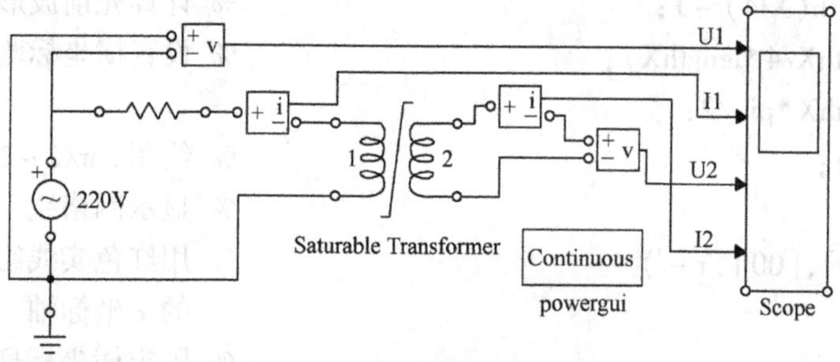

图 1-48 单相变压器空载运行仿真模型

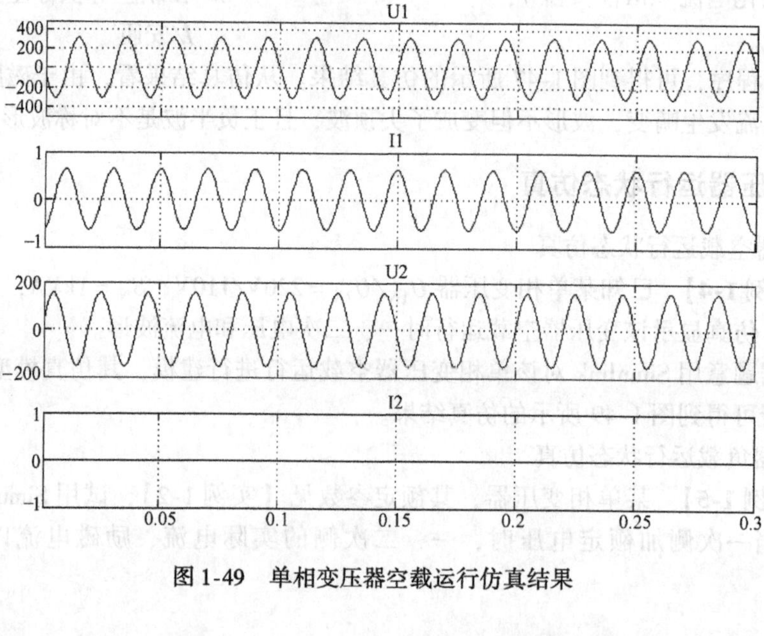

图 1-49 单相变压器空载运行仿真结果

解：由【实例1-2】计算得：一次电流 $I_1=25.54\text{A}$，二次电流 $I_2=kI_2'=42.71\text{A}$，励磁电流 $I_m=1.2\text{A}$，二次电压 $U_2=I_2|z_L|=213.55\text{V}$。

根据题意用Simulink建立负载运行仿真模型如图1-50所示，从图1-50中的数值显示模块可观察到仿真结果与手算结果基本一致。

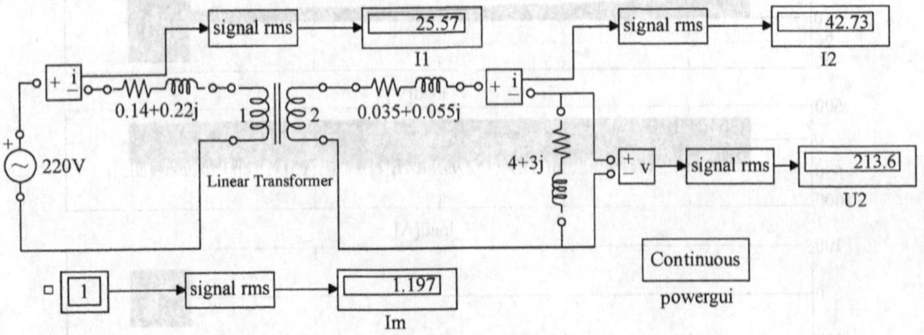

图1-50 变压器负载运行仿真模型

1.11.3 变压器暂态过程仿真

【仿真实例1-6】 某单相变压器，其额定参数见【实例1-2】，$S_N=10\text{kVA}$，额定频率 $f_N=50\text{Hz}$，额定电压 $U_{1N}/U_{2N}=380\text{V}/220\text{V}$，一次绕组漏阻抗 $z_1=(0.14+\text{j}0.22)\Omega$，二次绕组漏阻抗 $z_2=(0.035+\text{j}0.055)\Omega$，励磁阻抗 $z_m=(30+\text{j}310)\Omega$，负载阻抗 $z_L=(4+\text{j}3)\Omega$。试用Simulink建立仿真模型，若变压器在1s时刻一次侧加电源电压、在10s时刻二次侧加载，仿真变压器空载投入电网和负载投入的暂态过渡过程，示波器显示一、二次电压和电流，观察励磁电流的畸变。

解：根据题意，用Simulink建立仿真模型如图1-51所示，为了观察到励磁电流的畸变，模型中采用了饱和变压器模块（Saturable Transformer）。运行图1-51所示模型，可得到图1-52所示的仿真结果。

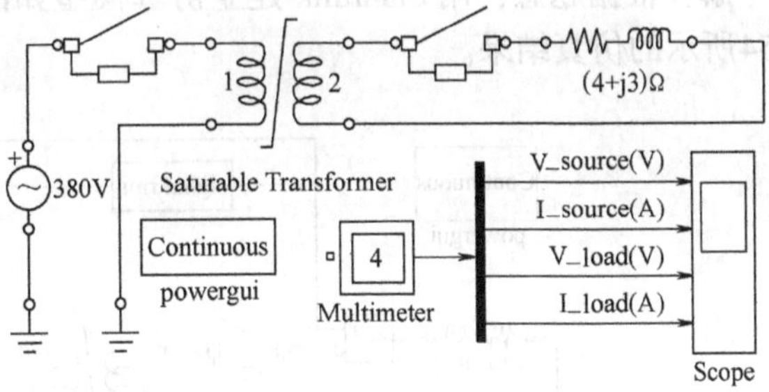

图1-51 变压器暂态过程仿真模型

1.11.4 变压器二次侧突然短路仿真

【仿真实例1-7】 某单相变压器，其额定参数见【实例1-2】，$S_N=10\text{kVA}$，额定频率 $f_N=50\text{Hz}$，额定电压 $U_{1N}/U_{2N}=380\text{V}/220\text{V}$，一次绕组漏阻抗 $z_1=(0.14+\text{j}0.22)\Omega$，二次绕组漏阻抗 $z_2=(0.035+\text{j}0.055)\Omega$，励磁阻抗 $z_m=(30+\text{j}310)\Omega$，负载阻抗 $z_L=(4+\text{j}3)\Omega$。试用Simulink建立仿真模型，若变压器在0s时刻一次侧加电源电压、在0.75s时刻二次侧加载，正常运行后，在1.25s时刻二次侧突然短路，仿真变压器空载投入电网和负载投入以及正常运行后二次侧突然短路的暂态过渡过程，示波器显示一、二次电流瞬时值和有效值。

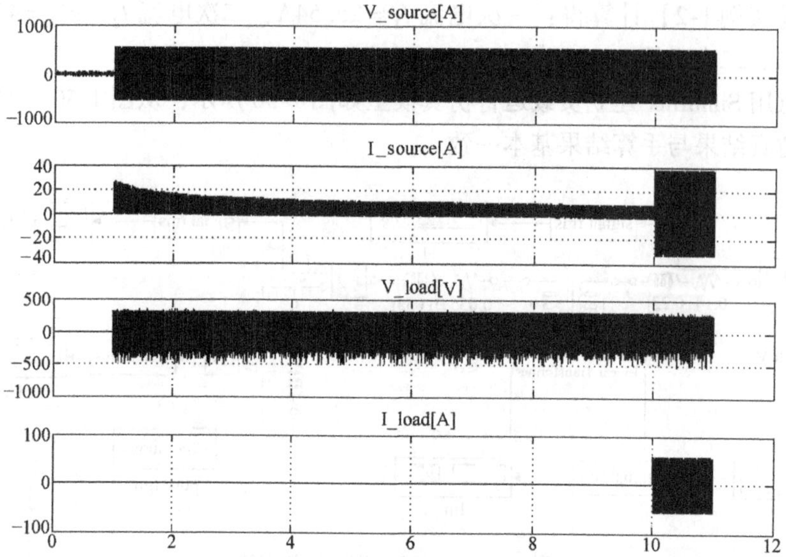

a) 暂态过程一、二次电压和电流波形

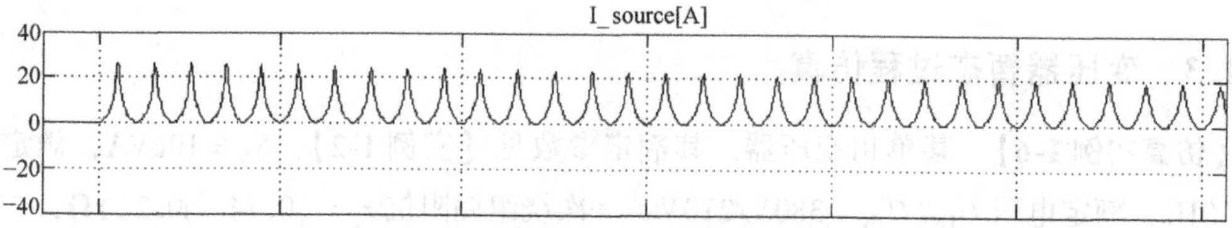

b) 空载合闸时一次电流波形局部放大图

图 1-52 变压器暂态过程仿真结果

解： 根据题意，用 Simulink 建立仿真模型如图 1-53 所示，运行该仿真模型，可得到图 1-54所示的仿真结果。

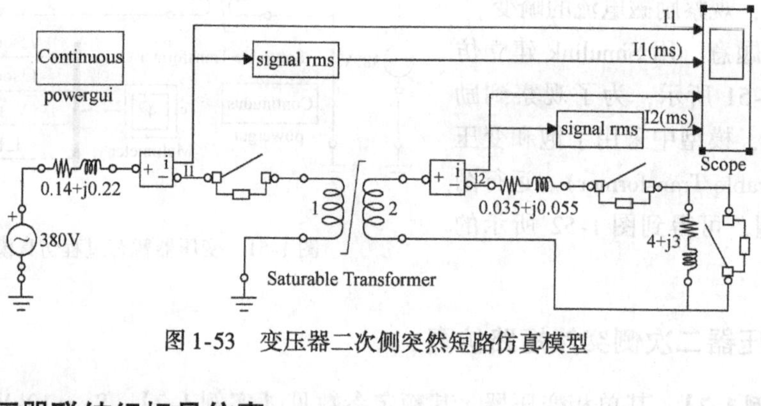

图 1-53 变压器二次侧突然短路仿真模型

1.11.5 变压器联结组标号仿真

【仿真实例 1-8】 试用 Simulink 建立仿真模型，验证三相变压器 Yd11 联结组标号的一、二次电压的幅值和相位关系。

解： 根据题意，用 Simulink 建立仿真 Yd11 联结组标号的仿真模型如图 1-55 所示，根据前面介绍由联结组标号画绕组联结图的方法，应有两种答案，即可采用同相模型（见图 1-55a）和反相模型（见图 1-55b），运行这两种模型同样可得到图 1-56 所示的变压器 Yd11

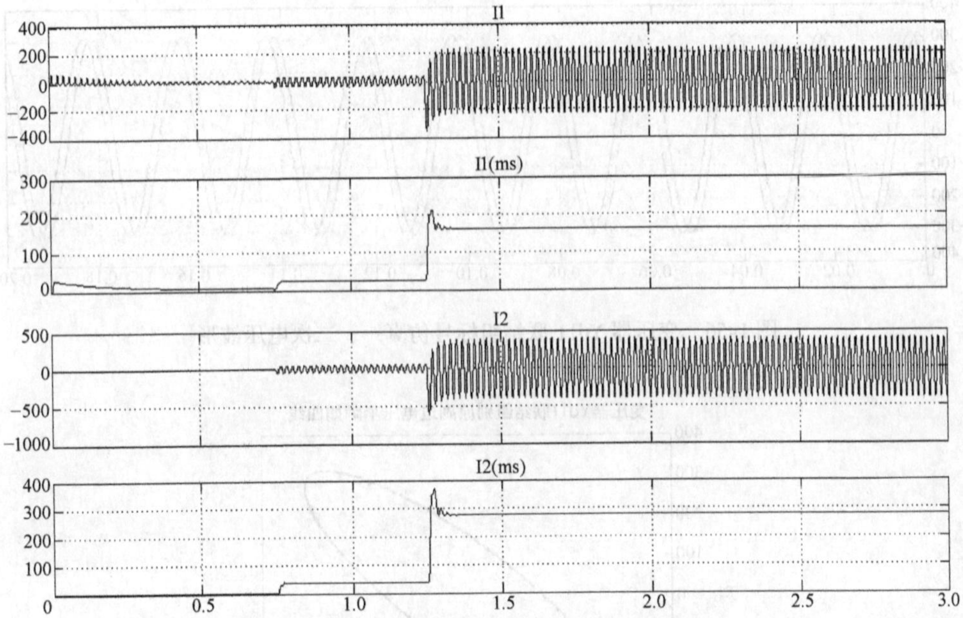

图 1-54 变压器二次侧突然短路仿真结果

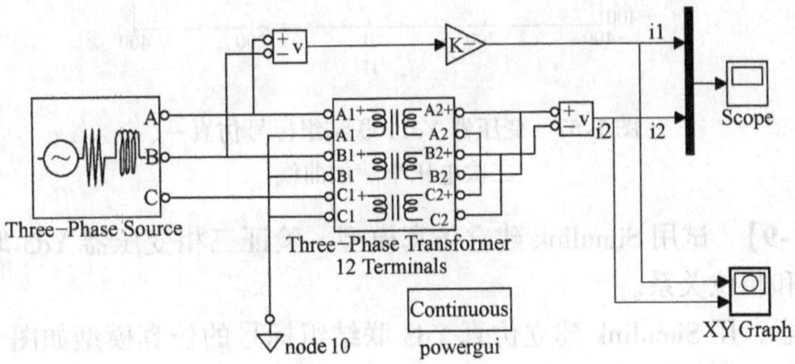

a) 同相模型

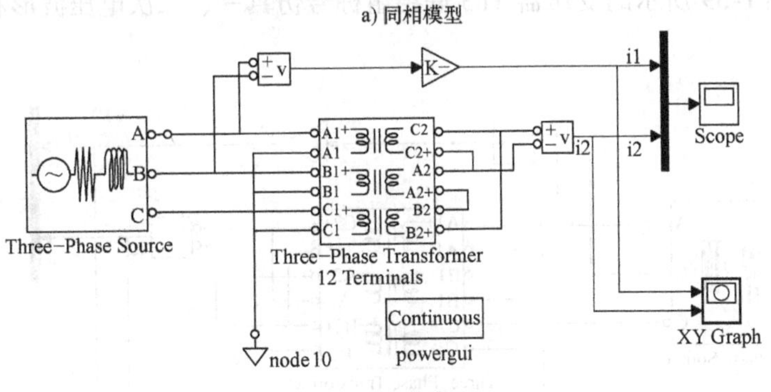

b) 反相模型

图 1-55 变压器 Yd11 联结组标号仿真模型

联结组标号仿真一、二次电压波形和图 1-57 所示的李萨如曲线。(注：实际变压器采用同相模型，但此处为了使读者更好地掌握联结组标号问题，特给出了反相模型的仿真。)

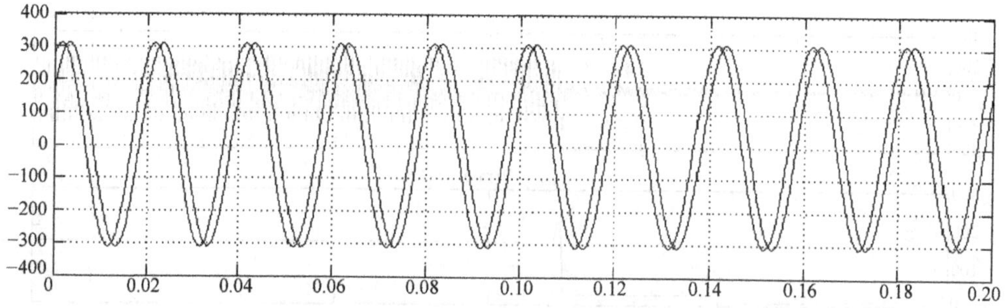

图 1-56 变压器 Yd11 联结组标号仿真一、二次电压波形

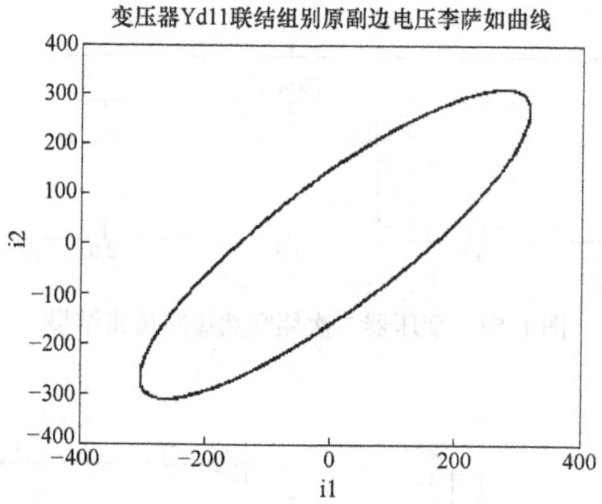

图 1-57 变压器 Yd11 联结组标号仿真一、二次电压李萨如曲线

【仿真实例 1-9】 试用 Simulink 建立仿真模型，验证三相变压器 Yd3 联结组标号的一、二次电压的幅值和相位关系。

解： 根据题意，用 Simulink 建立仿真 Yd3 联结组标号的仿真模型如图 1-58 所示，运行该模型可得到图 1-59 所示的变压器 Yd3 联结组标号仿真一、二次电压波形和图 1-60 所示的李萨如曲线。

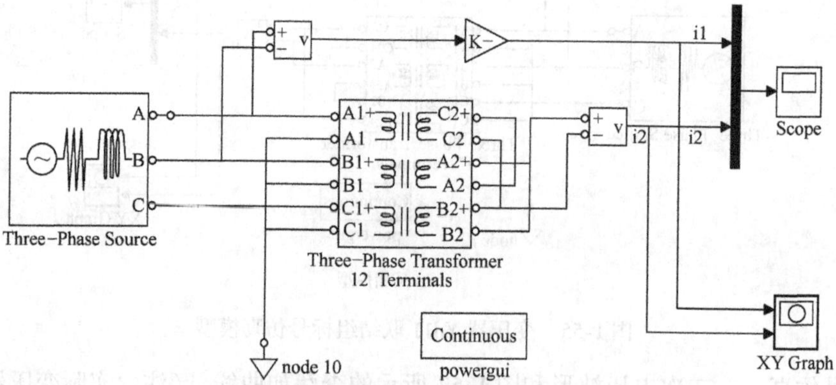

图 1-58 变压器 Yd3 联结组标号的仿真模型

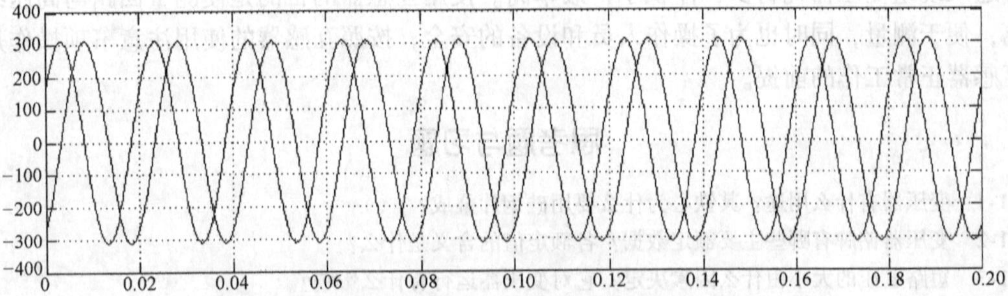

图1-59 变压器 Yd3 联结组标号仿真一、二次电压波形

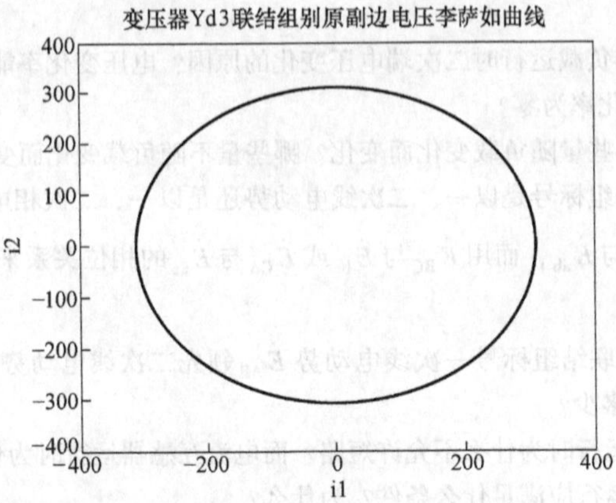

图1-60 变压器 Yd3 联结组标号仿真一、二次电压李萨如曲线

本章小结

本章主要介绍了变压器的基本工作原理和运行特性；三相变压器的联结组标号和并联运行问题；自耦变压器、仪用互感器的结构和特点等。

变压器是利用电磁感应原理将某一电压等级电能转换成相同频率的另一电压等级电能的静止电器，在变换电压的同时，还能变换电流。在变压器中不仅有电路问题，还有磁路问题，所以它的基本工作原理是建立在电磁感应和磁动势平衡关系上的。基本方程、等效电路、相量图是描述变压器内部电磁关系的工具，有关变压器的基本理论也可推广应用于交流电机中。

通过空载和短路试验，可求得变压器励磁和短路等参数。变压器的电压调整率是表征负载运行时的二次电压稳定性和供电质量，效率特性表征负载运行时的经济性。

表示三相变压器一、二次线电动势的相位关系是联结组标号，若已知接线图，可根据接线图画出相量图，从而判断出联结组标号；若已知联结组标号，可根据联结组标号画出相量图，从而画出接线图。变压器的极性和联结组标号也可通过试验确定。变压器的并联运行应满足电压比相等、联结组标号相同和短路阻抗标幺值相等的条件，其中联结组标号相同这一条件必须满足，其他条件允许稍有一定误差。

自耦变压器和仪用互感器的基本工作原理与普通双绕组变压器相同，但自耦变压器除通过电磁感应传递能量外，还能从一次侧直接向二次侧传导能量，所以在相同容量情况下，它比普通双绕组变压器耗材少，体积小，效率高。使用互感器的目的是使测量回路与高压线路隔离，便于测量，同时也为了操作人员和设备的安全，按照互感器的使用注意事项操作是确保互感器正常工作的前提。

思考题与习题

1-1 变压器有什么用途？其铁心为什么要用硅钢片叠成？

1-2 变压器铭牌有哪些主要额定数据？各额定值的含义是什么？

1-3 短路电压的大小由什么因素决定？它对变压器运行有什么影响？

1-4 为什么变压器的空载损耗可近似看成铁损？为什么变压器的短路损耗可近似看成铜损？

1-5 变压器的空载试验为什么一般在低压侧做？短路试验时，一次侧所加的电压直至短路电流为额定电流为止，为什么？

1-6 什么是引起变压器负载运行时二次端电压变化的原因？电压变化率能为零吗？如果能，则带什么性质负载时有可能使电压变化率为零？

1-7 变压器运行时，哪些量随负载变化而变化？哪些量不随负载变化而变化？

1-8 三相变压器的联结组标号是以一、二次线电动势还是以一、二次相电动势的相位关系来决定的？不用一、二次线电动势 $\dot{E}_{AB}$ 与 $\dot{E}_{ab}$，而用 $\dot{E}_{BC}$ 与 $\dot{E}_{bc}$ 或 $\dot{E}_{CA}$ 与 $\dot{E}_{ca}$ 的相位关系来确定联结组标号行吗？结果一样吗？

1-9 如果三相变压器的联结组标号一次线电动势 $\dot{E}_{AB}$ 领先二次线电动势 $\dot{E}_{ab}$ 的相位是 k 倍的 30°时，则该变压器的联结组标号是多少？

1-10 交流电压互感器运行时为什么不允许短路？而电流互感器运行时为什么不允许开路？

1-11 两台变压器并联运行应满足什么条件？为什么？

1-12 什么是标幺值？在变压器的计算中使用标幺值的优点是什么？

1-13 某台单相变压器高低压绕组绕在同一铁心柱上，且绕向相同，额定电压 $U_{1N}/U_{2N}=220V/110V$。当高压侧加 220V 电压时，空载电流为 I_0，主磁通为 Φ_m，试求：（1）如果 X、a 连在一起，在 A、x 端加 330V 电压，求此时的空载电流和主磁通为多少？（2）如果 X、x 连在一起，A、a 端加 110V 电压，求此时的空载电流和主磁通为多少？

1-14 变压器、二次侧没有直接电的联系，为什么当负载运行时，加大或减小二次电流的同时，一次电流也随之加大或减小？

1-15 某台单相变压器额定容量为 1kVA，额定电压为 $U_{1N}/U_{2N}=110V/110V$，每相参数为 $r_1=r_2'=0.3\Omega$，$x_1=x_2'=0.4\Omega$，$r_m=44\Omega$，$x_m=138\Omega$，现将一、二次绕组反极性串联并接至 220V 电源上，求此时的主磁通和励磁电流。

1-16 一台型号为 SL-750/10 三相电力变压器额定数据：$S_N=750kVA$，$U_{1N}/U_{2N}=10kV/0.4kV$，Yy0 联结。在低压侧做空载试验，测得数据为 $U_2=U_{2N}=400V$，$I_2=I_{20}=60A$，$p_0=3820W$。在高压侧做短路试验，测得数据为 $U_1=U_{1k}=440V$，$I_1=I_{1N}=43.3A$，$p_k=10910W$，室温为 20℃。试求：（1）折算到一次侧的励磁阻抗和短路阻抗，用标幺值表示；（2）阻抗电压及其百分值；（3）当额定负载功率因数 $\cos\varphi_2=0.9$（感性）和 $\cos(-\varphi_2)=0.9$（容性）时，计算电压变化率 $\Delta U\%$，二次电压 U_2 及效率。

1-17 根据下列联结组标号画出对应的相量图，画出接线图。

（1）Yd1；（2）Dd4；（3）Dy11；（4）Yd5；（5）Yy10；（6）Dy7。

1-18 画出图 1-61 所示各变压器的相量图，并指出其联结组标号。

1-19 某三相变压器，一、二次绕组的同极性端和绕组的标号如图 1-62 所示，试将该变压器接成 Yd9 和 Dd8 两种联结组标号。

1-20 单相自耦变压器 $U_1/U_2=220V/180V$，$I_2=400A$，若不计损耗和漏阻抗压降，试求：（1）自耦

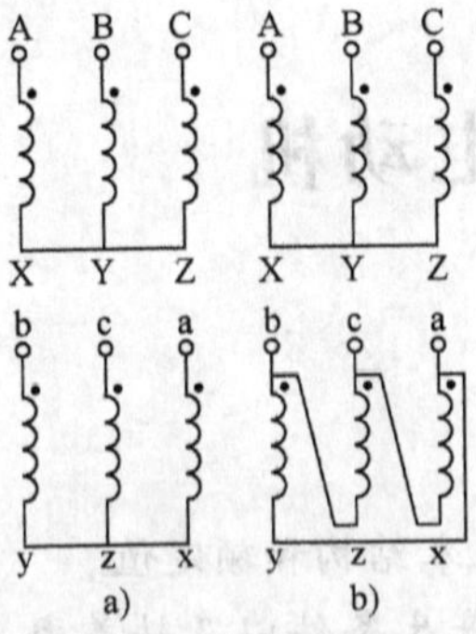

图 1-61　题 1-18 附图

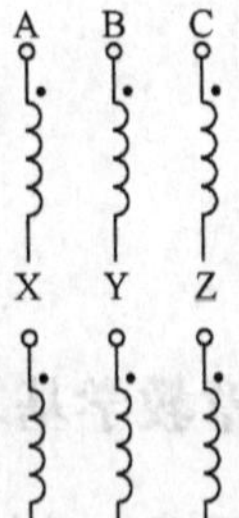

图 1-62　题 1-19 附图

变压器输入电流和公共绕组电流；(2) 输入和输出容量；(3) 绕组容量和传导容量。

第 2 章　三相交流电动机

本章教学基本要求

1. 了解同步电动机和异步电动机的基本工作原理、基本结构和额定值。

2. 理解旋转磁场的概念、圆形旋转磁动势的特性和产生条件以及转差率 s 的意义，了解分布和短距绕组对消除高次谐波电动势的作用。

3. 掌握综合表达三相异步电动机电磁关系的基本方程、等效电路和相量图，异步电动机的运行原理，转子绕组折算和频率折算。

4. 掌握三相同步电动机基本方程、等效电路和相量图；了解起动方法。

5. 熟悉异步电动机的工作特性和同步电动机的功角特性。

重点：

1. 掌握圆形旋转磁动势的特性和产生条件。

2. 熟悉三相异步电动机负载运行时的基本电磁关系，基本方程、等效电路和相量图，转子绕组折算和频率折算。

3. 掌握异步电动机功率与转矩的平衡关系。

2.1　交流电动机的基本工作原理和定子结构

交流电机分为同步电机和异步电机两大类，它们的转子结构和运行性能有很大的差别，但电机内部的电磁现象和机电能量转换的原理基本相同，定子结构相似，因此本章将同步电机和异步电机统一起来研究。

2.1.1　三相同步电动机的基本工作原理

同步电机运行时，其转速 n_1 与定子绕组中电网频率 f_1 之间有着严格的关系，即

$$n_1 = \frac{60f_1}{p} \tag{2-1}$$

式中，p 为电机的极对数，n_1 为同步电机转子的转速，也是气隙旋转磁场的转速。同步电机主要用作发电机，现代电力系统的电能基本上是同步发电机生产的，但同步电机同样可作为电动机运行拖动生产机械，尤其适用于大功率生产机械的场合，以下主要介绍三相同步电动机。

同步电动机由定子和转子组成，其工作原理示意图如图 2-1 所示，定、转子之间有气隙，定子上内嵌互差 120°的三相对称绕组 AX、BY、CZ，将定子三相对称绕组接入三相对称交流电，会产生圆形旋转磁场，转子上装有励磁绕组，通入直流电后，能建立恒定磁场。同步电动机工作时定子输入三相交流电，产生旋转磁场，设为逆时针方向旋转，如图 2-1 所示，转子输入直流励磁电流，产生固定磁极，则旋转磁场的磁极将转子的异性磁极吸引，使

转子与旋转磁场同速旋转，这就是同步电动机的基本工作原理。

2.1.2 三相异步电动机的基本工作原理

与同步电动机一样，异步电动机也由定子和转子组成，如图 2-2 所示，定、转子之间有气隙，定子上内嵌互差 120°的三相对称绕组 AX、BY、CZ，将定子三相对称绕组接入三相对称交流电，会产生圆形旋转磁场，设磁场以同步转速 n_1 逆时针方向旋转切割转子导体。转子与旋转磁场之间存在相对运动，若将旋转磁场看做静止磁场，则转子上半部分导体是顺时针切割静止磁场的，根据电磁感应定律，转子导体内产生感应电动势，用右手定则判定其方向如图 2-2 所示，转子上半部分导体中的感应电动势方向是指向纸面的，下半部分导体中的感应电动势方向从纸面指向外。由于转子导体是闭合回路，在感应电动势的作用下，转子导体内产生电流 I_2，方向与感应电动势方向一致。又根据电磁力定律，转子的载流导体在旋转磁场中要受电磁力作用，其方向由左手定则确定，如图所示转子上半部分导体受力 f_{em} 向左，下半部分导体受力 f_{em} 向右，转子在这对力偶的作用下产生逆时针方向的电磁转矩 T，从而使转子以转速 n 逆时针旋转。在正常情况下，异步电动机转子转速 n 达不到旋转磁场的同步转速 n_1，电动机的转速 n 总是略小于同步转速 n_1，即与旋转磁场异步转动，所以称为异步电动机，由于异步电动机转子中的电流是感应产生的，故又可称为感应电动机。

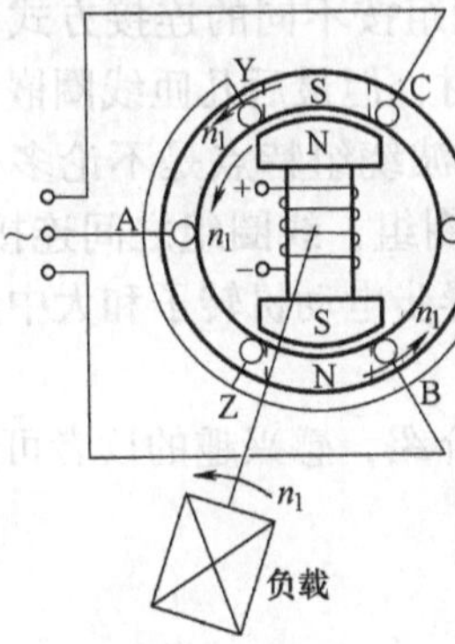

图 2-1 三相同步电动机工作原理示意图

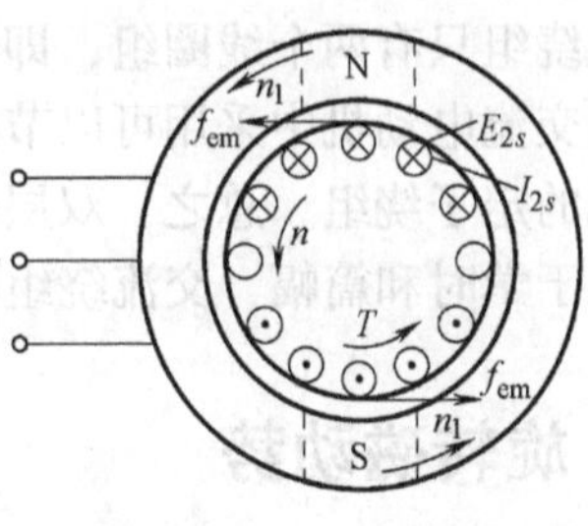

图 2-2 三相异步电动机工作原理示意图

2.1.3 交流电动机定子结构

交流电动机的定子主要由定子铁心、定子绕组和机座组成。其中**定子铁心**是电动机磁路的一部分，为了减小旋转磁场在铁心中引起的涡流损耗，用两面涂绝缘漆的厚度为 0.5mm 的硅钢片叠压而成，定子铁心内圆上均匀开有槽，便于安放定子绕组。**机座**用作固定与支撑定子铁心。**定子绕组**是电动机的电路部分，由三个在空间相差 120°电角度、结构相同的绕组连接而成，按一定规律嵌放在定子槽中。实际应用中有按不同连接方式连接而成的交流绕组。

交流绕组的种类虽多，但都是从空间互差 120°电角度的三个集中线圈（见交流电动机工作原理示意图 2-1）演变而来的。由于集中绕组电气性能差、散热不好、费铜线和铁心等有效材料，实际电动机大多采用分布绕组，即将原来集中在一个大槽中的导体分散放置在 q 个小槽中，q 个小槽对应的圆周角度称为相带，每个相带 q 个导体依次串联形成了分布绕组。若设 Z 为定子总槽数，p 为极对数，m 为相数，则每极每相槽数为

$$q=\frac{Z}{2pm} \tag{2-2}$$

而相邻两槽之间所占有的电角度即槽距角为

$$\alpha=\frac{p\times360^{\circ}}{Z} \tag{2-3}$$

按绕组在定子槽中的位置不同分单层绕组和双层绕组。其中单层绕组特点：简单，每槽只有一层，没有层间绝缘，槽的利用率高，但其电气性能不如双层绕组。单层绕组按不同的连接方式主要有同心式、链式、交叉式等类型，同心式绕组特点是下线方便，由于大小线圈在同一平面，端部重叠层数少，便于布线，散热好，但线圈尺寸有大小两种，绕线模尺寸不同，绕线不方便，端部连线较长，适用于二极小型三相异步电动机；链式绕组特点是线圈的端部较短，散热条件好，线圈大小相同，只需一种绕线模尺寸，且下线较方便，通常用于每相槽数 $q=2$ 的小型三相异步电动机中；交叉式绕组特点是端部连接线较短，节约铜线和绝缘材料，通常用于每极每相槽数 q 为奇数的小型三相异步电动机中。总之，单层绕组一般用于 10kW 以下的小功率交流电动机中。

双层绕组是将线圈叠放成上下两层，靠近槽口的为上层，槽底的为下层。为了使绕组布置均匀和对称，每个线圈的一个边放在上层，另一个边放在下层。为了改善绕组中的感应电动势和磁动势的波形，双层绕组采用分布短距，所谓短矩是指绕组节距 y_1（线圈的两个有效边跨过圆周宽度）小于极距 τ（磁极跨过圆周宽度）。双层绕组按不同的连接方式主要有叠绕组、波绕组两种，叠绕组的特点是短距时端部短，节约铜材，但最后几匝线圈嵌线较困难，主要用于中小型同步电动机和异步电动机的定子绕组中；波绕组特点是不论多少对磁极，波绕组只有两个线圈组，即 N 极下的线圈组和 S 极下的线圈组，线圈组之间连接线少，在多极交流电动机中采用可以节约极间连接线，适用于绕线型异步电动机转子和大中型水轮发电机的定子绕组。总之，双层绕组用在较大容量的电动机中。

限于学时和篇幅，交流绕组的连接规律内容在附录 B 中有介绍，感兴趣的读者可查阅。

2.2 旋转磁动势

从前面对交流电动机的工作原理分析可知，三相交流电动机的旋转磁场是由三个在空间互差 120°电角度、完全对称的单相绕组中通入时间上互差 120°电角度的交流电产生的，亦即在定子三相对称交流绕组中通入三相对称交流电，会产生旋转磁动势，为了便于理解，在讨论旋转磁动势之前，先讨论单相交流绕组产生的脉振磁动势。

2.2.1 单相脉振磁动势

为了分析问题方便，以一对极电动机为例，单相绕组 AX 是匝数为 N_y 的整距线圈，在 AX 中通入单相交流电，会产生磁动势，如图 2-3a 所示。现把直角坐标放入电动机定子内表面，设绕组 AX 的轴线 A 与定子内表面的交点为坐标原点，将电动机展开如图 2-3b 所示，横坐标表示空间电角度 α，纵坐标表示线圈磁动势 f_y。根据全电流定律，任意一闭合磁路各段磁压降的总和等于线圈的磁动势。在距原点 x 处作一磁闭合回路，则有 $\oint H\mathrm{d}l=\sum i=iN_y$，由于空气隙的磁阻远远大于定、转子铁心中的磁阻，可认为磁动势全部降落在两个气隙上，即作用在每个空气隙的磁动势为全部磁动势的一半（$iN_y/2$），磁动势波形为矩形波，如图2-3b所示。

设在AX中通入交流电 $i=\sqrt{2}I\cos\omega_1 t$，则每极磁动势表达式为

$$f_y(\alpha,t)=\frac{\sqrt{2}}{2}IN_y\cos\omega_1 t \qquad (2\text{-}4)$$

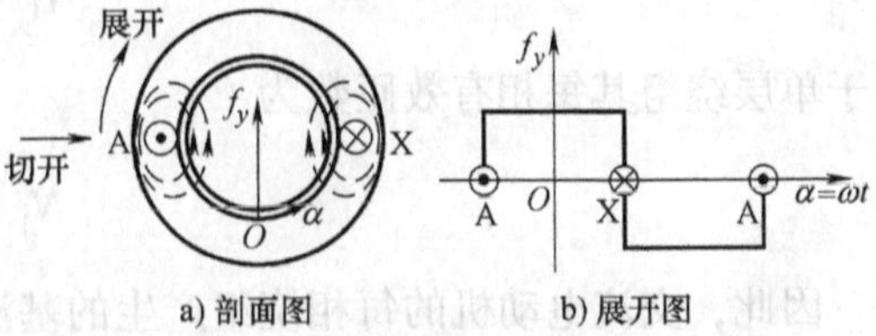

图2-3　整距线圈产生的磁动势

可见，单相绕组的每极磁动势的幅值随时间按正弦规律变化，将这种空间位置固定、幅值随时间按正弦规律变化的磁动势称为脉振磁动势，其脉振频率就是通入线圈中电流的频率。

对于沿空气隙周期性变化的矩形波分布的磁动势，可用傅里叶级数进行谐波分析，即可将其分解成

$$f_y(\alpha,t)=\sum_{\nu=1,3,5\cdots}^{\infty}C_\nu\cos\nu\alpha\cos\omega_1 t \qquad (2\text{-}5)$$

式中，$\nu=1，3，5，\cdots$为谐波系数，系数 C_ν 为

$$C_\nu=\frac{1}{\nu}\frac{4}{\pi}\frac{\sqrt{2}}{2}IN_y\sin\nu\frac{\pi}{2} \qquad (2\text{-}6)$$

当 $\nu=1$ 时，基波磁动势为

$$f_{y1}=\frac{4}{\pi}\frac{\sqrt{2}}{2}IN_y\cos\alpha\cos\omega_1 t=F_{y1}\cos\alpha\cos\omega_1 t \qquad (2\text{-}7)$$

式中，F_{y1} 为基波磁动势的最大幅值，$F_{y1}=\frac{4}{\pi}\frac{\sqrt{2}}{2}IN_y=0.9IN_y$。式（2-7）表明，一个整距线圈的基波磁动势是脉振磁动势，它既是空间位置 α 的函数，又是时间 t 的函数，该磁动势在空间呈正弦分布并随时间正弦交变。

ν 次谐波磁动势为

$$f_{y\nu}=\frac{1}{\nu}\sin\nu\frac{\pi}{2}\times0.9IN_y\cos\nu\alpha\cos\omega_1 t=F_{y\nu}\sin\nu\frac{\pi}{2}\cos\nu\alpha\cos\omega_1 t \qquad (2\text{-}8)$$

式中，$F_{y\nu}$ 为 ν 次谐波磁动势最大幅值，$F_{y\nu}=\frac{1}{\nu}F_{y1}$。矩形波磁动势的傅里叶级数分解如图2-4所示，图中只画出了基波、三次、五次谐波磁动势。

由图2-4可见，谐波次数越高，其幅值就越小。为了改善波形，除基波以外，只需考虑消除三、五、七次谐波，又由于三次谐波及三的倍数次谐波在绕组连接成三相对称绕组时就已相互抵消，所以只要考虑五次、七次谐波。而五、七次谐波可通过短距和分布绕组基本消除，例如可取 $y_1=0.8\tau$ 左右，已可有效抑制五次、七次谐波磁动势分量（见后面的例题2-1）。因此，当连成三相绕组后，只考虑基波磁动势即可。

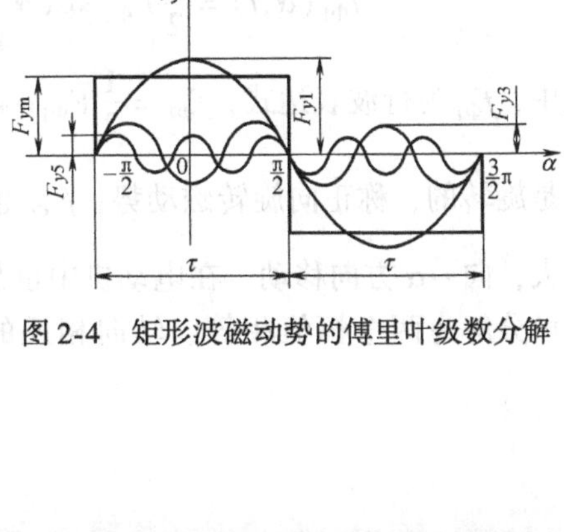

图2-4　矩形波磁动势的傅里叶级数分解

为了充分利用空间，一台实际交流电动机的定子绕组在空间分布是均匀的。设电动机的极数为2p，每极每相槽数为 q，每个线圈匝数为 N_y，每相

并联支路数为 a，则对于双层绕组其每相有效匝数为

$$N_1=\frac{2pqN_y}{a} \tag{2-9}$$

对于单层绕组其每相有效匝数为

$$N_1=\frac{pqN_y}{a} \tag{2-10}$$

因此，交流电动机的每相绕组产生的基波磁动势为

$$f_{\Phi1}(\alpha,t)=0.9\frac{I_1}{p}N_1k_{w1}\cos\alpha\cos\omega_1 t \tag{2-11}$$

式中，I_1 为相电流的有效值；k_{w1} 称为基波绕组系数，$k_{w1}=k_{q1}k_{y1}$，是基波分布系数 k_{q1} 和基波短距系数 k_{y1} 的乘积，其中基波分布系数为

$$k_{q1}=\frac{\sin\dfrac{q\alpha}{2}}{q\sin\dfrac{\alpha}{2}} \tag{2-12}$$

基波短距系数为

$$k_{y1}=\sin\frac{y_1}{\tau}\frac{\pi}{2} \tag{2-13}$$

注：分布系数、短距系数的推导可见附录 C。

由上面分析可得每相绕组产生的谐波磁动势一般表达式为

$$f_{\Phi\nu}(\alpha,t)=0.9\frac{1}{\nu}\frac{I_1}{p}N_1k_{w\nu}\cos\nu\alpha\cos\omega_1 t \tag{2-14}$$

式中，$k_{w\nu}$ 称为 ν 次谐波绕组系数，$k_{w\nu}=k_{q\nu}k_{y\nu}$，它是 ν 次谐波分布系数 $k_{q\nu}$ 和 ν 次谐波短距系数 $k_{y\nu}$ 的乘积，其中 ν 次谐波分布系数为

$$k_{q\nu}=\frac{\sin\dfrac{\nu q\alpha}{2}}{q\sin\dfrac{\nu\alpha}{2}} \tag{2-15}$$

ν 次谐波短距系数为

$$k_{y\nu}=\sin\nu\frac{y_1}{\tau}\frac{\pi}{2} \tag{2-16}$$

根据三角函数的和、差与积的关系：$2\cos\alpha\cos\beta=\cos(\alpha-\beta)+\cos(\alpha+\beta)$，可将基波磁动势表示为

$$f_{\Phi1}(\alpha,t)=\frac{1}{2}F_{\Phi1}\cos(\alpha-\omega_1 t)+\frac{1}{2}F_{\Phi1}\cos(\alpha+\omega_1 t)=f'_{\Phi1}+f''_{\Phi1} \tag{2-17}$$

式中，$f'_{\Phi1}$ 为行波表达式，$f'_{\Phi1}=\frac{1}{2}F_{\Phi1}\cos(\alpha-\omega_1 t)$，随时间增大，向 α 方向移动，在电动机中是旋转的，称正向旋转磁动势；$f''_{\Phi1}$ 也为行波表达式，$f''_{\Phi1}=\frac{1}{2}F_{\Phi1}\cos(\alpha+\omega_1 t)$，随时间增大，向 $-\alpha$ 方向移动，在电动机中也是旋转的，称反向旋转磁动势。可见，一个脉振磁动势可分解为两个幅值相等、转向相反的旋转磁动势，其幅值是原脉振磁动势最大幅值的

一半。

2.2.2 三相绕组的合成旋转磁动势

三相对称绕组在空间互差 120°电角度，假设通入三相对称交流电为

$$
\begin{aligned}
i_A &= \sqrt{2}I\cos\omega_1 t \\
i_B &= \sqrt{2}I\cos(\omega_1 t - 120°) \\
i_C &= \sqrt{2}I\cos(\omega_1 t - 240°)
\end{aligned}
\tag{2-18}
$$

则在每相绕组中都要产生单相脉振磁动势，这三个脉振磁动势在空间和时间上都互差 120°电角度，可分别表示为

$$f_{\Phi A} = F_1\cos\alpha\cos\omega_1 t = \frac{F_1}{2}\cos(\alpha - \omega_1 t) + \frac{F_1}{2}\cos(\alpha + \omega_1 t)$$

$$f_{\Phi B} = F_1\cos(\alpha - 120°)\cos(\omega_1 t - 120°) = \frac{F_1}{2}\cos(\alpha - \omega_1 t) + \frac{F_1}{2}\cos(\alpha + \omega_1 t - 240°)$$

$$f_{\Phi C} = F_1\cos(\alpha - 240°)\cos(\omega_1 t - 240°) = \frac{F_1}{2}\cos(\alpha - \omega_1 t) + \frac{F_1}{2}\cos(\alpha + \omega_1 t - 120°)$$

三个单相脉振磁动势的合成为

$$f_{\Sigma 1}(\alpha, t) = f_{\Phi A} + f_{\Phi B} + f_{\Phi C} = \frac{3}{2}F_1\cos(\alpha - \omega_1 t) \tag{2-19}$$

可见，合成磁动势为一旋转磁动势，式中，$F_1 = 0.9\dfrac{N_1 k_{w1}}{p}I$。

在三相对称绕组通入三相对称交流电产生旋转磁动势具有以下特点：

1）旋转磁动势的幅值：$F_m = \dfrac{3}{2}\dfrac{4}{\pi}\dfrac{\sqrt{2}}{2}\dfrac{N_1 k_{w1}}{p}I$。

2）旋转磁动势的转速为同步转速，即 $n_1 = \dfrac{60f_1}{p}$。

3）旋转磁动势的转向：由电流的相序决定（电流达到最大值的顺序），它总是从电流领先的一相绕组向电流滞后的一相绕组方向转动。

4）旋转磁动势的瞬间位置：合成磁动势矢量总是和电流达到正最大值的那一相的磁动势假定正方向重合。

从上述特点中不难看出，三相对称绕组通入三相对称交流电产生的旋转磁动势其合成磁动势矢量的端点轨迹是个圆，故称为圆形旋转磁动势。

2.2.3 两相绕组产生的旋转磁动势

实际的交流电动机中有的定子绕组为两相，则电动机中的旋转磁场是由定子两相绕组通入两相交流电流所产生的，下面分两种情况进行讨论。

（1）圆形旋转磁动势

图 2-5 所示的交流电动机定子有 AX 和 BY 两相绕组，空间位置相差 90°电角度，现设这两相绕组的结构和匝数完全相等，则称 AX 和 BY 为两相对称绕组。同时又设在这两相对称绕组中通入两相对称交流电流为

$$
\begin{aligned}
i_A &= \sqrt{2}I\cos\omega_1 t \\
i_B &= \sqrt{2}I\cos(\omega_1 t - 90°) = \sqrt{2}I\sin\omega_1 t
\end{aligned}
\tag{2-20}
$$

则在 A、B 相绕组中分别产生单相基波脉振磁动势的表达式为

$$
\begin{aligned}
f_{A1} &= F_1\cos\alpha\cos\omega_1 t \\
f_{B1} &= F_1\sin\alpha\sin\omega_1 t
\end{aligned}
\tag{2-21}
$$

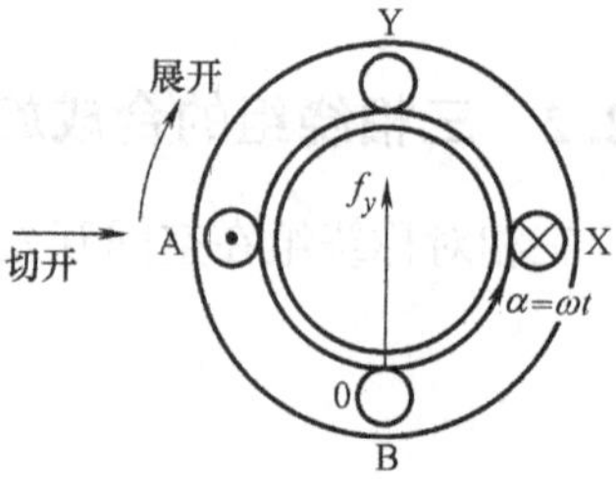

图 2-5 定子为两相绕组的电动机示意图

式中，F_1 为基波脉振磁动势的最大幅值，$F_1 = \frac{4}{\pi}\frac{\sqrt{2}}{2}\frac{N_1 k_{w1}}{p}I$。

两相基波合成磁动势为

$$
f_{\Sigma 1} = f_{A1} + f_{B1} = F_1\cos\alpha\cos\omega_1 t + F_1\sin\alpha\sin\omega_1 t = F_1\cos(\alpha - \omega_1 t) \tag{2-22}
$$

由式（2-22）可见，在两相对称绕组中通入两相对称交流电流产生的合成磁动势为圆形旋转磁动势，其特点如下：

1）旋转磁动势的幅值：$F_m = \frac{4}{\pi}\frac{\sqrt{2}}{2}\frac{N_1 k_{w1}}{p}I$。

2）旋转磁动势的转速为同步转速，即 $n_1 = \frac{60 f_1}{p}$。

3）旋转磁动势的转向：由电流的相序决定（电流达到最大值的顺序），它总是从电流领先的一相绕组向电流滞后的一相绕组方向转动。

4）旋转磁动势的瞬间位置：合成磁动势矢量总是和电流达到正最大值的那一相的磁动势假定正方向重合。

（2）椭圆形旋转磁动势

设在图 2-5 中的 AX、BY 两相绕组的串联有效匝数分别为 $N_A k_{w1A}$、$N_B k_{w1B}$，通入两相绕组的交流电流为

$$
\begin{aligned}
i_A &= \sqrt{2}I_A\cos\omega_1 t \\
i_B &= \sqrt{2}I_B\cos(\omega_1 t - 90°)
\end{aligned}
\tag{2-23}
$$

则在 A、B 相绕组中分别产生单相基波脉振磁动势，其表达式为

$$
\begin{aligned}
f_{A1} &= F_{1A}\cos\alpha\cos\omega_1 t = \frac{F_{1A}}{2}\cos(\alpha - \omega_1 t) + \frac{F_{1A}}{2}\cos(\alpha + \omega_1 t) = f'_{A1} + f''_{A1} \\
f_{B1} &= F_{1B}\cos(\alpha - 90°)\cos(\omega_1 t - 90°) \\
&= \frac{F_{1B}}{2}\cos(\alpha - \omega_1 t) + \frac{F_{1B}}{2}\cos(\alpha + \omega_1 t - 180°) = f'_{B1} + f''_{B1}
\end{aligned}
\tag{2-24}
$$

式中，F_{1A}、F_{1B}分别为 AX、BY 相绕组基波脉振磁动势的最大幅值，$F_{1A} = \frac{4}{\pi}\frac{\sqrt{2}}{2}\frac{N_A k_{w1A}}{p}I_A$，$F_{1B} = \frac{4}{\pi}\frac{\sqrt{2}}{2}\frac{N_B k_{w1B}}{p}I_B$。

两相基波合成磁动势为

$$
\begin{aligned}
f_{\Sigma 1} &= f_{A1} + f_{B1} = \frac{1}{2}(F_{1A} + F_{1B})\cos(\alpha - \omega_1 t) + \frac{1}{2}(F_{1A} - F_{1B})\cos(\alpha + \omega_1 t) \\
&= F'_1\cos(\alpha - \omega_1 t) + F''_1\cos(\alpha + \omega_1 t)
\end{aligned}
\tag{2-25}
$$

式中，F'_1、F''_1分别为正转和反转基波合成磁动势的幅值，$F'_1=\frac{1}{2}(F_{1A}+F_{1B})$，$F''_1=\frac{1}{2}(F_{1A}-F_{1B})$，设$I_A N_A k_{w1A}>I_B N_B k_{w1B}$，则$F_{1A}>F_{1B}$，且$F_{1A}\neq F_{1B}$，所以反转的基波合成磁动势不为零，但根据假设，可判断出总的基波合成磁动势为正转。下面通过取一些特殊点，观察合成磁动势轨迹：

当$\omega_1 t=0$时

$$f_1=F'_1\cos(\alpha-\omega_1 t)+F''_1\cos(\alpha+\omega_1 t)=F_{1\max}\cos\alpha \tag{2-26}$$

式中，$F_{1\max}$为总基波磁动势幅值的最大值，$F_{1\max}=F'_1+F''_1$，$F_{1\max}$位于+A轴线上。

当$\omega_1 t=90°$时

$$f_1=F'_1\cos(\alpha-90°)+F''_1\cos(\alpha+90°)=F_{1\min}\cos(\alpha-90°) \tag{2-27}$$

式中，$F_{1\min}$为总基波磁动势幅值的最小值，$F_{1\min}=F'_1-F''_1$，$F_{1\min}$位于+B轴线上。

当$0<\omega_1 t<90°$时，合成的总基波磁动势幅值在$F_{1\max}$和$F_{1\min}$之间变化，可见合成磁动势f_1的轨迹为椭圆旋转磁动势，如图2-6所示。其中$F_{1\max}$为椭圆的长轴，$F_{1\min}$为椭圆的短轴，旋转磁动势的转向从电流领先相的绕组朝电流滞后相绕组方向旋转，即由电流的相序决定转向，转速的平均值为$n_1=\frac{60f_1}{p}$。

如果两相绕组匝数相等，结构相同，在空间互差90°电角度，为对称绕组，但通入的两相交流电不对称（例如相位不是互差90°电角度或幅值不等），产生的合成磁动势也是椭圆旋转磁动势。

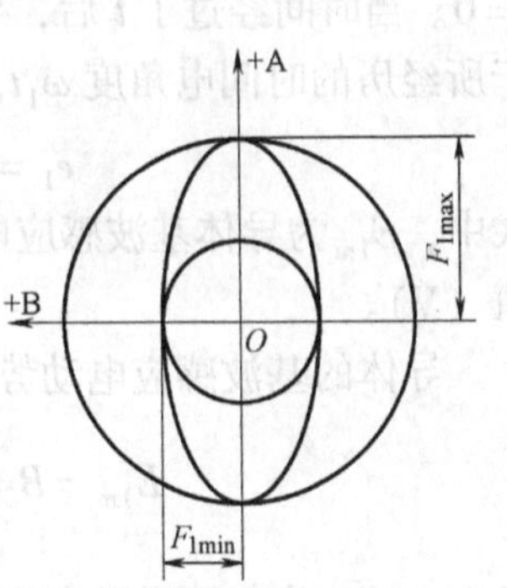

图2-6 椭圆旋转磁动势

前面分析的三相对称绕组通入三相对称交流电，合成磁动势为圆形旋转磁动势，但如果两对称条件有一个不能满足，则合成磁动势可能是椭圆甚至是脉振磁动势。也就是说，两相绕组或三相绕组通入交流电后，产生的合成磁动势可能有以下三种情况：

1）正、反转合成基波旋转磁动势F'_1、F''_1中有一个为零，则为圆形旋转磁动势。

2）正、反转合成基波旋转磁动势$F'_1\neq F''_1$，则为椭圆形旋转磁动势。

3）正、反转合成基波旋转磁动势$F'_1=F''_1$，则为脉振磁动势。

2.3 交流绕组的感应电动势

2.3.1 整距线圈感应电动势

1. 一根导体感应电动势

为了分析问题的方便，现以一台简单的交流发电机为例，其模型如图2-7所示。定子内表面槽中嵌放着一根导体A，其有效长度为l（单位：m），转子上有励磁绕组，通入直流电后产生恒定主磁场，设转子只有一对磁极，它由原动机拖动以恒定转速n_1（单位：r/min）逆时针旋转，则导体A就与主磁场之间有了相对运动，根据电磁感应定律在导体A中就有感应电动势产生。如果在导体 A 处沿轴向切开，并展开成直线，将直角坐标安放在转子内表面，坐标原点取在两磁极的中间，横坐标用空间电角度 α 表示磁极表面各点距原点的距离，纵坐标表示气隙里的磁通密度，并规定导体 A 中的感应电动势指出纸面为正，磁通密度从磁极到定子为正，反之为负，则沿气隙正弦分布的基波磁通密度波形如图 2-7b 所示，其值为

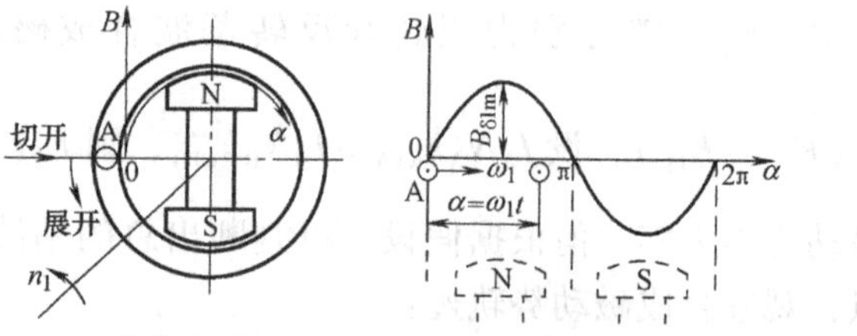

a) 横截面示意图　b) 沿气隙正弦分布的基波磁通密度波形

图 2-7　交流发电机模型

$$b_{\delta 1}=B_{\delta 1\mathrm{m}}\sin\alpha \tag{2-28}$$

式中，$B_{\delta 1\mathrm{m}}$为基波气隙磁通密度幅值。

已知转子逆时针旋转的转速为 n_1（单位：r/min），用角速度表示为

$$\omega_1=\frac{2\pi pn_1}{60}\quad 或\quad \omega_1=\frac{360^\circ pn_1}{60}$$

根据相对运动观点，若将转子看做不动，则导体 A 以角速度 ω_1 朝相反方向运动，在图 2-7b 中，导体 A 朝 $+\alpha$ 方向以角速度 ω_1 移动。现设导体 A 在原点的瞬间为时间的起点，即 $t=0$。当时间经过了 t 后，导体 A 移动到了 α 处，则 $\alpha=\omega_1 t$，即在空间上一定的电角度 α 等于所经历的时间电角度 $\omega_1 t$。由电磁感应定律可知，导体 A 切割磁力线产生的感应电动势为

$$e_1=b_{1x}lv=B_{\delta 1\mathrm{m}}lv\sin\alpha=E_{1\mathrm{m}}\sin\omega_1 t=\sqrt{2}E_1\sin\omega_1 t \tag{2-29}$$

式中，$E_{1\mathrm{m}}$为导体基波感应电动势的最大值，$E_{1\mathrm{m}}=B_{\delta 1\mathrm{m}}lv$；$E_1$ 为导体基波感应电动势的有效值（V）。

导体的基波感应电动势的最大值为

$$E_{1\mathrm{m}}=B_{\delta 1\mathrm{m}}lv=\frac{\pi}{2}\frac{2}{\pi}B_{\delta 1\mathrm{m}}l2\tau\frac{pn_1}{60}=\frac{\pi}{2}B_{\delta 1\mathrm{av}}l\cdot 2\tau f_1=\pi f_1\Phi_1 \tag{2-30}$$

式中，$B_{\delta 1\mathrm{av}}$为气隙磁通密度平均值，$B_{\delta 1\mathrm{av}}=\frac{2}{\pi}B_{\delta 1\mathrm{m}}$；$v$ 为导体 A 垂直切割磁力线的线速度（m/s），$v=2\tau\frac{pn_1}{60}=2\tau f_1$；$\tau$ 为用长度表示的定子内表面极距（m）；Φ_1为气隙每极基波磁通（Wb），$\Phi_1=B_{\delta 1\mathrm{av}}\tau l$。

导体 A 中基波感应电动势的有效值为

$$E_1=\frac{E_{\delta 1\mathrm{m}}}{\sqrt{2}}=\frac{\pi f_1\Phi_1}{\sqrt{2}}=2.22f_1\Phi_1 \tag{2-31}$$

导体的基波感应电动势是随时间变化的，其波形取决于气隙中的磁通密度在空间的分布波形。由式（2-29）可见，基波感应电动势波形是正弦波，如图 2-8 所示。

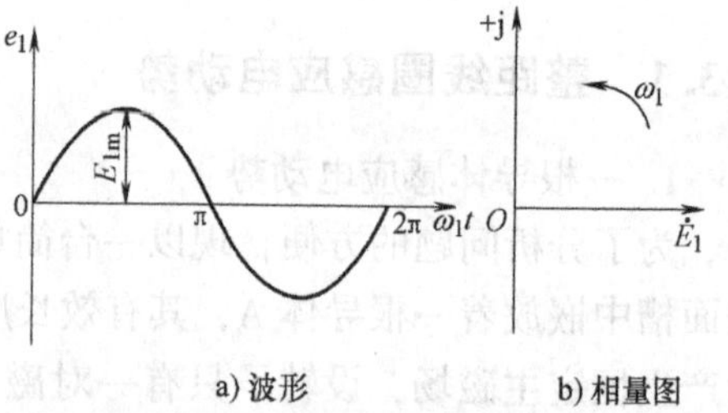

a) 波形　b) 相量图

图 2-8　导体 A 中基波感应电动势

上述是在一对磁极情况下，导体 A 每经过一对主磁极，其中的感应电动势经历一个周期。当电机转子上有 p 对主磁极时，电机每旋转一圈，

导体 A 中的基波感应电动势变化 p 周，则导体 A 中的基波感应电动势频率为

$$f_1=\frac{pn_1}{60} \tag{2-32}$$

当电机的极对数 p 和转速 n_1 一定时，频率 f_1 便为固定的数值。我国电力网的工频为 $f_1=50\text{Hz}$，二极电机时，转速 $n_1=3000\text{r/min}$；四极电机时，转速 $n_1=1500\text{r/min}$；六极电机时，转速 $n_1=1000\text{r/min}$；…，转速 n_1 称为同步转速。

2. 整距线匝感应电动势

在相距一个极距的位置上分别放置导体 A 和 X 如图 2-9 所示，通过端接线，两导体 A、X 就构成了整距线匝。在电机中，端接线只起连接作用，不切割磁力线，故不产生感应电动势，而只有嵌放在铁心中的导体，因切割磁力线才产生感应电动势。由于两导体相距 180° 空间电角度，如果导体 A 处在 N 极中心时，导体 X 一定处在 S 极中心下，导体中的感应电动势总是大小相等，方向相反。根据图 2-9b 规定的导体中感应电动势正方向，可得整距线匝基波感应电动势为

$$e_{\text{T1}}=e_{\text{A1}}-e_{\text{X1}} \tag{2-33}$$

用相量表示时，整距线匝基波感应电动势为

$$\dot{E}_{\text{T1}}=\dot{E}_{\text{A1}}-\dot{E}_{\text{X1}}=2\dot{E}_{\text{A1}} \tag{2-34}$$

整距线匝基波感应电动势瞬时表达式为

$$e_{\text{T1}}=E_{\text{T1m}}\sin\omega_1 t=\sqrt{2}E_{\text{T1}}\sin\omega_1 t \tag{2-35}$$

则整距线匝基波感应电动势有效值为

$$E_{\text{T1}}=2E_{\text{A1}}=2\times2.22f_1\Phi_1=4.44f_1\Phi_1 \tag{2-36}$$

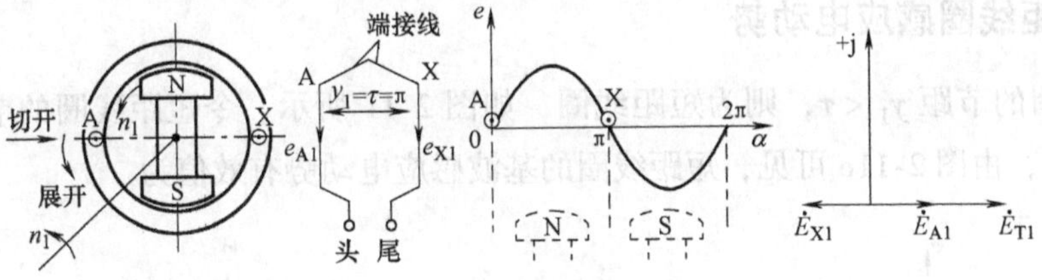

a) 轴剖面示意图　b) 线匝　c) 感应电动势波形　d) 感应电动势相量图

图 2-9　整距线匝感应电动势

3. 整距线圈感应电动势

线圈是由 N_y 匝线匝串联而成的。线圈的两有效边之间的距离称为节距，用 y_1 表示。节距 $y_1=\tau$ 的线圈，称为整距线圈。整距线圈的基波感应电动势瞬时值为

$$e_{y1}=E_{y1\text{m}}\sin\omega_1 t=\sqrt{2}E_{y1}\sin\omega_1 t \tag{2-37}$$

式中，$E_{y1\text{m}}$ 为整距线圈的基波感应电动势最大值，E_{y1} 为整距线圈的基波感应电动势有效值，其值为

$$E_{y1}=4.44f_1N_y\Phi_1 \tag{2-38}$$

2.3.2　整距分布线圈感应电动势

若在定子内圆表面槽中均匀嵌放三个匝数为 N_y 的整距线圈 1-1′、2-2′、3-3′，三线圈头

尾连接，相互串联形成线圈组，称为整距分布线圈。相邻线圈的槽距角为 α，每极每相槽数 $q=3$，如图 2-10b 所示。

由于三线圈相差 α 空间电角度，所以产生的感应电动势也要相差 α 时间电角度，如图 2-10c 所示，由图可见，分布放置的线圈要比将各线圈集中放置在一个槽中的基波感应电动势小，则整距分布线圈的基波感应电动势为

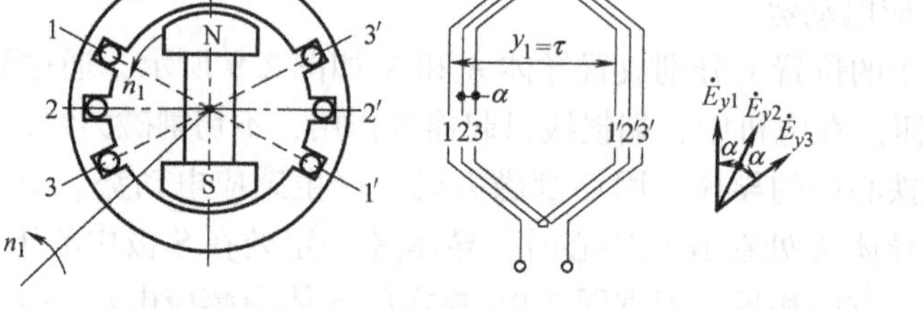

图 2-10 整距分布线圈的基波感应电动势

$$E_{q1}=\dot{E}_{y1}+\dot{E}_{y2}+\dot{E}_{y3}=qE_{y1}k_{q1}=4.44f_1qN_yk_{q1}\Phi_1 \tag{2-39}$$

式中，k_{q1} 称为绕组的基波分布系数，$k_{q1}=\dfrac{\sin q\dfrac{\alpha}{2}}{q\sin\dfrac{\alpha}{2}}$，它是一个小于 1 的系数，其详细推导见附录 C。可以认为：把实际 q 个分布放置的整距线圈，看成是集中放置的，但它们的总等效匝数为 qN_yk_{q1}，而不是 qN_y。

2.3.3 短距线圈感应电动势

如果线圈的节距 $y_1<\tau$，则为短距线圈，如图 2-11 所示。令短距线圈的节距 $y_1=y\pi$，其中 $0<y<1$，由图 2-11c 可见，短距线圈的基波感应电动势有效值为

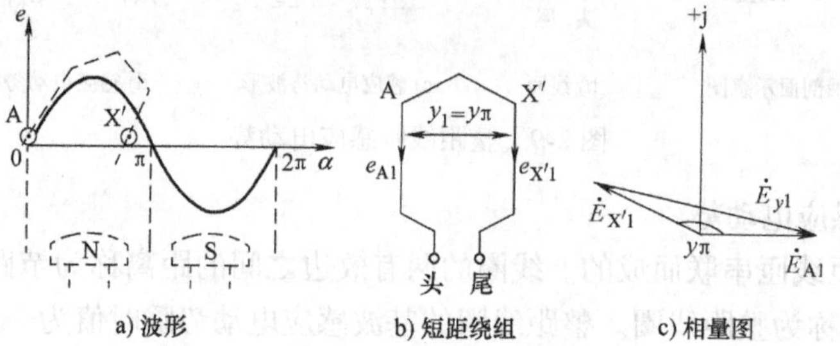

图 2-11 短距线圈基波感应电动势

$$E_{y1}=2E_{A1}\sin y\frac{\pi}{2}=4.44f_1N_y\Phi_1\sin y\frac{\pi}{2}=4.44f_1N_yk_{y1}\Phi_1 \tag{2-40}$$

式中，k_{y1} 称为基波短距系数（推导见附录 C），$k_{y1}=\sin y\dfrac{\pi}{2}$，是一个小于 1 的系数，其含义：短距线圈要比整距线圈的基波感应电动势小。也可以认为：把实际的短距线圈看成是整距线圈，则等效匝数为 N_yk_{q1}，而不是 N_y。

2.3.4 一相绕组感应电动势

前面已介绍了交流绕组分单层和双层。单层绕组采用整距分布形式，其每相绕组串联匝数为 $N_1=\frac{pqN_y}{a}$；双层绕组采用短距分布形式，其每相绕组串联匝数为 $N_1=\frac{2pqN_y}{a}$。所以单层绕组每相的基波感应电动势有效值为

$$E_{\Phi1}=4.44f_1N_1k_{q1}\Phi_1 \tag{2-41}$$

双层绕组每相的基波感应电动势有效值为

$$E_{\Phi1}=4.44f_1N_1k_{w1}\Phi_1 \tag{2-42}$$

式中，k_{w1} 称为基波绕组系数，$k_{w1}=k_{q1}k_{y1}$。

2.3.5 绕组的谐波感应电动势

实际电机气隙中除了基波磁动势外，还有谐波磁动势，则绕组中不仅会产生基波感应电动势，还会产生谐波感应电动势。绕组采用分布、短距后虽能削弱基波感应电动势（基波绕组系数 $k_{w1}<1$，接近于1），但同时可使各次谐波电动势大大削弱，使绕组感应电动势接近于正弦波。三相交流绕组Y联结或△联结时，由于三次谐波以及三的倍数次谐波电动势在时间相位上同相，故三相线电动势中无三次或三的倍数次谐波。

现设 ν 为谐波次数，则谐波感应电动势频率为

$$f_\nu=\nu f_1 \tag{2-43}$$

每相绕组 ν 次感应电动势有效值为

$$E_\nu=4.44f_\nu N_1k_{w\nu}\Phi_\nu \tag{2-44}$$

式中，$k_{w\nu}$ 为 ν 次谐波绕组系数，$k_{w\nu}=k_{q\nu}k_{y\nu}$，它是 ν 次谐波分布系数 $k_{q\nu}$ 和 ν 次谐波短距系数 $k_{y\nu}$ 的乘积；Φ_ν 为 ν 次谐波每极磁通。

【例题2-1】 某六极三相异步电动机，定子绕组为双层叠绕组，定子槽数 $Z_1=36$，节距 $y_1=(5/6)\tau$，每相串联匝数 $N_1=72$，当通入三相对称交流电时，每相电流有效值 $I=20\text{A}$，试求基波、三次、五次、七次谐波的三相合成磁动势的幅值及转速。

解 极距为

$$\tau=\frac{Z_1}{2p}=\frac{36}{6}=6$$

每极每相槽数为

$$q=\frac{\tau}{3}=\frac{6}{3}=2$$

节距为

$$y_1=\frac{5}{6}\tau=\frac{5}{6}\times6=5$$

基波分布系数为

$$k_{q1}=\frac{\sin\frac{q\alpha}{2}}{q\sin\frac{\alpha}{2}}=\frac{\sin30^\circ}{2\sin15^\circ}=0.966$$

基波短距系数为

$$k_{y1}=\sin\frac{y_1}{\tau}\frac{\pi}{2}=\sin75^\circ=0.965$$

基波绕组系数为

$$k_{w1}=k_{q1}k_{y1}=0.966\times0.965=0.932$$

基波合成磁动势幅值为

$$F_1=1.35\frac{N_1k_{w1}}{p}I=1.35\times\frac{72\times0.932}{3}\times20\text{安匝}=604\text{安匝}$$

基波合成磁动势转速为 $n_1=\dfrac{60f_1}{p}=\dfrac{60\times50}{3}\text{r/min}=1000\text{r/min}$

由于各相三次谐波脉振磁动势在空间上重合，而在时间上互差 120°，因此，三相合成三次谐波磁动势为零。

五次谐波绕组系数为 $$k_{w5}=\frac{\sin\dfrac{5q\alpha}{2}}{q\sin\dfrac{5\alpha}{2}}\sin\frac{5y_1}{\tau}\frac{\pi}{2}=0.259\times0.258=0.0667$$

五次谐波合成磁动势幅值为

$$F_5=1.35\times\frac{1}{5}\frac{N_1k_{w5}}{p}I=1.35\times\frac{1}{5}\times\frac{72\times0.0667}{3}\times20\text{安匝}=8.64\text{安匝}$$

五次谐波合成磁动势转速为：$n_5=-\dfrac{60f_1}{5p}=-\dfrac{60\times50}{5\times3}\text{r/min}=-200\text{r/min}$，转向与基波相反。

七次谐波绕组系数为 $$k_{w7}=\frac{\sin\dfrac{7q\alpha}{2}}{q\sin\dfrac{7\alpha}{2}}\sin\frac{7y_1}{\tau}\frac{\pi}{2}=-0.259\times0.258=-0.0667$$

七次谐波合成磁动势幅值为

$$F_7=1.35\times\frac{1}{7}\frac{N_1k_{w7}}{p}I=1.35\times\frac{1}{7}\times\frac{72\times(-0.0667)}{3}\times20\text{安匝}=-6.17\text{安匝}$$

七次谐波合成磁动势转速为：$n_7=\dfrac{60f_1}{7p}=\dfrac{60\times50}{7\times3}\text{r/min}=143\text{r/min}$，转向与基波相同。

2.4 三相异步电动机

2.4.1 基本结构和铭牌数据

1. 基本结构

图 2-12 所示为三相笼型异步电动机结构示意图。它主要由定子和转子两部分组成，定、转子之间是气隙。关于定子已在 2.1.3 小节中介绍，不再赘述。异步电动机的转子是由转子铁心、转子绕组和转轴等组成。转子铁心一般用 0.5mm 的硅钢片叠压而成，是磁路的一部分。转子绕组用作产生感应电动势和电磁转矩，分笼型和绕线转子两种。笼型转子绕组是自身短路的绕组，笼型转子示意图如图 2-13 所示，转子的每个槽中放有一导体（材料为铜或铝），导体比铁心长，在铁心两端用两个端环将导体短接，形成短路绕组。若将铁心去掉，剩下的绕组形状似松鼠笼子，故称笼型绕组。绕线转子绕组与定子三相绕组

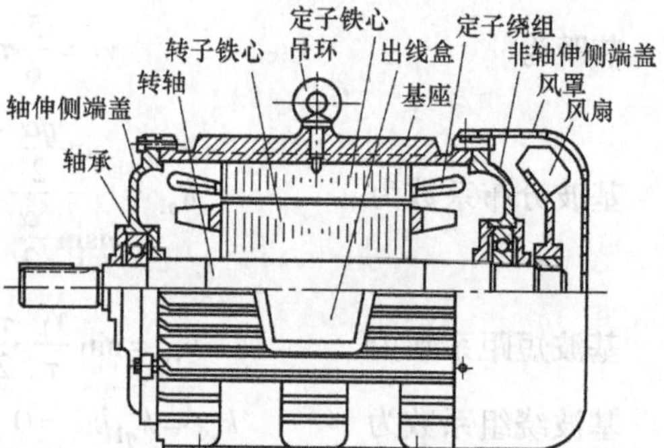

图 2-12 三相笼型异步电动机结构示意图

一样，是对称的，转子三相绕组接成Y形，其三根引出线分别接到三个集电环，再经一套电刷装置引出与外电路接通。转子回路可外接附加电阻，以改善异步电动机的起动性能和调速特性，如图 2-14 所示。气隙的大小对异步电动机运行性能影响很大，气隙过大，电网供给的励磁电流就大，使电动机的功率因数降低；气隙过小，给装配带来困难和运行不可靠，所以，中小容量的电动机气隙一般在 0.2～1.5mm 范围。

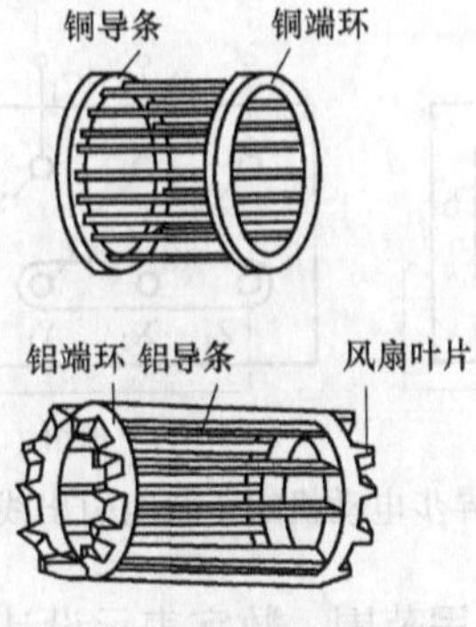

图 2-13　笼型转子示意图

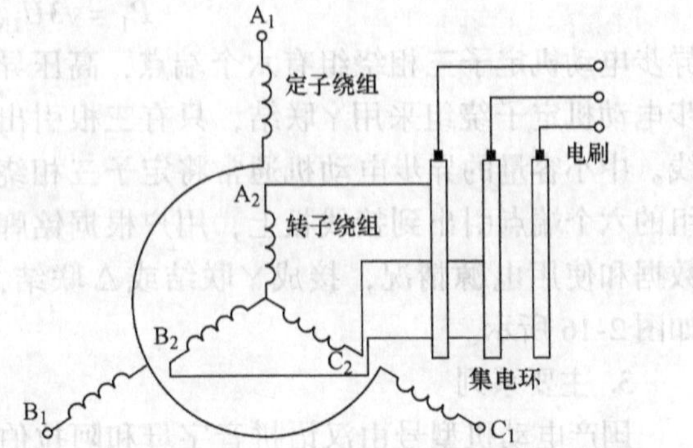

图 2-14　绕线转子异步电动机定转子接线示意图

2. 铭牌数据

图 2-15 所示为三相异步电动机铭牌。从图中可见，异步电动机铭牌数据主要有：

1）额定功率 P_N：电动机在额定运行时，轴上输出的机械功率，单位为 W 或 kW。

2）额定电压 U_{1N}：电动机额定运行时，加在定子绕组上的线电压，单位为 V。

3）额定电流 I_{1N}：电动机在定子绕组上加额定电压、轴上输出额定功率时定子绕组中的线电流，单位为 A。

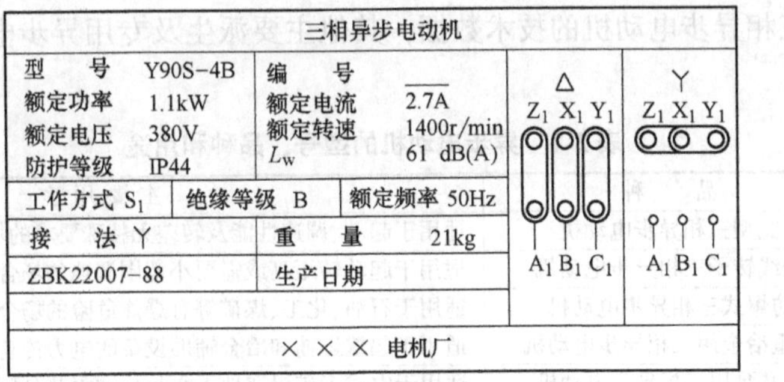

图 2-15　三相异步电动机铭牌

4）额定频率 f_{1N}：我国规定电网工频为 50Hz。

5）额定转速 n_N：电动机在定子额定电压、额定频率下，轴上输出额定功率时的转子转速，单位为 r/min。

6）额定功率因数 $\cos\varphi_N$：电动机在额定运行时定子侧的功率因数。

此外铭牌上还标有绝缘等级、温升、工作方式、联结方法等，对绕线转子异步电动机还标有转子绕组的额定电压和额定电流。

7）转子绕组额定电压 U_{2N}：定子绕组加额定电压、转子绕组开路时，集电环间的线电压，单位为 V。

8）转子额定电流 I_{2N}：电动机额定运行、转子短路状态下，集电环之间流过的线电流，单位为 A。

根据铭牌数据有

$$P_N = \sqrt{3}U_{1N}I_{1N}\eta_N\cos\varphi_N \tag{2-45}$$

式中，η_N 为异步电动机的效率；电动机的输入功率为

$$P_1 = \sqrt{3}U_{1N}I_{1N}\cos\varphi_N \tag{2-46}$$

异步电动机定子三相绕组有六个端点，高压异步电动机定子绕组采用Y联结，只有三根引出线。中小容量的异步电动机通常将定子三相绕组的六个端点引出到接线板上，用户根据铭牌数据和使用电源情况，接成Y联结或△联结，如图 2-16 所示。

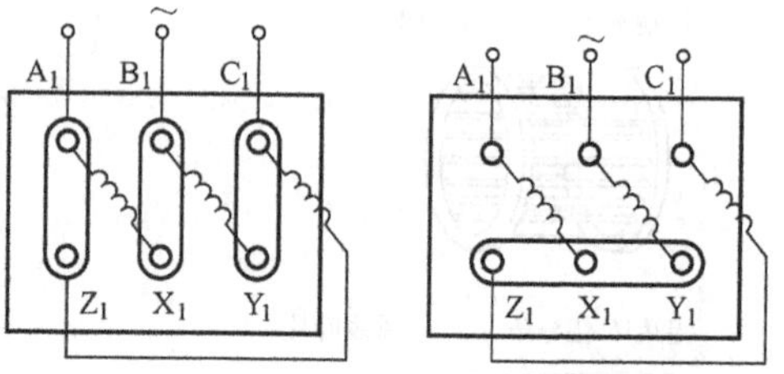

a) △联结　　b) Y联结

图 2-16　三相异步电动机定子绕组引出线

3. 主要系列

国产电动机型号由汉语拼音字母和阿拉伯数字组成，大写汉语拼音字母表示电动机的类型、结构特征和使用范围，数字表示设计序号和规格，例如：

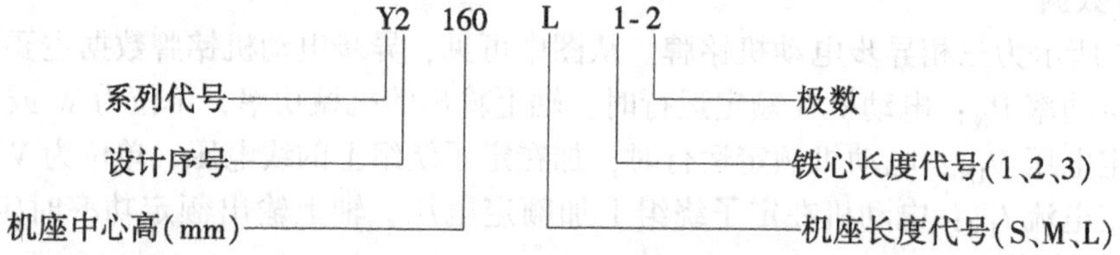

其中 Y 系列为笼型三相异步电动机，YR 系列为绕线转子三相异步电动机，附录 F 列出了部分 Y3 系列三相异步电动机的技术数据，其他主要派生及专用异步电动机的型号、品种和用途见表 2-1。

表 2-1　异步电动机的型号、品种和用途

型号	品　种	主要用途
Y	笼型三相异步电动机	适用于起动、调速性能及转差无特殊要求的场合
YR	绕线转子三相异步电动机	适用于起动转矩高或需要小范围调速的场合
YA、YB、YF	防爆式三相异步电动机	适用于石油、化工、煤矿等有爆炸危险的场合
YZ、YZR	起重冶金用三相异步电动机	适用于起重运输和冶金辅助设备的电力传动
YLB	深井泵用三相异步电动机	适用于农村工矿提取地下水与长轴深井泵配套的场合
YQS	潜水三相异步电动机	适用于驱动井用潜水泵，可潜入井下水中长期工作
YQY	潜油三相异步电动机	适用于与深井油泵配套组成潜油电泵，潜入油井直接提油
YG	辊道三相异步电动机	适用于轧钢辊道传动
YP	屏蔽三相异步电动机	适用于传送不含颗粒的剧毒、易燃、放射性、腐蚀性液体
YH	高转差率三相异步电动机	适用于驱动惯性矩较大及具有冲击性负荷的机械
YLJ	力矩三相异步电动机	适用于恒张力、恒线速传动和恒转矩传动的场合
YD	变极多速三相异步电动机	适用于机床、印染机、印刷机等需要变速的设备上
YCT	电磁调速三相异步电动机	适用于恒转矩和风机类设备的调速

【例题 2-2】　已知三相异步电动机额定数据：$P_N = 60\text{kW}$，$U_N = 380\text{V}$，$n_N = 577\text{r/min}$，$\cos\varphi_N = 0.77$，$\eta_N = 89\%$，$p = 5$，试求该异步电动机的额定输入功率、额定定子电流、额定

输出转矩和同步转速。

解　额定输入功率　$P_1 = \frac{P_N}{\eta_N} = \frac{60 \times 10^3}{0.89}\text{W} = 67.4\text{kW}$

额定定子电流　$I_{1N} = \frac{P_1}{\sqrt{3}U_N\cos\varphi_N} = \frac{67.4 \times 10^3}{\sqrt{3} \times 380 \times 0.77}\text{A} = 133\text{A}$

额定输出转矩　$T_{2N} = 9550\frac{P_N}{n_N} = 9.55 \times \frac{60 \times 10^3}{577}\text{N} \cdot \text{m} = 993.1\text{N} \cdot \text{m}$

同步转速　$n_1 = \frac{60f_1}{p} = \frac{60 \times 50}{5}\text{r/min} = 600\text{r/min}$

2.4.2　三相异步电动机空载运行

电动机空载时，定子三相对称绕组接三相对称交流电，在定子绕组中流过空载电流 I_0，由于电动机空载，轴上无机械负载，电动机的空载转速非常接近同步转速，理想空载情况下，即忽略机械损耗时，可以认为 $n \approx n_1$，$s \approx 0$，旋转磁场切割转子导体相对速度近似为零，因此，转子电流 $I_2 \approx 0$。

图2-17所示为一台绕线转子异步电动机的空载运行示意图，定、转子绕组均为Y联结，定子绕组接三相对称电源，由于是三相对称，下面只分析一相的情况。

将定、转子空间坐标纵轴选在A相绕组的轴线上，并使 $+A_1$ 与 $+A_2$ 重合，这样 $+A_1$、$+A_2$ 也是定、转子A相磁通的正方向。

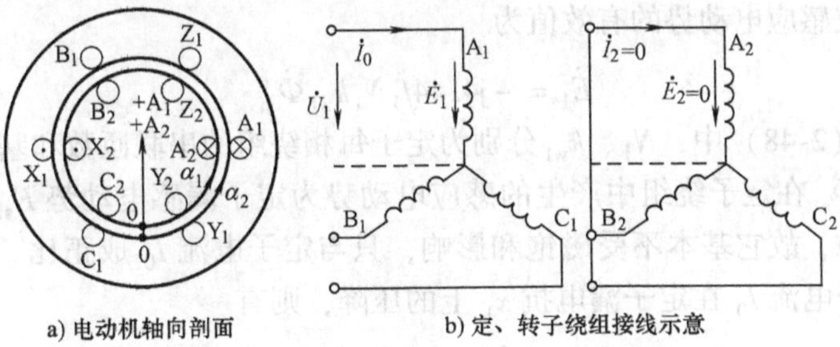

a) 电动机轴向剖面　　b) 定、转子绕组接线示意

图2-17　异步电动机的空载运行示意图

1. 空载时的电磁关系

假定各物理量的规定正方向如图2-17b所示，则电动机空载时的电磁关系如图2-18所示。

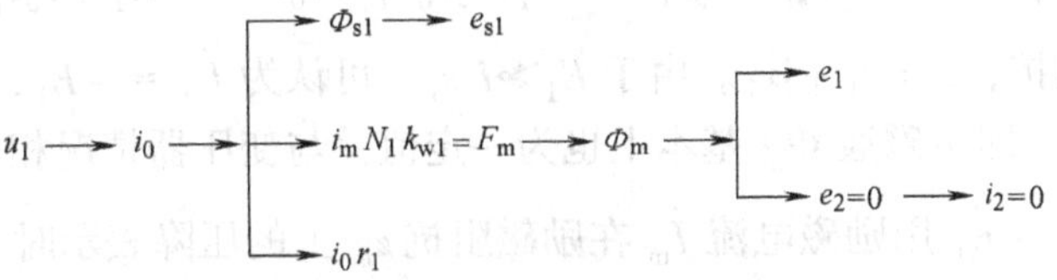

图2-18　异步电动机空载时的电磁关系

主磁通 Φ_m 是指同时链绕定、转子绕组的磁通，定子漏磁通 Φ_{s1} 是指只链绕定子绕组而不链绕转子绕组的磁通。主磁通与漏磁通的路径如图2-19所示，其中漏磁通包括：槽漏磁通、端部漏磁通和谐波漏磁通，槽漏磁通和端部漏磁通如图2-20所示。谐波漏磁通是由定

子三相合成磁动势中的高次谐波磁动势产生的，严格来说，它是通过气隙与转子绕组相链绕的磁通，与槽漏磁通和端部漏磁通是有差别的。为了表明这种差别，谐波漏磁通又称差别漏磁通，将谐波漏磁通归为漏磁通中是为了计算上的方便。

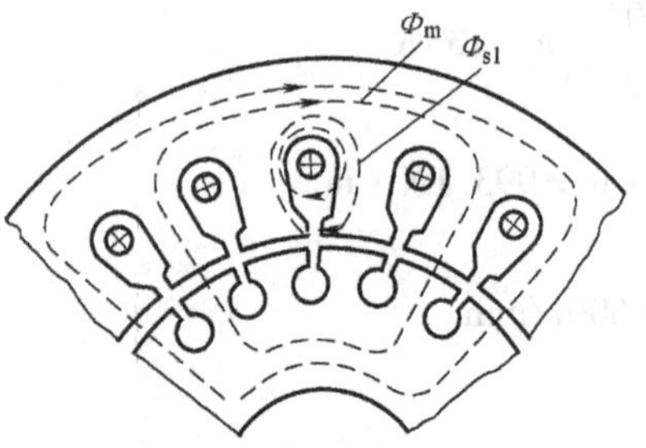

图 2-19　电动机空载时主磁通与漏磁通的路径

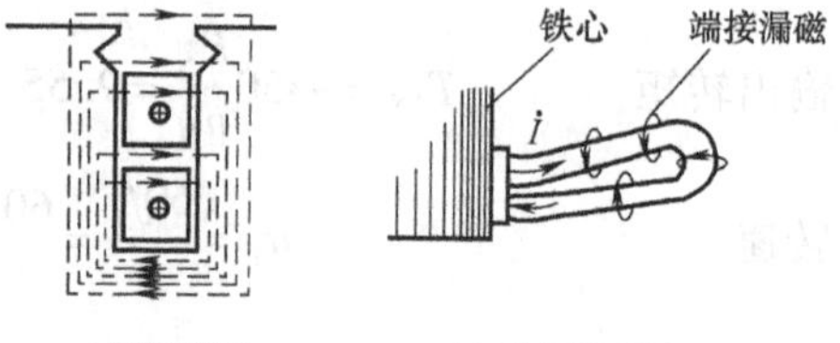

a) 槽漏磁通　　b) 端部漏磁通

图 2-20　槽漏磁通和端部漏磁通

2. 空载时的电压方程

三相异步电动机的定子绕组内通入三相对称电流后，在气隙中产生三相基波合成旋转磁动势 F_0，它以同步转速 $n_1=60f_1/p$ 旋转，空载运行时，磁动势 F_0 基本上等于气隙主磁场的励磁磁动势 F_m，由 F_m 产生的主磁通 Φ_m 同时切割定、转子绕组，则在定、转子绕组中分别产生感应电动势 E_1、E_2。空载时的定子电流 I_0 近似等于励磁电流 I_m，三相励磁电流产生的合成磁动势基波分量幅值为

$$F_0 \approx F_m = \frac{m_1}{2} \times 0.9 \times \frac{N_1 k_{w1}}{p} I_m \tag{2-47}$$

定子绕组每相基波感应电动势的有效值为

$$\dot{E}_1 = -\mathrm{j}4.44 f_1 N_1 k_{w1} \dot{\Phi}_m \tag{2-48}$$

式（2-47）和式（2-48）中，N_1、k_{w1} 分别为定子每相绕组的串联匝数和基波绕组系数。

定子漏磁通 Φ_{s1} 在定子绕组中产生的感应电动势为定子漏感电动势 E_{s1}，由于漏磁通走的磁路主要是气隙，故它基本不受磁饱和影响，只与定子电流 I_0 成正比。与变压器分析相似，将其看成定子电流 I_0 在定子漏电抗 x_1 上的压降，则有

$$\dot{E}_{s1} = -\mathrm{j}\dot{I}_0 x_1 \tag{2-49}$$

式中，$x_1=\omega_1 L_{s1}=2\pi f_1 L_{s1}$，$L_{s1}$ 为定子漏电感。

由图 2-17b 所示，定子一相电路的电压方程为

$$\dot{U}_1 = -\dot{E}_1 - \dot{E}_{s1} + \dot{I}_0 r_1 = -\dot{E}_1 + \mathrm{j}\dot{I}_0 x_1 + \dot{I}_0 r_1 = -\dot{E}_1 + \dot{I}_0 z_1 \tag{2-50}$$

式中，z_1 为定子漏阻抗，$z_1=r_1+\mathrm{j}x_1$。由于 $E_1 \gg I_0 z_1$，可认为 $\dot{U}_1 \approx -\dot{E}_1$，当电源电压和频率 f_1 一定时，$U_1 \propto \Phi_m$，即主磁通 Φ_m 基本上也为一定值，与变压器情况相同。

与变压器相似，$-\dot{E}_1$ 用励磁电流 $\dot{I}_m$ 在励磁阻抗 z_m 上的压降表示时，则有

$$-\dot{E}_1 = \dot{I}_m z_m = \dot{I}_m (r_m + \mathrm{j}x_m) \tag{2-51}$$

式中，r_m 为励磁电阻；x_m 为励磁电抗。

与变压器一样，励磁电流由两部分组成：一部分产生主磁通 Φ_{m0}，为无功分量 $\dot{I}_\mu$，另一部分反应铁损的铁损电流，为有功分量 $\dot{I}_{Fe}$，则

$$\dot{I}_0 \approx \dot{I}_m = \dot{I}_\mu + \dot{I}_{Fe} \tag{2-52}$$

因磁场切割转子速度为零，则转子电压方程为

$$\dot{U}_2 = \dot{E}_2 = 0 \tag{2-53}$$

3. 空载等效电路

根据式（2-50）~式（2-52）可画出异步电动机空载时的等效电路如图2-21所示。

4. 空载时空相量图

若选取磁动势坐标轴在 +A 轴线上（见图2-17a），则空间相量关系如图2-22所示。若再选取时间与空间参考轴一致，则时间相量 $\dot{I}_0$ 与空间相量 F_m 具有同相位性质，即可将时间相量与空间相量画在一起，称为时空相量图如图2-23所示。

5. 空载功率关系

电动机空载时，无功率输出，$P_2=0$，输入功率为

$$P_1 = 3U_1 I_0 \cos\varphi_0 = p_{Fe1} + p_{Fe2} + p_{Cu1} = 3I_m^2 r_m + 3I_0^2 r_1 \tag{2-54}$$

由式（2-54）可见，输入功率一部分消耗在定子铜损上，另一部分消耗在定、转子的铁损上。

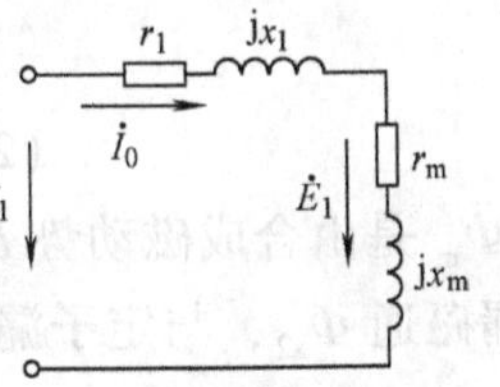

图2-21　空载时的等效电路

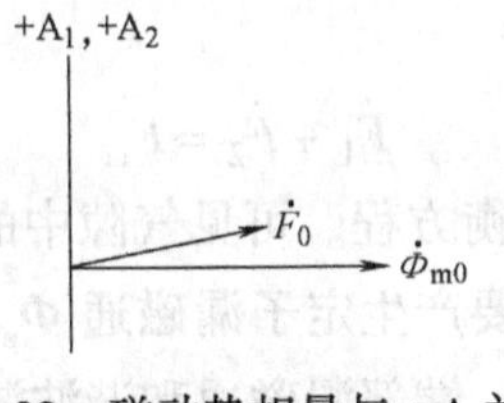

图2-22　磁动势相量与 +A 关系

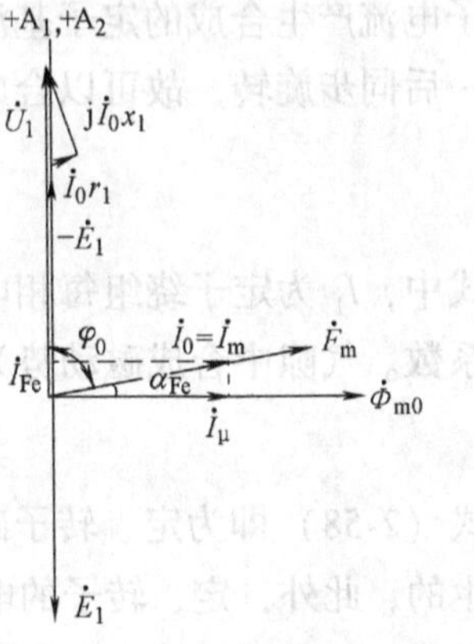

图2-23　空载时的时空相量图

电动机空载时的物理现象与变压器空载运行情况相似，但应区分：变压器中的主磁通是脉振磁通，计算时用幅值 Φ_m；而在异步电动机中，主磁通是以 n_1 旋转的磁通，气隙磁通密度在空间按正弦分布，计算时用每极的基波总磁通 Φ_m[8]。

2.4.3　三相异步电动机负载运行

当异步电动机定子绕组接三相对称电源时，定、转子绕组中都有电流流过，在气隙中产生以同步转速 n_1 旋转的合成磁场，而转子绕组电流与气隙旋转磁场产生作用于转子的电磁转矩，使电动机以异步转速 n 旋转，拖动负载。电动机带载运行，必然要经过由静止到稳定运行的起动过程，因此，下面分别讨论起动瞬间和带载稳定运行两种情况。

1. 电动机起动瞬间（$s=1$）

异步电动机起动瞬间，转子要转还未转动，即转子转速 $n=0$，转差率 $s=1$，此时定子、转子绕组接线如图2-24所示。与电动机空载运行一样，将定、转子空间坐标纵轴选在A相

绕组的轴线上，使 $+A_1$ 与 $+A_2$ 重合，且定、转子三相绕组在空间排列次序一致。

(1) 磁动势平衡方程

由图 2-24 可知，起动瞬间，由于转子静止，旋转磁场以同步转速 n_1 切割转子绕组，在转子绕组中产生的感应电动势 E_2 为

$$\dot{E}_2 = -\mathrm{j}4.44 f_1 N_2 k_{w2} \dot{\Phi}_m \tag{2-55}$$

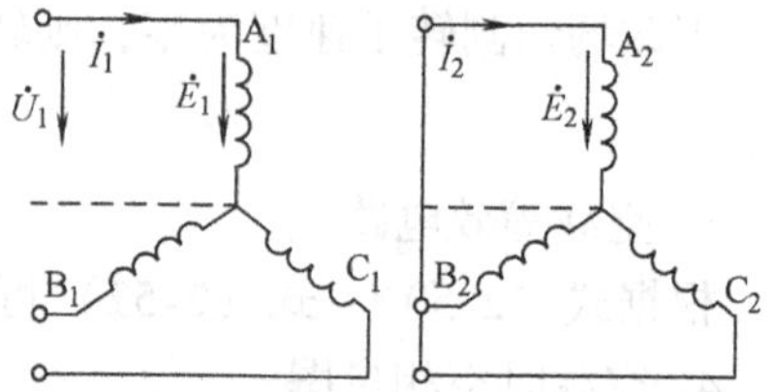

图 2-24 异步电动机起动瞬间接线图

在转子三相对称感应电动势作用下，又会在转子三相绕组中产生对称的转子电流 I_2，从而产生合成的转子基波旋转磁动势 F_2，其幅值为

$$F_2 = \frac{m_2}{2} \times 0.9 \frac{N_2 k_{w2}}{p} I_2 \tag{2-56}$$

式中，I_2 为转子绕组每相电流有效值；N_2 为转子一相绕组串联匝数；k_{w2} 为转子的基波绕组系数。

转子旋转磁动势 F_2 相对于转子的转速为 $n_2 = 60f_2/p$，起动瞬间，由于转子静止，转子电流的频率 $f_2 = f_1$，所以 $n_2 = n_1$。又由于 $+A_1$、$+A_2$ 重合，定、转子电流相序一样，则定子电流产生合成的定子基波旋转磁动势 F_1 与转子旋转磁动势 F_2 同速、同方向，在空间一前一后同步旋转，故可以合成。其中定子基波旋转磁动势 F_1 的幅值为

$$F_1 = \frac{m_1}{2} \times 0.9 \frac{N_1 k_{w1}}{p} I_1 \tag{2-57}$$

式中，I_1 为定子绕组每相电流有效值，N_1 为定子一相绕组串联匝数，k_{w1} 为定子的基波绕组系数。气隙中合成磁动势为

$$\dot{F}_1 + \dot{F}_2 = \dot{F}_m \tag{2-58}$$

式 (2-58) 即为定、转子磁动势平衡方程。可见气隙中的主磁通 Φ_m 是由合成磁动势 F_m 产生的，此外，定、转子的电流分别要产生定子漏磁通 Φ_{s1} 和转子漏磁通 Φ_{s2}，与定子漏磁通类似，转子漏磁通也包含槽漏磁通、端部漏磁通和谐波漏磁通。

式 (2-58) 也可写成

$$\dot{F}_1 = \dot{F}_m + (-\dot{F}_2) \tag{2-59}$$

式 (2-59) 表明，定子磁动势 F_1 包含两部分：一部分是用来产生主磁通的分量 F_m；另一部分是与 F_2 大小相等、方向相反的以抵消转子磁动势对主磁通影响的分量 $-F_2$。

(2) 电磁关系

假定各物理量的规定正方向如图 2-24 所示，则异步电动机起动瞬间的电磁关系如图 2-25所示。

(3) 电压平衡方程

根据电磁关系示意图，定子一相电路的电压方程为

$$\dot{U}_1 = -\dot{E}_1 - \dot{E}_{s1} + \dot{I}_1 r_1 = -\dot{E}_1 + \mathrm{j}\dot{I}_1 x_1 + \dot{I}_1 r_1 = -\dot{E}_1 + \dot{I}_1 z_1 \tag{2-60}$$

式中，z_1 为定子漏阻抗，$z_1 = r_1 + \mathrm{j}x_1$。

转子一相电路的电压方程为

$$\dot{E}_2 = \dot{I}_2(r_2 + jx_2) = \dot{I}_2 z_2 \quad (2\text{-}61)$$

式中，$z_2 = r_2 + jx_2$ 为转子漏阻抗，或改写为

$$z_2 = r_2 + jx_2 = \frac{\dot{E}_2}{\dot{I}_2} \quad (2\text{-}62)$$

转子回路漏阻抗的功率因数角为

$$\varphi_2 = \arctan\frac{x_2}{r_2} \quad (2\text{-}63)$$

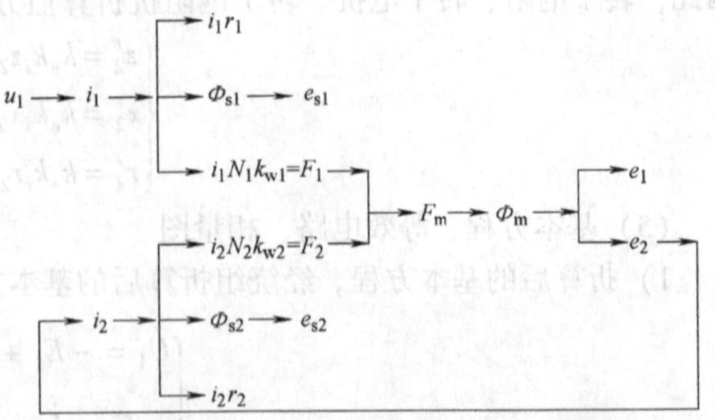

图 2-25　异步电动机起动瞬间的电磁关系

（4）转子电动势、电流、电阻、漏阻抗的折算

与变压器相似，异步电动机定、转子之间没有电的联系，只有磁的耦合。为了工程计算方便，在不改变电动机的电磁性能的条件下，将无电的联系的定、转子电路变换成纯电路的等效电路，需进行转子绕组的折算。

转子绕组折算方法：用一个相数为 m_1、匝数为 N_1k_{w1} 的绕组，代替原来的转子绕组（转子绕组原来的相数为 m_2，匝数为 N_2k_{w2}）。

绕组折算原则：保持折算前后电动机磁动势平衡关系不变，即 F_2 的大小以及与 F_1 之间的空间位置不变。

1）转子电动势折算。折算前转子电动势为

$$E_2 = 4.44 f_1 N_2 k_{w2} \Phi_m$$

折算后转子电动势为

$$E_2' = 4.44 f_1 N_1 k_{w1} \Phi_m$$

则转子电动势折算值为

$$E'_2 = \frac{N_1 k_{w1}}{N_2 k_{w2}} E_2 = k_e E_2 = E_1 \quad (2\text{-}64)$$

式中，k_e 为电动势比。

2）转子电流折算。根据折算前后电动机磁动势平衡关系不变的原则，应有

$$\frac{m_1}{2} \times 0.9 \frac{N_1 k_{w1}}{p} I_2' = \frac{m_2}{2} \times 0.9 \frac{N_2 k_{w2}}{p} I_2$$

则转子电流折算值为

$$I'_2 = \frac{m_2 N_2 k_{w2}}{m_1 N_1 k_{w1}} I_2 = \frac{1}{k_i} I_2 \quad (2\text{-}65)$$

式中，k_i 为异步电动机的电流比，$k_i = \dfrac{m_1 N_1 k_{w1}}{m_2 N_2 k_{w2}}$。因此，定、转子电流之间存在 $\dot{I}_1 = \dot{I}_m + (-\dot{I}_2')$。

3）转子电阻、转子电抗、转子漏阻抗折算。由式（2-62）可得

$$z_2' = r_2' + jx_2' = \frac{\dot{E}_2'}{\dot{I}_2'} = \frac{k_e \dot{E}_2}{\frac{1}{k_i}\dot{I}_2} = k_e k_i \frac{\dot{E}_2}{\dot{I}_2} = k_e k_i z_2 = k_e k_i (r_2 + jx_2)$$

因此，转子电阻、转子电抗、转子漏阻抗折算值分别为

$$\begin{cases} z_2' = k_e k_i z_2 \\ x_2' = k_e k_i x_2 \\ r_2' = k_e k_i r_2 \end{cases} \tag{2-66}$$

（5）基本方程、等效电路、相量图

1）折算后的基本方程。经绕组折算后的基本方程为

$$\begin{cases} \dot{U}_1 = -\dot{E}_1 + \dot{E}_1 z_1 \\ -\dot{E}_1 = \dot{I}_{\mathrm{m}} z_{\mathrm{m}} \\ \dot{I}_1 = \dot{I}_{\mathrm{m}} + (-\dot{I}_2') \\ \dot{E}_1 = \dot{E}_2' \\ \dot{E}_2' = \dot{I}_2' z_2' \end{cases} \tag{2-67}$$

2）等效电路。根据式（2-67）可画出异步电动机起动瞬间的等效电路如图 2-26 所示。

3）相量图。将时间与空间参考轴选取一致，则 +j、$+A_1$、$+A_2$ 重合，异步电动机起动瞬间的时空相量图如图 2-27 所示。

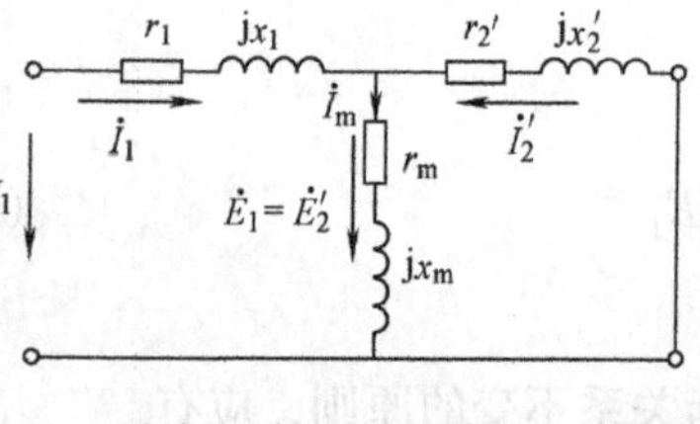

图 2-26 异步电动机起动瞬间的等效电路

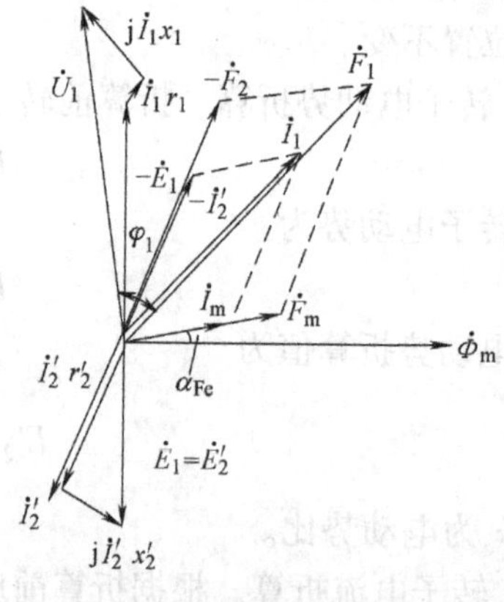

图 2-27 异步电动机起动瞬间的时空相量图

（6）功率关系

起动瞬间，转子静止，输出功率 $P_2=0$，输入功率 P_1 为

$$P_1 = m_1 U_1 I_1 \cos\varphi_1 = 3U_1 I_1 \cos\varphi_1 \tag{2-68}$$

式中，定子功率因数在起动瞬间很低，一般为 $\cos\varphi_1 \approx 0.25$。

定、转子铁损为

$$p_{\mathrm{Fe}} = p_{\mathrm{Fe1}} + p_{\mathrm{Fe2}} = m_1 I_{\mathrm{m}}^2 r_{\mathrm{m}} = 3I_{\mathrm{m}}^2 r_{\mathrm{m}} \tag{2-69}$$

定、转子铜损为

$$p_{\mathrm{Cu}} = p_{\mathrm{Cu1}} + p_{\mathrm{Cu2}} = 3I_1^2 r_1 + 3I_2'^2 r_2' \tag{2-70}$$

体现机电能量转换的电磁功率为

$$P_{\mathrm{em}} = P_1 - p_{\mathrm{Fe}} - p_{\mathrm{Cu1}} = p_{\mathrm{Cu2}} = 3I_2'^2 r_2 = 3E_2' I_2' \cos\varphi_2 \tag{2-71}$$

由式（2-71）可见，起动瞬间，异步电动机的输入全部消耗在定、转子的铁损和铜损上，相当于变压器的短路运行状态。由于异步电动机定、转子的漏阻抗比较小，如果在定子绕组加额定电压，则定、转子的起动电流相当大，为额定电流的 4 ~7 倍，过大的定、转子电流会使电动机铜损加大，绕组过热，危及绕组绝缘，如果电动机不能迅速转动（因某种原因堵转），而长时间工作在该状态下，将导致电动机损坏。

2. 异步电动机带载稳定运行

电动机带载运行时，转子与气隙旋转磁场间有相对运动，两者间的相对转速为 $\Delta n = n_1 - n$，转子感应电动势、电流和漏电抗分别为 $\dot{E}_{2s}$、$\dot{I}_{2s}$ 和 x_{2s}，异步电动机负载时的电磁关系如图 2-28 所示。

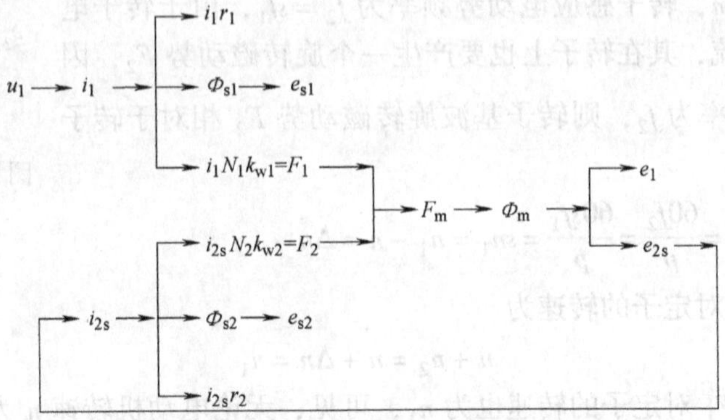

图 2-28　异步电动机负载时的电磁关系

（1）转子各量与转差率的关系

转差率是指气隙中旋转磁场的同步转速和转子转速之差与同步转速的比值，即

$$s = \frac{n_1 - n}{n_1} \tag{2-72}$$

转差率是异步电动机的重要参数，当电动机作电动运行时，$0 < s \leqslant 1$。

前面讨论转子理想空载时，转子中无感应电动势和电流产生；当负载运行时，转子转速为 n，而气隙中旋转磁场的转速为 n_1，两者转向相同，转速差为 $\Delta n = n_1 - n = sn_1$，则旋转磁场是以 Δn 的相对转速切割转子绕组。

对于绕线转子异步电动机，转子与定子有相同的相数和极对数，所以，在转子电路中产生的感应电动势频率为

$$f_2 = \frac{p\Delta n}{60} = \frac{p(n_1 - n)}{60} = \frac{pn_1}{60}\frac{n_1 - n}{n_1} = sf_1 \tag{2-73}$$

下面分别讨论与频率有关的转子各量和转差率之间的关系。

1）转子感应电动势 E_{2s}。转子电路中的感应电动势有效值为

$$E_{2s} = 4.44 f_2 N_2 k_{w2} \Phi_m = 4.44 \times sf_1 N_2 k_{w2} \Phi_m = sE_2 \tag{2-74}$$

电动机额定运行时，额定转差率一般在 $s_N = 0.015 \sim 0.06$ 之间，所以负载运行时，转子电流频率很低，感应电动势也很小。

2）转子电抗 x_{2s}。转子电抗为

$$x_{2s} = \omega_2 L_2 = 2\pi f_2 L_2 = 2\pi sf_1 L_2 = sx_2 \tag{2-75}$$

3）转子电流 I_{2s}。转子电流为

$$\dot{I}_{2s}=\frac{\dot{E}_{2s}}{r_2+jx_{2s}}=\frac{s\dot{E}_2}{r_2+jsx_2} \tag{2-76}$$

4）转子功率因数 $\cos\varphi_{2s}$。转子功率因数为

$$\cos\varphi_{2s}=\frac{r_2}{\sqrt{r_2^2+(sx_2)^2}} \tag{2-77}$$

因此，电动机负载运行时的转子等效电路，如图 2-29 所示。

（2）定、转子磁动势平衡方程

由前面分析可知，电动机负载运行时，定子旋转磁动势的转速为 n_1，转子转速为 n，转子感应电动势频率为 $f_2=sf_1$，由于转子电流也是三相对称电流，其在转子上也要产生一个旋转磁动势 F_2，因为转子电流 $\dot{I}_{2s}$的频率为 f_2，则转子基波旋转磁动势 F_2 相对于转子的转速为

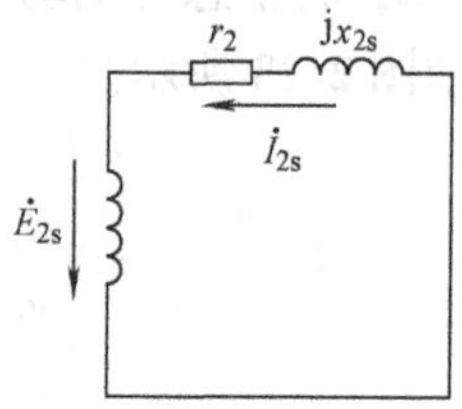

图 2-29　转子等效电路

$$n_2=\frac{60f_2}{p}=\frac{60sf_1}{p}=sn_1=n_1-n=\Delta n$$

转子磁动势 F_2 对定子的转速为

$$n+n_2=n+\Delta n=n_1$$

而定子电流产生的 F_1 对定子的转速也为 n_1，可见，无论电动机转速 n 为何值，磁动势 F_1、F_2 同速同方向、一前一后旋转，两个磁动势相对静止。

定、转子磁动势相对静止是一切电动机能够正常运行的必要条件，因为只有两者相对静止，才能产生恒定的平均电磁转矩[8]。

气隙中的合成磁动势为

$$\dot{F}_1+\dot{F}_2=\dot{F}_m \tag{2-78}$$

式（2-78）为负载运行时的磁动势平衡方程，也可写成

$$\dot{F}_1=\dot{F}_m+(-\dot{F}_2) \tag{2-79}$$

式（2-79）说明，负载时定子磁动势 F_1 由两部分组成，一部分为产生主磁通的励磁磁动势 F_m，另一部分为抵消转子磁动势的负载分量 $-F_2$。

结合前面介绍的空载运行情况，理想空载时转差率为零，转子感应电动势 E_{2s}和转子电流 I_{2s}为零，电动机只有励磁磁动势，$F_1=F_m$；而当轴上加一定负载后，转子转速下降，转差率增大，E_{2s}和 I_{2s}增大，产生转子磁动势 F_2。与变压器一样，由于定子漏阻抗很小，无论空载还是负载均可认为

$$\dot{U}_1\approx-\dot{E}_1$$

只要电源电压 U_1 不变，定子感应电动势 E_1 就基本不变，磁路中的磁通 Φ_m 和合成磁动势 F_m 就基本不变。所以，当转子磁动势 F_2 出现时，定子磁动势 F_1 中就要增加一个 $-F_2$ 与之抗衡，保证合成磁动势 F_m 不变。

【例题 2-3】　一台三相八极异步电动机，额定转差率 $s_N=0.04$，额定频率 $f_{1N}=50\text{Hz}$，试求：（1）该异步电动机的同步转速、额定转速、转子频率；（2）若电动机在额定运行时，

突然将电源相序改变，反接瞬间的转差率。

解 同步转速 $n_1 = \frac{60f_{1N}}{p} = \frac{60 \times 50}{4}\text{r/min} = 750\text{r/min}$

额定转速 $n_N = n_1(1-s_N) = 750(1-0.04)\text{r/min} = 720\text{r/min}$

转子频率 $f_2 = s_N = f_{1N} = 0.04 \times 50\text{Hz} = 2\text{Hz}$

突然将电源相序改变，则同步转速 $n_1 = -750\text{r/min}$

反接瞬间的转差率 $s = \frac{n_1 - n_N}{n_1} = \frac{-750-720}{-750} = 1.96$

2.4.4 三相异步电动机的电压方程和等效电路

由异步电动机工作原理可知，定、转子之间无电的联系，只有磁的耦合，定子电路各电量的频率为f_1，转子电路各电量的频率为f_2，为了寻求定、转子直接电的联系，需讨论频率折算问题。

1. 频率折算

频率折算的目的是把定、转子两个不同频率的电路转换成同一频率的电路。转子不转时，转子电路中的频率与定子电路频率相同，所以转子频率折算方法为：用一个等效的静止转子代替实际转动的转子。频率折算原则为：保持转子磁动势 F_2 的大小不变（$\dot{I}_2$ 大小不变）；F_2 与 F_1 之间在空间相差的空间电角度不变（$\dot{I}_2$ 的相位不变），亦即 F_2 对 F_1 的影响不变。

将式（2-76）变换后可得

$$\dot{I}_{2s} = \frac{\dot{E}_{2s}}{r_2 + jx_{2s}} = \frac{s\dot{E}_2}{r_2 + jsx_2} = \frac{\dot{E}_2}{\frac{r_2}{s} + jx_2} = \dot{I}_2 \tag{2-80}$$

式中，$\dot{I}_{2s}$、$\dot{E}_{2s}$、x_{2s} 分别为异步电动机负载时转子的每相电流、电动势和漏电抗，频率为f_2；$\dot{I}_2$、$\dot{E}_2$、x_2 分别为异步电动机转子静止时转子的每相电流、电动势和漏电抗，频率为f_1。

转子回路的阻抗角为

$$\varphi_{2s} = \arctan\frac{x_{2s}}{r_2} = \arctan\frac{sx_2}{r_2} = \arctan\frac{x_2}{\frac{r_2}{s}} = \varphi_2 \tag{2-81}$$

式（2-80）和式（2-81）表明，只要用 r_2/s 代替 r_2，就可使转子电流的大小和相位保持不变，即转子磁动势的大小和空间相位保持不变，实现用静止电路代替实际旋转的转子电路。电阻 r_2/s 称为等效静止转子电阻，也可表示为

$$\frac{r_2}{s} = r_2 + \frac{1-s}{s}r_2 \tag{2-82}$$

式中，$\frac{1-s}{s}r_2$称为附加电阻。

频率折算后，转子回路电阻由两部分组成：第一部分 r_2 是一相转子绕组的实际电阻，其

上产生的损耗 $m_2I_2^2r_2$ 就是转子电路的铜损；第二部分$\frac{1-s}{s}r_2$是附加电阻，其上产生的损耗 $m_2I_2^2\frac{1-s}{s}r_2$是虚拟损耗，实际转子中并不存在，但它却表征实际转动的转子的总机械功率。

经频率折算后，异步电动机的等效电路如图 2-30 所示。

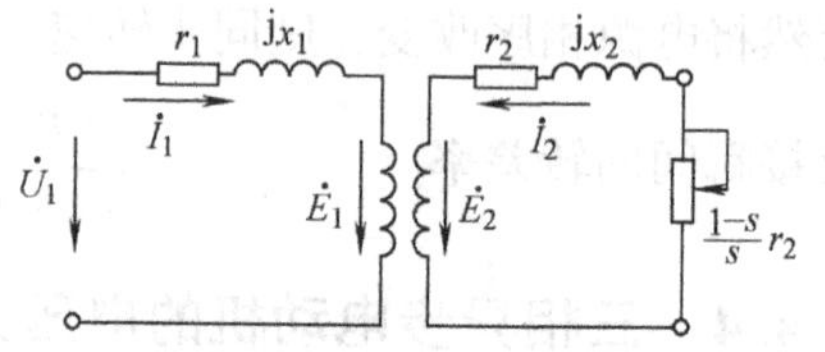

图 2-30 频率折算后异步电动机的等效电路

2. 基本方程

异步电动机经转子频率和绕组折算后，得负载运行时的基本方程为

$$\begin{cases}\dot{U}_1 = -\dot{E}_1 + \dot{I}_1(r_1 + jx_1) = -\dot{E}_1 + \dot{I}_1z_1 \\ -\dot{E}_1 = \dot{I}_m(r_m + jx_m) = \dot{I}_mz_m \\ \dot{I}_1 = \dot{I}_m + (-\dot{I}_2') \\ \dot{E}_1 = \dot{E}_2' \\ \dot{E}_2' = \dot{I}_2'(\frac{r_2'}{s} + jx_2')\end{cases} \tag{2-83}$$

3. 等效电路

根据式（2-83）可画出异步电动机负载运行时的“T”形等效电路如图 2-31 所示。

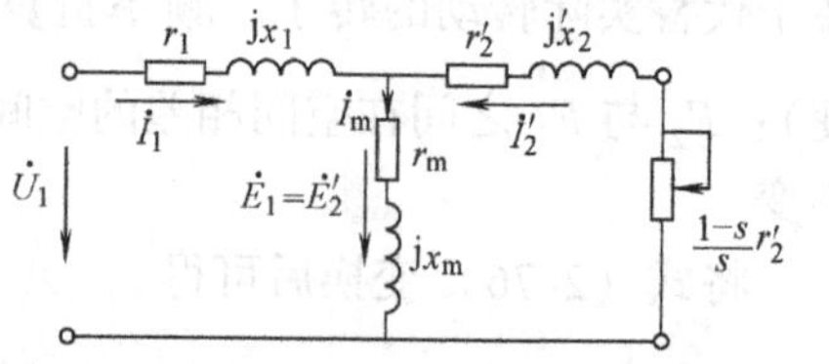

图 2-31 异步电动机的“T”形等效电路

分析“T”形等效电路：

1）当异步电动机空载运行时，$n\approx n_1$，$s\approx 0$，$\frac{1-s}{s}r_2'\to\infty$，等效电路中的转子回路相当于开路，转子电流 $I_2'\approx 0$，$I_1\approx I_0$，因此功率因数很低。

2）当异步电动机额定运行时，$n=n_N$，$s=s_N$（通常 $s_N=0.015\sim0.06$），$r_2'\gg x_2'$，而 $I_2'=\frac{E_2'}{\sqrt{\left(\frac{r_2'}{s}\right)^2+x_2'^2}}$，此时的转子电流 I_2'主要由$\frac{r_2'}{s}$决定，转子电路基本上呈电阻性电路，所以电动机的功率因数较高。

3）当异步电动机起动瞬间，$n=0$，$s=1$，$\frac{1-s}{s}r_2'=0$，电动机没有输出，$\frac{1-s}{s}r_2'$相当于短路，此时定、转子电流都很大，从“T”形等效电路看，感应电动势 E_1 和主磁通 Φ_m 约为空载运行时的一半。

为了简化计算，可将“T”形等效电路中的励磁支路左移到输入端，使电路简化成单纯的并联电路如图 2-32 所示，该电路称为异步电动机的简化等效电路。

需注意的是，对于一般异步电动机，空载电流 I_0 为额定定子电流 I_{1N}的 20% ~50%，因此不能像变压器一样将励磁支路去掉。而变压器的空载电流很小，仅为额定电流的 2% ~10%，可忽略励磁电流，将励磁支路去掉，得“一”字形简化等

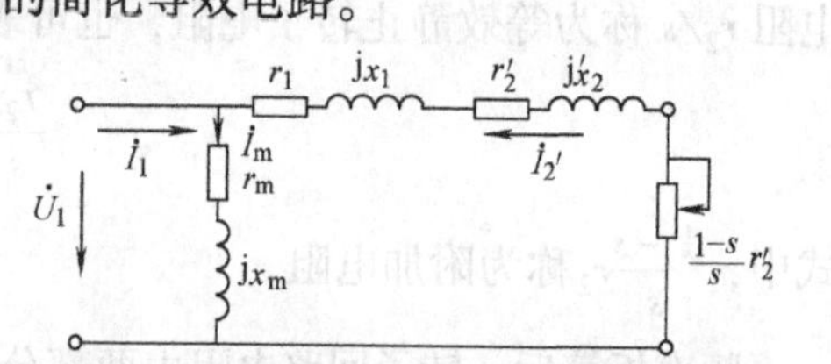

图 2-32 异步电动机的简化等效电路

效电路。

4. 时空相量图

根据式（2-83）或“T”形等效电路可作出异步电动机的时空相量图如图2-33所示。与变压器一样，绘制时空相量图时，一般取主磁通 $\dot{\Phi}_m=\Phi_m\angle 0°$为参考相量，$\dot{I}_m$超前 $\dot{\Phi}_m$铁损角 α_{Fe}，$\dot{E}_1$、$\dot{E}_2'$滞后 $\dot{\Phi}_m$ 90°电角度，最后再根据定、转子电压平衡方程和磁动势平衡方程便可绘出时空相量图。从时空相量图也可看出，异步电动机对电网而言为感性负载。

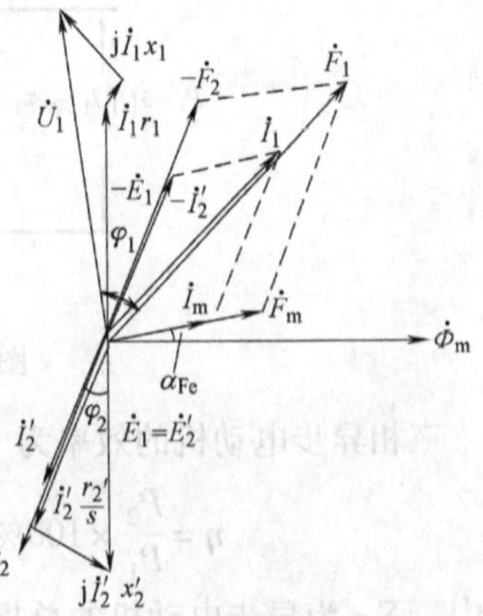

图2-33 异步电动机的时空相量图

2.4.5 三相异步电动机的功率和转矩方程

1. 功率平衡方程

“T”形等效电路表明，异步电动机稳定运行时，从电源输入定子的电功率 P_1 中，一部分消耗在定子电阻上，用 p_{Cu1} 表示；另一部分消耗在定子铁心上，用 p_{Fe} 表示；其余的电功率通过气隙旋转磁场的耦合，传递到转子，该有功功率称为电磁功率，用 P_{em} 表示，则定子侧的功率平衡方程为

$$\begin{cases}P_1=m_1U_1I_1\cos\varphi_1=3U_1I_1\cos\varphi_1\\p_{Cu1}=m_1I_1^2r_1=3I_1^2r_1\\p_{Fe}=m_1I_m^2r_m=3I_m^2r_m\\P_{em}=P_1-p_{Cu1}-p_{Fe}\end{cases}\tag{2-84}$$

式中，U_1 为定子相电压；I_1 为定子相电流；$\cos\varphi_1$ 为定子功率因数；r_1 为定子电阻。

在定子传递到转子的电磁功率 P_{em} 中，一部分消耗在转子电阻上，用 p_{Cu2} 表示，剩下的全部转换成总机械功率（转换功率），用 P_m 表示，而总机械功率中扣除电动机因旋转而产生的机械摩擦损耗 p_m 以及成因较复杂的附加损耗 p_{ad}之后，剩下的就是电动机轴上输出的机械功率，用 P_2 表示，则转子侧的功率平衡方程为

$$\begin{cases}P_{em}=m_1E_2'I_2'\cos\varphi_2=3E_2'I_2'\cos\varphi_2=3I'^2_2\dfrac{r_2'}{s}\\p_{Cu2}=3I'^2_2r_2'=sP_{em}\\P_m=P_{em}-p_{Cu2}=3I'^2_2\dfrac{1-s}{s}r_2'=(1-s)P_{em}\\P_2=P_m-p_m-p_{ad}\end{cases}\tag{2-85}$$

式中，$\cos\varphi_2$ 为转子功率因数；r_2 为转子电阻；p_{ad}为附加损耗（又称杂散损耗），一般很难用公式计算，通常根据经验估算，对于大型异步电动机约为0.5%P_N；对于中、小型异步电动机为1%～3%P_N。由于转子铁心中的磁通变化频率 f_2 在电动机额定运行时很低，转子铁损很小，故可忽略不计。

式（2-85）表明，传递到转子的电磁功率 P_{em} 中，s 部分变为转子铜损，$p_{Cu2}=sP_{em}$，所

以又称 sP_{em} 为转差功率。

异步电动机定、转子的功率关系也可用功率流程图表示，如图 2-34 所示。

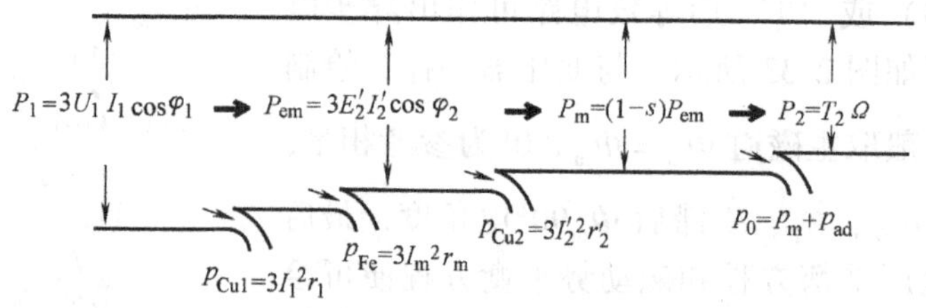

图 2-34 三相异步电动机的功率流程图

三相异步电动机的效率为

$$\eta=\frac{P_2}{P_1}\times100\%=\frac{P_1-\sum p}{P_1}\times100\%=\left(1-\frac{\sum p}{P_2+\sum p}\right)\times100\% \tag{2-86}$$

式中，$\sum p$ 为异步电动机的总损耗，$\sum p=p_{Cu1}+p_{Fe}+p_{Cu2}+p_m+p_{ad}$。

2. 转矩平衡方程

异步电动机的电磁转矩 T 为总机械功率 P_m 除以转子机械角速度 Ω，即

$$\frac{P_m}{\Omega}=\frac{P_2}{\Omega}+\frac{p_m+p_{ad}}{\Omega}$$

则转矩平衡方程为

$$T=T_2+T_0 \tag{2-87}$$

式中，$T_2=P_2/\Omega$ 为电动机轴上的输出转矩（N·m）；$T_0=(p_m+p_{ad})/\Omega$ 为电动机的空载转矩（N·m）。各转矩也可分别表示为

$$\begin{cases}T=\dfrac{P_m}{\Omega}=\dfrac{(1-s)P_{em}}{(1-s)\Omega_1}=\dfrac{P_{em}}{\Omega_1}=9.55\dfrac{P_{em}}{n_1}=9.55\dfrac{P_m}{n}\\ T_2=\dfrac{P_2}{\Omega}=9.55\dfrac{P_2}{n}\\ T_0=\dfrac{p_m+p_{ad}}{\Omega}=9.55\dfrac{p_m+p_{ad}}{n}\end{cases} \tag{2-88}$$

式中，Ω_1 为同步机械角速度，$\Omega_1=\dfrac{2\pi n_1}{60}$。

2.4.6 笼型转子的极数和相数

以上虽然是用绕线转子为例，分析推出的异步电动机的等效电路，同样适用于笼型异步电动机，但由于笼型转子是由许多导条通过两端环并联组成的，其极数、相数与绕线转子有所不同，因此下面分别进行讨论。

1. 笼型转子的极数

设气隙磁场以同步转速 n_1 旋转，转子转速为 n，转向与 n_1 相同，则气隙磁场切割笼型转子的相对速度为 $\Delta n=n_1-n$，转子导条中就会有感应电动势 e_{2s} 产生，其大小与切割它的气隙磁通密度 b_δ 成正比，气隙磁通密度 b_δ 沿圆周按正弦规律分布如图 2-35 所示，这就使位于最大磁通密度下的导条中感应出的电动势为最大；而位于磁通密度为零下的导条中的感

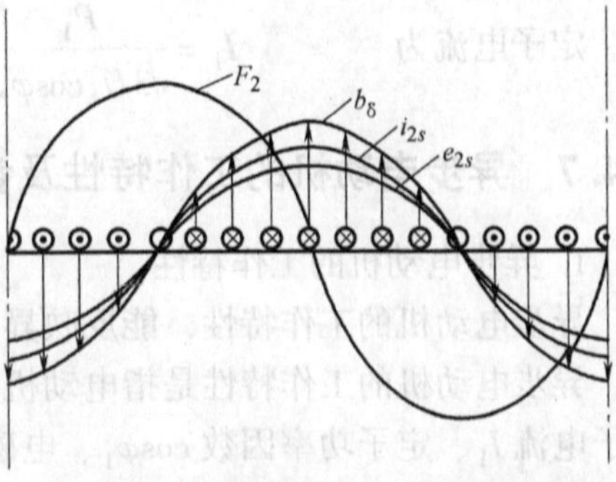

图 2-35　笼型异步电动机的极对数

应电动势为零。也就是说，不同导条中的感应电动势瞬时值与磁通密度一样，在空间按正弦规律分布。为了分析问题方便，设转子漏电抗 x_{2s} 为零，则转子电流 i_{2s} 与感应电动势 e_{2s} 同相位，电流瞬时值在空间也按正弦规律分布，转子电流所产生的转子磁动势的极对数必然与定子相同，即 $p_1=p_2$。因此，笼型转子与定子绕组的极对数总是保持一致，笼型转子本身无固定极数，要按照气隙旋转磁场的极数来确定。

2. 笼型转子的相数

笼型转子每槽安放一根导条，转子导条数与转子槽数 Z_2 相等。相邻两导条相差的槽距角为 $\alpha_2=\dfrac{p\times360°}{Z_2}$，每根导条在气隙磁场中的位置不同，导条中产生的电流、时间相位也不同。在交流电动机中，每相绕组中电流相位应是相同的，所以可认为每根导条构成一相，笼型转子相数与转子槽数相等，即有

$$m_2=Z_2 \tag{2-89}$$

每相绕组匝数为

$$N_2=\frac{1}{2} \tag{2-90}$$

因每相只有一根导条，不存在短距和分布问题，所以绕组系数 $k_{w1}=1$。

【例题 2-4】 一台三相异步电动机，额定电压 $U_1=380\text{V}$，额定频率 $f_{1N}=50\text{Hz}$，额定功率 $P_N=7.5\text{kW}$，额定转速 $n_N=962\text{r/min}$，定子△联结，额定功率因数 $\cos\varphi_N=0.83$，定子铜损 $p_{Cu1}=470\text{W}$，铁损 $p_{Fe}=234\text{W}$，空载损耗 $p_0=125\text{W}$，试求：(1) 额定转差率；(2) 转子电流频率；(3) 转子铜损；(4) 效率；(5) 定子电流。

解　(1) 额定转差率

额定转速 $n_N=962\text{r/min}$，同步转速 $n_1=1000\text{r/min}$。

额定转差率为　$$s_N=\frac{n_1-n_N}{n_1}=\frac{1000-962}{1000}=0.038$$

(2) 转子电流频率

转子电流频率为　$$f_2=s_Nf_{1N}=0.038\times50\text{Hz}=1.9\text{Hz}$$

(3) 转子铜损

总机械功率为　$$P_m=P_2+p_0=(7500+125)\text{W}=7625\text{W}$$

转子铜损为　$$p_{Cu2}=\frac{s_N}{1-s_N}P_m=\frac{0.038}{1-0.038}\times7625\text{W}=301.2\text{W}$$

(4) 效率

效率为

$$\eta_N=\frac{P_2}{P_1}=\frac{P_2}{P_2+p_{Cu1}+p_{Fe}+p_{Cu2}+p_0}=\frac{7500}{7500+470+234+301.2+125}=86.9\%$$

(5) 定子电流

定子电流为 $$I_1=\frac{P_1}{\sqrt{3}U_1\cos\varphi_N}=\frac{8630.2}{\sqrt{3}\times380\times0.83}A=15.8A$$

2.4.7 异步电动机的工作特性及参数测定

1. 异步电动机的工作特性

异步电动机的工作特性，能反映异步电动机的运行情况，是合理选择、使用电动机的依据。异步电动机的工作特性是指电动机在额定电压 U_{1N}、额定频率 f_{1N} 运行时，转子转速 n、定子电流 I_1、定子功率因数 $\cos\varphi_1$、电磁转矩 T、效率 η 随输出功率 P_2 的变化曲线，下面分别对各工作特性作定性分析。

(1) 转速特性 $n=f(P_2)$

异步电动机空载运行时，转速 $n\approx n_1$；随着负载 P_2 增大→转速 n 略降→转子感应电动势 E_{2s} 增大→转子电流 I_{2s} 增大→电磁转矩增大以平衡负载转矩。转速特性 $n=f(P_2)$ 如图 2-36 曲线 1 所示为一条略微下降的曲线。

(2) 定子电流特性 $I_1=f(P_2)$

异步电动机空载运行时，转速 $n\approx n_1$，转差率 $s\approx0$，转子电流 $I_2'\approx0$，$I_1\approx I_0$ 较小；随着负载 P_2 增大→转速 n 下降→转子电流 I_2' 增大→定子电流 I_1 增大以补偿转子电流所产生磁动势的影响，维持磁动势平衡。定子电流特性 $I_1=f(P_2)$ 如图 2-36 曲线 2 所示为一条由 I_0 开始逐渐上升的曲线。

(3) 定子功率因数特性 $\cos\varphi_1=f(P_2)$

异步电动机空载运行时，由于空载电流中主要是无功电流分量，此时的功率因数很低，$\cos\varphi_1=\cos\varphi_0\approx0.2$ 左右；随着负载 P_2 增大→定子电流 I_1 有功电流分量增大→功率因数提高，直至 $P_2=P_N$，功率因数达最高 $\cos\varphi_1=\cos\varphi_{1max}$；当负载 $P_2>P_N$ 时继续增大→转差率 s 增大→转子感应电动势与电流的相位角 φ_2 增大→定子功率因数 $\cos\varphi_1$ 开始减小。定子功率因数特性 $\cos\varphi_1=f(P_2)$ 如图 2-36 曲线 3 所示。

(4) 输出转矩特性 $T_2=f(P_2)$

异步电动机空载运行时，输出转矩 $T_2=0$；负载 P_2 增大，由于转速变化不大，$P_2\propto T_2$→输出转矩随着 P_2 增大而增大，输出转矩特性 $T_2=f(P_2)$ 如图 2-36 曲线 4 所示为一条过原点的近似直线的曲线。

(5) 效率特性 $\eta=f(P_2)$

异步电动机从空载到负载运行时，主磁通 Φ_m 和转速 n 变化较小，所以铁损 p_{Fe} 和机械损耗 p_m 变化很小，这两种损耗之和是异步电动机的不变损耗，而定、转子铜损 p_{Cu} 与负载电流平方成正比，随负载变化而变化，是异步电动机的可变损耗。与变压器相似，当不变损耗与可变损耗相等时，效率最高。

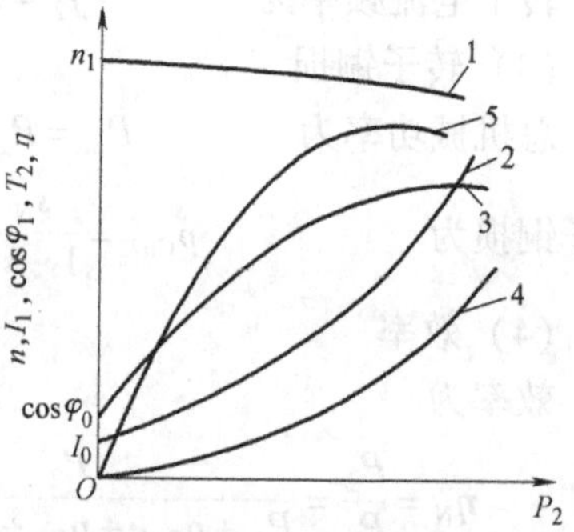

图 2-36 三相异步电动机的工作特性

空载运行时，输出功率 $P_2=0$，所以效率 $\eta=0$；随着负载 P_2 增大→效率 η 增大，普通异步电动机在 $P_2=0.75P_N$ 时→效率最大 $\eta=\eta_{max}$；当负载 P_2 继续增大→效率 η 反而下降，效率特性 $\eta=f(P_2)$ 如图

2-36曲线5所示。

对中、小型异步电动机，工作特性可通过对异步电动机加负载直接测出；对大容量异步电动机由于受设备等因数的限制，工作特性的取得可通过空载、短路试验测出电动机参数，再利用等效电路计算求得。

2. 异步电动机的参数测定

异步电动机的铭牌或产品目录上不标注参数，只能通过试验测得。

（1）空载试验

通过空载试验可测得励磁参数（r_m、x_m、z_m）、铁损p_{Fe}、机械损耗p_m，试验接线图如图2-37所示。试验时，异步电动机定子通过调压器接三相交流电源，转子轴上不带负载，加额定电压使电动机运行在空载状态，稳定运行一段时间后，电动机的机械损耗达到稳定值，然后调节调压器使定子电压从（1.1～1.3）U_N开始，逐渐下调直至电动机转速有明显变化为止，同时测取电动机的相电压U_1、空载电流I_0、空载功率P_0和电动机转速n，接线图是用二功率法测取功率，所以两个功率表P_1、P_2的读数之和为空载功率，即有$P_0=P_1+P_2$。注意试验时一定要含U_{1N}这一点。根据试验数据作出$P_0=f(U_1)$和$I_0=f(U_1)$曲线，如图2-38所示。

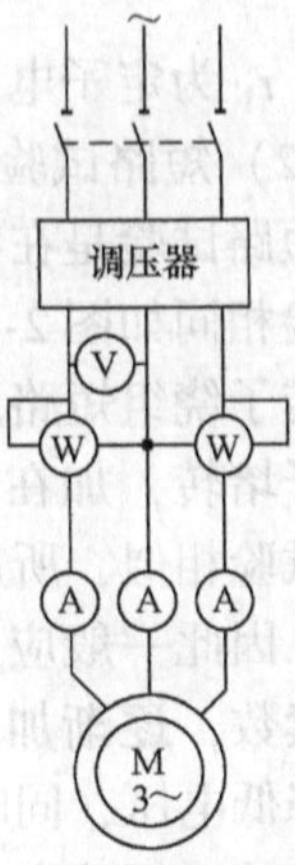

图2-37 试验接线图

由于电动机空载运行时，转速$n\approx n_1$，转子电流$I_2\approx 0$，转子铜损$p_{Cu}\approx 0$，可忽略转子铜损，此时电动机的空载损耗为

$$P_0=p_{Cu1}+p_{Fe}+p_m+p_{ad}=m_1I_0^2r_1+p_{Fe}+p_m+p_{ad} \tag{2-91}$$

在输入功率P_0中扣除定子铜损后，剩下的功率为P_0'，即

$$P_0'=P_0-p_{Cu1}=p_{Fe}+p_m+p_{ad} \tag{2-92}$$

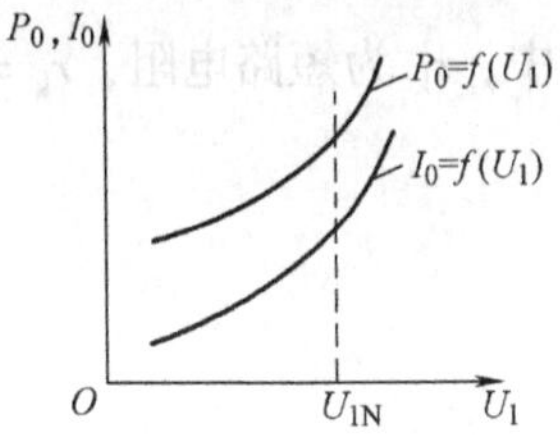

图2-38 电动机空载特性

式（2-92）中包含三部分：铁损、机械损耗和附加损耗，其中机械损耗p_m只与转速大小有关，而与电压U_1大小无关；铁损p_{Fe}和空载附加损耗p_{ad}与磁通的二次方成正比，即与U_1^2成正比。为了从P_0'中分离机械损耗p_m，作$P_0'=f(U_1^2)$曲线，如图2-39所示，将图中的曲线延长与纵坐标轴相交于O'点，再通过O'点作与横坐标轴的水平虚线，将与电压无关的机械损耗p_m从P_0'中分离，虚线之上是$p_{Fe}+p_{ad}$，虚线之下是p_m。若想精确测得励磁参数，还需将铁损和空载附加损耗分离。一般可近似认为$P_0-p_{Cu1}-p_m=p_{Fe}+p_{ad}\approx p_{Fe}$。

根据电压$U_1=U_{1N}$时，测得的空载试验数据P_0和I_0计算参数，公式为

$$\begin{cases} z_0=\dfrac{U_{1N}}{I_0} \\ r_0=\dfrac{P_0-p_m}{3{I_0}^2} \\ x_0=\sqrt{{z_0}^2-{r_0}^2} \end{cases} \tag{2-93}$$

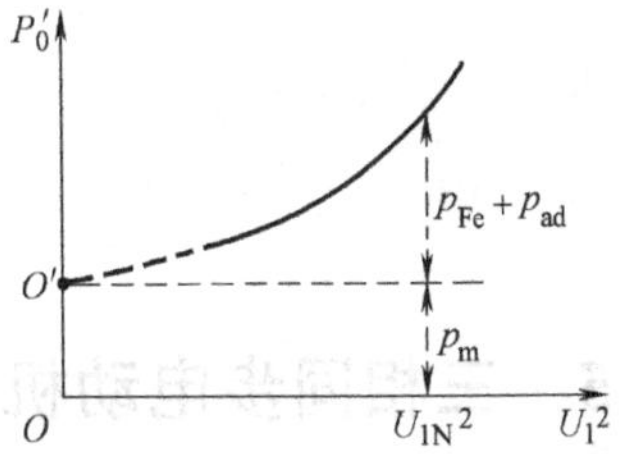

图2-39 $P_0'=f(U_1^2)$曲线

式中，U_{1N}、I_0 分别为额定相电压和相电流；P_0 为测得的三相功率；P_0、I_0 应取额定电压所对应的数据。

电动机空载运行时，转速 $n \approx n_1$，转差率 $s \approx 0$，图 2-31 所示"T"形等效电路中的附加电阻$\frac{1-s}{s}r_2' \approx \infty$，可认为转子开路，则有

$$\begin{cases} x_m = x_0 - x_1 \\ r_m = r_0 - r_1 \\ z_m = \sqrt{{r_m}^2 + {x_m}^2} \end{cases} \tag{2-94}$$

式中，r_1 为定子电阻，可用电桥测得；x_1 为定子漏电抗，可从堵转试验测得。

（2）短路试验

短路试验是在电动机转子堵住不转动的条件下进行的，故又称堵转试验。试验接线与空载试验相同如图 2-37 所示，只是电流表和功率表的电流线圈量程要变大，对于绕线转子，应将转子绕组短路。堵转试验可测得短路参数（r_k、x_k、z_k）和定、转子铜损。试验时，由于转子堵转，加在定子绕组上的电压要降低，与变压器短路试验相似，所加电压应使电动机的短路电流为额定电流，因此一般应从 $U_1 = (0.3 \sim 0.4) U_N$ 开始，监视电流表读数，逐渐加压，直至电流为额定值为止，然后再逐渐降低电压，同时记录定子相电压 U_k、定子相电流 I_k 和输入的三相功率 P_k。根据试验数据作出短路特性 $I_k = f(U_k)$、$P_k = f(U_k)$ 如图 2-40 所示。

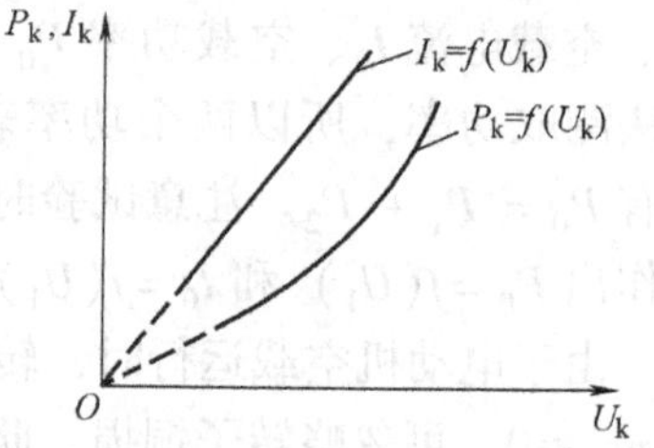

图 2-40　三相异步电动机短路特性

堵转时的等效电路如图 2-26 所示，由于电动机堵转，机械损耗 $p_m = 0$，铁损 p_{Fe} 和附加损耗 p_{ad} 都很小，可忽略，则输入功率 P_k 都消耗在定、转子的电阻上，即

$$P_k = m_1 I_k^2 (r_1 + r_2') = 3 I_k^2 r_k \tag{2-95}$$

式中，r_k 为短路电阻，$r_k = r_1 + r_2'$，从而有

$$\begin{cases} r_k = \dfrac{P_k}{3I_k^2} \\ r_2' = r_k - r_1 \\ z_k = \dfrac{U_k}{I_k} \\ x_k = \sqrt{z_k^2 - r_k^2} \end{cases} \tag{2-96}$$

对于大、中型异步电动机，一般可近似认为

$$\begin{cases} r_1 = r_2' = \dfrac{1}{2} r_k \\ x_1 = x_2' = \dfrac{1}{2} x_k \end{cases} \tag{2-97}$$

2.5　三相同步电动机

同步电机可分同步发电机、同步电动机和同步补偿机。在现代电力系统中，几乎所有的

电能都是由同步发电机生产的；同步电动机应用于大型生产机械的拖动系统中，随着电力电子技术和计算机控制技术的不断发展，变频调速在同步电动机的调速系统中的实现，使同步电动机的应用场合大为扩大；同步补偿机则是空载运行的同步电动机，用以改善电网的功率因数。同步发电机、同步电动机和同步补偿机，它们的基本结构是一样的，下面只讨论同步电动机。

2.5.1　同步电动机的基本结构和铭牌数据

1. 基本结构

与异步电动机一样，同步电动机也是由定子和转子两大部分组成的。

（1）定子

同步电动机的定子与异步电动机的定子结构基本相同，由机座、定子铁心、电枢绕组等组成，相关内容见 2.1.3 小节，此处不再赘述。对于大型同步电动机，由于尺寸太大，硅钢片常制成扇形，然后对成圆形。

（2）转子

同步电动机的转子由磁极、转轴、阻尼绕组、集电环、电刷等组成，电刷和集电环通入直流电励磁，产生固定磁极。根据容量大小和转速高低转子结构分凸极和隐极两种。凸极式特点：气隙不均匀，如图 2-41a 所示，有明显的磁极，转子铁心短粗，适用于转速低于 1000r/min，极对数 $p\geqslant 3$ 的电动机。隐极式特点：气隙均匀，如图 2-41b 所示，无明显的磁极，转子铁心长细，适用于转速高于 1500r/min，极对数 $p\leqslant 2$ 的电动机。

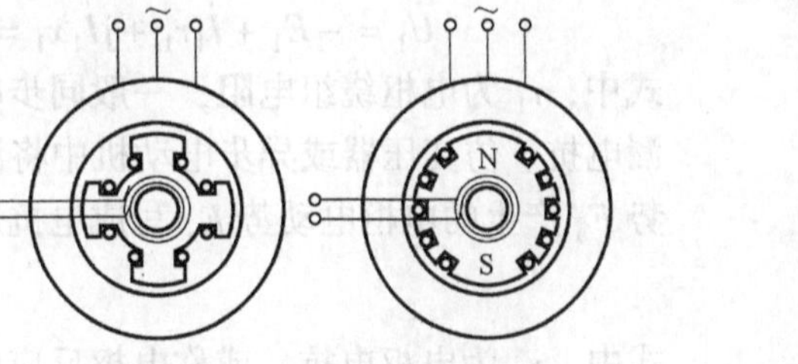

a) 凸极式　　b) 隐极式

图 2-41　同步电动机转子结构

2. 铭牌数据

同步电动机的主要额定数据如下：

额定容量 P_N：电动机轴上输出的有功功率，单位为 kW；

额定电压 U_N：定子三相绕组上的线电压，单位为 V；

额定电流 I_N：电动机额定运行时，流过定子绕组的线电流，单位为 A；

额定转速 n_N：电动机额定运行时的同步转速，单位为 r/min；

额定功率因数 $\cos\varphi_N$：电动机额定运行时的功率因数；

额定频率 f_N：电动机额定运行规定的频率，单位为 Hz；

额定效率 η_N：电动机额定运行时的效率；

额定励磁电压 U_{fN}：电动机额定运行时的励磁电压，单位为 V；

额定励磁电流 I_{fN}：电动机额定运行时的励磁电流，单位为 A。

2.5.2　同步电动机的基本方程和相量图

为了分析方便，假设电动机主磁路未饱和，认为磁路是线性的，且只考虑定、转子的基波磁动势。

由于同步电动机能量交换是在定子侧，所以将定子称为电枢，定子绕组称为电枢绕组。

同步电动机的电枢绕组通入三相对称交流电后，会产生以同步转速 n_1 旋转的三相合成基波电枢磁动势 F_a。当同步电动机稳定运行时，转子也以同步转速 n_1 旋转。在励磁绕组中通入直流励磁电流 I_f，使转子形成固定磁极，励磁电流产生励磁磁动势 F_0，励磁磁动势 F_0 与电枢磁动势 F_a 同速同方向旋转，彼此在空间是相对静止的，在电动机的主磁路上有两个磁动势，相互叠加，形成合成磁场。电枢磁场对主磁场的影响即为电枢反应。

1. 隐极同步电动机的电压方程和相量图

由上面分析可知，气隙中的合成磁动势为

$$\dot{F}_{\Sigma} = \dot{F}_0 + \dot{F}_a \tag{2-98}$$

合成磁动势 $\dot{F}_{\Sigma}$、主磁动势 $\dot{F}_0$ 和电枢磁动势 $\dot{F}_a$ 分别切割电枢绕组，则在电枢绕组上分别产生感应电动势 $\dot{E}_1$、$\dot{E}_0$ 和 $\dot{E}_a$，且有

$$\dot{E}_1 = \dot{E}_0 + \dot{E}_a \tag{2-99}$$

隐极同步电动机的电磁关系如图 2-42 所示。

隐极同步电动机电枢的一相电压方程为

$$\dot{U}_1 = -\dot{E}_1 + \dot{I}_1 r_1 + \mathrm{j}\dot{I}_1 x_1 = -\dot{E}_0 - \dot{E}_a + \dot{I}_1 r_1 + \mathrm{j}\dot{I}_1 x_1 \approx -\dot{E}_0 - \dot{E}_a + \mathrm{j}\dot{I}_1 x_1 \tag{2-100}$$

式中，r_1 为电枢绕组电阻，一般同步电动机容量都较大，电阻 r_1 很小，常忽略；x_1 为电枢漏电抗。仿变压器或异步电动机中将漏电抗电动势写成漏电抗压降的方法，也可将电枢磁动势 F_a 产生的电枢电动势 E_a 写成电抗压降的形式，则有

$$\dot{E}_a = -\mathrm{j}\dot{I}_1 x_a$$

式中，x_a 为电枢电抗，或称电枢反应电抗，它对应于主磁路，故 $x_a > x_1$，一般 $x_a =$（5 ~8）x_1，式（2-100）可改写为

$$\dot{U}_1 = -\dot{E}_0 + \mathrm{j}\dot{I}_1 x_1 + \mathrm{j}\dot{I}_1 x_a = -\dot{E}_0 + \mathrm{j}\dot{I}_1 x_c \tag{2-101}$$

式中，x_c 为隐极同步电动机的同步电抗，$x_c = x_1 + x_a$。对应式（2-101），隐极同步电动机定子等效电路和相量图如图 2-43 所示。

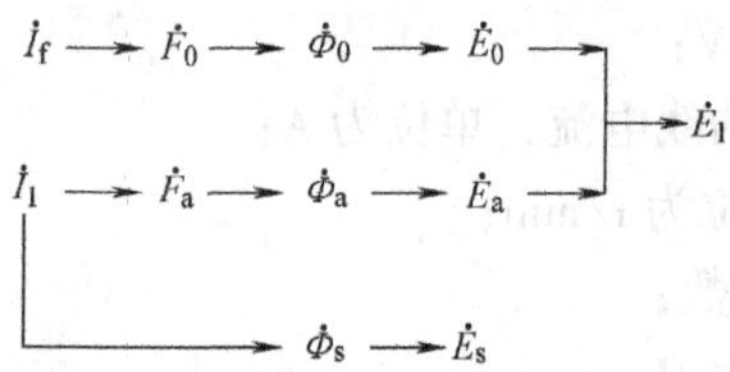

图 2-42 隐极同步电动机的电磁关系

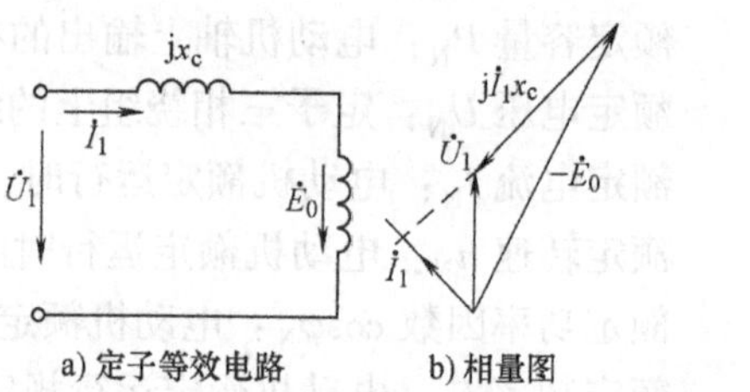

a) 定子等效电路 b) 相量图

图 2-43 隐极同步电动机定子等效电路和相量图

由相量图可见，定子电流 I_1 超前电源电压 U_1，可通过调节直流励磁电流使同步电动机工作在这种状态，目的是使同步电动机在拖动负载的同时，对电网呈容性，起电容补偿作用，以提高电网的功率因数。

2. 凸极同步电动机的电压方程和相量图

凸极同步电动机转子有明显的磁极，气隙不均匀，转子主磁极轴线（又称直轴 d-d）附近气隙最小，磁阻最小，磁导最大；而在转子磁极交轴（q-q）处气隙最大，磁阻最大，磁导最小，所以磁通所走的路径不同，所遇的磁阻不同，对应的电抗参数也就不同。当定子电

流 I_1 产生的电枢磁动势 F_a 与主磁极轴线如图 2-44a 所示重合时，气隙最小，磁阻最小，相应的电抗为最大，此时所对应的电枢电抗称为电枢反应直轴电抗，用 x_{ad} 表示；当定子电流 I_1 产生的电枢磁动势 F_a 与主磁极轴线如图 2-44b 所示正交时，气隙最大，磁阻最大，相应的电抗为最小，此时所对应的电枢电抗称为电枢反应交轴电抗，用 x_{aq} 表示；当电枢磁动势位于直轴与交轴之间时，相应的气隙、磁阻和电枢反应电抗处于上述两种情况之间，且随位置不同而变化。为了解决电枢磁动势 F_a 在不同位置时遇到不同气隙，其磁阻计算困难的问题，可将电枢磁动势分解成两个分量：一为直轴电枢磁动势分量，用 F_{ad} 表示，作用在直轴方向；二为交轴电枢磁动势分量，用 F_{aq} 表示，作用在交轴方向，则有

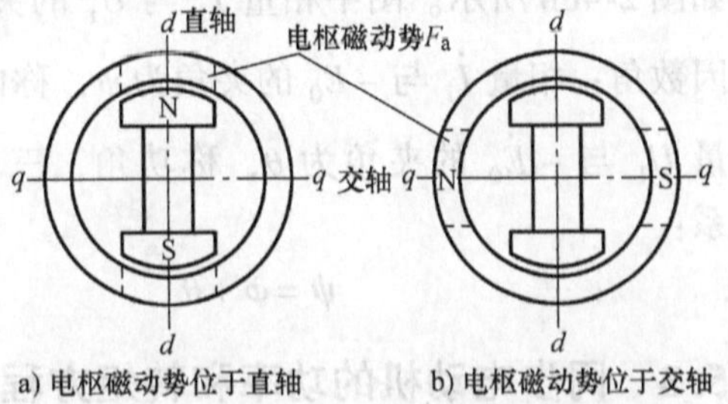

a) 电枢磁动势位于直轴　　b) 电枢磁动势位于交轴

图 2-44　凸极同步电动机电枢反应磁动势

$$\dot{F}_a = \dot{F}_{ad} + \dot{F}_{aq} \tag{2-102}$$

同理，对应产生电枢磁动势 F_a 的电枢电流 I_1 也可分解成两个分量，即

$$\dot{I}_1 = \dot{I}_d + \dot{I}_q \tag{2-103}$$

式中，I_d 为直轴电枢电流分量；I_q 为交轴电枢电流分量。将电枢磁动势分解的目的：使直轴电枢磁动势 F_{ad} 的位置固定在直轴 d-d 上；交轴电枢磁动势 F_{aq} 的位置固定在交轴 q-q 上，以解决凸极转子气隙不均匀，使磁阻计算困难的问题。这种分析问题的方法是以叠加理论为基础的“双反应法”。

根据“双反应法”，凸极同步电动机的电磁关系如图 2-45 所示。

直轴电枢磁动势 F_{ad} 和交轴电枢磁动势 F_{aq} 在气隙圆周上均以同步转速 n_1 旋转，切割定子绕组在其上产生的感应电动势分别为 E_{ad} 和 E_{aq}，其中电枢磁动势 F_a 在定子绕组上产生的感应电动势 E_a 可分解成两个分量，所以有

$$\dot{E}_a = \dot{E}_{ad} + \dot{E}_{aq} \tag{2-104}$$

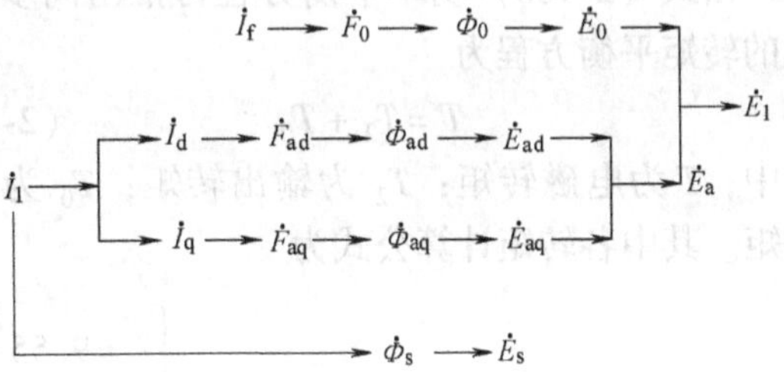

图 2-45　凸极同步电动机的电磁关系

通过上面分析，可写出凸极同步电动机的电压方程为

$$\dot{U}_1 = -\dot{E}_0 - \dot{E}_{ad} - \dot{E}_{aq} + j\dot{I}_1 x_1 = -\dot{E}_0 + j\dot{I}_d x_{ad} + j\dot{I}_q x_{aq} + j\dot{I}_1 x_1 \tag{2-105}$$

式中，E_{ad} 称为直轴电枢反应电动势，对应的电抗为 x_{ad}；E_{aq} 称为交轴电枢反应电动势，对应的电抗为 x_{aq}；x_{ad} 和 x_{aq} 分别是直轴电枢反应电抗和交轴电枢反应电抗，若不考虑磁路饱和的影响，x_{ad} 和 x_{aq} 均为常数。

根据式（2-105）绘制相量图如图 2-46a 所示，从相量图中可得直轴和交轴电流分量为

$$\begin{cases} \dot{I}_d = \dot{I}_1 \sin\psi \\ \dot{I}_q = \dot{I}_1 \cos\psi \end{cases} \tag{2-106}$$

将式（2-103）代入式（2-105）得

$$\dot{U}_1 = -\dot{E}_0 + \mathrm{j}\dot{I}_d x_d + \mathrm{j}\dot{I}_q x_q \tag{2-107}$$

式中，x_d 为直轴同步电抗，$x_d = x_{ad} + x_1$；x_q 为交轴同步电抗，$x_q = x_{aq} + x_1$，根据式（2-107）可绘制对应的相量图如图 2-46b 所示。图中相量 $\dot{I}_1$ 与 $\dot{U}_1$ 的夹角为 φ，称功率因数角；相量 $\dot{I}_1$ 与 $-\dot{E}_0$ 的夹角为 ψ，称内功率因数角；相量 $\dot{U}_1$ 与 $-\dot{E}_0$ 的夹角为 θ，称功角，三者之间有下列关系：

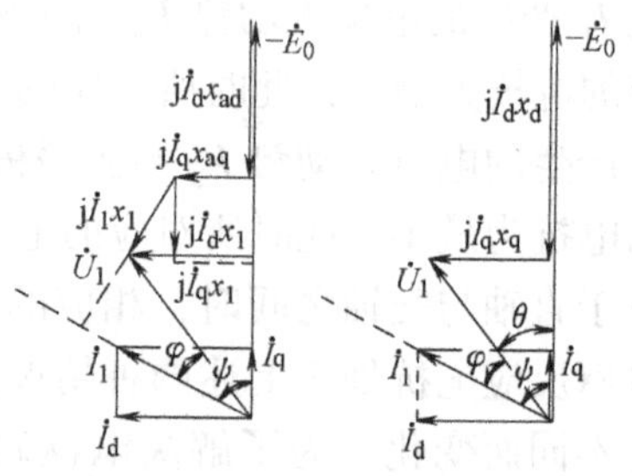

a) 根据式(2-105)　b) 根据式(2-107)

图 2-46　凸极同步电动机相量图

$$\psi = \varphi + \theta$$

2.5.3 同步电动机的功率和转矩方程

1. 功率平衡方程

同步电动机的功率平衡方程为

$$\begin{cases} P_1 = 3U_1 I_1 \cos\varphi \\ P_{em} = P_1 - p_{Cu} = P_1 - 3{I_1}^2 r_1 \\ P_2 = P_{em} - p_0 = P_{em} - (p_m + p_{Fe} + p_{ad}) \end{cases} \tag{2-108}$$

式中，P_1 为同步电动机从电网吸收的有功功率；p_{Cu} 为定子铜损；P_{em} 为同步电动机的电磁功率；P_2 为电动机的输出功率；p_0 为同步电动机的空载损耗；p_m 为机械损耗；p_{Fe} 为铁损耗；p_{ad} 为附加损耗。同步电动机的功率关系也可用功率流程图表示，如图 2-47 所示。

2. 转矩平衡方程

由式（2-108）功率平衡方程可推出同步电动机的转矩平衡方程为

$$T = T_2 + T_0 \tag{2-109}$$

式中，T 为电磁转矩；T_2 为输出转矩；T_0 为空载转矩。其中各转矩计算公式为

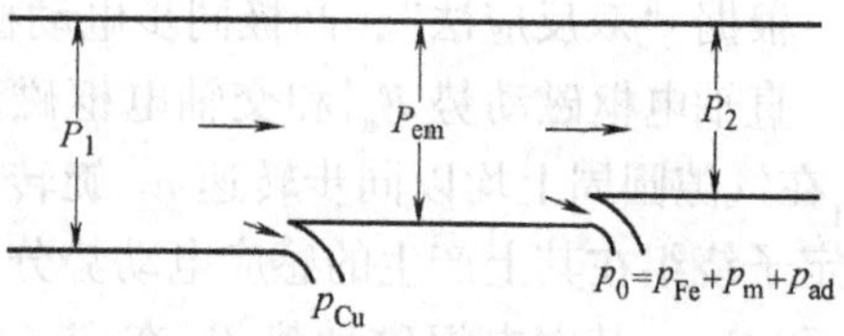

图 2-47　同步电动机功率流程图

$$\begin{cases} T = 9.55\dfrac{P_{em}}{n_1} \\ T_2 = 9.55\dfrac{P_2}{n_1} \\ T_0 = 9.55\dfrac{p_0}{n_1} \end{cases}$$

【例题 2-5】　一台三相六极同步电动机数据：额定电压 $U_1 = 380\text{V}$，额定频率 $f_{1N} = 50\text{Hz}$，额定功率 $P_N = 250\text{kW}$，定子Y联结，额定功率因数 $\cos\varphi_N = 0.83$，额定效率 $\eta_N = 89\%$，定子每相电阻 $r_1 = 0.029\Omega$。试求电动机满载运行时：（1）输入功率 P_1；（2）定子电流 I_1；（3）电磁功率 P_{em}；（4）电磁转矩 T；（5）输出转矩 T_2；（6）空载转矩 T_0。

解　（1）输入功率 P_1

$$P_1 = \frac{P_N}{\eta_N} = \frac{250}{0.89}\text{kW} = 281\text{kW}$$

(2) 定子电流 I_1

$$I_1 = \frac{P_1}{\sqrt{3}U_1\cos\varphi_N} = \frac{281\times10^3}{\sqrt{3}\times380\times0.83}\text{A} = 514.4\text{A}$$

(3) 电磁功率 P_{em}

$$P_{em} = P_1 - 3I_1^2 r_1 = (281 - 3\times514.4^2\times0.029\times10^{-3})\text{kW} = 258\text{kW}$$

(4) 电磁转矩 T

$$T = 9.55\frac{P_{em}}{n_1} = 9.55\times\frac{258\times10^3}{1000}\text{N·m} = 2463.9\text{N·m}$$

(5) 输出转矩 T_2

$$T_2 = 9.55\frac{P_N}{n_1} = 9.55\times\frac{250\times10^3}{1000}\text{N·m} = 2387.5\text{N·m}$$

(6) 空载转矩 T_0

$$T_0 = T - T_2 = (2463.9 - 2387.5)\text{N·m} = 76.4\text{N·m}$$

2.5.4 同步电动机的功角特性和矩角特性

同步电动机以同步转速 n_1 旋转，转速不随转矩变化，机械特性 $n=f(T)$ 为一条直线，而其功率或转矩是随功角 θ 变化的，因此，下面讨论功角特性 $P_{em}=f(\theta)$ 和矩角特性 $T=f(\theta)$。

1. 功角特性

同步电动机的功角特性是指在外加电源电压和励磁电流不变的条件下电磁功率 P_{em} 和功角 θ 之间的关系曲线，即 $P_{em}=f(\theta)$。

通常，同步电动机的容量大、效率高，可忽略定子的铜损 p_{Cu}，则有

$$P_{em} \approx P_1 = 3U_1I_1\cos(\psi-\theta) = 3U_1I_q\cos\theta + 3U_1I_d\sin\theta \tag{2-110}$$

由图2-46中相量图可推出

$$\begin{cases} I_q = \dfrac{U_1\sin\theta}{x_q} \\ I_d = \dfrac{E_0 - U_1\cos\theta}{x_d} \end{cases} \tag{2-111}$$

将式(2-111)代入式(2-110)可得

$$P_{em} = \frac{3U_1E_0}{x_d}\sin\theta + \frac{3U_1{}^2}{2}\left(\frac{1}{x_q}-\frac{1}{x_d}\right)\sin2\theta = P_{em1} + P_{em2} \tag{2-112}$$

式(2-112)为凸极同步电动机功角特性表达式，从中可见，电磁功率包含两部分：一部分与励磁电流 I_f 产生的电动势 E_0 成正比，称为励磁电磁功率（或称基本电磁功率），可表示为

$$P_{em1} = \frac{3U_1E_0}{x_d}\sin\theta \tag{2-113}$$

当 U_1 为常数时，改变励磁电流 I_f 可改变 E_0 的大小，即可改变 P_{em1} 的大小，P_{em1} 与功角之间的关系如图2-48曲线1所示；另一部分与励磁电流大小无关，称为凸极电磁功率（或称附加电磁功率），可表示为

$$P_{em2}=\frac{3U_1^{\ 2}}{2}\left(\frac{1}{x_q}-\frac{1}{x_d}\right)\sin 2\theta \tag{2-114}$$

由式（2-114）可见，对于气隙均匀的隐极转子同步电抗为 $x_c=x_d=x_q$，所以 $P_{em2}=0$。凸极电磁功率 P_{em2} 与功角之间的关系如图 2-48 曲线 2 所示。图中曲线 3 是凸极同步电动机的功角特性，为曲线 1 和曲线 2 的合成，隐极同步电动机的功角特性表达式为

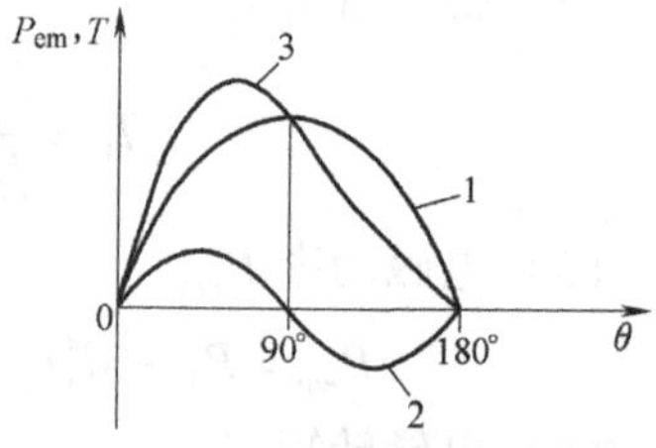

图 2-48 功角特性和矩角特性

$$P_{em}=\frac{3U_1E_0}{x_c}\sin\theta \tag{2-115}$$

隐极同步电动机的功角特性曲线如图 2-48 曲线 1 所示。

2. 同步电动机的矩角特性

将功角特性表达式两边同除以同步角速度 Ω_1 可得凸极同步电动机的矩角特性为

$$T=\frac{3U_1E_0}{x_d\Omega_1}\sin\theta+\frac{3U_1^{\ 2}}{2\Omega_1}\left(\frac{1}{x_q}-\frac{1}{x_d}\right)\sin 2\theta \tag{2-116}$$

同理隐极同步电动机的矩角特性为

$$T=\frac{3U_1E_0}{x_c\Omega_1}\sin\theta \tag{2-117}$$

矩角特性曲线如图 2-48 所示。

3. 同步电动机的稳定运行

以隐极同步电动机为例进行讨论。

1）在 $0<\theta\leqslant 90°$ 范围内，同步电动机原运行在 A 点，对应的功角为 θ_1，$T=T_L$，如图 2-49 所示。若电动机所带负载出现扰动，假设负载增大到 T_L'，此时转子减速使功角增大至 θ_2，产生新的电磁转矩 T' 与负载转矩平衡，即 $T'=T_L'$，使电动机继续同步运行，同理，若负载扰动消失，电动机要加速使功角恢复至 θ_1，所以电动机能稳定运行。

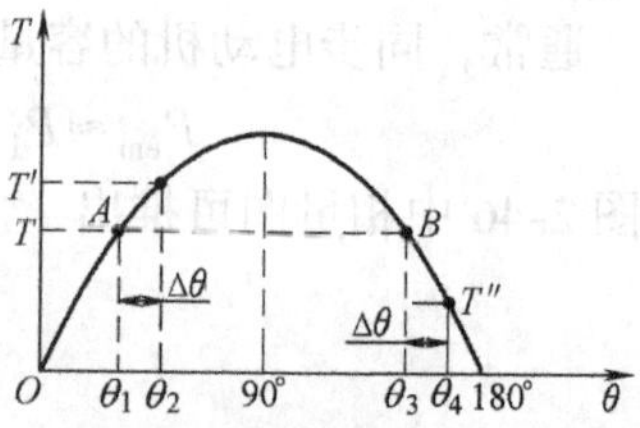

图 2-49 隐极同步电动机稳定运行分析

2）在 $90°<\theta\leqslant 180°$ 范围内，同步电动机运行在 B 点，对应的功角为 θ_3，$T=T_L$，若电动机出现扰动，假设负载增大到 T_L'，转子减速使功角增大至 θ_4，此时对应的转矩为 T''，$T''<T_L'$，则功角继续增大，随着功角的增大，对应的电磁转矩更小，无法达到新的平衡，电动机会出现失步。

上述分析可见，在 $0<\theta\leqslant 90°$ 范围内，同步电动机能稳定运行；在 $90°<\theta\leqslant 180°$ 范围内，同步电动机不能稳定运行，$\theta=90°$ 是稳定运行和非稳定运行之间的转折点。实际应用中还需考虑同步电动机应具有一定的过载能力，过载能力为

$$\lambda_m=\frac{T_{max}}{T_N}=\frac{1}{\sin\theta_N} \tag{2-118}$$

一般过载系数 $\lambda_m=2\sim3$，隐极同步电动机的额定功角 $\lambda_N=20°\sim30°$，凸极同步电动机的额定功角则更小一些。

2.5.5　同步电动机的励磁调节和 V 形曲线

1. 励磁调节

电力网的主要负载是变压器和三相异步电动机，均是感性负载，不仅要消耗有功功率，还要从电网中吸取滞后的无功功率，使电网功率因数下降。由于同步电动机是双边励磁机，可通过调节励磁电流，调节同步电动机的无功电流和功率因数，从而提高电网的功率因数。

现仍以隐极同步电动机为例研究励磁调节问题。设忽略定子绕组损耗，在拖动恒转矩负载运行时有 $T=\dfrac{3U_1E_0}{x_c}\sin\theta=$常数、$P_{em}\approx P_1=3U_1I_1\cos\varphi=$常数，在磁路不饱和情况下有 $E_0\propto F_f\propto I_f$，电网电压 U_1 为常数，同步电抗 x_c 为常数，则 $E_0\sin\theta$ 的值、$I_1\cos\varphi$ 的值均是一个常数。根据这些条件可绘制同步电动机的励磁调节相量图如图 2-50 所示，由图可见，改变励磁电流，可改变功率因数。图中画出了三种不同励磁电流情况下的相量，现分析如下：

1）当正常励磁时励磁电流为 I_f，对应的感应电动势为 E_0，电枢相电流 I_1 和定子相电压 U_1 同相位，电动机的功率因数 $\cos\varphi=1$，无功功率为零，说明电动机只消耗有功功率，不消耗无功功率，电动机对电网呈纯电阻性负载。

2）当减小励磁电流为 I_f'（$I_f'<I_f$）时，对应的感应电动势为 E_0'，电枢相电流 I_1'滞后定子相电压 U_1 φ'相位角，电动机的功率因数 $\cos\varphi<1$，此时电动机不仅消耗有功功率，还要从电网吸收滞后的无功功率，电动机对电网呈感性负载，该励磁方式称欠励，加重了电网的负担，一般不采用这种运行方式。

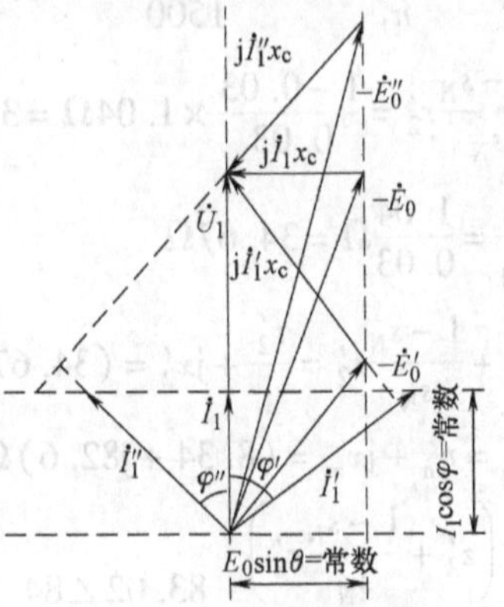

图 2-50　同步电动机的励磁调节相量图

3）当增大励磁电流为 I_f''（$I_f''>I_f$）时，对应的感应电动势为 E_0''，电枢相电流 I_1''超前定子相电压 U_1 φ''相位角，电动机的功率因数 $\cos\varphi>1$，此时电动机除从电网吸收有功功率，同时也从电网吸收超前的无功功率，电动机对电网呈容性负载，该励磁方式称过励，能提高电网的功率因数。

2. V 形曲线

同步电动机的 V 形曲线指在保持电压 U_1 和负载 T_L 不变的条件下，电枢电流 I_1 与励磁电流 I_f 之间的关系曲线，即 $I_1=f(I_f)$。V 形曲线可通过试验测得，如图 2-51 所示。由图可见，不同的负载对应一条 V 形曲线，对于每条 V 形曲线，电枢电流 I_1 都有一最小值，曲线最低点的功率因数 $\cos\varphi=1$，是正常励磁点，以此点为界，左边是欠励，右边是过励；V 形曲线的左上半部分，其功率因数已超出对应于稳定极限的数值，所以为不稳定区。

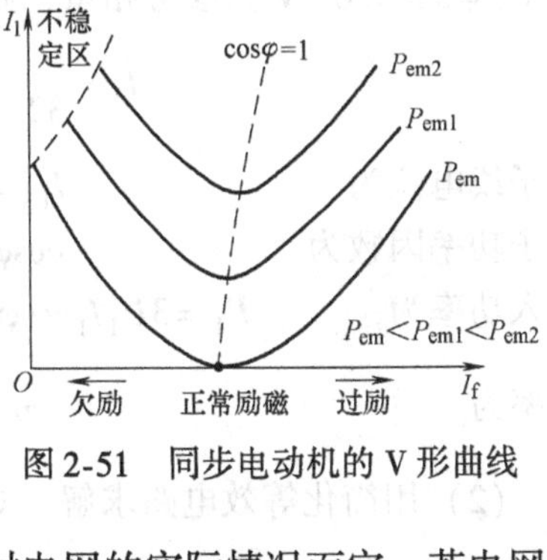

图 2-51　同步电动机的 V 形曲线

同步电动机的励磁电流应如何调节则要视电动机运行时电网的实际情况而定，若电网功率因数未达到要求，需要同步电动机提供无功，则电动机应工作在过励状态（但应以电枢电流不超过额定值为极限），以提高电网的功率因数；若电网功率因数已达到要求，则同步电动机应工作在正常励磁状态，电动机功率因数为 1，电枢电流 I_1 最小，铜损最小，效率最高。

2.6 实例（应用）

【实例 2-1】 三相笼型异步电动机铭牌数据：$P_N=10\text{kW}$，$U_N=380\text{V}$，$n_N=1455\text{r/min}$。每相参数：$r_1=1.38\Omega$，$x_1=2.43\Omega$，$r_2'=1.04\Omega$，$x_2'=4.4\Omega$，$r_m=8.34\Omega$，$x_m=82.6\Omega$，定子绕组为△联结，求额定运行时的定子电流、功率因数、输入功率及效率。

解 （1）用“T”形等效电路求解（如图 2-31 所示）

$$\because n_N=1455\text{r/min}\quad \therefore\ n_1=1500\text{r/min}$$

$$s_N=\frac{n_1-n_N}{n_1}=\frac{1500-1455}{1500}=0.03$$

$$\frac{1-s_N}{s_N}r_2'=\frac{1-0.03}{0.03}\times1.04\Omega=33.63\Omega$$

$$\frac{r_2'}{s_N}=\frac{1.04}{0.03}\Omega=34.67\Omega$$

$$z_2'+\frac{1-s_N}{s_N}r_2'=\frac{r_2'}{s_N}+jx_2'=(34.67+j4.4)\Omega=34.95\angle7.23°\Omega$$

$$z_m=r_m+jx_m=(8.34+j82.6)\Omega=83.02\angle84.23°\Omega$$

$$\frac{z_m\left(z_2'+\frac{1-s_N}{s_N}r_2'\right)}{z_m+z_2'+\frac{1-s_N}{s_N}r_2'}=\frac{83.02\angle84.23°\times34.95\angle7.23°}{8.34+j82.6+34.67+j4.4}\Omega=29.90\angle27.77°\Omega=(26.46+j13.93)\Omega$$

$$z_1+\frac{z_m\left(z_2'+\frac{1-s_N}{s_N}r_2'\right)}{z_m+z_2'+\frac{1-s_N}{s_N}r_2'}=(1.38+j2.43+26.46+j13.93)\Omega=(27.84+j16.36)\Omega=32.29\angle30.44°\Omega$$

设 $\dot{U}_1=380\angle0°\ \text{V}$ 为参考相量，则定子相电流为

$$\dot{I}_1=\frac{380\angle0°}{32.29\angle30.44°}\text{A}=11.77\angle-30.44°\text{A}$$

定子线电流为 $$I_{1N}=\sqrt{3}I_1=\sqrt{3}\times11.77\text{A}=20.39\text{A}$$

定子功率因数为 $$\cos\varphi_{1N}=\cos30.44°=0.86(\text{滞后})$$

输入功率为 $$P_1=3U_1I_1\cos\varphi_{1N}=3\times380\times11.77\times0.86\text{W}=11.54\text{kW}$$

效率为 $$\eta=\frac{P_N}{P_1}=\frac{10\times10^3}{11.54\times10^3}=86.7\%$$

（2）用简化等效电路求解（如图 2-32 所示）

$$z_1+z_2'+\frac{1-s_N}{s_N}r_2'=(1.38+j2.43+34.67+j4.4)\Omega=(36.05+j6.83)\Omega=36.69\angle10.73°\Omega$$

$$\dot{I}_2' = -\frac{\dot{U}_1}{z_1 + z_2' + \frac{1-s_N}{s_N}r_2'} = \frac{380\angle 0°}{36.69\angle 10.73°}A = -10.36\angle -10.73°A$$

$$\dot{I}_m = \frac{\dot{U}_1}{z_m} = \frac{380\angle 0°}{8.34 + j82.6}A = \frac{380\angle 0°}{83.02\angle 84.23°}A = 4.58\angle -84.23°A$$

定子相电流为

$$\dot{I}_1 = \dot{I}_m + (-\dot{I}_2') = (0.46 - j4.56 + 10.18 - j1.93)A = (10.64 - j6.49)A = 12.46\angle -31.38°A$$

定子线电流为 $I_{1N} = \sqrt{3}I_1 = \sqrt{3}\times 12.46A = 21.58A$

定子功率因数为 $\cos\varphi_{1N} = \cos 31.38° = 0.85$（滞后）

输入功率为 $P_1 = 3U_1I_1\cos\varphi_{1N} = 3\times 380\times 12.46\times 0.85W = 12.07kW$

效率为 $$\eta = \frac{P_N}{P_1} = \frac{10\times 10^3}{12.07\times 10^3} = 82.9\%$$

【点评】 从计算结果可以看出，简化等效电路计算得出的定子电流和输入功率都偏大些，用简化等效电路计算所得结果会引起一定误差，但与“T”形等效电路计算结果近似，对于一般的感应电动机可采用简化等效电路，能简化计算。

【实例2-2】 一台三相凸极同步电动机，定子绕组Y联结，额定参数：$U_N = 6000V$，$f_N = 50Hz$，$I_N = 57.8A$，$\cos(-\varphi_N) = 0.8$，$n_N = 300r/min$，$x_d = 64.2\Omega$，$x_q = 40.8\Omega$，忽略定子电阻。试求：(1) 在额定负载下的功角 θ 和励磁电动势 E_0；(2) 在额定负载下的电磁功率、基本电磁功率、附加电磁功率及电磁转矩。

解：(1) 在额定负载下的功角 θ 和励磁电动势 E_0

定子相电压为 $$U_1 = \frac{U_N}{\sqrt{3}} = \frac{6000}{\sqrt{3}}V = 3464.1V$$

$\because \cos\varphi_N = 0.8$（超前），$\therefore \sin\varphi_N = 0.6$

功率因数角为 $\varphi_N = 36.86°$

$$\tan\psi = \frac{I_1x_q + U_1\sin\varphi_N}{U_1\cos\varphi_N} = \frac{57.8\times 40.8 + 3464.1\times 0.6}{3464.1\times 0.8} = 1.6, \psi = 57.99°$$

功角为 $\theta = \psi - \varphi_N = 57.99° - 36.86° = 21.13°$

凸极同步电动机的相量图如图2-46b所示，根据相量图可得到额定负载下的励磁电动势为

$$E_0 = U_1\cos\theta + I_dx_d = (3464.1\cos 21.13° + 57.8\sin 57.99\times 64.2)V = 6377.75V$$

(2) 在额定负载下的电磁功率及电磁转矩

电磁功率为

$$P_{em} = \frac{3U_1E_0}{x_d}\sin\theta + \frac{3U_1{}^2}{2}\left(\frac{1}{x_q} - \frac{1}{x_d}\right)\sin 2\theta$$

$$= \left[\frac{3\times 3464.1\times 6377.75}{64.2}\sin 21.13° + \frac{3\times 3464.1^2}{2}\left(\frac{1}{40.8} - \frac{1}{64.2}\right)\sin 42.26°\right]W = 480.3kW$$

基本电磁功率为 $$P_{em1} = \frac{3U_1E_0}{x_d}\sin\theta = \frac{3\times 3464.1\times 6377.75}{64.2}\sin 21.13°W = 372.16kW$$

附加电磁功率为

$$P_{em2}=\frac{3U_1^{\ 2}}{2}\left(\frac{1}{x_q}-\frac{1}{x_d}\right)\sin2\theta=\frac{3\times3464.1^2}{2}\left(\frac{1}{40.8}-\frac{1}{64.2}\right)\sin42.26°\text{W}=108.14\text{kW}$$

电磁转矩为 $$T=9.55\frac{P_{em}}{n_1}=9.55\times\frac{480.3\times10^3}{300}\text{N}\cdot\text{m}=15289.6\text{N}\cdot\text{m}$$

【点评】 凸极同步电动机的附加电磁功率不为零，它只与电网电压有关，而与励磁电动势无关。凸极同步电动机的最大电磁功率将比具有相同 E_0、U 和 x_c 值的隐极同步电动机略大，且电磁功率的最大值出现在 $\theta<90°$的地方。

【实例 2-3】 某工厂进线电压 $U_1=6\text{kV}$，所需消耗电功率 $P_1=1200\text{kW}$，总功率因数为 $\cos\varphi_1=0.66$（滞后）。现扩大生产，需增设 $P_{2s}=300\text{kW}$ 的电动机拖动生产机械。为了提高全厂的功率因数，拟采用同步电动机拖动并使总功率因数提高到 $\cos\varphi_2=0.80$（滞后），设同步电动机效率为 $\eta=93.75\%$，试求新增同步电动机的容量和功率因数。

解 扩大生产前负载电流为 $$I_L=\frac{P_1}{\sqrt{3}U_1\cos\varphi_1}=\frac{1200\times10^3}{\sqrt{3}\times6000\times0.66}\text{A}=175\text{A}$$

$$\sin\varphi_1=\sin(\arccos\varphi_1)=0.75$$

无功电流为 $$I_{LQ}=I_L\sin\varphi_1=175\times0.75\text{A}=131.3\text{A}$$

同步电动机所需输入功率为 $$P_{1s}=\frac{P_{2s}}{\eta}=\frac{300}{0.9375}\text{kW}=320\text{kW}$$

增加同步电动机后工厂总消耗功率为 $P_\Sigma=P_1+P_{1s}=1520\text{kW}$

若使功率因数提高到 $\cos\varphi_2=0.80$（滞后），则 $\sin\varphi_2=\sin(\arccos\varphi_2)=0.6$。

增加同步电动机后负载总电流为

$$I_\Sigma=\frac{P_\Sigma}{\sqrt{3}U_1\cos\varphi_2}=\frac{1520\times10^3}{\sqrt{3}\times6000\times0.80}\text{A}=182.8\text{A}$$

此时无功电流为 $$I_{\Sigma Q}=I_\Sigma\sin\varphi_2=182.8\times0.6\text{A}=109.7\text{A}$$

同步电动机实际应吸取的无功电流（超前）为

$$I_{Qs}=I_{LQ}-I_{\Sigma Q}=131.3\text{A}-109.7\text{A}=21.6\text{A}$$

同步电动机有功功率为 $$P_{1s}=320\text{kW}$$

同步电动机无功功率为 $$Q_{1s}=\sqrt{3}U_1I_{Qs}=\sqrt{3}\times6000\times21.6\text{var}=224.5\text{kvar}$$

同步电动机容量为 $$S_{1s}=\sqrt{P_{1s}^2+Q_{1s}^2}=\sqrt{320^2+224.5^2}\text{ kVA}=391\text{kVA}$$

同步电动机的功率因数为 $$\cos\varphi_s=\frac{P_{1s}}{S_{1s}}=\frac{320}{391}=0.82(\text{超前})$$

【点评】 同步电动机若工作在过励状态，从电网吸取超前的无功电流，此时同步电动机相当于电网的一个容性负载。现代工业生产中应用的电动机大多为异步电动机，对电网而言属感性负载，利用同步电动机在过励下呈容性这一特点，可以改善供电系统的功率因数，这也是同步电动机的最大优点，现代同步电动机的额定功率因数一般均定为 1～0.8（超前）。

2.7 三相交流电动机的仿真

2.7.1 三相同步电动机的功角特性仿真

【仿真实例 2-1】 一台三相凸极同步电动机参数同【实例 2-2】，定子绕组Y联结，额定参数：$U_N=6000V$，$f_N=50Hz$，$I_N=57.8A$，$\cos(-\varphi_N)=0.8$，$n_N=300r/min$，$x_d=64.2\Omega$，$x_q=40.8\Omega$，忽略定子电阻。试绘制额定负载下的功角特性（包括电磁功率曲线 $P_{em}=f(\theta)$、基本电磁功率曲线 $P_{em1}=f(\theta)$ 和附加电磁功率曲线 $P_{em2}=f(\theta)$）。

解：用M语言编写绘制【仿真实例2-1】功角特性曲线的MATLAB程序如下：

```
clc
clear
U1 =6000/sqrt(3);                                  %定子相电压
I1 =57.8;                                          %定子相电流
xd =64.2;                                          %直轴电抗
xq =40.8;                                          %交轴电抗
cosfain =0.8;                                      %cosφN =0.8
fain = acos(cosfain);                              %求φN
sinfain = sin(fain);                               %求sinφN
psi = atan((U1 *sinfain + xq)/(U1 *cosfain));      %求内功率因数角ψ
Id = I1 *sin(psi) *exp(1i *pi/2-psi);              %计算直轴电流分量
Iq = I1 *cos(psi) *exp(-psi);                      %计算交轴电流分量
E0 = abs(U1 *exp(-1i *fain)-1i *Id *xd-1i *Iq *xq); %计算励磁电动势
th =0:0.01:pi;                                     %x坐标轴0~π变化
x = th./pi. *180;                                  %换算成角度
Pem1 =3 *U1 *E0/xd. *sin(th);                      %求基本电磁功率
Pem2 =1.5 *U1^2 *(1/xq-1/xd). *sin(2. *th);        %求附加电磁功率
Pem = Pem1 + Pem2;                                 %求凸极电磁功率
hold on;                                           %保持当前坐标轴和图形
plot(x,Pem1,'b-',x,Pem2,'b-',x,Pem,'b-')           %绘制各功角特性
plot([0 180],[0 0],'r-')                           %用红色实现绘制x坐标轴
plot([90 90],[-2e5 10e5],'r--')                    %用红色虚线绘制90°对应值
text(50,9e5,'Pem')                                 %在相应位置标注"Pem"
text(130,7e5,'Pem1')                               %在相应位置标注"Pem1"
text(70,1.5e5,'Pem2')                              %在相应位置标注"Pem2"
xlabel('Angle/° ');                                %横坐标标注"Angle/°"
ylabel('Power/kW');                                %纵坐标标注"Power/kW"
title('三相凸极同步电动机功角特性');               %标题"三相凸极同步电动机功角特性"
```

运行上述程序得到图2-52所示的三相凸极同步电动机功角特性仿真曲线。

2.7.2 三相同步电动机的矩角特性仿真

【仿真实例2-2】 一台三相隐极同步电动机，每相参数：相电压 $U_1=3464V$，励磁电动势 $E_0=6378V$，额定转速 $n_N=1000r/min$，同步电抗 $x_c=64\Omega$，试绘制额定负载下的矩角特性 $T=f(\theta)$。

解 用M语言编写绘制【仿真实例2-2】矩角特性曲线的MATLAB程序如下：

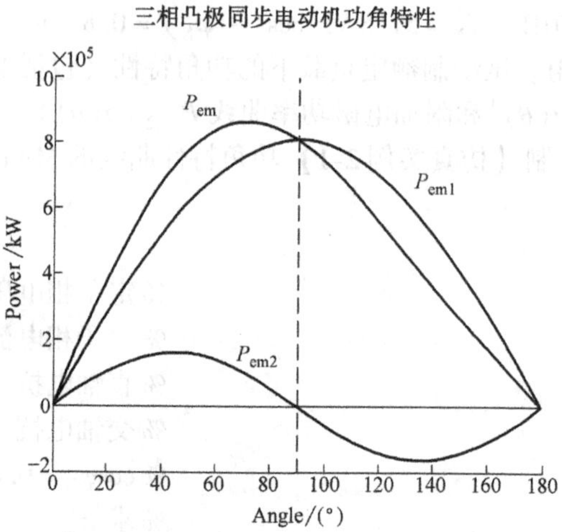

图 2-52　三相凸极同步电动机功角特性仿真曲线

```
clc
clear
U1 =3464;                                  %定子相电压
E0 =6378;                                  %励磁电动势
xc =64;                                    %同步电抗
n1 =1000;                                  %同步转速
th =0:.01:pi;                              %x 坐标轴 0 ~ π 变化
x = th./pi.*180;                           %换算成角度
T =90 *U1 *E0/(xc *pi *n1).*sin(th);       %求电磁转矩
plot(x,T)                                  %绘制矩角特性
xlabel('Angle/°');                         %横坐标标注“Angle/°”
ylabel('Torque/(N\cdotm)');                %纵坐标标注“Torque/(N · m)”
title('三相隐极同步电动机矩角特性');       %标题“三相隐极同步电动机矩角特性”
```

运行上述程序得到图 2-53 所示的三相隐极同步电动机矩角特性仿真曲线。

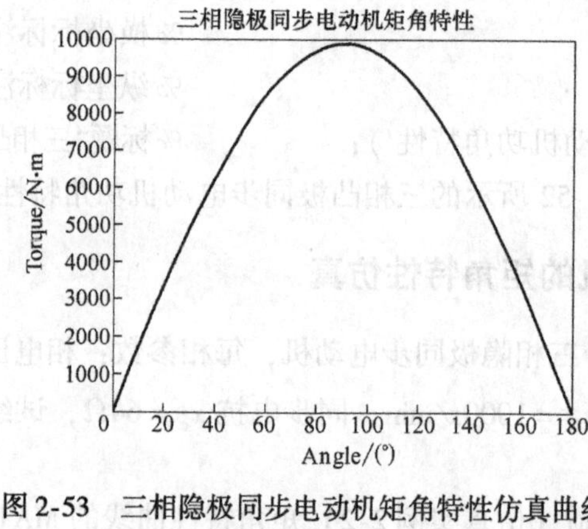

图 2-53　三相隐极同步电动机矩角特性仿真曲线

本章小结

本章介绍了异步电动机和同步电动机，它们的定子都由定子铁心和三相对称绕组组成。三相对称绕组通入三相对称电流，在气隙中产生圆形旋转磁场，其转速为 $n_1=60f_1/p$，转向由通入的电流相序决定，只要任意调换两电源线，即可改变旋转磁场方向，从而改变电动机的运转方向。

异步电动机运行时，转子与旋转磁场存在转差，因而能在转子中感应电动势和电流，产生电磁转矩，使电动机旋转，可见转差率 s 是异步电动机的重要参量。通过频率和绕组折算，可得到反映实际运行电动机各量关系的等效电路，等效电路中的各种参数可通过空载和短路试验测取。与变压器一样，基本方程、等效电路、相量图是描述电动机负载运行时的基本电磁关系的工具。工作特性反映了异步电动机在额定电压、额定频率时的使用性能。

同步电动机的转子转速与气隙旋转磁场转速有严格的同步关系。双边励磁结构使它存在电枢反应，电枢磁动势对主磁场的大小和分布产生一定影响，隐极同步电动机，电枢反应用同步电抗描述；凸极同步电动机，电枢反应用直轴和交轴同步电抗描述。矩角特性 $T=f(\theta)$ 能反映同步电动机的力学性能。同步电动机在过励情况下，可从电网吸取超前的无功电流，达到改善电网功率因数的目的。

思考题与习题

2-1 三相异步电动机的主磁通和漏磁通有何区别？主磁通在定、转子绕组中感应电动势的频率一样吗？两个频率之间有何关系？

2-2 单相交流绕组的磁动势具有什么性质，试写出计算其振幅的表达式？

2-3 试说明旋转磁场产生的条件。圆形旋转磁场产生的条件又是什么？如何改变旋转磁场的转向？

2-4 试说明三相异步电动机定子接电源转子开路的电磁关系与变压器空载运行的电磁关系的异同点。

2-5 交流电动机定子三相绕组接在三相电源上，因某种原因使其中一相断路，试分析绕组所产生的磁动势。

2-6 某三相异步电动机接于电网工作时，每相感应电动势 $E=350\text{V}$，定子绕组每相串联匝数 $N_1=312$，基波绕组系数 $k_{w1}=0.96$，试求每极磁通 Φ_m。

2-7 交流电动机的频率、极对数与同步转速之间有什么关系？试求：（1）当 $f=50\text{Hz}$，$p=1$ 时，同步转速 n_1；（2）当 $f=60\text{Hz}$，$p=32$ 时，同步转速 n_1；（3）当 $f=50\text{Hz}$，$n_1=600\text{r/min}$ 时，极对数 p。

2-8 若在对称两相交流绕组中，通入单相交流电 $i=I_m\cos\omega t$，试分析两相合成磁动势的性质。

2-9 试分析为什么交流电动机感应电动势与变压器的十分相似。

2-10 与变压器相比，相同电压和容量的三相异步电动机为什么空载电流大？

2-11 在推导异步电动机等效电路时，转子参量需进行哪些折算？这些折算的物理意义是什么？

2-12 三相异步电动机运行时，转子绕组频率折算的目的和原则是什么？

2-13 三相异步电动机与变压器的“T”形等效电路的区别在哪儿？等效电路中的 $\frac{1-s}{s}r'_2$ 代表什么？能否用电感或电容替代？

2-14 某台异步电动机额定转差率 $s_N=0.04$，试分析额定运行时通过气隙传递的电磁功率中有百分之几转化为转子铜损，又有百分之几转化为全机械功率。

2-15 一台三相异步电动机铭牌数据：$P_N=28\text{kW}$，$U_{1N}=380\text{V}$，$I_{1N}=60.5\text{A}$，$f_N=50\text{Hz}$，$n_N=975\text{r/min}$，$\cos\varphi_N=0.84$。试求：（1）同步转速 n_1；（2）额定转差率 s_N；（3）转子电流频率 f_2；（4）极对数 p；

(5) 额定效率 η_N；(6) 输入功率 P_1。

2-16 一台三相四极绕线转子异步电动机定子接在工频 50Hz 的电网上，转子不转时测得转子每相感应电动势 $E_2=220V$，转子参数 $r_2=0.08\Omega$，$x_2=0.45\Omega$，忽略定子漏阻抗影响，试求电动机在额定转速 $n_N=1470r/min$ 下运行时：(1) 转子电流频率 f_2；(2) 转子每相感应电动势 E_{2s}；(3) 转子相电流 I_{2s}。

2-17 某三相四极异步电动机额定功率 $P_N=5.5kW$，接在工频电网上额定运行时测得由电源输入的功率 $P_1=6.4255kW$，定子铜损耗 $p_{Cu1}=342W$，转子铜损耗 $p_{Cu2}=342W$，铁损 $p_{Fe}=167.5W$，机械损耗 $p_m=46W$，附加损耗 $p_{ad}=28W$。试求：(1) 电动机的效率 η、转差率 s、转速 n、电磁转矩 T、输出转矩 T_2 各量；(2) 定性画出该异步电动机的功率流程图。

2-18 一台三相六极异步电动机铭牌数据：$P_N=28kW$，$U_{1N}=380V$，$f_N=50Hz$，$n_N=970r/min$，$\cos\varphi_N=0.867$，$p_{Cu1}+p_{Fe}=2.2kW$，空载损耗 $p_0=1.2kW$。试求电动机额定运行时：(1) 转差率 s_N；(2) 转子铜耗 p_{Cu2}；(3) 效率 η；(4) 定子电流 I_{1N}；(5) 转子电流的频率 f_2；(6) 电磁功率 P_{em}；(7) 全机械功率 P_m。

2-19 已知一台三相四极异步电动机的额定数据：$P_N=10kW$，$U_{1N}=380V$，$I_{1N}=19.8A$，定子绕组Y联结，定子每相电阻 $r_1=0.49\Omega$。空载试验测得：$U_1=380V$，$P_0=425W$，$I_0=5.4A$，机械损耗 $p_m=80W$，忽略附加损耗。短路试验测得：$U_k=120V$，$P_k=920W$，$I_k=18.2A$。设 $x_1\approx x_2'$，试求该电动机参数：r_2'、x_1、x_2'、r_m、x_m。

2-20 试分析同步电动机的机械特性 $n=f(T)$ 是一条怎样的曲线。

2-21 试分析同步电动机正常运行时，电枢反应磁场能在定子绕组中产生感应电动势，而为什么不能在转子绕组中产生感应电动势。

2-22 为什么要将凸极同步电动机的电枢电流分解为直轴分量和交轴分量?

2-23 在凸极同步电动机中，为什么直轴电枢反应电抗 x_{ad} 大于交轴电枢反应电抗 x_{aq}?

2-24 三相隐极同步电动机定子Y联结，额定线电压 $U_{1N}=6000V$，额定视在功率 $S_N=1550kVA$，每相同步电抗 $x_c=0.9\Omega$，设忽略定子绕组电阻，电动机额定运行。试分别求出 $\cos(-\varphi)=0.8$ (电流超前)、$\cos\varphi=1$、$\cos\varphi=0.8$ (电流滞后) 时的励磁电动势 E_0。

2-25 某车间变电所进线电压 10kV，高压侧总有功负荷 $P=3000kW$，为感性负载，功率因数 $\cos\varphi_1=0.65$。为了提高功率因数，使补偿后的功率因数达到 $\cos\varphi_2=1$，需增设一台同步补偿机，试选择该同步补偿机的容量、电压和电流。

第3章　三相交流电动机的电力拖动

本章教学基本要求

1. 熟悉电力拖动系统运动方程，掌握拖动转矩和负载转矩的概念。
2. 掌握典型负载转矩特性和三相异步电动机的机械特性。
3. 熟悉分析三相异步电动机各种运行状态的基本方法。
4. 掌握三相异步电动机的起动、制动原理和特性。
5. 了解三相交流电动机的调速方法。
6. 掌握同步电动机的起动方法，了解同步电动机的调速和制动方法。
7. 了解同步和异步电动机的动态数学模型。

3.1　电力拖动系统基础

由电动机作为原动机拖动生产机械运转的拖动方式称为电力拖动或电气传动，在现代化生产中绝大多数生产机械都采用电力拖动。将电能转换成机械能，拖动生产机械，并完成一定工艺要求的系统称为电力拖动系统。因此电力拖动系统由电动机、传动机构、电源、控制设备和生产机械这几部分组成，如图3-1所示。

3.1.1　运动方程式

1. 单轴电力拖动系统

电力拖动系统有各种结构形式，最简单的是单轴电力拖动系统，即电动机直接与负载同轴，如图3-2所示。

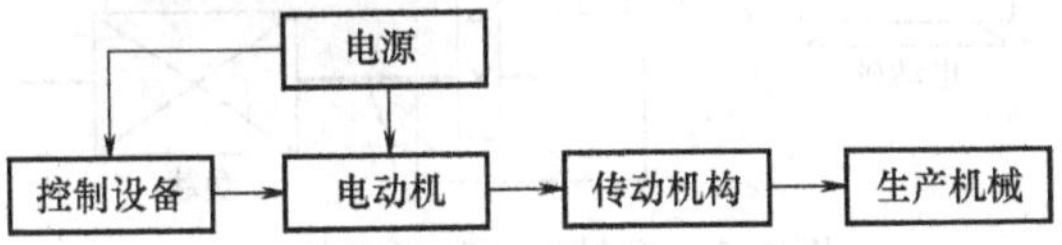

图3-1　电力拖动系统示意图

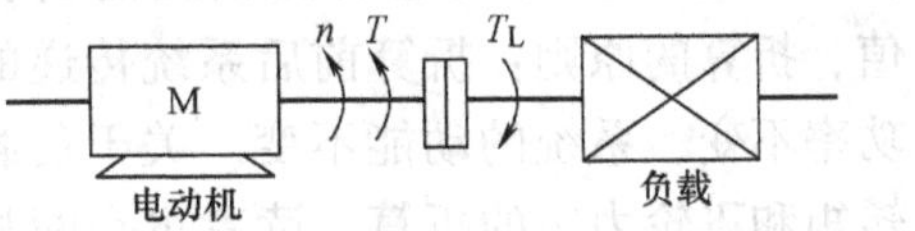

图3-2　单轴电力拖动系统

由牛顿第二定律可知，作直线运动的物体的运动方程为

$$F_1 - F_2 = m\frac{\mathrm{d}v}{\mathrm{d}t} = ma \tag{3-1}$$

式中，F_1、F_2 为作用在物体 m 上的作用力和反作用力（N）；m 为物体的质量（kg）；a 为加速度，$a=\frac{\mathrm{d}v}{\mathrm{d}t}$（$m/s^2$）；$m\frac{\mathrm{d}v}{\mathrm{d}t}$为惯性力（N）。

与直线运动类似，作旋转运动的物体，其运动方程为

$$T - T_L = J\frac{\mathrm{d}\Omega}{\mathrm{d}t} \tag{3-2}$$

式中，T、T_L 为电动机的电磁转矩和负载转矩（N·m）；J 为旋转系统的转动惯量（N·m·s²）；Ω 为角速度（rad/s）；$\frac{d\Omega}{dt}$为角加速度（rad/s²）；$J\frac{d\Omega}{dt}$为惯性转矩或称动态转矩（N·m）。

工程中，常用飞轮矩 GD^2 表示旋转物体的惯性，则转动惯量 J 也可表示为

$$J = m\rho^2 = \frac{G}{g}\left(\frac{D}{2}\right)^2 = \frac{GD^2}{4g} \tag{3-3}$$

式中，G 为转动物体的重量（N）；ρ 和 D 为惯性半径和直径（m）；g 为重力加速度，$g=9.8\text{m/s}^2$；GD^2 为飞轮力矩（N·m²）。

用转速 n 代替角速度 Ω，即 $\Omega=2\pi n/60$，则旋转物体运动方程的实用公式为

$$T - T_L = \frac{GD^2}{4g}\times\frac{2\pi}{60}\times\frac{dn}{dt} = \frac{GD^2}{375}\frac{dn}{dt} \tag{3-4}$$

讨论：1）当 $T>T_L$ 时，$\frac{dn}{dt}>0$，系统加速；

2）当 $T=T_L$ 时，$\frac{dn}{dt}=0$，系统匀速运转（$n=$常数）或静止（$n=0$）；

3）当 $T<T_L$ 时，$\frac{dn}{dt}<0$，系统减速。

式（3-4）中转矩正方向的规定如下：

先确定转速 n 的正方向，习惯上设 n 顺时针为正，若电磁转矩 T 的方向与 n 方向相同，T 前取正号，相反则取负号；若负载转矩 T_L 的方向与转速 n 的正方向相反，T_L 前取正号，相同则取负号；惯性转矩$\frac{GD^2}{375}\frac{dn}{dt}$的大小及方向，由电磁转矩与负载转矩的代数和决定。

2. 多轴电力拖动系统

实际生产中，许多生产机械的转速往往与电动机的转速不同，电动机与生产机械之间要加变速机构，就形成了多轴系统，如图 3-3 所示。工程上，往往用单轴系统去等效代替实际的多轴系统，等效的单轴系统其负载转矩和飞轮力矩是实际负载转矩和各传动轴的飞轮矩折算到电动机轴上的折算值，折算的原则：折算前后系统传递的功率不变，系统的动能不变。关于负载转矩和飞轮力矩的折算，读者可查阅相关书籍。任何一个复杂系统都可以简化成由电动机与负载组成的等效单轴系统，下面均以单轴系统为讨论对象。

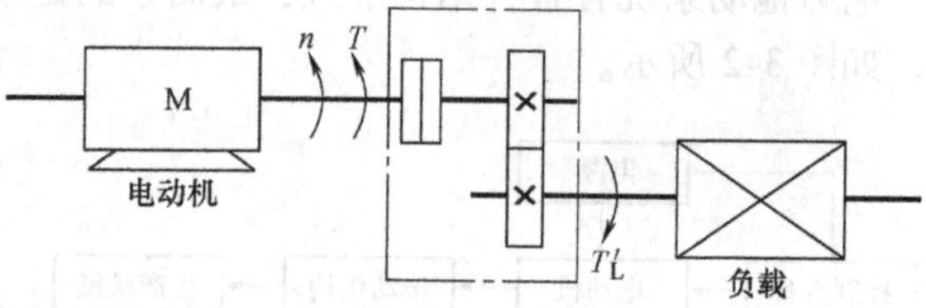

图 3-3　多轴电力拖动系统

3.1.2　生产机械的负载转矩特性

负载转矩特性是指：生产机械的负载转矩 T_L 与转速 n 之间的关系，即 $n=f(T_L)$，简称负载特性。

1. 恒转矩负载特性

恒转矩负载特性的特点：负载转矩 T_L 为常数，与转速 n 的大小无关。根据负载转矩与运动方向的关系，恒转矩负载特性又可分为反抗性恒转矩负载特性和位能性恒转矩负载

特性。

（1）反抗性恒转矩负载特性

反抗性恒转矩负载特性的特点：负载转矩 T_L 的方向总是与转速 n 的方向相反，T_L 的作用方向总是阻碍系统运动的方向，如图 3-4 所示，特性在第Ⅰ、Ⅲ象限。属于此类负载的生产机械有：轧机、机床刀架平移机构等。

（2）位能性恒转矩负载特性

位能性恒转矩负载特性的特点：负载转矩 T_L 的大小不变，方向固定，不随转速的变化而变化，如图 3-5 所示，特性在第Ⅰ、Ⅳ象限。属于此类负载的生产机械有：电梯、起重机等。

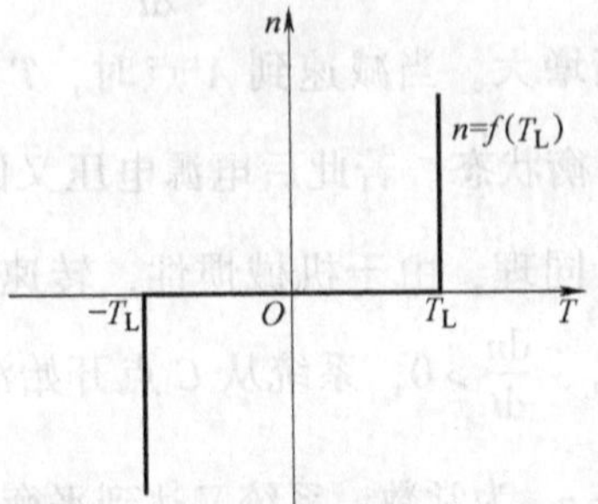

图 3-4　反抗性恒转矩负载特性

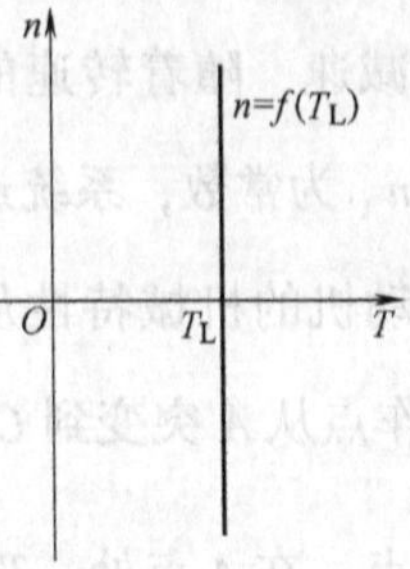

图 3-5　位能性恒转矩负载特性

2. 风机、泵类负载转矩特性

风机、泵类负载转矩特性的特点：负载转矩 T_L 与转速平方成正比，即 $T_L \propto n^2$，特性如图 3-6 所示。属于此类负载的生产机械有：各种泵类、通风机、鼓风机等。

3. 恒功率负载转矩特性

恒功率负载转矩特性的特点：负载功率 P_L 不随转速 n 而变化，负载转矩 T_L 与转速 n 成反比关系，即有 P_L = 常数、$T_L \propto 1/n$，特性如图 3-7 所示。属于此类负载的生产机械有：金属切削类机床等。

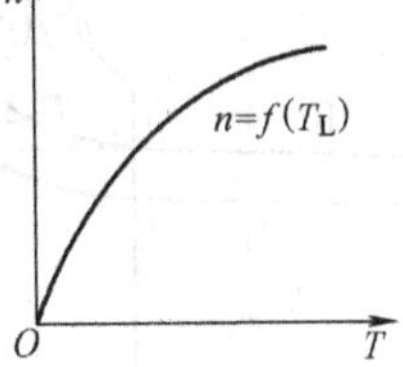

图 3-6　风机、泵类负载转矩特性

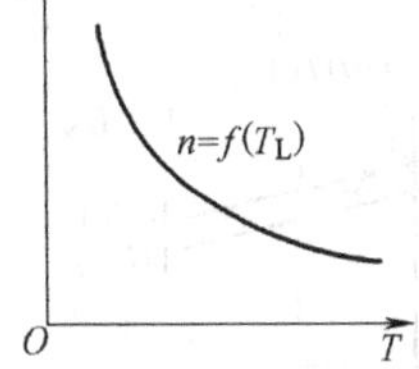

图 3-7　恒功率负载转矩特性

需指出，实际负载可能是上述单一类型，也可能是几种典型负载转矩特性的综合，应视情况具体分析。

3.1.3　电力拖动系统稳定运行的条件

1. 稳定运行的概念

从前面对旋转运动方程式的分析可知，当 $T = T_L$ 时，$\frac{dn}{dt} = 0$，则系统匀速运行。电动机的转速与转矩的关系，即 $n=f(T)$ 称为机械特性，机械特性是电动机的重要特性。如果把电动机的机械特性与负载转矩特性画在同一坐标系中，如图 3-8 所示，图中曲线 1 为电动机机械特性，曲线 2 为负载特性，A 为两特性的交点，显然在交点 A 处存在：$T=T_L$，转速 $n=n_A$ 为常数，A 点是工作点，也是系统的平衡点，这种平衡称为静态平衡，是稳定运行的必要条件。当系统出现扰动时，是否能在新的平衡点稳定？当扰动消失后，是否又能回到原来的平衡点继续运行呢？这是下面讨论的问题。

在图 3-8 中，系统运行在工作点 A，若此时电源电压突然下降，使电动机的机械特性从曲线 1 变为曲线 1′，由于机械惯性，在电源电压突变的瞬间，电动机转速来不及变化（$n=n_A$），工作点从 A 点突变到 B 点，这时电动机的电磁转矩 $T=T_B<T_L$，$\frac{dn}{dt}<0$，使系统从 B 点沿曲线 1′减速，随着转速的下降，电磁转矩逐渐增大。当减速到 A' 点时，$T=T_{A'}=T_L$，$\frac{dn}{dt}=0$，$n=n_{A'}$ 为常数，系统运行在 A'，处于新的平衡状态。若此后电源电压又回升到额定电压，则电动机的机械特性从曲线 1′变为曲线 1。同理，由于机械惯性，转速不能突变，$n=n_{A'}$，工作点从 A' 突变到 C 点，此时，$T=T_C>T_L$，$\frac{dn}{dt}>0$，系统从 C 点开始沿曲线 1 加速，直至 A 点。在 A 点处，$T=T_A=T_L$，$\frac{dn}{dt}=0$，$n=n_A$ 为常数，系统又达到平衡。

又如图 3-9 所示的系统，系统原运行在 A 点，若电源电压下降为 U'，使电动机机械特性从曲线 1 突变为曲线 1′。由于机械惯性，转速不能突变，工作点从 A 突变到 B 点，在 B 点处，$T=T_B>T_L$，$\frac{dn}{dt}>0$，系统沿曲线 1′加速，电磁转矩 T 越来越大，系统不可能到达新的平衡点 A'，即使在加速的过程中（设加速到 C 点），电源突然回升到额定电压 U_N，使电动机机械特性又从曲线 1′突变到曲线 1。由于机械惯性使转速不变，工作点从 C 点跳到 D 点，但 $T=T_D>T_L$，$\frac{dn}{dt}>0$，系统继续加速，沿特性曲线 1 上升，回不到原来的工作点 A，因此系统是不能稳定平衡运行的。

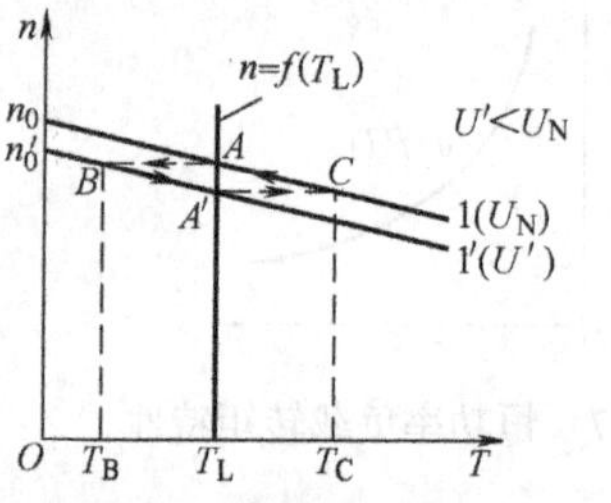

图 3-8 电力拖动系统的稳定平衡状态

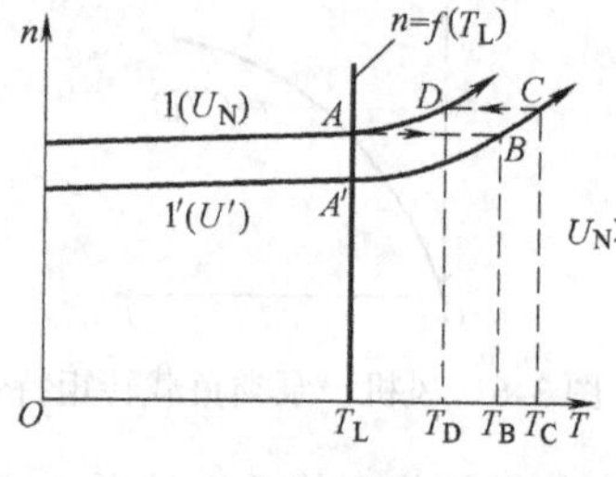

图 3-9 电力拖动系统的不稳定状态

由此可得，处于平衡状态的电力拖动系统，若由于某种原因（如负载扰动、电源电压波动、电动机参数的调节等）使系统离开原平衡状态，但能在新的条件下达到新的平衡；或者在外界扰动消失后，能回到原平衡状态，则该系统能**稳定运行**，原来的运行状态是**稳定平衡状态**；若系统在新的条件下不能达到新的平衡或扰动消失后不能回到原平衡状态，则该系统**不能稳定运行**，系统原来的状态虽平衡，但不是稳定的平衡状态。

2. 系统稳定运行的条件

从上述分析可知，电力拖动系统稳定平衡运行的充分必要条件为：在 $T=T_{\mathrm{L}}$ 处，$\dfrac{\mathrm{d}T}{\mathrm{d}n}<\dfrac{\mathrm{d}T_{\mathrm{L}}}{\mathrm{d}n}$。对于恒转矩负载，由于$\dfrac{\mathrm{d}T_{\mathrm{L}}}{\mathrm{d}n}=0$，电力拖动系统稳定平衡运行的充分必要条件为：在 $T=T_{\mathrm{L}}$ 处，$\dfrac{\mathrm{d}T}{\mathrm{d}n}<0$。

3.2　三相异步电动机的电力拖动

3.2.1　异步电动机的机械特性

三相异步电动机的机械特性是指在定子电压、频率以及绕组参数一定的条件下，电动机电磁转矩与转速或转差率的关系，即 $n=f(T)$ 或 $s=f(T)$。三相异步电动机的机械特性可用函数表示，也可用曲线表示，用函数表示时，有三种表达式：物理表达式、参数表达式和实用表达式。

1. 异步电动机机械特性的三种表达式

(1) 物理表达式

由第 2 章电磁转矩公式（式（2-88））可知

$$T=\frac{P_{\mathrm{em}}}{\Omega_1}=\frac{m_1E_2'I_2'\cos\varphi_2}{\dfrac{2\pi n_1}{60}}=\frac{m_1(4.44f_1N_1k_{\mathrm{w1}}\Phi_{\mathrm{m}})I_2'\cos\varphi_2}{\dfrac{2\pi f_1}{p}}=\frac{pm_1N_1k_{\mathrm{w1}}}{\sqrt{2}}\Phi_{\mathrm{m}}I_2'\cos\varphi_2$$

因此，异步电动机的物理表达式为

$$T=C_T'\Phi_{\mathrm{m}}I_2'\cos\varphi_2 \tag{3-5}$$

式中，C_T' 为异步电动机的转矩系数，$C_T'=\dfrac{pm_1N_1k_{\mathrm{w1}}}{\sqrt{2}}$；$I_2'$ 为转子电流折算值，$I_2'=\dfrac{E_2'}{\sqrt{\left(\dfrac{r_2'}{s}\right)^2+x_2'^2}}$；$\cos\varphi_2$ 为转子功率因数，$\cos\varphi_2=\dfrac{\dfrac{r_2'}{s}}{\sqrt{(\dfrac{r_2'}{s})^2+x_2'^2}}$。物理表达式反映了不同转速时电磁转矩 T 与主磁通 Φ_{m} 以及转子电流有功分量 $I_2'\cos\varphi_2$ 之间的关系，该表达式一般用于定性分析在不同运行状态下的转矩大小和性质。

(2) 参数表达式

由第 2 章图 2-32 异步电动机的简化等效电路可得转子电流折算值为

$$I_2'=\frac{U_1}{\sqrt{\left(r_1+\dfrac{r_2'}{s}\right)^2+(x_1+x_2')^2}}$$

则电磁转矩参数表达式可写成

$$T = \frac{P_{em}}{\Omega_1} = \frac{m_1 I'^2_2 \frac{r'_2}{s}}{\frac{2\pi f_1}{p}} = \frac{3pU_1^2 \frac{r'_2}{s}}{2\pi f_1 \left[\left(r_1 + \frac{r'_2}{s}\right)^2 + (x_1 + x'_2)^2\right]} \tag{3-6}$$

由式（3-6）可知，异步电动机的电磁转矩 T 与定子每相电压 U_1^2 成正比，即 $T \propto U_1^2$，若电源电压波动过大，则会对转矩造成很大影响。

在电压、频率及绕组参数一定的条件下，电磁转矩 T 与转差率 s 之间的关系可用曲线表示，如图 3-10 所示，下面对机械特性上的几个特殊点进行分析。

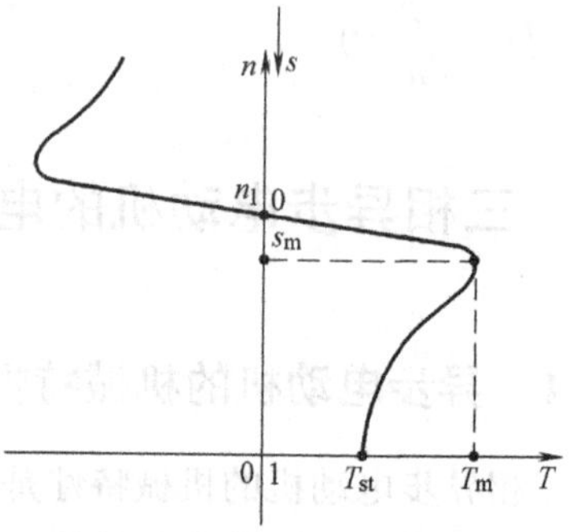

图 3-10　三相异步电动机的机械特性

1）最大转矩 T_m。最大转矩 T_m 是 $T=f(s)$ 的极值点，为求极值，可对式（3-6）求导，并令 $\frac{dT}{ds}=0$，求得最大转矩对应的临界转差率为

$$s_m = \pm \frac{r'_2}{\sqrt{r_1^2 + (x_1 + x'_2)^2}} \tag{3-7}$$

将 s_m 值代入式（3-6）得最大转矩为

$$T_m = \pm \frac{3pU_1^2}{4\pi f_1 \left[\pm r_1 + \sqrt{r_1^2 + (x_1 + x'_2)^2}\right]} \tag{3-8}$$

式（3-7）、式（3-8）中“+”为电动状态（特性在第Ⅰ象限）；“－”为制动状态（特性在第Ⅱ象限）。

通常情况下存在 $r_1{}^2 \ll (x_1 + x'_2)^2$，可忽略 r_1，则有

$$\begin{cases} s_m \approx \pm \dfrac{r'_2}{x_1 + x'_2} \\ T_m \approx \pm \dfrac{3pU_1^2}{4\pi f_1 (x_1 + x'_2)} \end{cases} \tag{3-9}$$

最大转矩又称临界转矩，如果运行中的电动机突加负载，负载转矩超过临界转矩，将迫使电动机堵转，时间一长，电动机会烧毁，因为电动机堵转相当于电动机起动瞬间，堵转电流为（4～7）倍的额定电流。最大转矩与额定转矩的比值称为过载倍数，其值的大小反映了电动机的过载能力，用 λ_m 表示，即

$$\lambda_m = \frac{T_m}{T_N} \tag{3-10}$$

一般异步电动机的过载倍数 $\lambda_m = 1.5 \sim 2.2$。

2）起动转矩 T_{st}。异步电动机起动瞬间，$n=0$ 或 $s=1$，电动机相当于堵转，该时刻的电磁转矩称为起动转矩或堵转转矩，用 T_{st} 表示，则有

$$T_{st} = \frac{3pU_1^2 r'_2}{2\pi f_1 [(r_1 + r'_2)^2 + (x_1 + x'_2)^2]} \tag{3-11}$$

异步电动机的起动转矩与额定转矩的比值称为起动转矩倍数或堵转转矩倍数，用 k_{st} 表示，则有

$$k_{st}=\frac{T_{st}}{T_N} \tag{3-12}$$

一般普通异步电动机的起动转矩倍数为0.8~1.2。

(3) 实用表达式

异步电动机的参数铭牌上不标注，产品目录中也查不到，参数必须通过试验测取，所以参数表达式在应用上受到一定的限制。实际应用中，可根据产品目录中所给的数据利用实用表达式大致求出机械特性，下面推导实用表达式。

由式（3-6）、式（3-8）得

$$\frac{T}{T_m}=\frac{2r_2'\left[r_1+\sqrt{r_1^2+(x_1+x_2')^2}\right]}{s\left[\left(r_1+\frac{r_2'}{s}\right)^2+(x_1+x_2')^2\right]} \tag{3-13}$$

又由式（3-7）得

$$\sqrt{r_1^2+(x_1+x_2')^2}=\frac{r_2'}{s_m} \tag{3-14}$$

将式（3-14）代入式（3-13）得

$$\frac{T}{T_m}=\frac{2r_2'\left(r_1+\frac{r_2'}{s_m}\right)}{s\left(\frac{r_2'^2}{s_m^2}+2r_1\frac{r_2'}{s}+\frac{r_2'^2}{s^2}\right)}=\frac{2\left(\frac{r_1s_m}{r_2'}+1\right)}{\frac{s}{s_m}+2\frac{r_1s_m}{r_2'}+\frac{s_m}{s}}$$

通常可设 $r_1\approx r_2'$，一般异步电动机的 $s_m\approx 0.1\sim0.2$，在任何 s 值时都有 $(s-s_m)^2\geqslant 0$，而 $s/s_m+s_m/s\geqslant 2$，$2s_m<2$ 可以忽略，所以进一步简化得实用表达式为

$$T=\frac{2T_m}{\frac{s}{s_m}+\frac{s_m}{s}} \tag{3-15}$$

式中，$T_m=\lambda_m T_N$，此时临界转差率为

$$s_m=s\left[\lambda_m\frac{T_N}{T_L}+\sqrt{\left(\lambda_m\frac{T_N}{T_L}\right)^2-1}\right] \tag{3-16}$$

式中，T_L 为负载转矩，当拖动额定负载时，$T_L=T_N$，则临界转差率为

$$s_m=s_N\left(\lambda_m+\sqrt{\lambda_m^2-1}\right) \tag{3-17}$$

额定转矩可由铭牌数据近似得出

$$T_N\approx T_{2N}=9.55\frac{P_N}{n_N} \tag{3-18}$$

由上面公式推导过程可见，只要从产品目录查得该异步电动机的 P_N、n_N、λ_m 数据，应用实用表达式就可方便得出机械特性表达式。

2. 固有机械特性

异步电动机的固有机械特性是指 $U_1=U_{1N}$，$f_1=f_{1N}$，定子三相绕组按规定方式连接，定子和转子电路中不外接任何元件时测得的机械特性，即 $n=f(T)$ 或 $T=f(s)$ 曲线，如图3-11所示。对于同一台异步电动机有正转（曲线1）和反转（曲线2）两条固有机械特性。

现以正转固有机械特性（曲线 1）为例说明特性上的各特殊点。

（1）同步转速点 A

同步转速点又称理想空载点，在该点处：$s=1$，$n=n_1$，$T=0$，$E_{2s}=0$，$I_2=0$，$I_1=I_0$，电动机处于理想空载状态。

（2）额定运行点 B

在额定运行点处：$n=n_N$，$T=T_N$，$I_1=I_{1N}$，$I_2=I_{2N}$，$P_2=P_N$，电动机处于额定运行状态。

（3）临界点 C

在临界点处：$s=s_m$，$T=T_m$，对应的电磁转矩是电动机所能提供的最大转矩。图 3-11 中，T'_m是异步电动机回馈制动状态所对应的最大转矩，由式（3-8）可知，若忽略 r_1 的影响，有 $T'_m=T_m$。

（4）起动点 D

在起动点处：$s=1$，$n=0$，$T=T_{st}$，$I=I_{st}$。

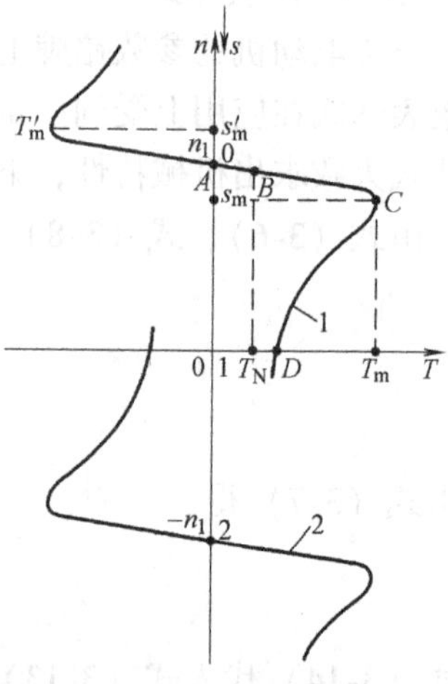

图 3-11 三相异步电动机的固有机械特性

1—正转特性 2—反转特性

【例题 3-1】 一台三相异步电动机的主要技术数据：$P_N=7.5\text{kW}$，$U_{1N}=380\text{V}$，$I_{1N}=14.9\text{A}$，$n_N=1450\text{r/min}$，$\lambda_m=2$，试用实用表达式求该电动机固有机械特性方程。

解 同步转速为 $n_1=1500\text{r/min}$

额定转差率为
$$s_N=\frac{n_1-n_N}{n_1}=\frac{1500-1450}{1500}=0.033$$

临界转矩为
$$T_m=\lambda_m T_N=9.55\frac{\lambda_m P_N}{n_N}=9.55\times\frac{2\times7.5\times10^3}{1450}\text{N}\cdot\text{m}=98.8\text{N}\cdot\text{m}$$

临界转差率为
$$s_m=s_N\left(\lambda_m+\sqrt{\lambda_m^2-1}\right)=0.033\left(2+\sqrt{2^2-1}\right)=0.123$$

固有机械特性方程为
$$T=\frac{2T_m}{\dfrac{s_m}{s}+\dfrac{s}{s_m}}=\frac{197.6}{\dfrac{0.123}{s}+\dfrac{s}{0.123}}$$

注意：固有机械特性方程中只有 T 和 s 未知，只要给出一系列 s 值，就可求出相应的 T 值，逐点描绘即可绘出固有机械特性曲线。

3.2.2 异步电动机的人为机械特性

异步电动机的人为机械特性是指人为改变电动机的电气参数而得到的机械特性。由参数表达式（3-6）可知，改变定子电压 U_1、定子频率 f_1、极对数 p、定子回路电阻 r_1 和电抗 x_1、转子回路电阻 r'_2和电抗 x'_2，都可得到不同的人为机械特性。下面讨论三种情况的人为机械特性。

1. 降低定子电压的人为机械特性

在参数表达式（3-6）中，保持其他参数不变，只改变定子电压 U_1 的大小，可得改变定子电压的人为机械特性。由于异步电动机的磁路在额定电压下已接近饱和，又考虑到绕组绝缘，故电压不宜升高，下面只讨论电压在额定值以下范围调节的人为特性。

由于 $T_m\propto U_1^2$，$T_{st}\propto U_1^2$，n_1 和 s_m 与电压无关，所以当改变定子电压 U_1 时，就有图3-12

所示的人为机械特性曲线。

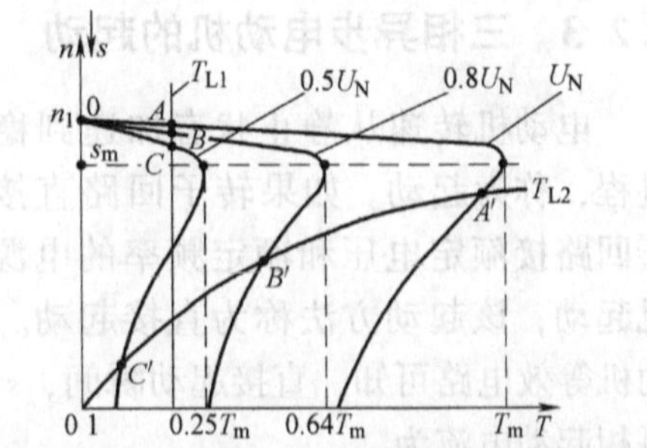

图 3-12　降低定子电压的人为机械特性

T_{L1}—恒转矩负载特性　T_{L2}—风机类负载特性

由特性曲线可见，定子电压 U_1 下降后，电动机的起动转矩和临界转矩都明显降低。对于恒转矩负载，如原先运行在 A 点，若电网电压由于某种原因降低，使负载运行至 B 点，电动机转速 n 下降，转差率 s 增大，转子阻抗角 $\varphi_2 = \arctan(sx_2/r_2)$ 增大，则转子功率因数 $\cos\varphi_2$ 下降。由于负载转矩没变，在定子电压 U_1 降低后，Φ_m 也降低，所以转子电流 I_2' 要随之增大，定子电流 I_1 也要增大，从而使定、转子的铜损都增大，导致绕组温度上升，若长期处于低压运行，会缩短电动机的使用寿命。若电动机轻载运行，当定子电压 U_1 降低后，Φ_m 也降低，使铁损 p_{Fe} 降低，定子电流 I_1 降低，则铜损 p_{Cu} 降低，电动机效率 η 提高，具有节能效果。

2. 定子回路串入对称电阻或电抗的人为机械特性

图 3-13a 为定子回路串入三相对称电阻 R_{ad} 的接线图。当定子电阻 r_1 增大时，同步转速 n_1 不变，但临界转矩 T_m、临界转差率 s_m、起动转矩 T_{st} 都变小，所以定子回路串入对称电阻的人为机械特性如图 3-13b 所示。

如果定子回路串入对称的电抗，同步转速 n_1 仍不变，但临界转矩 T_m、临界转差率 s_m、起动转矩 T_{st} 也都变小，定子回路串入三相对称电抗 X_{ad} 的接线图和人为机械特性如图 3-14 所示。

以上两种接线可实际应用于笼型异步电动机的起动，以限制起动电流。

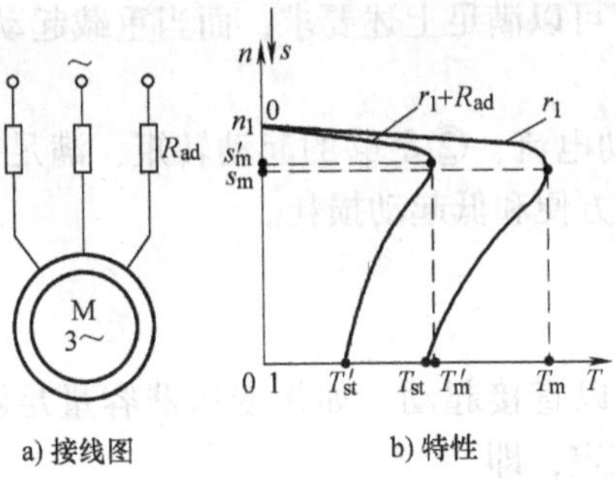

图 3-13　定子回路串入对称电阻的接线图和人为机械特性

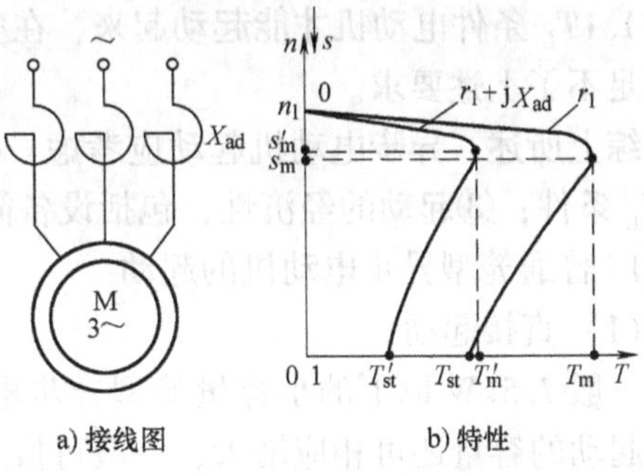

图 3-14　定子回路串入对称电抗的接线图和人为机械特性

3. 转子回路串入对称三相电阻的人为机械特性

对于绕线转子异步电动机可在转子回路串入三相对称电阻 R_{ad}，其接线如图 3-15a 所示。当转子电阻 r_2 增大时，同步转速 n_1 和临界转矩 T_m 不变，但临界转差率 s_m 变大，起动转矩 T_{st} 随转子电阻 r_2 增大而增大，直至 $T_{st} = T_m$，但当转子电阻 r_2 再继续增大时，起动转矩 T_{st} 反而减小，其人为机械特性如图 3-15b 所示。转子串入对称三相电阻的方法应用于绕线转子异步电动机的起动和调速。

3.2.3 三相异步电动机的起动

电动机转速从静止状态加速到稳定转速的过程，称为起动。如果转子回路直接短接，定子回路接额定电压和额定频率的电源，使电动机起动，该起动方法称为直接起动。由异步电动机等效电路可知，直接起动瞬间，$s=1$，定子每相起动电流为

$$I_{1st} \approx I'_{2st} = \frac{U_1}{\sqrt{(r_1 + r'_2)^2 + (x_1 + x'_2)^2}} = \frac{U_1}{z_k} \tag{3-19}$$

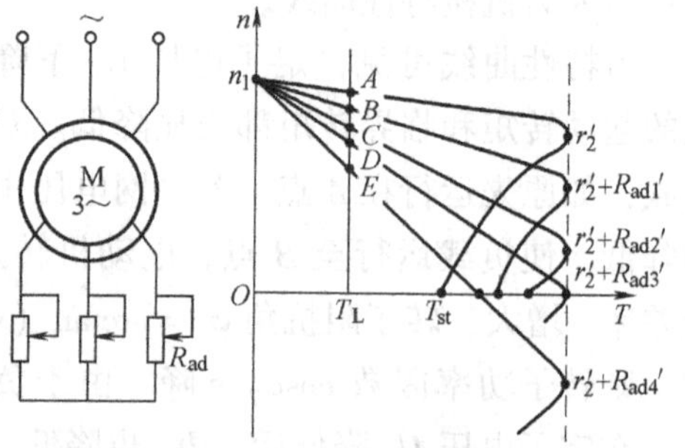

a) 接线图 b) 特性

图 3-15 转子回路串入三相对称电阻的接线图和人为机械特性

式中，由于电压 U_1 为额定电压，很高，而阻抗 z_k 很小，使起动线电流很大，为额定电流的 4～7 倍。过大的起动漏阻抗压降 $I_{st}z_k$，使起动瞬间主磁通 Φ_m 约为额定值的一半，此时转子功率因数 $\cos\varphi_2$ 也很低，由式（3-5）物理表达式可知，虽然起动电流很大，但起动转矩并不大，一般为额定转矩的 0.8～1.8 倍。图 3-16 所示为三相异步电动机直接起动时的机械特性和电流特性。

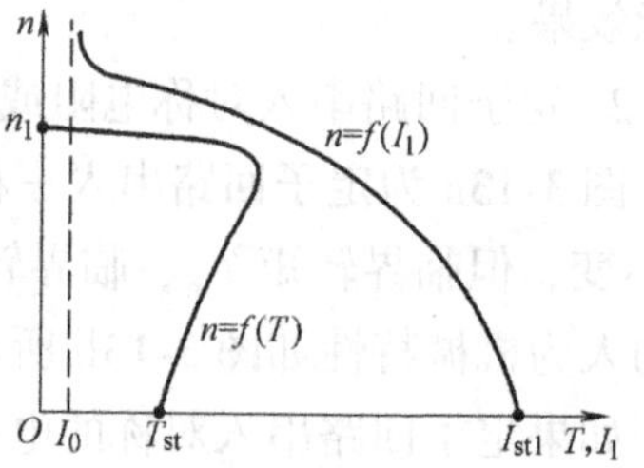

图 3-16 三相异步电动机直接起动时的机械特性和电流特性

起动电流大，在电网的变压器容量与异步电动机起动容量相比不足够大时，直接起动会使变压器输出电压下降，当电压降 $\Delta U > 10\%$ 时，将使接在变压器上的其他电器及电动机的正常工作受到影响。直接起动的起动转矩并不大，起动时又必须满足 $T_{st} > 1.1T_L$ 条件电动机才能起动起来，在空载情况下可以满足上述要求，而当重载起动时可能满足不了上述要求。

综上所述，异步电动机起动应考虑：①限制起动电流；②足够的起动转矩，满足 $T_{st} > 1.1T_L$ 条件；③起动的经济性，包括设备简单、操作方便和低起动损耗。

1. 普通笼型异步电动机的起动

（1）直接起动

一般 7.5kW 以下的小容量笼型异步电动机都可以直接起动。如果变压器容量足够大，直接起动的容量还可相应增大，一般可按经验公式核定，即

$$k_I = \frac{I_{st}}{I_N} \leqslant \frac{3}{4} + \frac{S_N}{4P_N} \tag{3-20}$$

式中，k_I为起动电流倍数；I_{st}为电动机的起动电流（A）；I_N 为电动机的额定电流（A）；S_N 为电源变压器总容量（kVA）；P_N 为电动机的额定功率（kW）。

如果满足式（3-20），电动机可以直接起动，否则，必须采用限制起动电流的方法进行起动。直接起动不需要专门的起动设备，操作简单。图 3-17 所示为三相笼型异步电动机正反转直接起动接线图。采用限制起动电流的方法即减压起动法，常用的减压起动法有以下几种。

（2）定子回路串电阻或电抗减压起动

三相笼型异步电动机定子回路串电阻减压起动接线图如图 3-18 所示，起动时使定子回路串入起动电阻 R_{st}，经时间继电器延时，起动后，将起动电阻从定子回路中切除，使电动机全压运行。如果将图 3-18 中的起动电阻换成电抗，便是定子回路串电抗减压起动接线图。

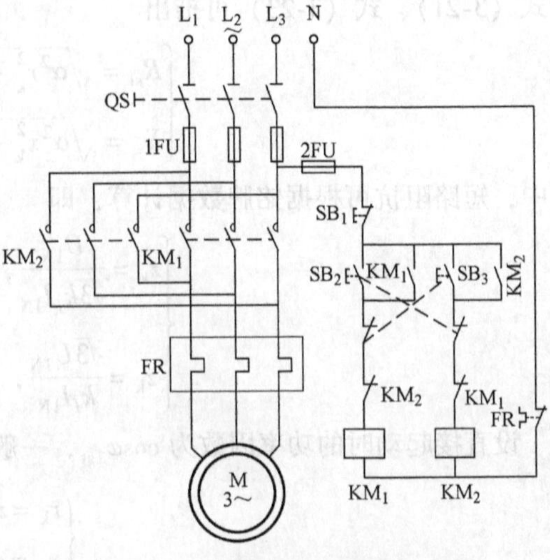

图 3-17　三相笼型异步电动机正反转直接起动接线图

在定子回路串电阻或电抗起动时，由于起动电流在起动电阻或电抗上产生一定的压降，使真正加在电动机定子上的电压减小，从而限制了起动电流。

设起动电流需降低的倍数为 α，减压起动电流为 I'_{st}，则有

$$I'_{st}=\frac{I_{st}}{\alpha} \tag{3-21}$$

式中，I_{st}为直接起动时的起动电流（A）。又因为 $U_N/U'_1=I_{st1}/I'_{st1}=\alpha$，$T_{st}\propto U_1{}^2$，所以减压起动转矩为

$$T'_{st}=\left(\frac{U'_1}{U_N}\right)^2 T_{st}=\frac{T_{st}}{\alpha^2} \tag{3-22}$$

式中，U_N 为直接起动电压；T_{st}为直接起动时的起动转矩。

式（3-22）表明，定子串电阻或电抗起动的方法，虽能限制起动电流，但同时也使起动转矩显著减小，该方法只适用于空载或轻载起动，此时还应检验满足 $T_{st}'\geqslant(1.1\sim1.2)T_L$ 条件。

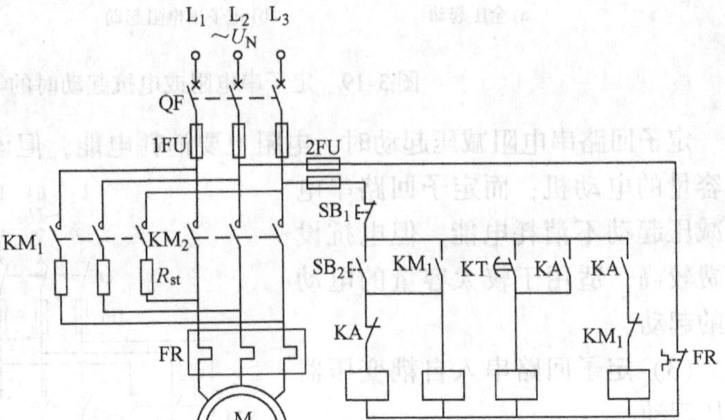

图 3-18　三相笼型异步电动机定子回路串电阻减压起动接线图

KM₁—减压起动接触器　SB₁—停车按钮　KM₂—全压运行接触器

SB₂—起动按钮　KT—时间继电器　KA—中间继电器

FR—热继电器　QF—断路器

由图 3-19 等效电路可知，直接起动、串电阻起动或串电抗起动瞬间的短路阻抗为

$$\begin{cases}\dfrac{U_N}{I_{st1}}=z_k=\sqrt{r_k^2+x_k^2}\\[2ex]\dfrac{U_N}{I'_{st1}}=\sqrt{(R_{st}+r_k)^2+x_k^2}\\[2ex]\dfrac{U_N}{I'_{st1}}=\sqrt{r_k^2+(X_{st}+x_k)^2}\end{cases} \tag{3-23}$$

由式（3-21）、式（3-23）可推出

$$\begin{cases} R_{st} = \sqrt{\alpha^2 r_k^2 + (\alpha^2 - 1)x_k^2} - r_k \\ X_{st} = \sqrt{\alpha^2 x_k^2 + (\alpha^2 - 1)r_k^2} - x_k \end{cases} \tag{3-24}$$

式中，短路阻抗可根据铭牌数据计算，即

$$\begin{cases} z_k = \dfrac{U_{1N}}{\sqrt{3}k_I I_{1N}}, & \text{定子Y联结} \\ z_k = \dfrac{\sqrt{3}U_{1N}}{k_I I_{1N}}, & \text{定子}\triangle\text{联结} \end{cases} \tag{3-25}$$

设直接起动时的功率因数为 $\cos\varphi_{1st}$，一般为 $\cos\varphi_{1st} \approx 0.25$，所以有

$$\begin{cases} r_k = z_k \cos\varphi_{1st} \\ x_k = z_k \sin\varphi_{1st} \end{cases} \tag{3-26}$$

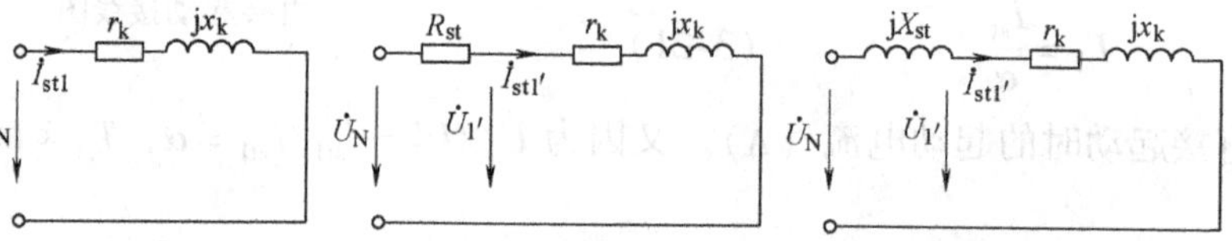

a) 全压起动　　b) 定子串电阻起动　　c) 定子串电抗起动

图 3-19　定子串电阻或电抗起动时的等效电路

定子回路串电阻减压起动时，电阻上要消耗电能，但该起动方法设备相对简单，适用于小容量的电动机；而定子回路串电抗减压起动不消耗电能，但电抗设备费较高，适用于较大容量的电动机的起动。

(3) 定子回路串入自耦变压器减压起动

定子回路串入自耦变压器的减压起动接线如图 3-20 所示。起动时接触器触点 KM_1 闭合，定子绕组经自耦变压器接到三相额定电源上，实现减压起动，经时间继电器的延时，起动后，接触器触点 KM_2 闭合，而接触器触点 KM_1 断开，自耦变压器切除，电动机全压运行。

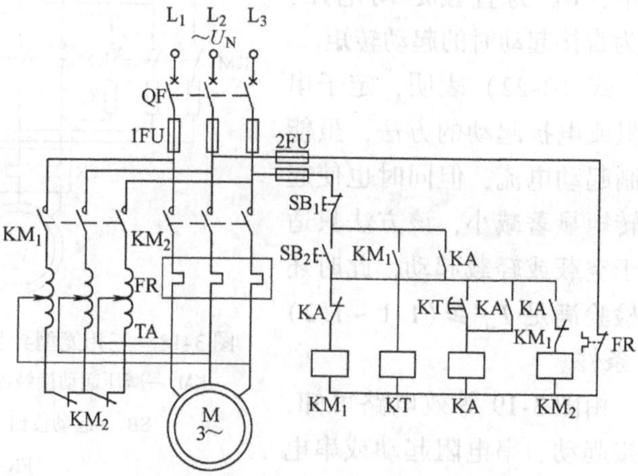

图 3-20　定子回路串入自耦变压器的减压起动接线

KM_1—减压起动接触器　SB_1—停车按钮　KM_2—全压运行接触器
SB_2—起动按钮　KT—时间继电器　KA—中间继电器
FR—热继电器　QF—断路器

设自耦变压器的电压比为 k（$k>1$），根据图 3-21 所示自耦变压器减压起动时的一相电路可得

$$k = \frac{N_1}{N_2} = \frac{U_N}{U_2} = \frac{I_2}{I'_{st}} \tag{3-27}$$

式中，N_1、N_2 分别为自耦变压器一、二次绕组的匝数；U_2、I_2 分别为加在定子绕组上的降低了的电压和流入定子绕组的电流；U_N、I'_{st}分别为电网电压和电网提供的电流。设直接起动时的起动电流为 I_{st}，而起动电流与起动时所加的电压成正比，则

$$\frac{I_{st}}{I_2}=\frac{U_N}{U_2}=k$$

所以有

$$I_2=\frac{I_{st}}{k} \tag{3-28}$$

由于自耦变压器起动时，电网提供的电流为 I'_{st}，根据式（3-27）可得

$$I'_{st}=\frac{I_2}{k}=\frac{I_{st}}{k^2} \tag{3-29}$$

又设直接起动的起动转矩为 T_{st}，而异步电动机的转矩又与电压二次方成正比，则应有

$$T'_{st}=\left(\frac{U_2}{U_N}\right)^2 T_{st}=\frac{T_{st}}{k^2} \tag{3-30}$$

式（3-29）和式（3-30）说明采用自耦变压器起动时，起动电流和起动转矩降低的程度相同。采用自耦变压器减压起动与直接起动方法相比电压降低至原来的 $1/k$，起动电流和起动转矩降低至原来的 $1/k^2$；与定子串电阻或电抗起动方法相比，在限制电流效果相同的条件下，可得到较大的起动转矩，从而可带较大的负载起动。

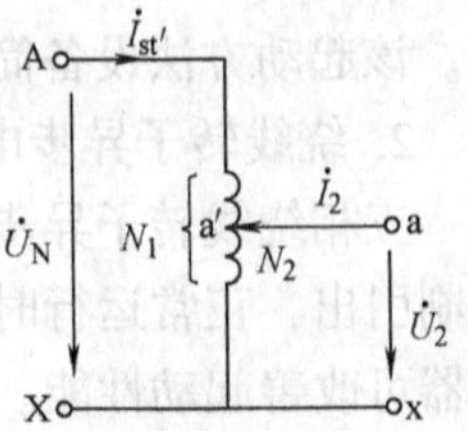

图 3-21　自耦变压器减压起动时的一相电路

起动用的自耦变压器二次绕组一般有三个抽头可供选择，例如抽头分别为电源电压的 40%、60%、80%，如果选用 80% 一档的抽头，则 $k=N_1/N_2=1/80\%=1/0.8=1.25$。采用自耦变压器减压起动方法适用于较大容量的笼型异步电动机，但自耦变压器体积较大，价格高，且不能重载起动。

(4) 星-三角减压起动（Y-△起动）

星-三角减压起动的方法适于正常运行时定子绕组为△联结的三相笼型异步电动机的减压起动。起动时定子绕组改接成Y联结，使加在定子绕组的每相电压为 $U_{1N}/\sqrt{3}$，电动机起动后，再改接成△联结。图 3-22 所示为Y-△减压起动接线，起动时，合上电源开关 QS，按下起动按钮 SB_2，接触器 KM_1、KM_2 和时间继电器 KT 线圈得电，KM_1、KM_2 主触点闭合，电动机定子绕组Y联

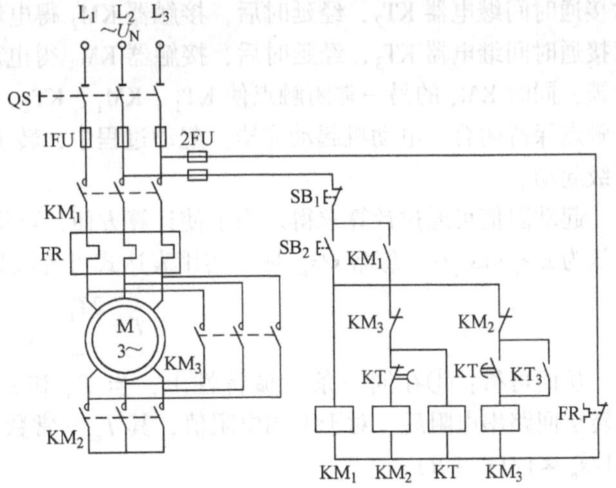

图 3-22　Y-△减压起动接线

KM_1—起动接触器　KM_2—Y联结接触器　SB_2—起动按钮

SB_1—停车按钮　QS—刀开关　KT—时间继电器　1FU、2FU—熔断器

FR—热继电器　KM_3—△联结接触器

结起动，经一定的延时，时间继电器常闭触点延时断开使 KM_2 线圈失电，KM_2 触点还原；时间继电器常开触点延时闭合使 KM_3 线圈得电，主触点闭合，定子绕组△联结，电动机在全压状态下运行。

图 3-23 所示是电动机Y-△减压起动的电流示意图，由图可得

$$\frac{I'_{st}}{I_{st}}=\frac{I_Y}{\sqrt{3}I_\Delta}=\frac{I_\Delta/\sqrt{3}}{\sqrt{3}I_\Delta}=\frac{1}{3} \tag{3-31}$$

又由于异步电动机转矩与电压成平方倍关系，所以有

$$\frac{T'_{st}}{T_{st}}=\left(\frac{U_N/\sqrt{3}}{U_N}\right)^2=\frac{1}{3} \tag{3-32}$$

式中，T_{st}为直接起动时的起动转矩；T'_{st}为Y-△减压起动时的起动转矩。

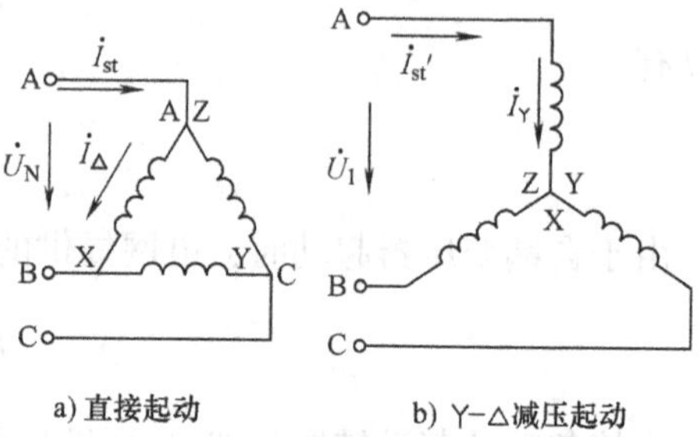

图 3-23 Y-△减压起动的电流示意图

由式（3-31）和式（3-32）可见，Y-△减压起动时起动电流及起动转矩降低同样的程度，均为 1/3，所以也只适用于轻载起动的场合。该起动方法设备简单，价格便宜。

2. 绕线转子异步电动机的起动

三相绕线转子异步电动机转子三相对称绕组一般都为Y联结，三引线通过三个集电环和电刷引出，正常运行时转子三相绕组通过集电环短接。在转子回路中串入对称电阻或频敏变阻器可改善起动性能。

（1）转子回路串入三相对称电阻起动

绕线转子串入三相对称电阻接线如图 3-24a 所示。电动机起动时，合上电源开关，按下起动按钮，KM 通电并自锁，时间继电器 KT_1 得电，在其常开延时闭合触点动作前，转子绕组串入全部起动电阻，当 KT_1 延时终了，KM_1 线圈得电动作，切除第一段起动电阻 R_{st1}，同时接通时间继电器 KT_2，经延时后，接触器 KM_2 得电动作，切除第二段起动电阻 R_{st2}，同时又接通时间继电器 KT_3，经延时后，接触器 KM_3 得电动作，切除第三段起动电阻 R_{st3}，KT_3 自锁，同时 KM_3 的另一常闭触点使 KT_1、KM_1、KT_2、KM_2、KT_3 依次断电释放，而 KM_3 常开触点保持闭合，电动机起动完毕。起动过程中，转子回路的起动电阻分三次切除，故又称三级起动。

起动阻值可通过计算求得。为了使计算方便，可将异步电动机机械特性曲线线性化，即可认为 $s/s_m \ll s_m/s$，忽略 s/s_m 项，实用表达式可近似为

$$T=\frac{2T_m}{s_m}s \tag{3-33}$$

从而可得：①在同一条机械特性上，当 T_m 和 s_m 为常数，根据式（3-33）有 $T\propto s$；②转子回路串电阻后，对于不同电阻值，其 T_m = 常数，当 s = 常数时，根据式（3-7）有 $T\propto 1/s_m\propto 1/(r_2+R)$。

根据上述两个比例关系，如图 3-24b 所示，在不同的串电阻机械特性上当 s 为常数时，$T\propto 1/(r_2+R)$，得到以下关系：

$$\frac{T_{st1}}{T_{st2}}=\frac{R_3}{R_2}=\frac{R_2}{R_1}=\frac{R_1}{r_2} \tag{3-34}$$

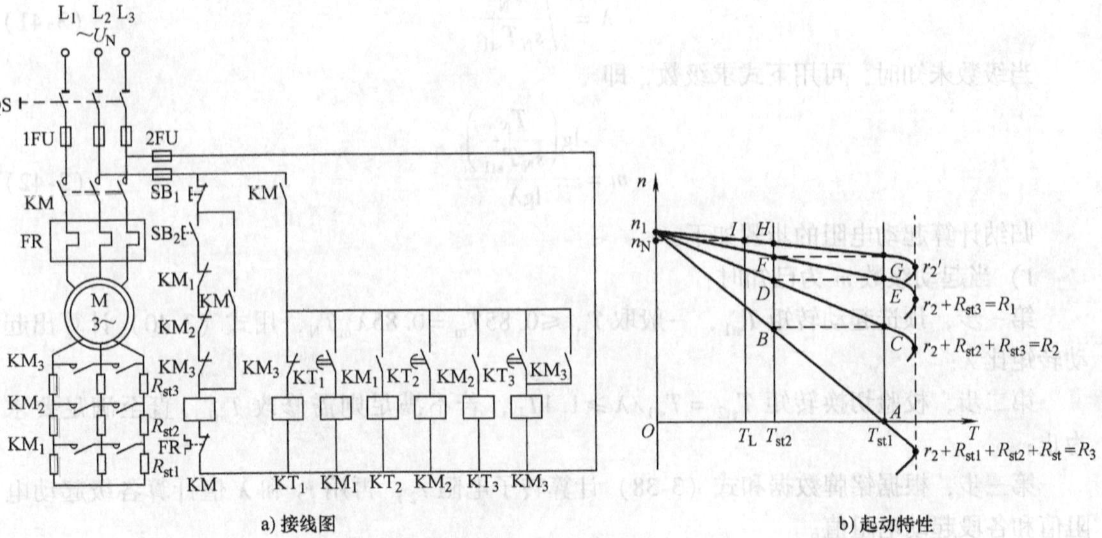

图 3-24　时间继电器控制绕线转子异步电动机起动接线图和起动特性

令起动转矩比 $\lambda = T_{st1}/T_{st2}$，式（3-34）可改写为

$$\lambda = \frac{R_3}{R_2} = \frac{R_2}{R_1} = \frac{R_1}{r_2} \tag{3-35}$$

所以各级起动电阻值为

$$\begin{cases} R_1 = \lambda r_2 \\ R_2 = \lambda R_1 = \lambda^2 r_2 \\ R_3 = \lambda R_2 = \lambda^3 r_2 \end{cases} \tag{3-36}$$

各段起动电阻值为

$$\begin{cases} R_{st1} = R_1 - r_2 \\ R_{st2} = R_2 - R_1 \\ R_{st3} = R_3 - R_2 \end{cases} \tag{3-37}$$

式中，每相转子电阻 r_2 可根据铭牌数据近似求得，一般转子绕组为Y联结，转子阻抗为

$$z_{2s} = \frac{s_N E_{2N}}{\sqrt{3} I_{2N}} = r_2 + j s_N x_2 \approx r_2 \tag{3-38}$$

式中，因 s_N 很小，$r_2 \gg s_N x_2$，可忽略 $s_N x_2$。

对于三级起动，R_3 为起动时的转子最大电阻，虽然起动瞬间 $s=1$，仍可忽略电抗，有

$$R_3 \approx \frac{E_{2N}}{\sqrt{3} I_{2st}} \tag{3-39}$$

式中，I_{2st} 为起动转矩为 T_{st1} 时的转子相电流。

根据式（3-36），起动转矩比也可表示为

$$\lambda = \sqrt[3]{\frac{R_3}{r_2}} = \sqrt[3]{\frac{E_{2N}}{\sqrt{3} I_{2st}} \frac{\sqrt{3} I_{2N}}{s_N E_{2N}}} = \sqrt[3]{\frac{I_{2N}}{s_N I_{2st}}} = \sqrt[3]{\frac{T_N}{s_N T_{st1}}} \tag{3-40}$$

设起动级数为 m，则一般表达式为

$$\lambda = \sqrt[m]{\frac{T_N}{s_N T_{st1}}} \tag{3-41}$$

当级数未知时，可用下式求级数，即

$$m = \frac{\lg\left(\dfrac{T_N}{s_N T_{st1}}\right)}{\lg\lambda} \tag{3-42}$$

归纳计算起动电阻的步骤如下：

1）当起动级数 m 为已知时：

第一步，预选起动转矩 T_{st1}，一般取 $T_{st1} \leqslant 0.85T_m = 0.85\lambda_m T_N$，用式（3-40）计算出起动转矩比 λ；

第二步，校验切换转矩 $T_{st2} = T_{st1}/\lambda \geqslant 1.1T_L$，若不满足则需修改 T_{st1}，直至满足要求为止；

第三步，根据铭牌数据和式（3-38）计算转子电阻 r_2，再用 r_2 和 λ 值计算各级起动电阻值和各段起动电阻值。

2）当起动级数 m 未知时：

第一步，预选起动转矩 T_{st1} 和 T_{st2}，使 $T_{st1} \leqslant 0.85T_m = 0.85\lambda_m T_N$，$T_{st2} = (1.1 \sim 1.2)\ T_L$，求 λ；

第二步，用式（3-42）求起动级数 m，取整后修正 λ，再校验是否满足 $T_{st2} \geqslant 1.1T_L$，不满足要修正，直至满足为止；

第三步，计算 r_2，用 r_2 和 λ 值计算各级起动电阻值和各段起动电阻值。

【例题 3-2】 某三相绕线转子异步电动机额定数据如下：额定功率 $P_N = 30\text{kW}$，额定转速 $n_N = 1475\text{r/min}$，最大转矩 $T_m = 2.8T_N$，转子绕组额定电压 $E_{2N} = 360\text{V}$，转子额定电流 $I_{2N} = 52\text{A}$，电动机起动时的负载转矩 $T_L = 0.7T_N$，试求采用转子串三级电阻起动时的起动电阻。

解：额定转差率为 $s_N = \dfrac{n_1 - n_N}{n_1} = \dfrac{1500 - 1475}{1500} = 0.0167$

转子每相电阻为 $r_2 \approx \dfrac{s_N E_{2N}}{\sqrt{3} I_{2N}} = \dfrac{0.0167 \times 360}{\sqrt{3} \times 52}\Omega = 0.0668\Omega$

设最大起动转矩为 $T_1 = 0.85T_m = 0.85 \times 2.8T_N = 2.38T_N$

起动转矩比为 $\lambda = \sqrt[m]{\dfrac{T_N}{s_N T_1}} = \sqrt[3]{\dfrac{T_N}{0.0167 \times 2.38T_N}} = 2.9302$

校验切换转矩为 $T_2 = \dfrac{T_1}{\lambda} = \dfrac{2.38T_N}{2.9302} = 0.8122T_N$

起动时负载转矩为 $1.1T_L = 1.1 \times 0.7T_N = 0.77T_N < T_2$，故满足起动要求。

各级起动转子回路总电阻分别为

$$R_1 = \lambda r_2 = 2.9302 \times 0.0668\Omega = 0.1957\Omega$$

$$R_2 = \lambda^2 r_2 = 2.9302^2 \times 0.0668\Omega = 0.5735\Omega$$

$$R_3 = \lambda^3 r_2 = 2.9302^3 \times 0.0668\Omega = 1.6806\Omega$$

各级起动时的外串起动电阻分别为

$$R_{st1}=R_1-r_2=(0.1957-0.0668)\Omega=0.1289\Omega$$
$$R_{st2}=R_2-R_1=(0.5735-0.1957)\Omega=0.3778\Omega$$
$$R_{st3}=R_3-R_1=(1.6806-0.5735)\Omega=1.1071\Omega$$

（2）转子回路串入频敏变阻器起动

三相绕线转子异步电动机采用转子串电阻起动的方法，在起动过程中逐级切除起动电阻，若起动级数较少，起动不平滑，切换电阻时会有较大冲击电流，造成电气和机械冲击；若起动级数较多，又会使设备体积大，线路复杂，维修不便，不经济。

采用转子串入频敏变阻器的起动方法，可克服上述缺点。

频敏变阻器结构示意图如图 3-25a 所示，它实际上是一个三相铁心线圈，铁心由厚度为 30～50mm 的铁板或钢板叠成。频敏变阻器如同一台无二次侧的三相变压器，忽略频敏变阻器绕组的漏电抗，其一相等效电路如图 3-25c 所示，R_m 为频敏变阻器铁损耗的等效电阻，X_m 为频敏变阻器绕组的励磁电抗。

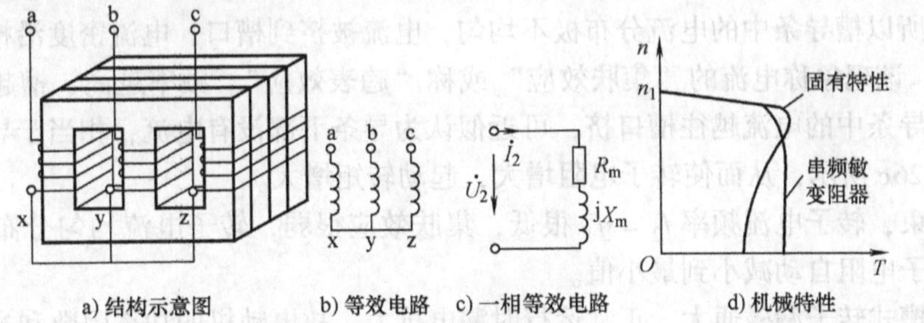

图 3-25　频敏变阻器

当电动机起动时，转子电流频率较大，$f_2 \approx f_1$，且频敏变阻器的铁心叠片很厚，涡流损耗大，其等效电阻 R_m 也很大，而起动电流又使铁心更饱和，励磁电抗更小，励磁阻抗中等效电阻 R_m 起主要作用，相当于转子回路串入电阻起动，可以有效地限制起动电流，并且使起动转矩较大；起动过程中，随着转速上升，转差率 s 的下降，转子频率 $f_2=sf_1$ 也随之下降，频敏变阻器的涡流损耗与等效电阻 R_m 自动减小，励磁电抗与 f_2 成正比关系，因此也随频率的下降而减小。采用转子串频敏变阻器起动，起动转矩和起动电流的变化不存在突变现象，为了不影响电动机正常的运行性能，起动完毕应将频敏变阻器切除。如果频敏变阻器的参数选取合适，可使电动机在起动过程中保持电磁转矩几乎不变，其机械特性如图 3-25d 所示。

频敏变阻器结构简单，运行可靠，使用和维护方便，价格便宜，但与转子串电阻起动相比，起动转矩要小，因励磁电抗 X_m 的存在，最大转矩有所下降，该方法适用于需频繁起动但起动转矩又不是很大的场合。

3. 特殊型式笼型异步电动机的起动

前面所介绍的普通笼型异步电动机起动方法只适用于空载或轻载起动的场合，对于要求重载起动的生产机械，既要限制起动电流对电网的冲击，又要有足够大的起动转矩使生产机械顺利起动，可采用特殊结构型式转子的笼型异步电动机。最常见的有深槽式异步电动机、双笼型异步电动机和高转差率异步电动机。

（1）深槽式异步电动机

深槽式异步电动机转子结构特点：槽深而窄，一般槽深 h 与槽宽 b 之比 h/b 为 10 ~ 12，当转子导条中有电流流过时，由于气隙和槽导条的磁阻大而转子铁心磁阻小，故漏磁通基本上只穿过一次槽导条，然后经槽底部铁心形成闭合回路，从而使槽底部的导条链绕磁通比槽口导条链绕的要多，槽中的磁通分布如图 3-26a 所示。若将转子导条看成是由若干沿槽高排列的小导条并联而成的，则越靠近槽底部的导条链绕的漏磁通越多，漏阻抗越大，越靠近槽口的导条链绕的漏磁通越少，漏阻抗越小。

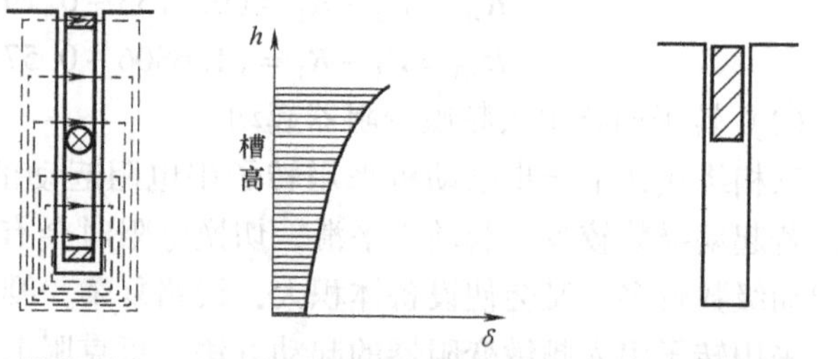

a) 漏磁通分布　b) 导体内电流密度分布　c) 导体的有效截面

图 3-26　深槽式笼型异步电动机

起动时，转子电流频率最高，$f_2=f_1$，转子漏电抗大，各并联小导条的电流分配主要由电抗决定，所以槽导条中的电流分布极不均匀，电流被挤到槽口，电流密度沿槽高分布如图 3-26b 所示，该现象称电流的“集肤效应”或称“趋表效应”。频率越高、槽越深、集肤效应越明显，导条中的电流越往槽口挤，可近似认为导条下部没有电流，相当于导条截面积减小，如图 3-26c 所示，从而使转子电阻增大，起动转矩增大。

起动结束，转子电流频率 $f_2=sf_1$ 很低，集肤效应很弱，转子电流均匀分布在导条的整个截面，转子电阻自动减小到最小值。

由于深槽式转子漏磁通大，正常运行时漏电抗大，故电动机的功率因数和过载能力相对低些，适用于小容量重载起动的场合。

（2）双笼型异步电动机

双笼型异步电动机的特点：有两套笼型绕组，如图 3-27a 所示。上笼（亦称外笼或起动笼）导条截面积小，采用黄铜或铝青铜等电阻系数较大的材料制成，电阻大；下笼（亦称内笼或运行笼）导条截面积大，采用电阻系数较小的紫铜材料制成，电阻小。与深槽式转子一样，下笼链绕漏磁通多，其电抗大，上笼链绕漏磁通少，其电抗小。

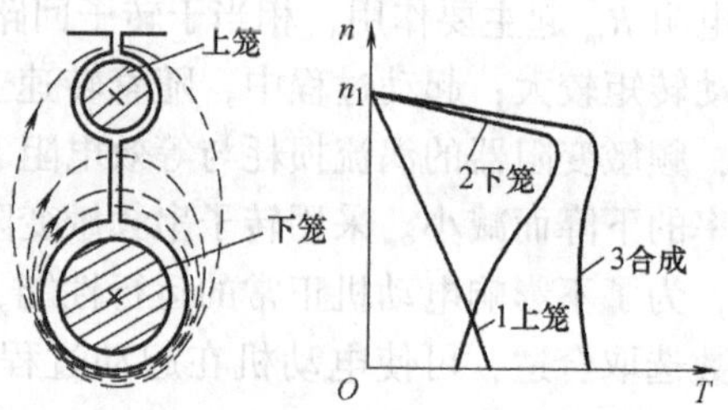

a) 漏磁通分布　b) 机械特性

图 3-27　双笼型异步电动机

起动时转子电流频率最高，转子漏电抗大于电阻，电流的分配取决于漏电抗的大小。因下笼漏电抗大，上笼漏电抗小，转子电流被挤到上笼中，使上笼在起动时起主要作用，而下笼几乎不起作用，上笼的电阻大，电抗小，从而改善了起动特性，使起动电流较小、起动转矩较大。

起动结束时，转子电流频率 $f_2=sf_1$ 很低，转子漏电抗小于电阻，电流的分配取决于电阻的大小。因下笼电阻小，使转子电流大部分流入下笼，上笼几乎不起作用。上、下笼单独运行的机械特性曲线如图 3-27b 曲线 1、2 所示，曲线 3 是 1、2 曲线的合成，亦即双笼型异步电动机的机械特性。

与普通笼型异步电动机相比，双笼型异步电动机转子漏电抗大，功率因数和最大转矩低些。深槽式和双笼型异步电动机适用于小容量重载起动的场合。

（3）高转差率异步电动机

高转差率异步电动机转子结构与普通笼型异步电动机完全一样，只是转子导条由高电阻系数的铝合金铸成，截面积较小，因而转子电阻大，以限制起动电流，增大起动转矩，其运行特性较软，额定转差率较大，转子铜损增大，效率降低。高转差率异步电动机适用于带冲击性负载的机械和频繁起动的生产机械。

4. 异步电动机的软起动*

（1）软起动原理

前面介绍的各种起动方法的起动设备都存在起动瞬间电流冲击大、起动设备的触点多、易出故障和维护量大等问题。而随着电力电子技术的发展，新型的起动设备即软起动器已在实际中推广应用。软起动器与传统的起动器相比具有：起动平稳，对电网冲击电流小，有过载和断相等保护，能实现软制动、软停车、轻载节能运行等特点。

晶闸管组成的软起动器原理接线如图3-28所示。从图中可见，VT_1-VT_4、VT_3-VT_6、VT_5-VT_2三反并联晶闸管模块与电动机定子三相绕组串联。电动机起动时可通过控制晶闸管导通角α的大小，控制起动电流，使起动电流按预先设定的规律变化。软起动具有良好的起动和保护性能，同时还能自动检测负载变化而相应改变导通角的大小，从而使电动机的效率和功率因数提高，但软起动在起动过程中会产生谐波，对电网不利。软起动的方法有多种，下面分别进行介绍。

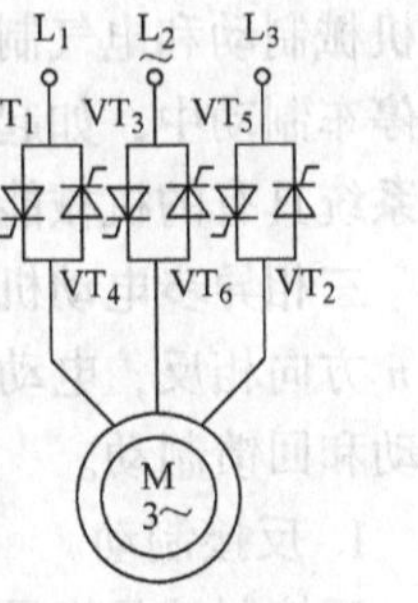

图3-28　晶闸管组成的软起动器原理接线

（2）软起动的方法

1）斜坡电压软起动。斜坡电压软起动方法是以起动电压为控制对象，其特点是起动电压先以设定的变化率增大，然后再转为额定电压，起动过程中电压随时间的变化曲线如图3-29所示。

2）恒流软起动。恒流软起动方法是以起动电流为控制对象，其特点是根据需要将起动电流I_{stm}限定在$(1.5\sim4.5)I_N$之间，电流随时间变化的曲线如图3-30所示。目前软起动器大都采用恒流控制，适用于起动惯性大的场合。

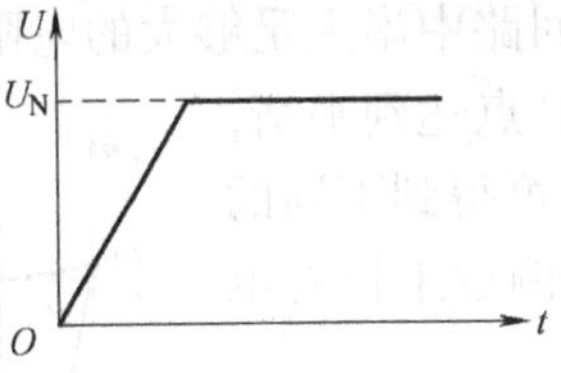

图3-29　斜坡电压软起动

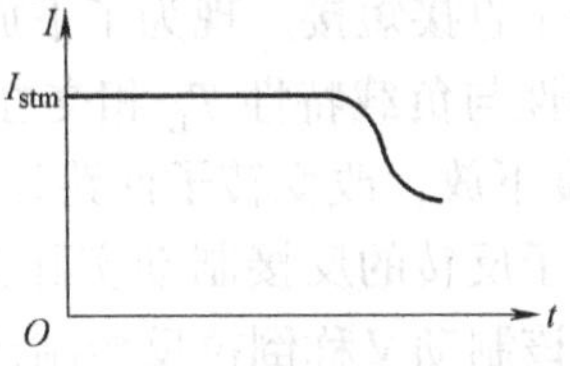

图3-30　恒流软起动

3）斜坡恒流软起动。斜坡恒流软起动是将起动过程分两个阶段，第一阶段为斜坡起动阶段，在该阶段中控制起动电流以一定的变化率平稳增大；第二阶段为恒流起动阶段，在该阶段中电流保持恒值，直至起动结束。起动结束后，电流会自动降落。恒值电流I_{stm}的大小决定起动时间的长短。斜坡恒流软起动电流随时间的变化曲线如图3-31所示。该方法一般适用于空载或轻载起动。

4）脉冲恒流软起动。脉冲恒流软起动是在起动瞬间有一大于设定恒值电流I_{stm}的起动冲击脉冲电流，可克服较大的静阻转矩，使电动机起动；之后进入恒流起动阶段直至起动结束，电流又会自动降落。脉冲恒流软起动电流随时间的变化曲线如图 3-32 所示。该方法一般适用于重载起动。

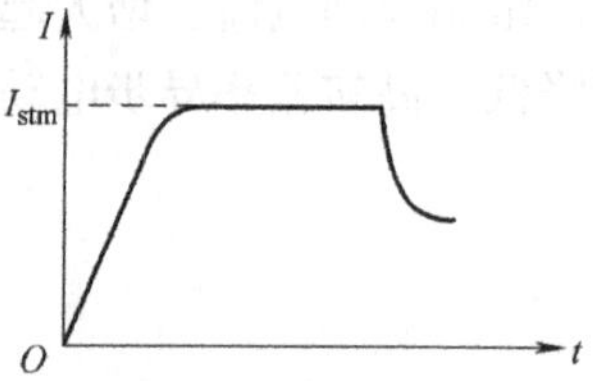

图 3-31 斜坡恒流软起动

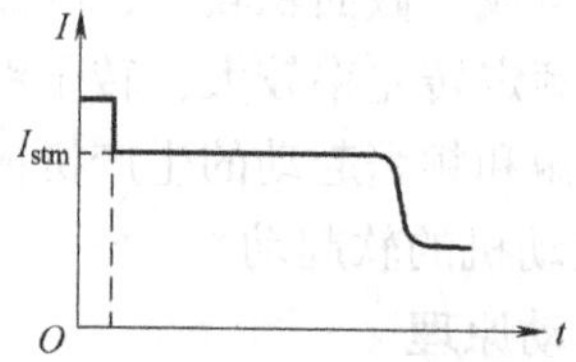

图 3-32 脉冲恒流软起动

3.2.4 三相异步电动机的制动

制动是指通过某种方法产生一个与拖动系统转向相反的阻转矩，以阻止系统运动的过程。**制动的目的**：①使系统迅速减速或停车；②限制位能性负载的下放速度。电动机的制动有机械制动和电气制动。**机械制动**是靠摩擦力产生阻转矩实现制动，其特点：损耗大，多用于停车制动中，如起重机类机械的抱闸。**电气制动**是使作电动运行的电动机变为发电运行，将系统具有的机械能或位能转变为电能，消耗在转子回路的总电阻上或回馈电网。

三相异步电动机电动运行时，电磁转矩和转速方向一致，但如果一旦电磁转矩 T 与转速 n 方向相反，电动机即运行在制动状态。三相异步电动机的电气制动有：反接制动、能耗制动和回馈制动。

1. 反接制动

反接制动是指异步电动机转子旋转方向与旋转磁场方向相反的运行，即转速 n 与同步转速 n_1 方向相反的运行。实际运行中反接制动又分转子反转的反接制动和定子两相反接的反接制动。

（1）转子反转的反接制动

转子反转的反接制动适用于位能性负载下放重物，如图 3-33 所示。三相绕线转子异步电动机拖动位能性负载原稳定运行在固有机械特性的 A 点处，以转速 n_A 提升重物，此时异步电动机的转子直接短接。现为了下放重物，在转子回路中串入足够大的电阻 R_{ad}，使对应的人为机械特性与负载特性 T_L 相交在第Ⅳ象限，在 C 点达到平衡，重物以 n_C 速度下放，改变转子回路外串电阻的大小，可得到不同的下放速度。转子反转的反接制动实际上是位能性负载倒过来拉着电动机反转，故该制动又称倒拉反接制动。

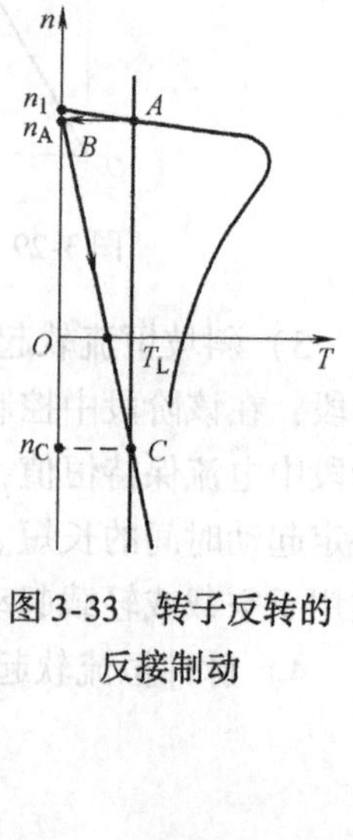

图 3-33 转子反转的反接制动

由于机械特性在第Ⅳ象限，电磁转矩 $T>0$，转速 $n<0$，所以电动机处在制动状态，其转差率为

$$s=\frac{n_1-n_C}{n_1}>1$$

机械功率为

$$P_m=3I_2'^2\frac{1-s}{s}(r_2'+R_{ad}')<0$$

机械功率小于零说明电动机从转子输入机械功率，而此时的电

磁功率为

$$P_{em}=3I'^2_2\frac{r'_2+R'_{ad}}{s}>0$$

电磁功率大于零，说明电动机从定子输入电功率，其转子铜耗为

$$p_{Cu2}=P_{em}-P_m=3I'^2_2(r'_2+R'_{ad})$$

由上述分析可得：处于转子反转的反接制动运行的电动机，在忽略空载损耗的情况下，由定子输入的电功率和由转子输入的机械功率这两部分能量全部消耗在转子电阻上。

(2) 定子两相反接的反接制动

定子两相反接的反接制动是在电动机稳定运行时，突然改变电源相序，使转速 n 与同步转速方向相反，从而产生制动。如图3-34所示，电动机原拖动反抗性负载运行在固有机械特性曲线1的 A 点处，为了使电动机迅速反转，现将接入定子绕组的任意两相电源线突然对调，同时为限制电动机过热，在转子绕组中串入三相对称电阻 R_{ad}。

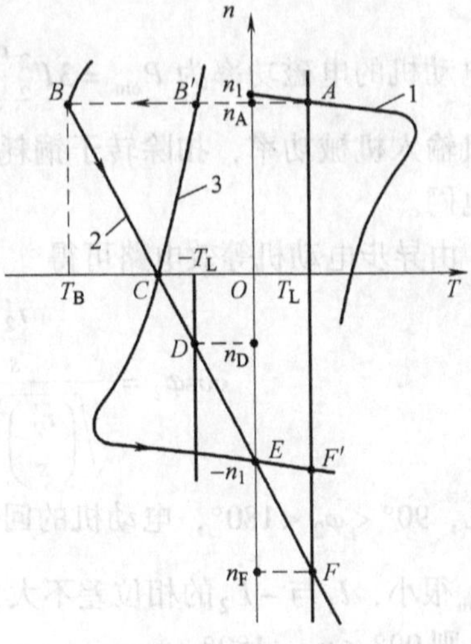

图3-34　定子两相反接的反接制动

制动瞬间，旋转磁场以 $-n_1$ 同步速度旋转，机械特性变为曲线2，由于机械惯性，转速不能突变，电动机的运行点从 A 点过渡到 B 点，电动机的电磁转矩变负，即产生制动转矩，使电动机沿人为机械特性曲线2减速至 C 点，转速为零。如果需要停车应立即切除电源，否则在电动机的电磁转矩大于负载转矩的情况下，即 $|-T|>|-T_L|$ 时，电动机反向起动，加速直至 D 点稳定运行，电动机处于反向电动状态，特性在第Ⅲ象限。

如果电动机拖动的是位能性负载，则在制动瞬间，电动机运行点从 A 点过渡到 B 点，并沿曲线2减速至 C 点，在位能性负载的拖动下，电动机一直反向加速至 F 点，此时电磁转矩与负载转矩平衡，即 $T=T_L$，电动机在新的平衡点稳定运行。电动机的转速 n_F 高于同步转速，特性在第Ⅳ象限，说明电动机处于反向回馈运行状态。

在第Ⅱ象限内，转速 $n>0$，电磁转矩 $T<0$，电动机处在制动状态，即定子两相反接的反接制动，此时电动机的转差率为

$$s=\frac{n_1-n_C}{n_1}>1$$

与转子反转的反接制动一样，其机械功率为

$$P_m=3I'^2_2\frac{1-s}{s}(r'_2+R'_{ad})<0$$

机械功率小于零说明电动机从转子输入机械功率，而电磁功率为

$$P_{em}=3I'^2_2\frac{r'_2+R'_{ad}}{s}>0$$

电磁功率大于零，说明电动机从定子输入电功率，其转子铜耗为

$$p_{Cu2}=P_{em}-P_m=3I'^2_2(r'_2+R'_{ad})$$

上述分析说明，当忽略空载损耗时，由定子输入的电功率和由转子输入的机械功率这两部分能量全部消耗在转子电阻上。

图 3-34 所示人为机械特性曲线 2 的 *BC* 段是反接制动过程，*CD* 段或 *CE* 段是反向电动过程，*EF* 段是回馈制动过程。

2. 回馈制动

图 3-34 所示人为机械特性曲线 2 的 *EF* 段中，三相异步电动机的实际转速 n 高于同步转速 n_1，即有：$|n|>|n_1|$，又由于此时的转速 $n<0$，电动机的电磁转矩 $T>0$，所以异步电动机处于回馈制动状态。

从能量关系上看，电动机在 *F* 点稳定运行时，$|n|>|n_1|$，$s=\dfrac{-n_1-(-n)}{-n_1}<0$，此时电动机的电磁功率为 $P_{em}=3I'^2_2\dfrac{r'_2}{s}<0$，机械功率为 $P_m=3I'^2_2\dfrac{1-s}{s}r'_2<0$，说明负载向电动机输入机械功率，扣除转子铜耗 p_{Cu2} 和机械损耗 p_m 后转变成电磁功率向定子传送，回馈电网。

由异步电动机等效电路可得

$$\cos\varphi_2=\frac{\dfrac{r'_2}{s}}{\sqrt{\left(\dfrac{r'_2}{s}\right)^2+x'^2_2}}<0,\quad \sin\varphi_2=\frac{x'_2}{\sqrt{\left(\dfrac{r'_2}{s}\right)^2+x'^2_2}}>0 \tag{3-43}$$

可见，$90°<\varphi_2<180°$，电动机的回馈制动状态相量图如图 3-35 所示，由相量图可见，因电流 $\dot{I}_m$ 很小，$\dot{I}_1$ 与 $-\dot{I}_2$ 的相位差不大，又因 $\dot{I}_1z_1$ 很小，$\dot{U}_1$ 与 $-\dot{E}_1$ 相位差也不大，故有 $\varphi_1\approx\varphi_2$，则 $90°<\varphi_1<180°$。

电动机输入的有功和无功功率分别为 $P_1=3U_1I_1\cos\varphi_1<0$，$Q_1=3U_1I_1\sin\varphi_1>0$。说明电动机向电网输送有功功率的同时也从电网吸收滞后的无功功率，用以建立磁场。

如果满足 $n>n_1>0$，则电动机处于正向回馈制动，如图 3-36 所示。正向回馈制动发生在异步电动机变频调速或变极调速的降速过程中。

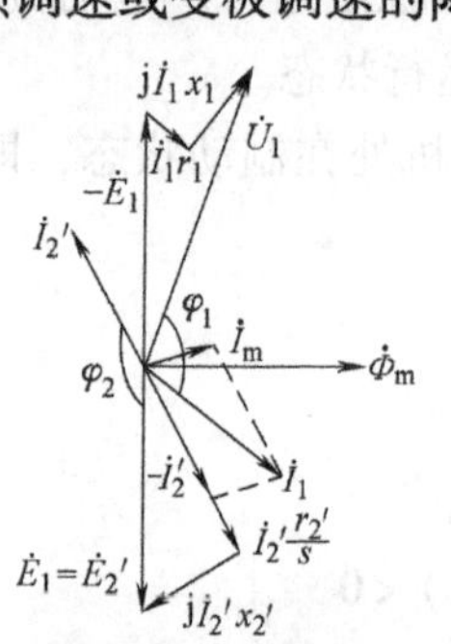

图 3-35 回馈制动状态相量图

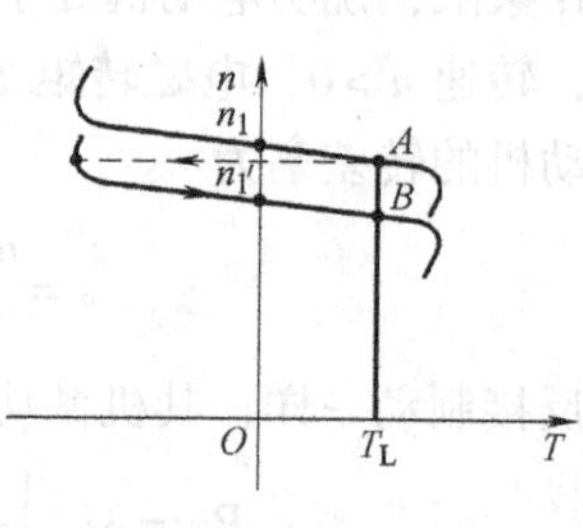

图 3-36 异步电动机正向回馈制动时的机械特性

3. 能耗制动

图 3-37a 所示为能耗制动接线图，能耗制动时，接触器 KM_1 断开而 KM_2 闭合，使定子绕组脱离电网同时定子两相绕组上通入直流电，以便在电动机内建立一恒定磁场。设电动机

原运行在电动状态，转子逆时针旋转，如图3-37b所示，能耗制动时，由于机械惯性，转子转向不变，逆时针切割磁场，用右手定则判定：N极下的转子绕组中感应电动势和电流方向均为指出纸面；S极下的转子绕组中感应电动势和电流方向均为指进纸面。又根据载流导体在磁场中受力的原理，用左手定则判定：电动机产生的电磁转矩为顺时针方向。可见，此时转速 n 与电磁转矩 T 的方向相反，故为制动状态。如果拖动反抗性负载，则转速为零，电磁转矩也为零，电动机停转；如果拖动位能性负载在转速为零时，若不切断电源，电动机在负载的拖动下反向起动，进入能耗运行状态，特性在第Ⅳ象限，所以能耗制动也可用于匀速下放重物。

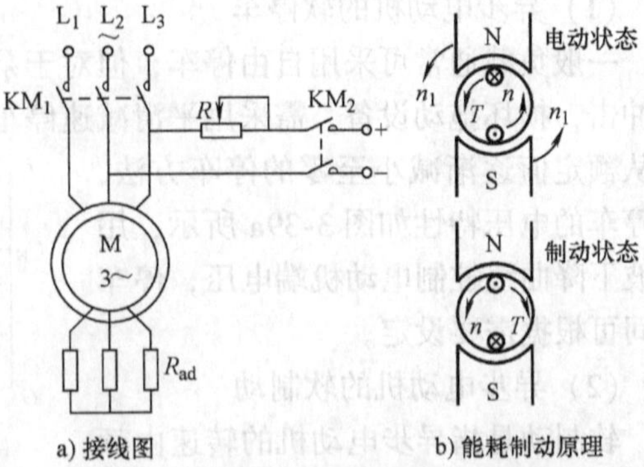

图3-37　三相异步电动机能耗制动接线图和能耗制动原理图

制动过程中电动机转速不断下降，将系统储存的机械能转变成电能消耗在转子回路的电阻上，当转速 $n=0$ 时，转子感应电动势和电流均为零，制动过程结束。能耗制动产生的制动转矩不仅与直流励磁电流大小有关，也与转子回路中电阻的大小有关。

从上面制动原理的分析可知，处于能耗制动状态的异步电动机实质上是一台交流发电机，它的输入是系统储存的机械能，负载是转子回路中的电阻，它的机械特性与发电运行状态一样在第Ⅱ象限，且过原点，理论推导可证明异步电动机的能耗制动机械特性方程式与电动机正常运行时的机械特性相似，如图3-38曲线1所示。当通入定子绕组的直流励磁电流 I_f 一定时，其最大转矩 T_m 的值也一定，若增大转子回路电阻，对应最大制动转矩的转速也增大，如图3-38曲线2所示，$n_m' > n_m$；当转子电阻一定时增大直流励磁电流 I_f，最大制动转矩增大，而对应最大制动转矩的转速不变，如图3-38曲线3所示，$T_m' > T_m$。所以，如果既考虑制动电流不能过大，又考虑要有足够大的制动转矩，最大制动转矩按 $T_m=(1.25\sim2.2)T_N$ 考虑，直流励磁电流计算公式为

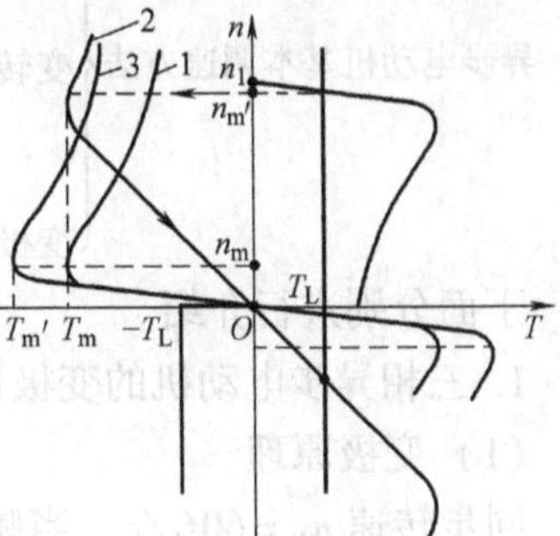

图3-38　三相异步电动机能耗制动机械特性

$$\begin{cases} I_f=(3.5\sim4)I_0, & \text{笼型异步电动机} \\ I_f=(2\sim3)I_0, & \text{绕线转子异步电动机} \end{cases} \tag{3-44}$$

式中，I_0 为异步电动机空载电流，一般取 $I_0=(0.2\sim0.5)I_{1N}$。

转子外串电阻的计算公式为

$$R_{ad}=(0.2\sim0.4)\frac{E_{2N}}{\sqrt{3}I_{2N}}-r_2 \tag{3-45}$$

式中，E_{2N} 为转子不转时转子的开路线电动势；I_{2N} 为转子额定线电流；r_2 为转子每相绕组电阻。

4. 异步电动机的软停车和软制动*

(1) 异步电动机的软停车

一般负载通常可采用自由停车，但对于泵类等高摩擦负载，为防止突然断电停止工作带来冲击，损坏拖动设备，需采用平滑减速停车，即软停车。软停车是指异步电动机的工作电压从额定值逐渐减小至零的停车方法，软停车的电压特性如图 3-39a 所示，用斜坡下降曲线控制电动机端电压，停车时间可根据需要设定。

(2) 异步电动机的软制动

软制动是指异步电动机的转速由额定值快速平稳地下降至一定值，制动时间根据需要可调，其转速特性如图 3-39b所示，软制动适用于设备需精确定位、制动控制的场合。

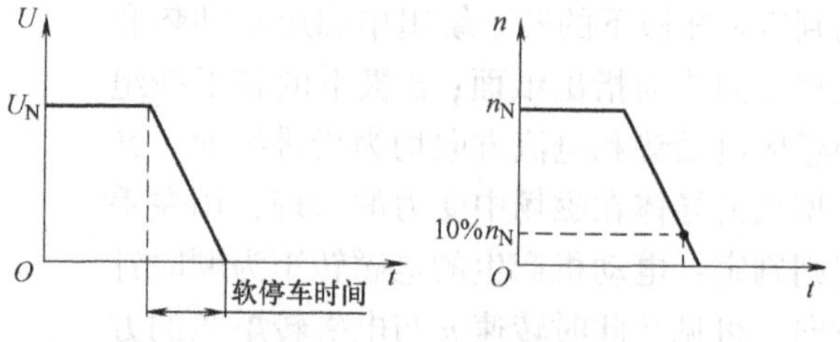

a) 软停车电压特性　　b) 软制动转速特性

图 3-39　软停车与软制动特性

3.2.5 三相异步电动机的调速

从异步电动机转速公式 $n=(1-s)\ n_1=(1-s)\ \times 60f_1/p$ 可看出，异步电动机主要有三种基本调速方法，即

异步电动机基本调速方法
- 变频调速：改变电源频率 f_1 的调速
- 变转差率调速
  - 转子串电阻调速：绕线转子串电阻的调速
  - 串级调速：绕线转子串电动势的调速
  - 滑差电机调速：电磁离合器调速
  - 调压调速：改变定子电压的调速
- 变极调速：改变定子极对数的调速

下面分别进行介绍。

1. 三相异步电动机的变极调速

(1) 变极原理

同步转速 $n_1=60f_1/p$，当频率 f_1 一定时，$n_1 \propto 1/p$，改变异步电动机旋转磁场的极对数 p，可成倍地改变同步转速 n_1，又因为正常运行的转差率 s 很低，电动机转速 n 也近似成倍地变化。所以改变极对数可改变电动机的转速，该调速方法称为变极调速。由于只有当定、转子的极数相同时才能产生平均电磁转矩，而笼型转子的极对数能自动跟随定子极对数变化，故变极调速适用于笼型异步电动机。

如图 3-40 所示，定子 A 相绕组由两部分 a_1x_1 和 a_2x_2 组成，每一部分称为半相绕组，改变其中一个半相绕组的电流方向，便可改变磁极的极对数。

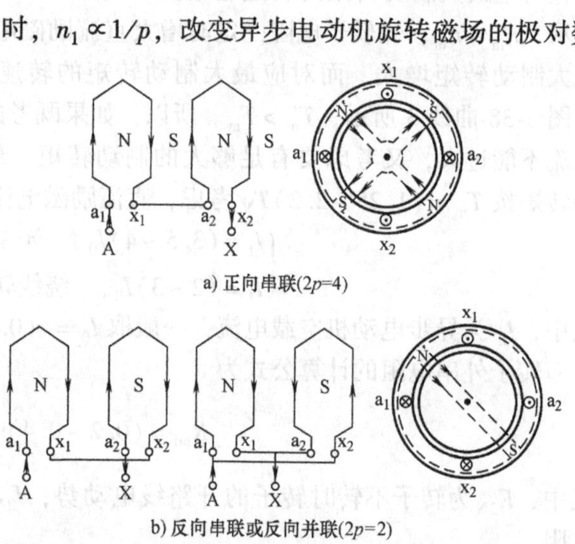

b) 反向串联或反向并联(2p=2)

图 3-40　A 相绕组变极原理

如果将两个半相绕组正向串联如图3-40a所示，用右手螺旋定则判定，当AX中通入电流时产生的磁场为四极，即极对数 $p=2$；如果将两个半相绕组反向串联或反向并联如图3-40b所示，当AX中通入电流时产生的磁场为两极，即极对数 $p=1$。可见通过改变一个半相绕组的电流方向，就可使电动机的极对数成倍地改变，从而改变同步转速，达到改变电动机转速的目的。

（2）常用的变极方法

专门用于变极调速的电动机，其三相绕组的每相绕组中点都有一个抽头引出，当这些抽头空着时，三相绕组与普通电动机一样可接成Y或△。能够实现变极原理的接线有多种，下面只介绍两种典型的接线。

1）Y-YY变换。图3-41a所示为Y联结，两个半相绕组正向串联，极对数 $p=2$，其同步转速为 $n_1=1500\text{r/min}$；图3-41b所示为YY联结，此时两个半相绕组反向并联，极对数 $p=1$，其同步转速为 $2n_1=3000\text{r/min}$，变极调速的同时为保证磁场旋转方向不变需改变电源相序。

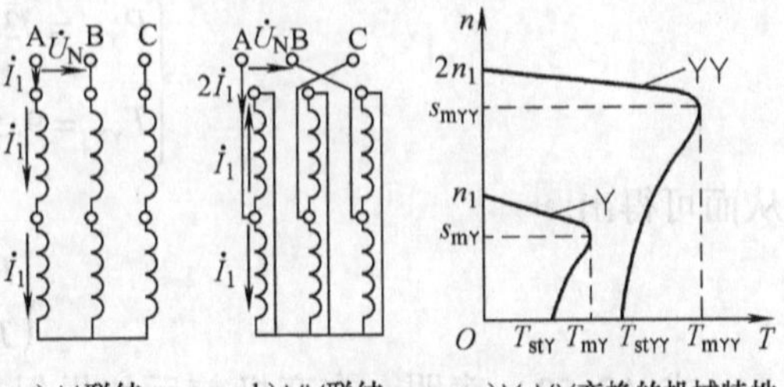

a) Y联结　b) YY联结　c) Y-YY变换的机械特性

图3-41　Y-YY变极调整接线和机械特性

现设半相绕组的参数：$r_1/2$、$x_1/2$、$r_2'/2$、$x_2'/2$。当Y联结时每相绕组参数：r_1、x_1、r_2'、x_2'；当YY联结时每相绕组参数：$r_1/4$、$x_1/4$、$r_2'/4$、$x_2'/4$。已知Y或YY联结的每相绕组电压相等，根据式（3-7）、式（3-8）、式（3-11）可得电动机最大转矩 T_m、最大转矩对应的转差率 s_m、起动转矩 T_{st} 分别为

Y联结时：

$$\begin{cases} T_{mY}=\dfrac{3\times 2U_1^2}{4\pi f_1\left[r_1+\sqrt{r_1^2+(x_1+x_2')^2}\right]} \\ s_{mY}=\dfrac{r_2'}{\sqrt{r_1^2+(x_1+x_2')^2}} \\ T_{stY}=\dfrac{3\times 2U_1^2 r_2'}{2\pi f_1\left[(r_1+r_2')^2+(x_1+x_2')^2\right]} \end{cases} \tag{3-46}$$

YY联结时：

$$\begin{cases} T_{mYY}=\dfrac{3\times 1U_1^2}{4\pi f_1\left[\dfrac{r_1}{4}+\sqrt{\left(\dfrac{r_1}{4}\right)^2+\left(\dfrac{x_1+x_2'}{4}\right)^2}\right]}=\dfrac{3\times 4U_1^2}{4\pi f_1\left[r_1+\sqrt{r_1^2+(x_1+x_2')^2}\right]} \\ s_{mYY}=\dfrac{\dfrac{r_2'}{4}}{\sqrt{\left(\dfrac{r_1}{4}\right)^2+\left(\dfrac{x_1+x_2'}{4}\right)^2}}=\dfrac{r_2'}{\sqrt{r_1^2+(x_1+x_2')^2}} \\ T_{stYY}=\dfrac{3\times 1U_1^2\dfrac{r_2'}{4}}{2\pi f_1\left[\left(\dfrac{r_1+r_2'}{4}\right)^2+\left(\dfrac{x_1+x_2'}{4}\right)^2\right]}=\dfrac{3\times 4U_1^2 r_2'}{2\pi f_1\left[(r_1+r_2')^2+(x_1+x_2')^2\right]} \end{cases} \tag{3-47}$$

由式（3-46）、式（3-47）可推出：$T_{mYY}=2T_{mY}$，$s_{mYY}=s_{mY}$，$T_{stYY}=T_{stY}$，则Y-YY变换的机械特性如图 3-41c 所示。

为了使电动机得到充分利用，设变极前后每半相绕组均流过额定电流，则电动机Y联结时允许输出为

$$\begin{cases} P_{2Y}=\sqrt{3}U_{1N}I_{1N}\cos\varphi_1\eta_N \\ T_Y=9.55\dfrac{P_{2Y}}{n_Y}\approx 9.55\dfrac{P_{2Y}}{n_1} \end{cases} \tag{3-48}$$

而电动机YY联结时允许输出为

$$\begin{cases} P_{YY}=\sqrt{3}U_{1N}2I_{1N}\cos\varphi_1\eta_N \\ T_{YY}=9.55\dfrac{P_{YY}}{n_{YY}}\approx 9.55\dfrac{P_{YY}}{2n_1} \end{cases} \tag{3-49}$$

从而可得出

$$\begin{cases} P_{YY}=2P_Y \\ T_{YY}=T_Y \end{cases} \tag{3-50}$$

式（3-50）表明，在变极前后如果保持功率因数和效率不变，则Y-YY变换的变极调速属于恒转矩调速方式。

2）Δ-YY变换。图 3-42a 所示为Δ联结，两个半相绕组正向串联，极对数 $p=2$，其同步转速为 $n_1=1500\text{r/min}$；图 3-42b 所示为YY联结，此时两个半相绕组反向并联，极对数 $p=1$，其同步转速为 $2n_1=3000\text{r/min}$，变极调速的同时为保证磁场旋转方向不变需改变电源相序。

现设半相绕组的参数：$r_1/2$、$x_1/2$、$r_2'/2$、$x_2'/2$；Y联结时每相绕组参数：r_1、x_1、r_2'、x_2'；当YY联结时每相绕组参数：$r_1/4$、$x_1/4$、$r_2'/4$、$x_2'/4$。根据式（3-7）、式（3-8）、式（3-11）可得电动机最大转矩 T_m、最大转矩对应的转差率 s_m、起动转矩 T_{st} 分别为

Δ联结时：

$$\begin{cases} T_{m\Delta}=\dfrac{3\times 2U_1^2}{4\pi f_1\left[r_1+\sqrt{r_1^2+(x_1+x_2')^2}\right]} \\ s_{m\Delta}=\dfrac{r_2'}{\sqrt{r_1^2+(x_1+x_2')^2}} \\ T_{st\Delta}=\dfrac{3\times 2U_1^2r_2'}{2\pi f_1\left[(r_1+r_2')^2+(x_1+x_2')^2\right]} \end{cases} \tag{3-51}$$

YY联结时：

$$\begin{cases} T_{mYY}=\dfrac{3\times 1\times\left(\dfrac{U_1}{\sqrt{3}}\right)^2}{4\pi f_1\left[\dfrac{r_1}{4}+\sqrt{\left(\dfrac{r_1}{4}\right)^2+\left(\dfrac{x_1+x_2'}{4}\right)^2}\right]}=\dfrac{3\times 4\times\dfrac{1}{3}U_1^2}{4\pi f_1\left[r_1+\sqrt{r_1^2+(x_1+x_2')^2}\right]} \\ s_{mYY}=\dfrac{\dfrac{r_2'}{4}}{\sqrt{\left(\dfrac{r_1}{4}\right)^2+\left(\dfrac{x_1+x_2'}{4}\right)^2}}=\dfrac{r_2'}{\sqrt{r_1^2+(x_1+x_2')^2}} \\ T_{stYY}=\dfrac{3\times 1\times\left(\dfrac{U_1}{\sqrt{3}}\right)^2\dfrac{r_2'}{4}}{2\pi f_1\left[\left(\dfrac{r_1+r_2'}{4}\right)^2+\left(\dfrac{x_1+x_2'}{4}\right)^2\right]}=\dfrac{3\times 4\times\dfrac{1}{3}U_1^2r_2'}{2\pi f_1\left[(r_1+r_2')^2+(x_1+x_2')^2\right]} \end{cases} \tag{3-52}$$

从式（3-51）、式（3-52）可推出：

$T_{m\curlyvee\curlyvee}=\frac{2}{3}T_{m\triangle}$，$s_{m\curlyvee\curlyvee}=s_{m\triangle}$，$T_{st\curlyvee\curlyvee}=\frac{2}{3}T_{st\triangle}$，

则△-丫丫变换的机械特性如图 3-42c 所示。

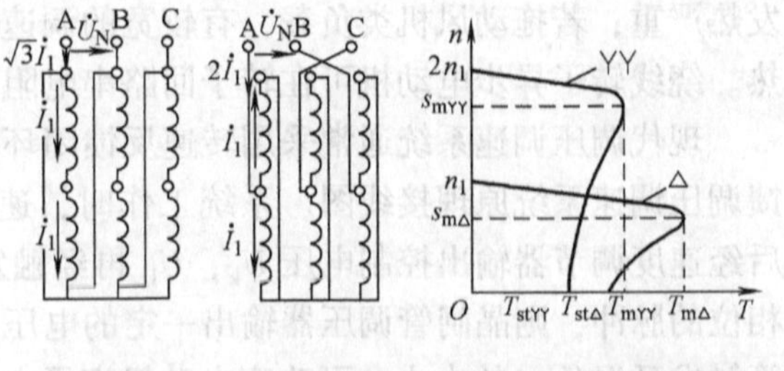

a) △联结　b) 丫丫联结　c) △-丫丫变换的机械特性

图 3-42　△-丫丫变极调速接线和机械特性

为了使电动机得到充分利用，设变极前后每半相绕组均流过额定电流，则电动机△联结时允许输出为

$$\begin{cases}P_{\triangle}=\sqrt{3}U_{1N}(\sqrt{3}I_{1N})\cos\varphi_1\eta_N\\T_{\triangle}=9.55\frac{P_{\triangle}}{n_{\triangle}}\approx9.55\frac{P_{\triangle}}{n_1}\end{cases}\quad(3\text{-}53)$$

而电动机丫丫联结时允许输出为

$$\begin{cases}P_{\curlyvee\curlyvee}=\sqrt{3}U_{1N}2I_{1N}\cos\varphi_1\eta_N\\T_{\curlyvee\curlyvee}=9.55\frac{P_{\curlyvee\curlyvee}}{n_{\curlyvee\curlyvee}}\approx9.55\frac{P_{\curlyvee\curlyvee}}{2n_1}\end{cases}\quad(3\text{-}54)$$

从而可得出

$$\begin{cases}P_{\curlyvee\curlyvee}=\frac{2}{\sqrt{3}}P_{\triangle}=1.15P_{\triangle}\\T_{\curlyvee\curlyvee}=\frac{1}{\sqrt{3}}T_{\triangle}\end{cases}\quad(3\text{-}55)$$

式（3-55）表明，在变极前后如果保持功率因数和效率不变，则△-丫丫变换的变极调速属于近似恒功率调速方式。

变极调速具有设备简单，有较硬的机械特性，运行可靠，效率高，可适用于恒转矩调速，也可适用于近似恒功率调速等优点，其缺点是只能有级调速。

2. 降低定子电压的调速

由图 3-12 所示降低定子电压的人为机械特性可看出，当电动机拖动恒转矩负载（T_{L1}）时，降低定子电压，转速从 n_A 减到 n_B 或 n_C，虽然有 $n_C<n_B<n_A$，但转速变化范围非常有限，即调速范围很小，所以该调速方法不适合拖动恒转矩的负载。当电动机拖动风机类负载（T_{L2}）时，降低定子电压，调速的范围较大，但存在低速时功率因数低电流大的问题。所以降低定子电压调速只适用于高转差率笼型电动机和绕线转子异步电动机。高转差率笼型电动机特性软，拖动恒转矩负载时，可扩大调速范围如图 3-43 所示，但运行铜损大，电动机

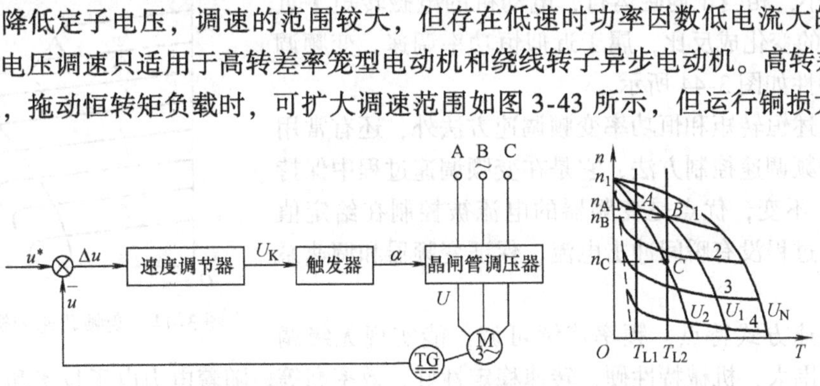

a) 原理接线图　b) 系统机械特性

图 3-43　三相异步电动机转速反馈调压调速系统

发热严重；若拖动风机类负载，有较宽的调速范围，低速运行时负载轻，不易引起电动机过热。绕线转子异步电动机可在转子回路串电阻使机械特性变软，从而扩大调速范围。

现代调压调速系统通常采用转速反馈闭环控制。图 3-43a 所示为三相异步电动机转速反馈调压调速系统原理接线图。系统工作时，速度给定值 u^* 与测速发电机 TG 反馈值 u 比较后经速度调节器输出控制电压 U_k，U_k 再经触发器输出为晶闸管的触发延迟角 α，形成一定相位的脉冲，则晶闸管调压器输出一定的电压，使电动机的转速与给定值相对应。改变晶闸管触发延迟角 α 的大小，可改变电动机定子电压的大小，从而达到调速的目的。

由图 3-43b 可见，采用转速反馈闭环控制使机械特性硬度提高。例如设电动机原负载转矩为 T_{L1}，稳定运行在 A 点，当负载从 T_{L1} 突增到 T_{L2} 时，若是开环，则电压不变，转速从 A 点下降到 C 点；若是闭环，负载突增，转速下降经反馈使控制电压增大，触发延迟角 α 减小，则定子电压增大，使电动机稳定运行在 B 点。可见由于反馈控制的作用，虽然负载变大，但转速基本上保持不变，达到稳定转速的目的。

3. 三相异步电动机的变频调速

改变三相异步电动机的电源频率，能改变旋转磁场的同步转速，从而达到调速的目的。通常将电动机的额定频率称为基频，频率的调节可从基频以上或以下调节，如果频率连续可调，则可得到平滑调节的转速。

(1) 基频以下的调速

在忽略定子漏阻抗压降情况下，$U_1 \approx E_1 = 4.44 f_1 N_1 k_{w1} \Phi_m$，所以 $\Phi_m \approx U_1 / (4.44 f_1 N_1 k_{w1})$。当频率减小时，若保持电源电压 U_1 不变，则磁通 Φ_m 将增大，而电动机的额定磁通设计在饱和点附近，磁通的增大，会使磁路过饱和，导致励磁电流剧增，功率因数变低，铁损增大，电动机过热。所以，基频以下变频调速时，为保持主磁通 Φ_m 不变，则要求定子电压必须与频率协调控制。常用的协调控制的方式：①近似恒磁通控制方法，即保持 U_1/f_1 = 常数，属近似恒转矩调速方法；②恒磁通控制方法，即保持 E_1/f_1 = 常数，属恒转矩调速方法。

(2) 基频以上的调速

频率在基频以上调节时，考虑到电动机的绕组绝缘和变频装置电力电子元器件的耐压限制，应维持电源电压 U_1 不变，当频率升高时，气隙磁通 Φ_m 随之减小，相当于弱磁运行，电动机的电磁转矩 T 近似与频率 f 的变化成反比，属于近似恒功率调速。变频调速的机械特性如图 3-44 所示。

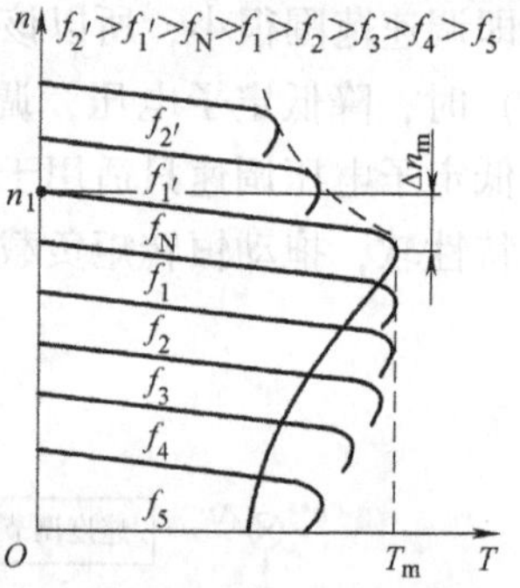

图 3-44 变频调速的机械特性

除了上述恒转矩和恒功率变频调速方法外，还有常用的恒电流变频调速控制方法，它是在变频调速过程中保持定子电流 I_1 不变，优点是变频器的电流被控制在给定值上，使换流过程没有瞬间冲击电流，保证变频器和调速系统的安全。

变频调速方式特点：频率连续可调，能实现无级调速，调速范围大，机械特性硬，转速稳定性好，效率高等。随着电力电子技术和计算机控制技术的不断发展，目前，变频器在交流调速系统应用十分广泛。

4. 绕线转子串电阻的调速

由前面图 3-15 可知，对于同一负载 T_L，当转子回路串不同电阻时可得到不同转速，如果保持调速前后电流不变，即 $I_2=I_{2N}$，则 r_2/s 比值、电磁转矩 T、转子功率因数 $\cos\varphi_2$ 不变，此种调速方式属有级调速，低速时转子铜损大，效率低，电动机发热严重，机械特性软，稳定性差，但设备简单，初投资少，适用于对调速要求不高的生产机械。

5. 绕线转子异步电动机的串级调速

(1) 串级调速原理

串级调速是在异步电动机的转子回路中串入一个与转子电动势 E_{2s} 相同频率的附加电动势 E_{ad}，通过改变附加电动势的大小和相位来改变电动机转速的调速方法。图 3-45 所示为转子串入附加电动势的一相等效电路。设电网电压和频率保持不变，调速前后负载转矩不变。串入的附加电动势 E_{ad} 相位与转子电动势 E_{2s} 相位既可相同也可相反，此时转子电流的表达式为

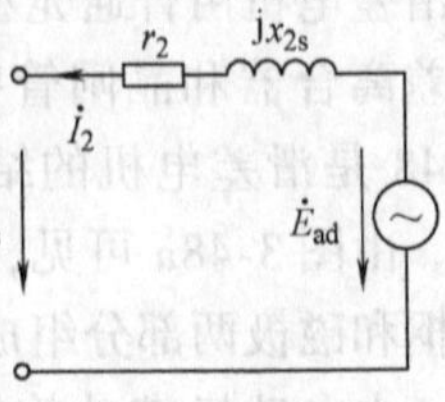

图 3-45　转子串入附加电动势的一相等效电路

$$I_2=\frac{sE_2\pm E_{ad}}{\sqrt{r_2^2+(sx_2)^2}} \tag{3-56}$$

由于在电压和频率保持不变的前提下，转子电流 I_2 为常数，又因正常运行时转差率 s 很小，存在 $r_2 \gg sx_2$，则可忽略 sx_2，上式可改写为

$$sE_2\pm E_{ad}\approx 常数 \tag{3-57}$$

式中，E_2 为转子开路时的感应电动势，为常数，所以当改变附加电动势 E_{ad} 的大小时，即可改变转差率 s 的大小，从而达到调速的目的。

1）串入的附加电动势与转子电动势相位相同。串入 E_{ad} 的瞬间 $\rightarrow I_2\uparrow\rightarrow T\uparrow\rightarrow n\uparrow\rightarrow s\downarrow\rightarrow sE_2\downarrow\rightarrow I_2\downarrow\rightarrow T\downarrow$，直至 $T=T_L$，转速上升至某值稳定运行。随着 E_{ad} 的增大转速 n 上升，当 E_{ad} 增大到某值时，$s=0$，$n=n_1$；再继续增大 E_{ad}，$s<0$，$n>n_1$，电动机转速高于同步转速，该串级调速称为超同步串级调速。

2）串入的附加电动势与转子电动势相位相反。串入 $-E_{ad}$ 的瞬间 $\rightarrow I_2\downarrow\rightarrow T\downarrow\rightarrow n\downarrow\rightarrow s\uparrow\rightarrow sE_2\uparrow\rightarrow I_2\uparrow\rightarrow T\uparrow$，直至 $T=T_L$，转速下降至某值稳定运行。E_{ad} 在 $0\sim E_2$ 之间变化，电动机的转速可在同步转速以下调节，该串级调速称为次同步串级调速。

事实上，如果附加电动势 E_{ad} 超前转子电动势 sE_2 任意一角度 α 时，改变 E_{ad} 的大小与相位，可改变电动机的转速和功率因数，读者可自行推导。串级调速机械特性的推导较复杂，此处从略。

(2) 实现方法

串级调速的难点在于转子回路串入的附加电动势大小可调，且频率随转速变化而变化，可用图 3-46 所示的方法实现：将转子电动势 sE_2 整流成直流，经滤波电抗器后加到晶闸管逆变器上，由逆变器将直流逆变成交流，通过变压器接至电网。

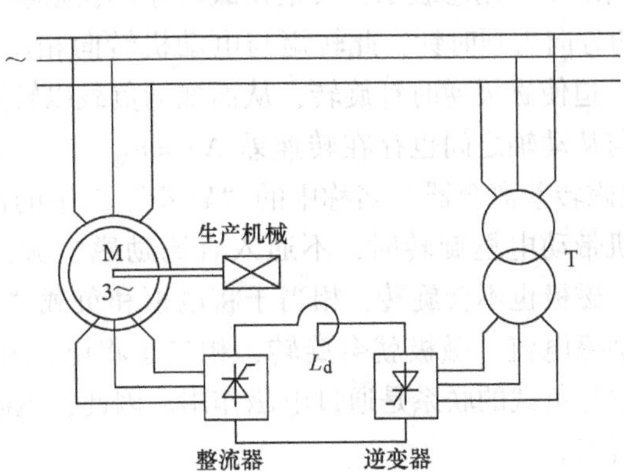

图 3-46　晶闸管串级调速系统

串级调速反相串入附加电动势的作用是将转差功率 sP_{em} 的大部分回馈给电网，而转子回路串电阻调速方法是将这部分功率消耗在转子外串电阻上，所以串级调速效率高，节约电能，其功率流程如图 3-47 所示。

串级调速的特点：机械特性硬，调速平滑性好，可实现无级调速，效率高，但设备复杂，成本高，适用于高电压、大容量如拖动风机类设备的场合。

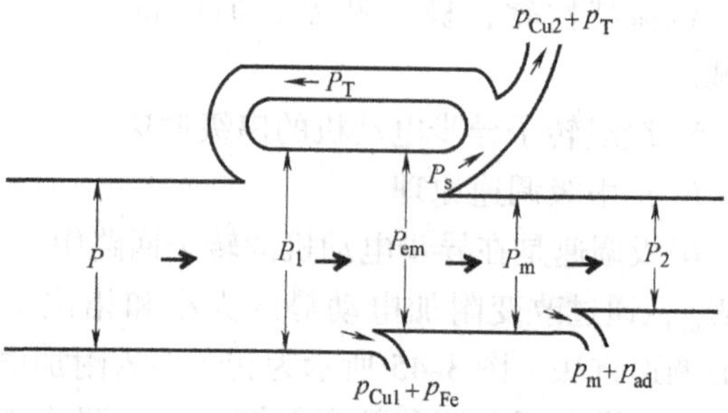

图 3-47 晶闸管次同步串级调速功率流程图

p_T—整流器、中间直流回路、逆变器和变压器的总损耗

p_T—回馈电网的有功功率 p_s—转差功率

P—电网实际输入电动机的有功功率。

6. 滑差电机调速*

滑差电机由普通笼型异步电动机、电磁转差离合器和晶闸管整流电源等组成。图 3-48 是滑差电机的结构和工作原理示意图。由图 3-48a 可见，电磁转差离合器由电枢和磁极两部分组成，电枢与电动机同轴，由电动机带动旋转，是主动部分，电动机轴又称为主动轴，主动轴的转速是不可调的；磁极由铁心和励磁绕组组成，晶闸管整流电源可通过集电环给励磁绕组供电，磁极与负载相连，属从动部分，与负载相连的轴又称从动轴，其转速可调，此外电枢与磁极之间有气隙。

滑差电机的工作原理：当异步电动机带动电枢以转速 n_M 旋转时，磁极上通入直流励磁电流就会产生固定磁极，电枢切割磁力线在电枢铁心中产生感应电动势和电流。如图 3-48b 所示，设电枢由异步电动机拖动逆时针方向旋转，用右手定则可判别电枢中的电流指向纸里，用⊕表示；又根据载流导体在磁场中要受力并产生转矩 T，用左手定则判别转矩 T 的方向为顺时针，此转矩与电动机转向相反，是主动轴的阻转矩，它同时又反作用于磁极，迫使磁极逆时针旋转，从而拖动负载以转速 n 旋转。与异步电动机工作原理相似，主动轴与从动轴之间也存在转速差 $\Delta n = n_M - n$，转速 n 始终低于异步电动机转速 n_M，这也是“电磁转差离合器”名称中的“转差”二字的由来。当异步电动机带动电枢旋转时，不通入直流励磁电流，则不会产生磁场，磁极也不会旋转，相当于将电枢和负载“分开”；只要通入励磁电流，磁极就会旋转，相当于将电枢和负载“合上”，电枢与负载的联系是通过电磁作用。因此，电磁转差离合器由此得名。

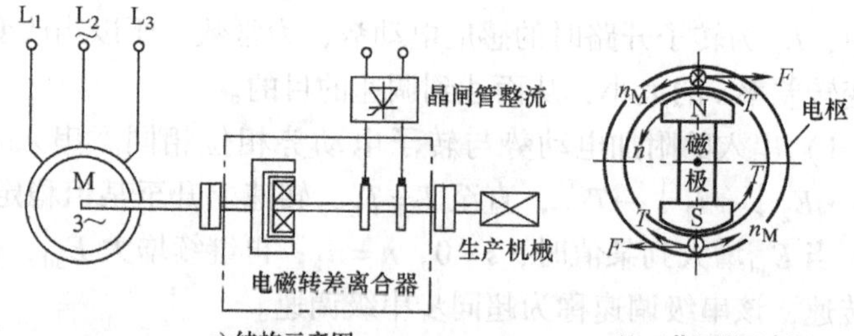

a) 结构示意图 b) 工作原理示意图

图 3-48 滑差电机的结构和工作原理示意图

滑差电机的机械特性如图 3-49 所示，由于电枢由铸钢制成，电阻大，其机械特性比普通笼型异步电动机要软，励磁电

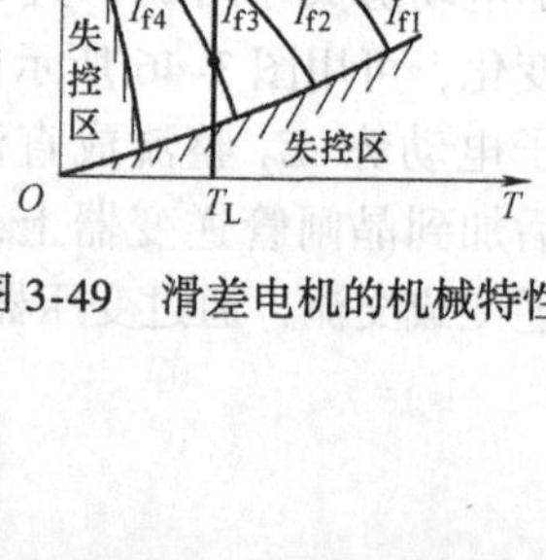

图 3-49 滑差电机的机械特性

流越小特性越软，励磁电流过小时，存在失控区。改变励磁电流的大小，可改变磁场的强弱，从而达到调速的目的。

由于滑差电机的特性较软，对恒转矩负载，其调速范围不大，所以滑差电机还可采用闭环调速系统，以获得较硬的机械特性。

滑差电机的特点：结构简单，运行可靠，调速平滑性好，可实现无级调速，闭环控制的调速范围可扩大，但低速运行损耗大、效率低，适用于通风机类的设备。

3.2.6　现代交流调速系统的组成

作为电力拖动基础知识的一部分，以上用一定篇幅，全面介绍了交流异步电动机的各种调速方法和特点，使读者能较全面了解异步电动机调速基础知识，形成完整的知识结构。事实上，长期以来（20 世纪 80 年代以前），由于受科学技术发展的限制，交流电动机作为调速电动机实现高性能调速的困难问题未能得到较好的解决，而随着现代控制理论、电力电子技术、计算机控制技术和大规模集成电路的发展与应用，为高性能的交流调速系统的发展创造了技术和物质条件。目前，交流调速系统已逐步取代了直流调速系统，它的应用为社会带来了巨大的经济效益，在电气传动领域中占据着统治地位。因此，这里有必要简单介绍一下现代交流调速的基础知识。

1. 系统组成

现代交流调速系统由交流电动机、电力电子功率变换器、控制器和电量检测器四大部分组成，如图 3-50 所示，图中 BRT 为转速传感器。根据被控对象交流电动机的种类不同，现代交流调速系统可分为异步电动机调速系统和同步电动机调速系统，关于同步电动机调速系统可参见 3.3.2 小节。

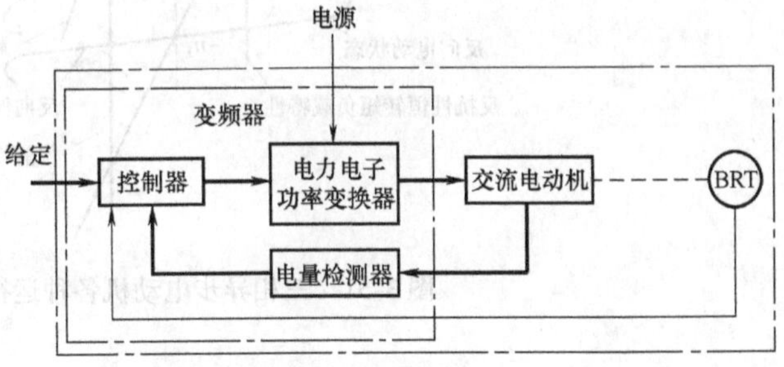

图 3-50　现代交流调速系统的组成示意图

2. 异步电动机调速系统

异步电动机调速系统的基本类型是按转差功率的处理方式进行分类的。因为按转差功率是消耗还是回馈给电网，可衡量异步电动机调速系统的效率高低。按转差功率的处理方式分有：①转差功率消耗型调速系统；②转差功率回馈型调速系统；③转差功率不变型调速系统。

转差功率消耗型调速系统是将全部转差功率转换成热能的形式而消耗掉，晶闸管调压调速属于这一类。在异步电动机调速系统中，该类系统的效率最低，是以增加转差功率为代价来换取转速的降低。但是由于该类系统结构最简单，所以对于要求不高的小容量场合有一定的应用。

转差功率回馈型调速系统是将转差功率一小部分消耗掉，大部分则通过变流装置回馈给电网。转速越低，回馈的功率越多。绕线转子异步电动机串级调速属于这一类，显然这类调速系统效率较高。

转差功率不变型调速系统中，由于转差功率中转子铜耗部分的消耗是不可避免的，但在该类系统中，无论转速高低，转差功率的消耗基本不变，因此效率很高，变频调速属于此类。目前在交流调速系统中，变频调速应用最多、最广泛，可以构成高动态性能的交流调速系统，取代直流调速。变频调速技术及其装置仍是21世纪的主流技术与主流产品[9]。

3.2.7 三相异步电动机的各种运行状态

三相异步电动机各种运行状态下的机械特性可在四个象限中表示，如图3-51所示。从图中可见，在第Ⅰ象限，转速 n 与电磁转矩 T 均为正，为正向电动运行；在第Ⅲ象限，转速 n 与电磁转矩 T 均为负，为反向电动运行；第Ⅱ象限，转速 n 为正，电磁转矩 T 为负，第Ⅳ象限，转速 n 为负，电磁转矩 T 为正，所以第Ⅱ、第Ⅳ象限为制动运行状态。

实际的三相异步电动机根据生产机械的工艺需要，可运行在各种运行状态。

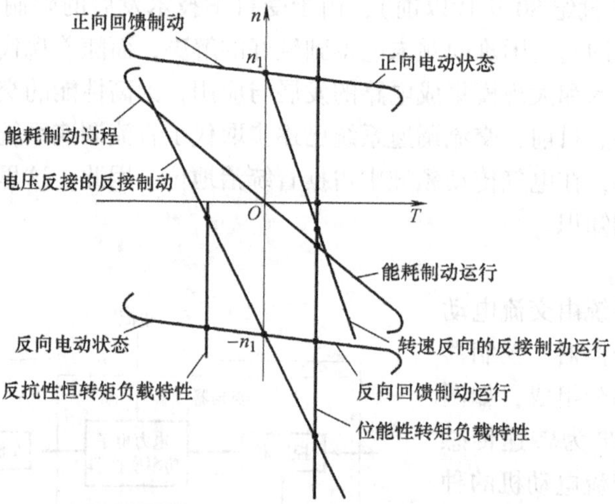

图3-51 三相异步电动机各种运行状态示意图

3.3 三相同步电动机的电力拖动

3.3.1 同步电动机的起动

由同步电动机基本工作原理可知，若将同步电动机同时双边励磁，由于定子旋转磁场转速为同步转速 n_1，而起动瞬间转子处于静止，气隙磁场与转子磁极之间存在相对运动，不能产生平均的同步电磁转矩，即同步电动机本身没有起动转矩，使电动机自行起动。为了解决起动问题，必须采取其他方法，常用的方法有：辅助电动机起动法，变频起动法，异步起动法。

1. 辅助电动机起动法

辅助电动机起动法，是选用一台与同步电动机极数相同的小型异步电动机作为辅助电动机，起动时，先起动辅助电动机将同步电动机拖动到异步转速，然后将同步电动机投入电网，加入励磁，利用同步转矩把同步电动机转子牵入同步，同时切除辅助电动机电源，该方法适用于同步电动机的空载起动。

2. 变频起动法

由于恒频起动时，作用在转子上的平均转矩为零，使电动机无法自行起动。变频起动法是在起动前将转子加入直流，利用变频电源使频率从零缓慢升高，旋转磁场牵引转子缓慢同步加速，直至达到额定转速，该方法多用于大型同步电动机的起动。

3. 异步起动法

异步起动法是在转子上加装起动绕组，其结构如同异步电动机的笼型绕组。如图 3-52 所示，起动时先不给励磁，同步电动机定子绕组接电源，通过起动绕组作用，产生起动转矩，使同步电动机自行起动，当转速达 95% 同步转速左右后，给同步电动机的励磁绕组通入直流，转子自动牵入同步。起动过程中励磁绕组既不能开路，也不能直接短接。因为，若励磁绕组开路，在高转差率情况下，旋转磁场会在励磁绕组中产生较高的感应电动势，易损坏绕组绝缘；若励磁绕组直接短路，将产生单轴转矩，有可能使电动机起动不到接近同步转速。实际解决的办法：起动过程中在励磁绕组回路串联 5 ~ 10 倍励磁绕组电阻的附加电阻，电动机起动到接近同步转速时，再切除附加电阻，同时给励磁绕组通入直流，牵入同步，完成起动。

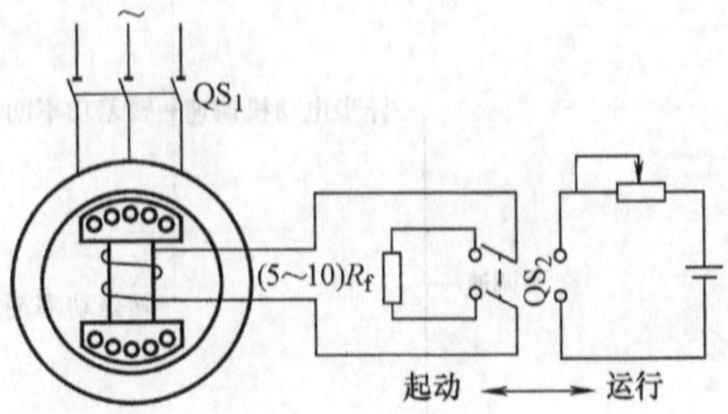

图 3-52　同步电动机异步起动法示意图

3.3.2　同步电动机的调速

同步电动机的起动和失步问题是同步电动机特有的，长期以来这些问题的存在，限制了同步电动机的使用场合和应用范围。如今变频技术的发展和广泛应用，不仅解决了同步电动机的调速问题，也解决了起动和失步难题。

同步电动机转速与电源频率之间有着严格的同步关系，即有 $n_1 = 60f_1/p$，因此三相同步电动机的调速通常采用变频调速。与异步电动机变频调速相似，同步电动机调速也以基频划分，基频以上采用恒功率控制，基频以下采用恒转矩控制，但由于同步电动机是双边励磁，其励磁方式有别于异步电动机，因此，其变频调速控制与异步电动机的变频控制有所不同，同步电动机基本调速系统分他控和自控两种。

1. 他控式同步电动机调速系统

他控式同步电动机调速系统是用独立的变频器给同步电动机定子三相绕组供电，达到调速的目的。在基频以下调速时，保持压频比 U_1/f_1 为常数，由于电动机运行在高速，定子绕组内阻可忽略不计，电动机的过载能力保持不变；在基频以上调速时，与异步电动机相似，定子绕组内阻不可忽略，此时应适当增加压频比，以补偿定子绕组内阻的作用使电动机过载能力下降。该调速方法频率属开环控制，调速时应注意加速和减速不能过快，否则会使同步电动机不稳定甚至失步。

2. 自控式同步电动机调速系统

自控式调速除了与他控式一样，也用独立的变频器给同步电动机定子三相绕组供电外，同时转子上装有转子位置检测器，根据转子位置和转速控制变频器输出电压的频率和定子电流的大小。因此，自控式同步电动机调速系统是由同步电动机、变频器、磁极位置检测器、控制器等组成的。根据所用变频器不同，自控式同步电动机调速系统又有交-直-交电流型、交-直-交电压型和交-交电压型三种基本类型。

自控式同步电动机调速系统可用于拖动轧钢机、造纸机等要求精度高、性能好的场合，也适用于需节能但对调速性能要求不高的风机、泵类负荷。

综合 3.2.6 和 3.3.2 小节介绍的内容，图 3-53 给出了现代交流调速系统分类示意图。

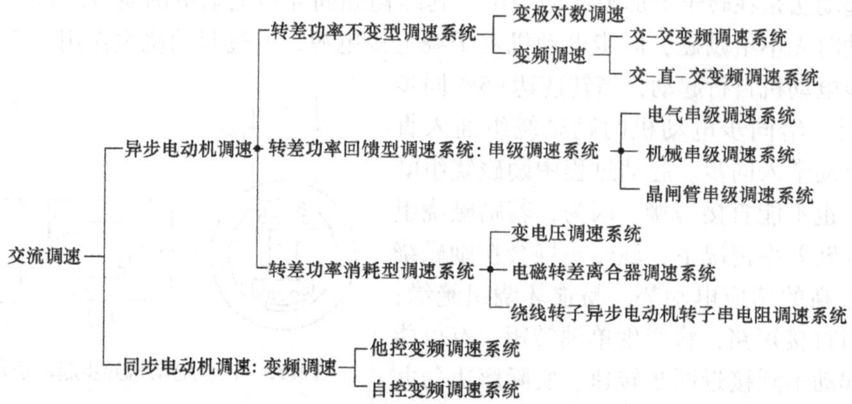

图 3-53 交流调速系统分类示意图

若按控制方法的不同，交流调速系统又可分为基于交流电动机的稳态模型和基于交流电动机的动态模型两大类。

3.4 三相交流电动机的动态数学模型简介*

研究交流电动机调速系统时，若基于稳态数学模型，虽能够在一定范围内实现平滑调速，但在实际应用中遇到需要高动态性能的场合就不能完全适应，而实现高性能调速的关键在于快速而正确地控制转矩，为此需研究交流电动机较精确的动态数学模型。

3.4.1 坐标变换

交流电动机的动态数学模型是建立在矢量变换控制的基本思路基础之上的，而矢量变换控制的基本思想是通过数学上的坐标变换，将交流三相绕组 A、B、C 中的电流 i_A、i_B、i_C 变换为两相静止绕组 α、β 中的 i_α、i_β，再经数学变换将 i_α、i_β 变换为两相旋转绕组 d 和 q 中的直流电流 i_d、i_q。其实质是通过数学变换把三相交流电动机的定子电流分解成两个分量，一个分量为用以产生旋转磁动势的励磁分量 i_d；另一个分量为用以产生电磁转矩的转矩分量 i_q。亦即将交流电动机中电流、电压、磁通和电磁转矩各量之间的强耦合状态解耦，以便实现精准控制。在交流电动机动态模型的建立过程中，需使用等效变换，因此，下面介绍所用的各种坐标变换。

1. 三相-两相变换（3/2 变换）

由第 2 章介绍的旋转磁动势可知，三相对称绕组通入三相对称交流电可产生旋转磁动势，两相对称绕组通入两相对称交流电同样可产生旋转磁动势；此外四相、五相等任意对称的多相绕组通入对称的多相交流电，都能产生旋转磁动势，但以两相最为简单，也就是说，用两相表示时变量线性无关的形式最为简单。因此三相对称绕组可以用相互独立的两相对称绕组等效替代，等效的原则是变换前后产生的磁动势不变，变换前后总功率不变。

将三相坐标系和两相坐标系间的变换称为三相对称绕组和两相对称绕组之间的变换，即三相-两相变换，简称 3/2 变换。

图 3-54 所示为三相和两相坐标系之间的变换，设三相绕组每相有效匝数为 N_3，两相绕组每相有效匝数为 N_2，各相磁动势空间矢量均位于相应的坐标轴上，将两个坐标系原点合一起，并使 A 轴和 α 轴重合，即得三相和两相坐标系中的磁动势矢量，如图 3-54c 所示。

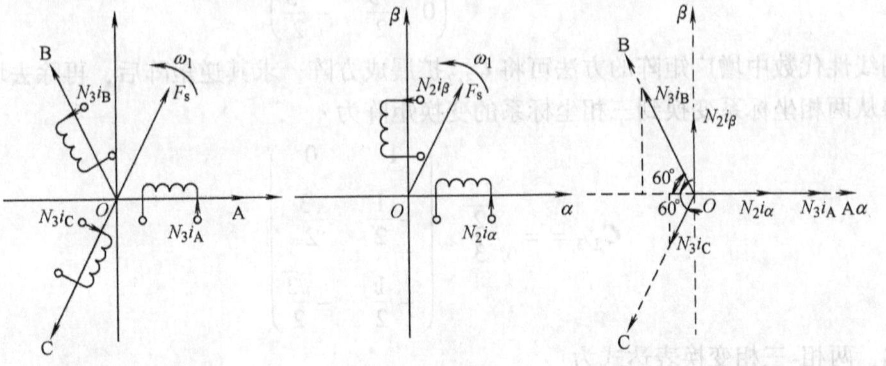

a) 匝数为 N_3 的三相绕组　b) 匝数为 N_2 的两相绕组　c) 三相和两相坐标系中的磁动势矢量

图 3-54　三相和两相坐标系之间的变换及绕组磁动势矢量示意图

下面以电流为例，推导坐标变换公式。根据等效原则，两套对称绕组产生的磁动势在 α、β 轴上的投影相等，则有

$$\begin{cases} N_2 i_\alpha = N_3 i_A - N_3 i_B \cos 60^\circ - N_3 i_C \cos 60^\circ = N_3\left(i_A - \dfrac{1}{2} i_B - \dfrac{1}{2} i_C\right) \\ N_2 i_\beta = N_3 i_B \sin 60^\circ - N_3 i_C \sin 60^\circ = \dfrac{\sqrt{3}}{2} N_3 (i_B - i_C) \end{cases} \tag{3-58}$$

用矩阵表示为

$$\begin{pmatrix} i_\alpha \\ i_\beta \end{pmatrix} = \frac{N_3}{N_2} \begin{pmatrix} 1 & -\dfrac{1}{2} & -\dfrac{1}{2} \\ 0 & \dfrac{\sqrt{3}}{2} & -\dfrac{\sqrt{3}}{2} \end{pmatrix} \begin{pmatrix} i_A \\ i_B \\ i_C \end{pmatrix} \tag{3-59}$$

按照变换前后功率不变原则有

$$\begin{aligned} p &= u_A i_A + u_B i_B + u_C i_C = \boldsymbol{u}_{ABC}^{T} \boldsymbol{i}_{ABC} \\ &= u_\alpha i_\alpha + u_\beta i_\beta = \boldsymbol{u}_{\alpha\beta}^{T} \boldsymbol{i}_{\alpha\beta} \end{aligned} \tag{3-60}$$

式中，$\boldsymbol{u}^T$ 为 $\boldsymbol{u}$ 的转置矢量，由该条件可求得

$$\frac{N_3}{N_2} = \sqrt{\frac{2}{3}} \tag{3-61}$$

将式（3-61）代入式（3-59）得

$$\begin{pmatrix} i_\alpha \\ i_\beta \end{pmatrix} = \sqrt{\frac{2}{3}} \begin{pmatrix} 1 & -\frac{1}{2} & -\frac{1}{2} \\ 0 & \frac{\sqrt{3}}{2} & -\frac{\sqrt{3}}{2} \end{pmatrix} \begin{pmatrix} i_A \\ i_B \\ i_C \end{pmatrix} \tag{3-62}$$

令 $\boldsymbol{C}_{3/2}$ 为从三相坐标系变换到两相坐标系的变换矩阵，则有

$$\boldsymbol{C}_{3/2} = \sqrt{\frac{2}{3}} \begin{pmatrix} 1 & -\frac{1}{2} & -\frac{1}{2} \\ 0 & \frac{\sqrt{3}}{2} & -\frac{\sqrt{3}}{2} \end{pmatrix} \tag{3-63}$$

利用线性代数中增广矩阵的方法可将 $\boldsymbol{C}_{3/2}$ 扩展成方阵，求其逆矩阵后，再除去增加的一列，可得从两相坐标系变换到三相坐标系的变换矩阵为

$$\boldsymbol{C}_{2/3} = = \sqrt{\frac{2}{3}} \begin{pmatrix} 1 & 0 \\ -\frac{1}{2} & \frac{\sqrt{3}}{2} \\ -\frac{1}{2} & -\frac{\sqrt{3}}{2} \end{pmatrix} \tag{3-64}$$

因此，两相-三相变换表达式为

$$\begin{pmatrix} i_A \\ i_B \\ i_C \end{pmatrix} = \boldsymbol{C}_{2/3} \begin{pmatrix} i_\alpha \\ i_\beta \end{pmatrix} \tag{3-65}$$

以上虽然是以电流为例推导坐标系变换公式，但这些矩阵同样适用于电压变换、磁链变换和功率变换。

2. 两相静止-两相旋转变换（2s/2r 变换）

除了上述介绍的旋转磁动势 F_s 产生的方法外，F_s 也可用下面的方法产生：在空间相互垂直的两个匝数为 N_2 的绕组 d 和 q 中，分别通入直流电 i_d、i_q，并使绕组连同铁心以与旋转磁动势 F_s 同步的角速度 ω_1 旋转，如图 3-55 所示，图中给出了两相静止和两相旋转坐标系中的绕组磁动势矢量。

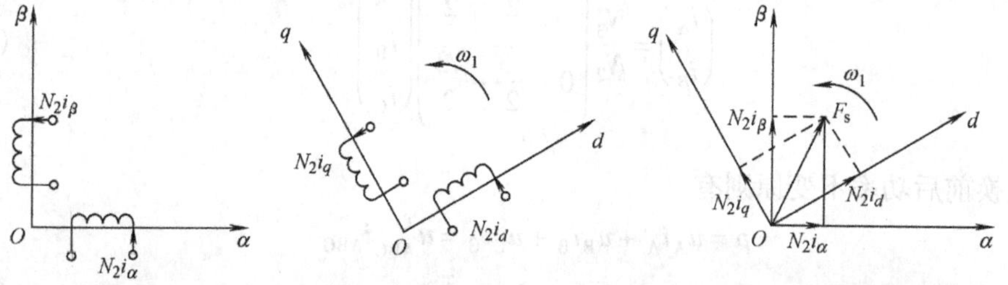

a) 两相静止绕组　b) 两相旋转绕组　c) 两相静止和两相旋转坐标系中的绕组磁动势矢量

图 3-55　两相静止和两相旋转坐标系间的变换及绕组磁动势矢量示意图

将两相旋转绕组 d 和 q 从两相静止坐标系 $\alpha\beta$ 到两相旋转坐标系 dq 的变换，称为两相静止-两相旋转变换，简称 2s/2r 变换，其中，s 表示静止，r 表示旋转，变换的原则同样是变

换产生的磁动势相同，变换前后功率不变。

由图3-55可见，两相交流电 i_α、i_β 和两个直流电 i_d、i_q 之间存在如下关系，即

$$\begin{pmatrix} i_d \\ i_q \end{pmatrix} = \begin{pmatrix} \cos\varphi & \sin\varphi \\ -\sin\varphi & \cos\varphi \end{pmatrix} \begin{pmatrix} i_\alpha \\ i_\beta \end{pmatrix} = \boldsymbol{C}_{2s/2r} \begin{pmatrix} i_\alpha \\ i_\beta \end{pmatrix} \tag{3-66}$$

式中，两相静止到两相旋转坐标系的变换矩阵为

$$\boldsymbol{C}_{2s/2r} = \begin{pmatrix} \cos\varphi & \sin\varphi \\ -\sin\varphi & \cos\varphi \end{pmatrix} \tag{3-67}$$

在式（3-66）两边左乘变换矩阵 $\boldsymbol{C}_{2s/2r}$ 的逆阵可得

$$\begin{pmatrix} i_\alpha \\ i_\beta \end{pmatrix} = \begin{pmatrix} \cos\varphi & -\sin\varphi \\ \sin\varphi & \cos\varphi \end{pmatrix} \begin{pmatrix} i_d \\ i_q \end{pmatrix} = \boldsymbol{C}_{2r/2s} \begin{pmatrix} i_d \\ i_q \end{pmatrix} \tag{3-68}$$

式中，两相旋转到两相静止坐标系的变换矩阵为

$$\boldsymbol{C}_{2r/2s} = \begin{pmatrix} \cos\varphi & -\sin\varphi \\ \sin\varphi & \cos\varphi \end{pmatrix} \tag{3-69}$$

以上虽然是以电流为例推导坐标系变换公式，但这些矩阵同样适用于电压变换、磁链变换。

3.4.2 三相异步电动机的动态数学模型

由于异步电动机三相原始模型复杂，为了便于分析和简化计算，可通过坐标变换使动态数学模型简化。下面分别讨论电压方程、磁链方程和转矩方程，论述中下标“s”表示定子，下标“r”表示转子。

1. 静止两相坐标系中的动态数学模型

由于异步电动机定子是静止的，因此只需进行三相-二相变换，而转子是旋转的，需通过三相-二相变换和两相旋转坐标系到两相静止坐标系的变换后，才能得到静止两相坐标系中的模型。

（1）三相-二相变换

如图3-56所示，对静止的定子三相绕组和旋转的转子三相绕组作相同的三相-二相变换，变换后定子坐标系 $\alpha\beta$ 静止，转子坐标系 $\alpha'\beta'$ 以 ω 角速度逆时针旋转，则电压方程为

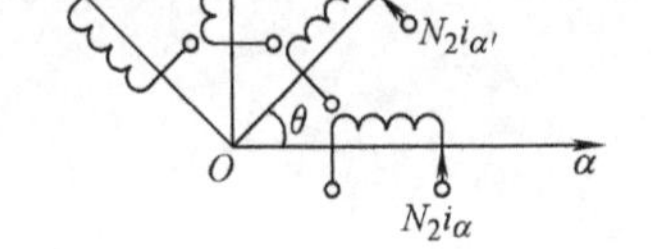

图3-56 定子 $\alpha\beta$ 和转子 $\alpha'\beta'$ 坐标系

$$\begin{pmatrix} u_{s\alpha} \\ u_{s\beta} \\ u_{r\alpha'} \\ u_{r\beta'} \end{pmatrix} = \begin{pmatrix} R_s & 0 & 0 & 0 \\ 0 & R_s & 0 & 0 \\ 0 & 0 & R_r & 0 \\ 0 & 0 & 0 & R_r \end{pmatrix} \begin{pmatrix} i_{s\alpha} \\ i_{s\beta} \\ i_{r\alpha'} \\ i_{r\beta'} \end{pmatrix} + \frac{d}{dt} \begin{pmatrix} \psi_{s\alpha} \\ \psi_{s\beta} \\ \psi_{r\alpha'} \\ \psi_{r\beta'} \end{pmatrix} \tag{3-70}$$

磁链方程为

$$\begin{pmatrix} \psi_{s\alpha} \\ \psi_{s\beta} \\ \psi_{r\alpha'} \\ \psi_{r\beta'} \end{pmatrix} = \begin{pmatrix} L_s & 0 & L_m\cos\theta & -L_m\sin\theta \\ 0 & L_s & L_m\sin\theta & L_m\cos\theta \\ L_m\cos\theta & L_m\sin\theta & L_r & 0 \\ -L_m\sin\theta & L_m\cos\theta & 0 & L_r \end{pmatrix} \begin{pmatrix} i_{s\alpha} \\ i_{s\beta} \\ i_{r\alpha'} \\ i_{r\beta'} \end{pmatrix} \tag{3-71}$$

转矩方程为

$$T=-pL_{\mathrm{m}}[(i_{s\alpha}i_{r\alpha'}+i_{s\beta}i_{r\beta'})\sin\theta+(i_{s\alpha}i_{r\beta'}-i_{s\beta}i_{r\alpha'})\cos\theta] \tag{3-72}$$

式（3-71）中，L_{m} 为定子与转子同轴等效绕组间的互感，其值为

$$L_{\mathrm{m}}=\frac{3}{2}L_{\mathrm{ms}} \tag{3-73}$$

L_{s} 为定子等效两相绕组自感，其值为

$$L_{\mathrm{s}}=\frac{3}{2}L_{\mathrm{ms}}+L_{\mathrm{ls}}=L_{\mathrm{m}}+L_{\mathrm{ls}} \tag{3-74}$$

L_{r} 为转子等效两相绕组自感，其值为

$$L_{\mathrm{r}}=\frac{3}{2}L_{\mathrm{ms}}+L_{\mathrm{lr}}=L_{\mathrm{m}}+L_{\mathrm{lr}} \tag{3-75}$$

L_{ls}、L_{lr}分别为定子和转子的漏感。

（2）转子旋转坐标变换及静止坐标系中的数学模型

将旋转的转子坐标系 $\alpha'\beta'$作变换，使其为静止坐标系 $\alpha\beta$，旋转坐标系到静止坐标系的变换矩阵为

$$\boldsymbol{C}_{2\mathrm{r}/2\mathrm{s}}=\begin{pmatrix}\cos\varphi & -\sin\varphi\\ \sin\varphi & \cos\varphi\end{pmatrix}$$

则变换后的电压方程为

$$\begin{pmatrix}u_{s\alpha}\\u_{s\beta}\\u_{r\alpha}\\u_{r\beta}\end{pmatrix}=\begin{pmatrix}R_{\mathrm{s}}&0&0&0\\0&R_{\mathrm{s}}&0&0\\0&0&R_{\mathrm{r}}&0\\0&0&0&R_{\mathrm{r}}\end{pmatrix}\begin{pmatrix}i_{s\alpha}\\i_{s\beta}\\i_{r\alpha}\\i_{r\beta}\end{pmatrix}+\frac{\mathrm{d}}{\mathrm{d}t}\begin{pmatrix}\psi_{s\alpha}\\\psi_{s\beta}\\\psi_{r\alpha}\\\psi_{r\beta}\end{pmatrix}+\begin{pmatrix}0\\0\\\omega_{\mathrm{r}}\psi_{r\beta}\\-\omega_{\mathrm{r}}\psi_{r\alpha}\end{pmatrix} \tag{3-76}$$

磁链方程为

$$\begin{pmatrix}\psi_{s\alpha}\\\psi_{s\beta}\\\psi_{r\alpha}\\\psi_{r\beta}\end{pmatrix}=\begin{pmatrix}L_{\mathrm{s}}&0&L_{\mathrm{m}}&0\\0&L_{\mathrm{s}}&0&L_{\mathrm{m}}\\L_{\mathrm{m}}&0&L_{\mathrm{r}}&0\\0&L_{\mathrm{m}}&0&L_{\mathrm{r}}\end{pmatrix}\begin{pmatrix}i_{s\alpha}\\i_{s\beta}\\i_{r\alpha}\\i_{r\beta}\end{pmatrix} \tag{3-77}$$

2. 任意旋转坐标系中的动态数学模型

广义的坐标变换是将定子坐标系 $\alpha\beta$ 和转子坐标系 $\alpha'\beta'$同时作旋转变换，角速度为 ω，变换到同一个旋转坐标系 dq 上，而 dq 相对定子角速度为 ω_1，如图 3-57 所示，由图可知，定子旋转变换矩阵为

$$\boldsymbol{C}_{2\mathrm{s}/2\mathrm{r}}(\varphi)=\begin{pmatrix}\cos\varphi & \sin\varphi\\ -\sin\varphi & \cos\varphi\end{pmatrix} \tag{3-78}$$

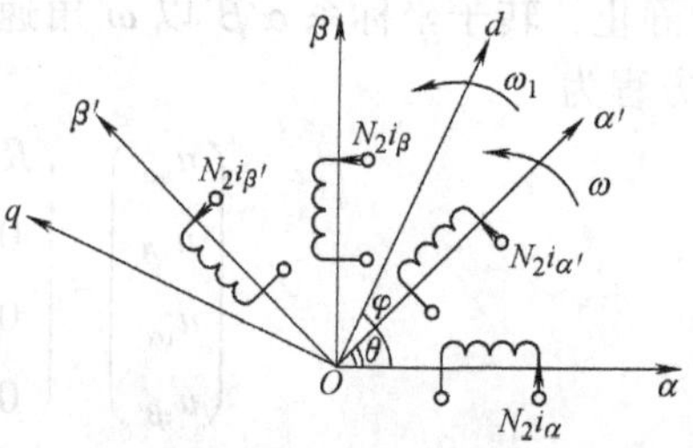

图 3-57　定子坐标系 $\alpha\beta$ 和转子坐标系 $\alpha'\beta'$变换到旋转坐标系 dq

转子旋转变换矩阵为

$$\boldsymbol{C}_{2\mathrm{r}/2\mathrm{r}}(\varphi-\theta)=\begin{pmatrix}\cos(\varphi-\theta) & \sin(\varphi-\theta)\\ -\sin(\varphi-\theta) & \cos(\varphi-\theta)\end{pmatrix} \tag{3-79}$$

式中，$\boldsymbol{C}_{2\mathrm{r}/2\mathrm{r}}$为两相旋转坐标系 $\alpha'\beta'$到两相旋转坐标系 dq 的变换矩阵。

变换后的异步电动机电压方程为

$$\begin{pmatrix} u_{sd} \\ u_{sq} \\ u_{rd} \\ u_{rq} \end{pmatrix} = \begin{pmatrix} R_s & 0 & 0 & 0 \\ 0 & R_s & 0 & 0 \\ 0 & 0 & R_r & 0 \\ 0 & 0 & 0 & R_r \end{pmatrix} \begin{pmatrix} i_{sd} \\ i_{sq} \\ i_{rd} \\ i_{rq} \end{pmatrix} + \frac{d}{dt} \begin{pmatrix} \psi_{sd} \\ \psi_{sq} \\ \psi_{rd} \\ \psi_{rq} \end{pmatrix} + \begin{pmatrix} -\omega_1 \psi_{sq} \\ \omega_1 \psi_{sd} \\ -(\omega_1 - \omega)\psi_{rq} \\ (\omega_1 - \omega)\psi_{rd} \end{pmatrix} \tag{3-80}$$

磁链方程为

$$\begin{pmatrix} \psi_{sd} \\ \psi_{sq} \\ \psi_{rd} \\ \psi_{rq} \end{pmatrix} = \begin{pmatrix} L_s & 0 & L_m & 0 \\ 0 & L_s & 0 & L_m \\ L_m & 0 & L_r & 0 \\ 0 & L_m & 0 & L_r \end{pmatrix} \begin{pmatrix} i_{sd} \\ i_{sq} \\ i_{rd} \\ i_{rq} \end{pmatrix} \tag{3-81}$$

转矩方程为

$$T = -pL_m(i_{sq}i_{rd} - i_{sd}i_{rq}) \tag{3-82}$$

上述的旋转变换是用旋转的绕组代替原静止的定子绕组，并使等效的转子绕组与等效的定子绕组重合，且保持严格的同步，等效后的定、转子绕组间不存在相对运动[10]。

以上只讨论了用矩阵方程表示的异步电动机的动态数学模型，在某些情况下（研究状态观测器等），为了研究的方便，要用状态方程描述，则需将电动机的模型表示成状态方程的形式。因此，异步电动机的动态数学模型可以有各种表示形式，不同的动态数学模型是为实现不同的控制策略服务的，基于交流电动机动态模型的调速系统，能实现高动态性能。

3.5　实例（应用）

【实例 3-1】　某笼型异步电动机额定数据：额定功率 $P_N = 40\text{kW}$，额定电压 $U_N = 380\text{V}$，Y联结，额定转速 $n_N = 1470\text{r/min}$，起动电流倍数 $k_I = 5.5$。已知车间变压器容量 $S_N = 1000\text{kVA}$，电动机需空载起动，试问该电动机能否采用直接起动？

解　根据直接起动经验公式，即

$$\frac{3}{4} + \frac{S_N}{4P_N} = \frac{3}{4} + \frac{1000}{4 \times 40} = 7 > k_I = 5.5$$

结论：可以直接起动。

【点评】　直接起动不需要专门的起动设备，操作简单。一般 7.5kW 以下的小容量笼型异步电动机都可以直接起动，但如果电动机所接电源变压器容量足够大，直接起动的容量还可相应增大，可用经验公式进行核算。

【实例 3-2】　某台笼型三相异步电动机额定数据：额定功率 $P_N = 60\text{kW}$，额定电压 $U_N = 380\text{V}$，Y联结，额定电流 $I_N = 136\text{A}$，起动电流倍数 $k_I = 6.5$，起动转矩倍数 $k_T = 1.1$，要求电动机起动时最大起动电流 $I_{st} = 500\text{A}$，电动机起动时拖动负载转矩 $T_L = 0.3T_N$，起动时的功率因数 $\cos\varphi_{1st} = 0.25$，试问该电动机适宜采用什么方法起动？

解　（1）直接起动

$$I_{st} = k_I I_N = 6.5 \times 136\text{A} = 884\text{A} > 500\text{A}$$

直接起动一般适用于 7.5kW 以下的小容量异步电动机，从计算可见，不能采用直接起动。

（2）采用Y/△起动

因定子为Y联结，故不能采用此方法。

（3）采用定子串电抗起动

限流倍数：$\alpha = \dfrac{I_{st}}{500} = \dfrac{884}{500} = 1.768$

起动所需转矩：$T_{st} = k_T T_N = 1.1T_N$

采用串电抗起动的起动转矩：$T'_{st} = T_{st}/\alpha^2 = 1.1T_N/1.768^2 = 0.3519T_N$

因为 $T'_{st} > 1.1T_L = 0.33T_N$，所以可采用定子串电抗起动。

$$z_k = \frac{U_{1N}}{\sqrt{3}I_{st}} = \frac{380}{\sqrt{3}\times 884}\Omega = 0.2482\Omega$$

$$r_k = z_k \cos\varphi_{1st} = 0.2482 \times 0.25\Omega = 0.0621\Omega$$

$$x_k = \sqrt{z_k^2 - r_k^2} = \sqrt{0.2482^2 - 0.0621^2}\Omega = 0.2368\Omega$$

$$X_{st} = \sqrt{\alpha^2 x_k^2 + (\alpha^2 - 1) r_k^2} - x_k$$

$$= \left[\sqrt{1.768^2 \times 0.2368^2 + (1.768^2 - 1)\times 0.0621^2} - 0.2368\right]\Omega = 0.1915\Omega$$

（4）采用自耦变压器起动（设抽头有80%、60%和40%三种）

1）若采用抽头为 80%，$k = 1/80\% = 1.25$，此时起动电流为 $I'_{st} = \dfrac{I_{st}}{k^2} = \dfrac{884}{1.25^2}\text{A} = 565.76\text{A} > 500\text{A}$，可见，不能采用 80% 的抽头。

2）若采用抽头为 60%，$k = 1/60\% = 1.667$，此时起动电流为 $I'_{st} = \dfrac{I_{st}}{k^2} = \dfrac{884}{1.667^2}\text{A} = 318.11\text{A} < 500\text{A}$，可见电流满足要求，但还需校验起动转矩。

起动转矩为 $T'_{st} = \dfrac{T_{st}}{k^2} = \dfrac{1.1T_N}{1.667^2} = 0.3958T_N > 0.33T_N$，转矩也满足要求，所以可以采用 60% 的抽头。

3）若采用抽头为 40%，$k = 1/40\% = 2.5$，此时起动电流为 $I'_{st} = \dfrac{I_{st}}{k^2} = \dfrac{884}{2.5^2}\text{A} = 141.4\text{A} < 500\text{A}$，可见电流满足要求，而起动转矩为 $T'_{st} = \dfrac{T_{st}}{k^2} = \dfrac{1.1T_N}{2.5^2} = 0.176T_N < 0.33T_N$，所以不能采用 40% 的抽头。

结论：该异步电动机可有两种起动方法，方法一采用定子串对称电抗起动，起动时所需串入电抗的值 $X_{st} = 0.1915\Omega$；方法二采用定子串自耦变压器起动，采用自耦变压器起动时应使用 60% 的抽头。

【点评】 异步电动机起动有各种方法，技术指标可通过计算得到，但最终选用哪种方法起动，还应根据现场实际情况和经济指标确定。

【实例 3-3】 已知一台三相绕线转子异步电动机额定数据：$P_N = 60\text{kW}$，$U_{1N} = 380\text{V}$，$I_{1N} = 132\text{A}$，$n_N = 577\text{r/min}$，$E_{2N} = 253\text{V}$，$I_{2N} = 160\text{A}$，$\lambda_m = 2.5$，定、转子绕组均为Y联结。试求：（1）电动机在额定运行时突将定子任意两相对调，要求制动转矩为 $1.3T_N$，应在转子

每相串入多大的电阻？（2）如果采用转速反向的反接制动，使额定位能性负载以 $n=140\text{r/min}$ 的速度稳速下放，应在转子每相串入多大的电阻？

解　电动机额定运行时，因为 $n_N=577\text{r/min}$，所以，同步转速 $n_1=600\text{r/min}$，额定转差率为 $s_N=\dfrac{n_1-n_N}{n_1}=\dfrac{600-577}{600}=0.0383$

转子电阻为 $r_2=\dfrac{s_N E_{2N}}{\sqrt{3}I_{2N}}=\dfrac{0.0383\times253}{\sqrt{3}\times160}\Omega=0.035\Omega$

（1）电源反接制动

电源反接瞬间，转速不能突变，$n=n_N$，则有

$$s_1=\frac{-n_1-n_N}{-n_1}=\frac{600+577}{600}=1.9617$$

电源反接且转子串电阻人为特性必经过（-1.9617，$-1.3T_N$）点，根据实用公式 $T=\dfrac{2T_m}{s/s_m+s_m/s}$，应有

$$-1.3T_N=\frac{-2\times2.5T_N}{1.9617/s'_m+s'_m/1.9617}$$

求上式得 $s'_{m1}=0.550$ 或 $s'_{m2}=6.995$。

固有机械特性时的临界转差率为

$$s_m=s_N(\lambda_m+\sqrt{\lambda_m^2-1})=0.0383\times(2.5+\sqrt{2.5^2-1})=0.1835$$

当 $s'_{m1}=0.550$ 时，转子外串电阻为

$$R_{ad1}=(\frac{s'_{m1}}{s_m}-1)r_2=(\frac{0.550}{0.1835}-1)\times0.035\Omega=0.0699\Omega$$

当 $s'_{m2}=6.995$ 时，转子外串电阻为

$$R_{ad2}=(\frac{s'_{m2}}{s_m}-1)r_2=(\frac{6.995}{0.1835}-1)\times0.035\Omega=1.2992\Omega$$

（2）转速反向的反接制动

当以 $n=-140\text{r/min}$ 下放负载时，转差率为

$$s_2=\frac{n_1-n}{n_1}=\frac{600-(-140)}{600}=1.2333$$

转子应串电阻为

$$R_{ad}=\left(\frac{s_2}{s_N}-1\right)r_2=\left(\frac{1.2333}{0.0383}-1\right)\times0.035\Omega=1.0920\Omega$$

【点评】　在电源反接制动采用实用表达式求临界转差率时得到两个值，都是合理的，当 $s'_{m1}=0.550$ 时，说明反接制动瞬间在特性的线性段；而当 $s'_{m2}=6.995$ 时，说明反接制动瞬间在特性的非线性段。

3.6　三相交流电动机电力拖动的仿真

3.6.1　三相异步电动机机械特性的仿真

1. 三相异步电动机的固有机械特性仿真

【仿真实例 3-1】 一台三相异步电动机主要技术数据与【例题 3-1】相同，试用实用表达式编制 M 文件程序，绘制该电动机固有机械特性曲线 $n=f(T)$ 和 $T=f(s)$。

解 根据【例题 3-1】的解得该电动机的固有机械特性方程为

$$T=\frac{2T_m}{\frac{s_m}{s}+\frac{s}{s_m}}=\frac{197.6}{\frac{0.123}{s}+\frac{s}{0.123}}$$

编写绘制该电动机固有机械特性的 M 文件程序如下：

```
clc
clear
n1 =1500;                                    %输入同步转速
s =0:0.005:1;                                %转差率变化范围 0 ~1,间隔 0.005
T =197.6./(0.123./s + s./0.123);             %计算电磁转矩
Subplot(1,2,1)                               %按照 1 行 2 列绘制子图 1
plot(s,T,'k-');                              %绘制机械特性
xlabel('转差率{\its}');                       %横坐标标注"转差率 s"
ylabel('电磁转矩{\itT}/(N\cdotm)');           %纵坐标标注"电磁转矩 T/(N·m)"
title('异步电动机固有机械特性
{\itT} ={\itf}({\its})')                      %标注标题"异步电动机固有机械特性 T=f(s)"
n =n1.*(1-s);                                %计算转速
Subplot(1,2,2)                               %按照 1 行 2 列绘制子图 2
plot(T,n,'k-');                              %绘制机械特性
xlabel('电磁转矩{\itT}/(N\cdotm)');           %横坐标标注"电磁转矩 T/(N·m)"
ylabel('转速{\itn}/(r/min)');                 %纵坐标标注"转速 n/(r/min)"
title('异步电动机固有机械特性
{\itn} ={\itf}({\itT})')                      %标注标题"异步电动机固有机械特性 n=f(T)"
hold on;                                     %保持当前坐标轴和图形
```

运行上述程序得到图 3-58 所示的固有机械特性仿真曲线。

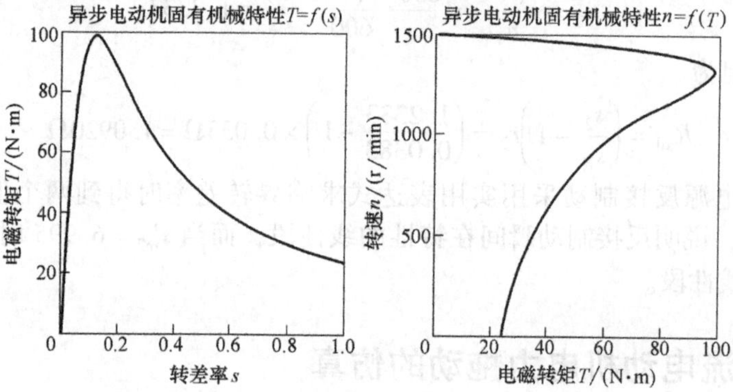

图 3-58 三相异步电动机固有机械特性仿真曲线

2. 三相异步电动机的人为机械特性仿真

【仿真实例 3-2】 一台三相六极异步电动机定子绕组为丫联结，额定电压 $U_N=380V$，

额定转速 $n_N=975r/min$，电源频率 $f_1=50Hz$，定子电阻 $r_1=2.08\Omega$，定子漏电抗 $x_1=3.12\Omega$，转子电阻折算值 $r_2'=1.53\Omega$，转子漏电抗折算值 $x_2'=4.25\Omega$。试编制 M 文件程序，绘制降低定子电压和改变转子电阻的人为机械特性曲线，要求电压从额定值开始下降，每次降幅为 25%，共三次；转子串电阻每次串入 0.75Ω，共四次。

解 用 M 语言编写绘制人为机械特性曲线的 MATLAB 程序如下：

```
clc
clear
m1 =3;                                   %异步电动机相数
U1 =220;                                 %定子相电压
n1 =1000;                                %输入同步转速
p =2;                                    %极对数
f1 =50;                                  %电源频率
r1 =2.08;                                %定子绕组电阻
r2 =1.53;                                %转子绕组电阻折算值
w1 =2*pi*f1/p;                           %计算同步角速度,单位:rad/s
x1 =3.12;                                %定子漏电抗
x2 =4.25;                                %转子漏电抗折算值
s =0:0.005:1;                            %设定转差率变化范围:0~1,间隔0.005
n =n1.*(1-s);                            %计算转速
T =(m1*p*U1^2*r2)./s./(w1.*((r1+r2./s).^2+(x1+x2)^2));
                                         %计算电磁转矩
subplot(2,2,1)                           %按2行2列绘制子图
plot(s,T,'k');                           %绘制固有机械特性曲线
xlabel('转差率{\its}');                  %横坐标标注"转差率 s"
ylabel('电磁转矩{\itT}/(N\cdotm)');      %纵坐标标注"电磁转矩 T/(N·m)"
str_x =0.25;                             %标注字符的横坐标
text(str_x,max(T),strcat('U1 =',num2str(int16(U1)), 'V'),'FontSize',9,'Color','black');
                                         %标注固有机械特性曲线的电压值
title('降低定子电压的人为机械特性')
                                         %标题"降低定子电压的人为机械特性"
hold on;                                 %保持当前坐标轴和图形
subplot(2,2,2)                           %按2行2列绘制子图2
plot(T,n,'k');                           %绘制固有机械特性曲线
hold on;
xlabel('电磁转矩{\itT}/(N\cdotm)');      %横坐标标注"电磁转矩 T/(N·m)"
ylabel('转速{\itn}/(r/min)');            %纵坐标标注"转速 n/(r/min)"
text(max(T)-20,500,strcat('U1 =',num2str(int16(U1)),'V'),'FontSize',9, 'Color', 'black');
                                         %标注固有机械特性曲线的电压值
title('降低定子电压的人为机械特性')      %标题"降低定子电压的人为机械特性"
```

```
    plot(s,T1,'k-');                                    %绘制改变转子电阻人为机械特性
    str = strcat('r2 = ',num2str(r2p),'\Omega');        %创建标注字符串
    str_y = T1(length(T1))-5;                           %标注字符串的纵坐标值
    text(str_x,str_y+11,str,'FontSize',9,'Color','black'); %标记各曲线的电阻值
    subplot(2,2,4)                                      %按 2 行 2 列绘制子图 4
    plot(T1,n,'k-');                                    %绘制改变转子电阻人为机械特性
    str = strcat('r2 = ',num2str(r2p),'\Omega');        %创建标注字符串
    str_y1 = str_y1-90;                                 %修改字符串的纵坐标值
    text(50 + coef*8,str_y1,str,'FontSize',9,'Color','black');
                                                        %标记各曲线的电阻值
end
```

运行上述程序得到图 3-59 所示的人为机械特性仿真曲线。

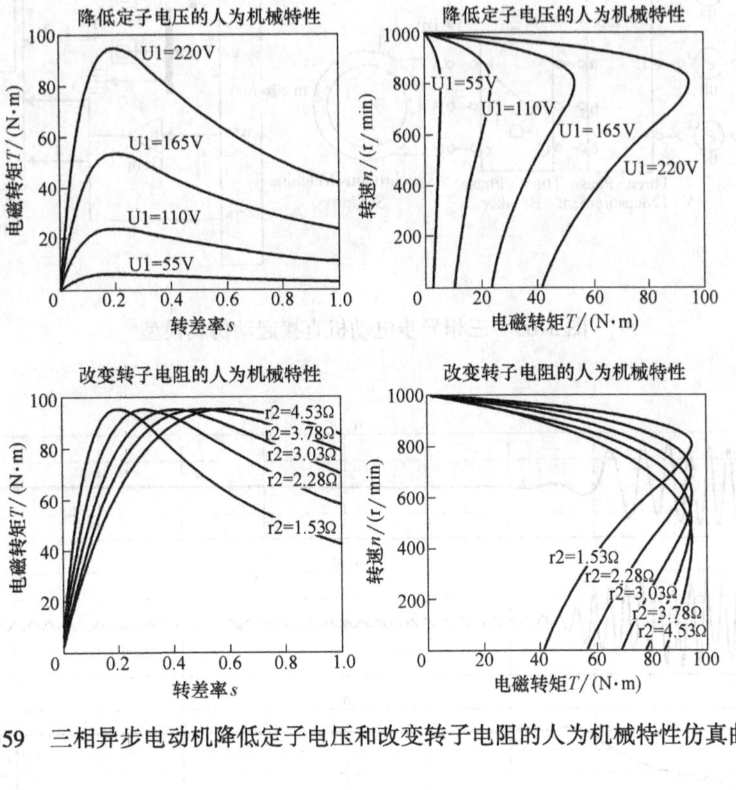

图 3-59　三相异步电动机降低定子电压和改变转子电阻的人为机械特性仿真曲线

3.6.2　三相异步电动机起动仿真

1. 三相异步电动机直接起动仿真

【仿真实例 3-3】　已知某台三相四极笼型异步电动机技术参数：额定功率 $P_N = 10kW$，额定电压 $U_{1N} = 380V$（△联结），定子每相电阻 $r_1 = 1.33\Omega$，每相漏抗 $x_1 = 2.45\Omega$，转子每相电阻折算值 $r_2' = 1.12\Omega$，每相漏抗折算值 $x_2' = 4.4\Omega$，励磁电阻 $r_m = 7\Omega$，励磁漏抗 $x_m = 90\Omega$，电动机的转动惯量 $J = 0.0747kg \cdot m^2$，设摩擦系数 $F = 0N \cdot m \cdot s$，电动机带载起动，负载转

矩为 30N·m。试用 MATLAB/Simulink 建立该三相异步电动机直接起动仿真模型，观察整个直接起动过程，示波器显示直接起动过程的定子电流、转子电流、转速和转矩的变化曲线。

解 根据题意用 Simulink 建立三相异步电动机直接起动仿真模型，如图 3-60 所示。模型中采用了三个独立的单相交流电压源模块组成三相交流电源；用三相交流电压和电流测量模块测量三相交流电路的电压和电流；用电动机测量模块接示波器显示直接起动过程的定子电流、转子电流、转速和转矩的变化曲线；用三相断路器控制三相交流电源的投入时间；异步电动机采用位于【Power System】库中的异步电动机模块。

通过运行图 3-60 所示的仿真模型得到图 3-61 所示的仿真结果。

注：本题采用等步长仿真算法进行仿真，通过打开"Simulink→Configuration Parameters"将"Solver"选项中的"Type"更改为 Fixed-step，并设置"Fixed-step size"的值为 0.00001。

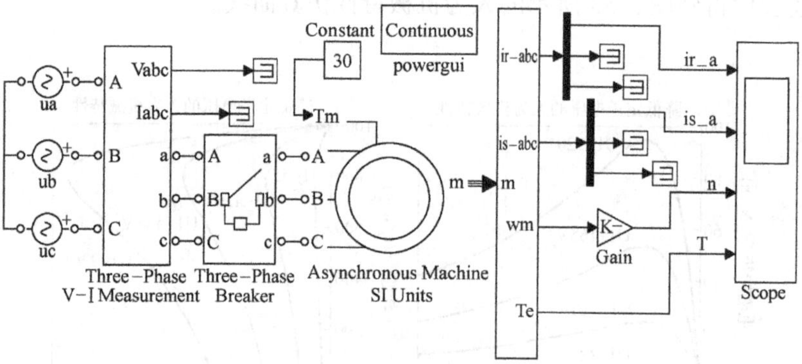

图 3-60 三相异步电动机直接起动仿真模型

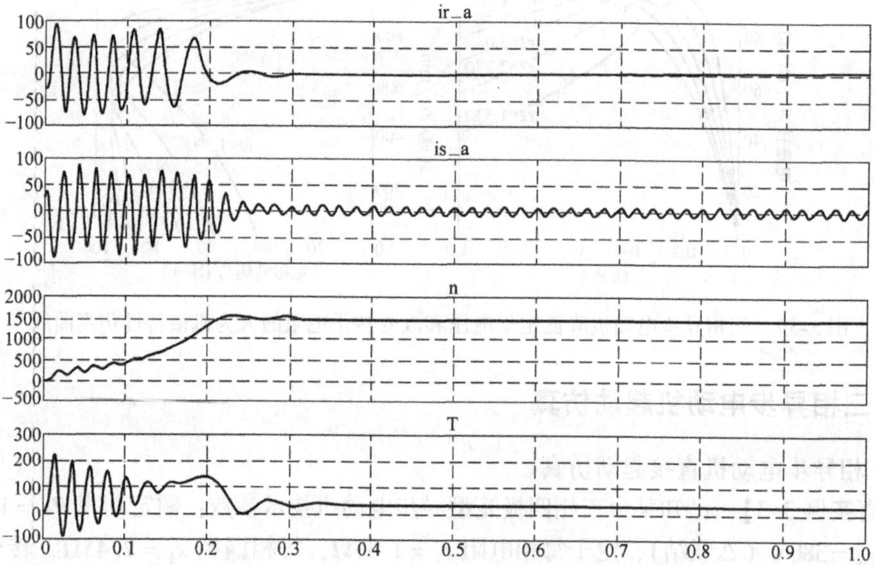

图 3-61 三相异步电动机直接起动仿真结果

2. 三相异步电动机定子串电阻起动仿真

【仿真实例 3-4】　试用 MATLAB/Simulink 建立三相异步电动机定子串电阻减压起动仿真模型，异步电动机模块选用预设模型 20，观察整个起动过程，示波器显示起动过程的定子电流、转子电流、转速和转矩的变化曲线。

解　根据题意用 Simulink 建立三相异步电动机定子串电阻减压起动仿真模型，如图 3-62 所示，与图 3-60 所示的直接起动仿真模型相比，定子侧增加了与断路器并联的外串三相对称起动电阻，起动时串入起动电阻，设其值为 0.30Ω，待异步电动机起动完毕后切除外串的起动电阻，即将断路器接通。可设断路器在 0.8s 时刻投入，设电动机带载起动，负载转矩为 30N · m。由于异步电动机模块选用了预设模型 20（电动机额定功率为 110kW），因此参数无需再次设定。

通过运行图 3-62 所示的仿真模型得到图 3-63 所示的仿真结果。

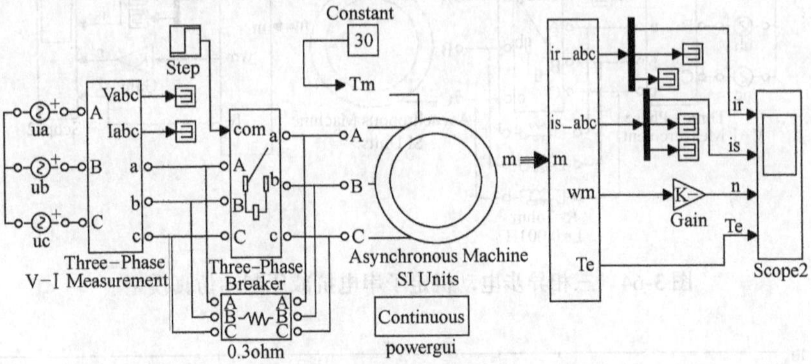

图 3-62　三相异步电动机定子串电阻减压起动传真模型

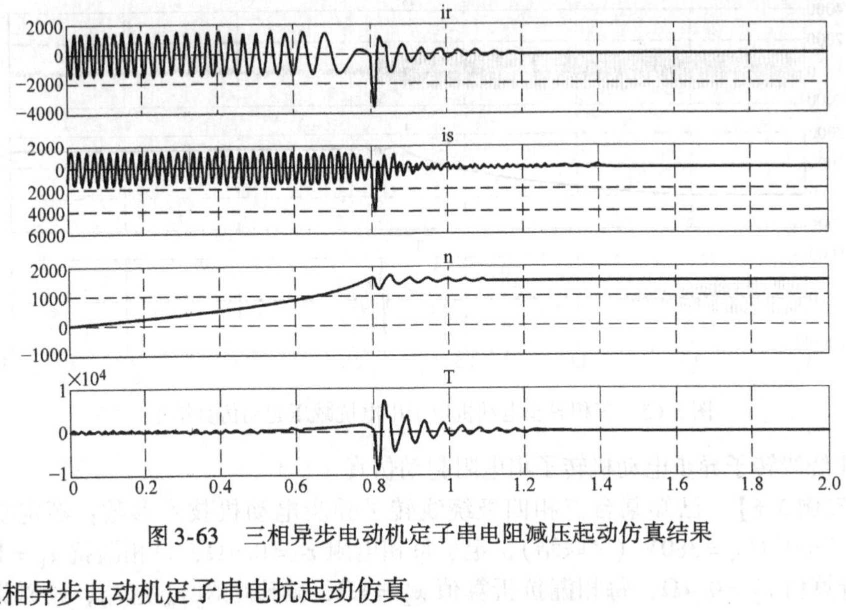

图 3-63　三相异步电动机定子串电阻减压起动仿真结果

3. 三相异步电动机定子串电抗起动仿真

【仿真实例 3-5】　试用 MATLAB/Simulink 建立三相异步电动机定子串电抗减压起动仿真模型，异步电动机模块选用预设模型 20，设串入的每相电抗值 $L = 0.001\text{H}$，电动机带载起动，负载转矩为 30N · m，待异步电动机起动完毕后切除外串的起动电抗，即将断路器接通，可设断路器在 1.85s 时刻投入，观察整个起动过程，示波器显示起动过程的定子电流、转子电流、转速和转矩的变化曲线。

解 本题与【仿真实例 3-4】相似，只需将定子外串起动电阻改为串电抗即可，根据题意用 Simulink 建立三相异步电动机定子串电抗减压起动仿真模型，如图 3-64 所示，其中每个电抗两端均并联一个电阻（3Ω），该电阻起到缓冲作用，即当电路状态发生突变时，该并联电阻可保证电路继续导通。

通过运行图 3-64 所示的仿真模型得到图 3-65 所示的仿真结果。

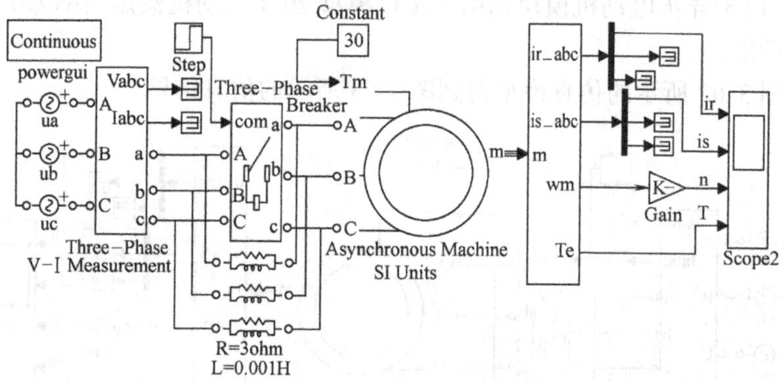

图 3-64 三相异步电动机定子串电抗减压起动仿真模型

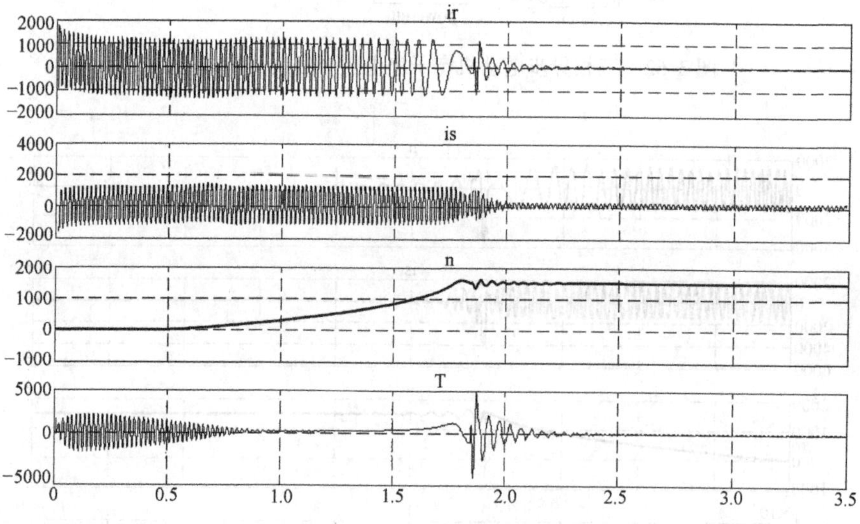

图 3-65 三相异步电动机定子串电抗减压起动仿真结果

4. 三相绕线转子异步电动机转子串电阻起动仿真

【**仿真实例 3-6**】 已知某台三相四极绕线转子异步电动机技术参数：额定功率 P_N = 11kW，额定电压 U_{1N} = 380V（Y联结），定子每相电阻 $r_1 = 0.4\Omega$，每相漏抗 $x_1 = 1\Omega$，转子每相电阻折算值 $r_2' = 0.4\Omega$，每相漏抗折算值 $x_2' = 1\Omega$，励磁电阻 r_m 忽略，励磁漏抗 x_m = 40Ω，电动机的转动惯量 $J = 0.089\text{kg} \cdot \text{m}^2$，设摩擦系数 $F = 0\text{N} \cdot \text{m} \cdot \text{s}$，电动机带载起动，负载转矩为 72N · m。试用 MATLAB/Simulink 建立三相绕线转子异步电动机转子串电阻起动

仿真模型，观察整个起动过程，示波器显示起动过程的定子电流、转子电流、转速和转矩的变化曲线。

解　根据题意用 Simulink 建立三相绕线转子异步电动机转子串电阻起动仿真模型，如图 3-66 所示，其中转子通过起动电阻闭合，起动电阻仿真模型如图 3-67 所示，起动时串入起动电阻参数值设定为 0.5Ω，待异步电动机起动完毕后切除外串的起动电阻，即将断路器接通，可设断路器在 0.6s 时刻投入。

通过运行图 3-66 所示的仿真模型得到图 3-68 所示的仿真结果。

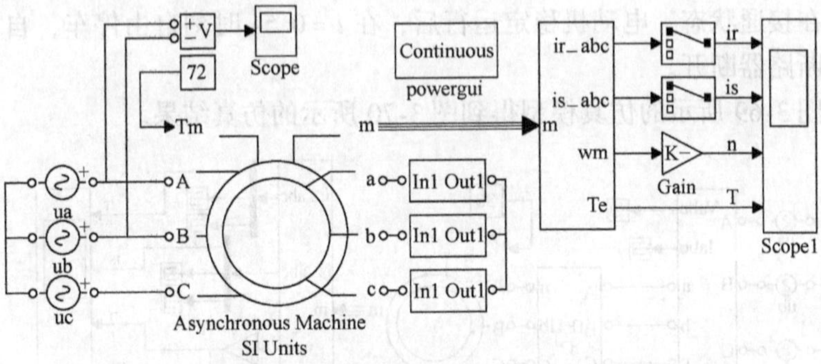

图 3-66　三相绕线转子异步电动机转子串电阻起动仿真模型

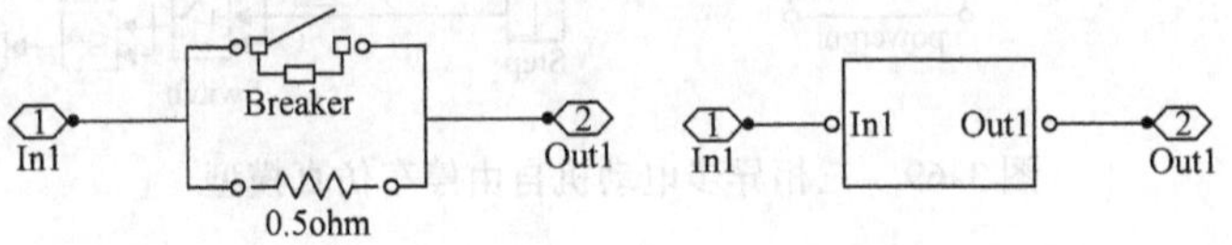

a) 起动电阻结构　　b) 起动电阻封装图

图 3-67　起动电阻仿真模型

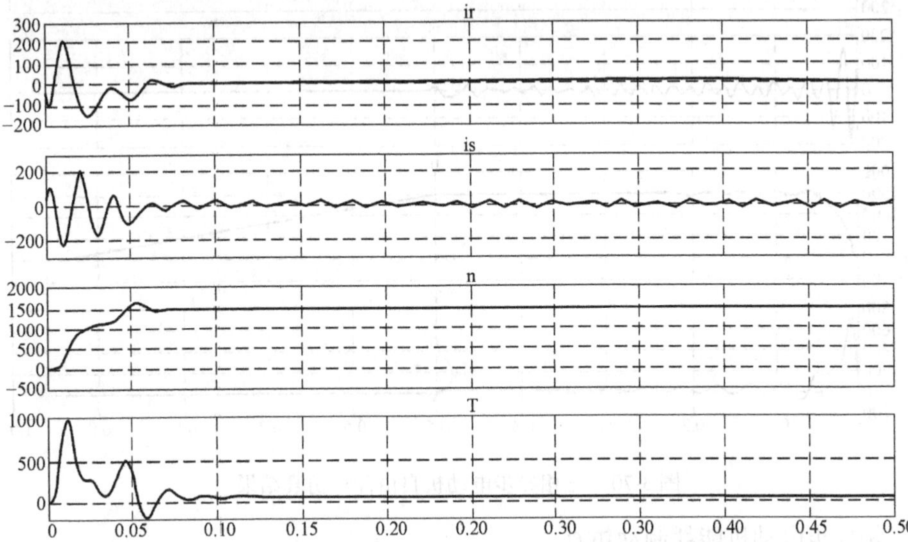

图 3-68　三相绕线转子异步电动机转子串电阻起动仿真结果

3.6.3 三相异步电动机制动仿真

1. 三相异步电动机自由停车仿真

【仿真实例 3-7】 试用 MATLAB/Simulink 建立三相异步电动机自由停车仿真模型，观察整个制动过程，示波器显示自由停车过程的定子电流、转子电流、转速和转矩的变化曲线。

解 根据题意用 Simulink 建立三相异步电动机自由停车仿真模型，如图 3-69 所示，它与图 3-60 所示的异步电动机直接起动模型相似，所不同的只是仿真开始瞬间应使三相交流电源断路器处在接通状态，电动机稳定运行后，在 $t=0.5\text{s}$ 时刻自由停车，自由停车瞬间使三相交流电源断路器断开。

通过运行图 3-69 所示的仿真模型得到图 3-70 所示的仿真结果。

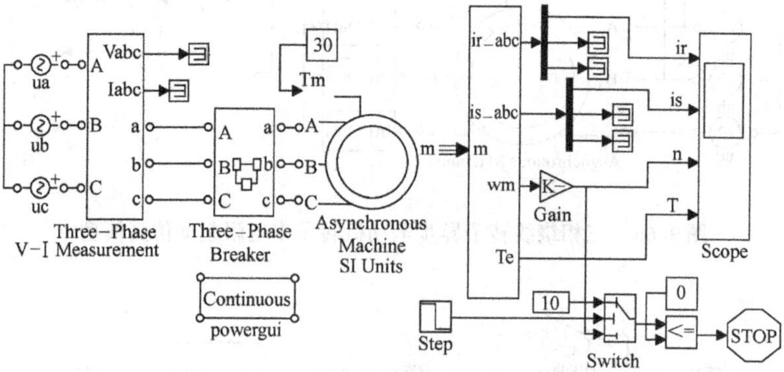

图 3-69 三相异步电动机自由停车仿真模型

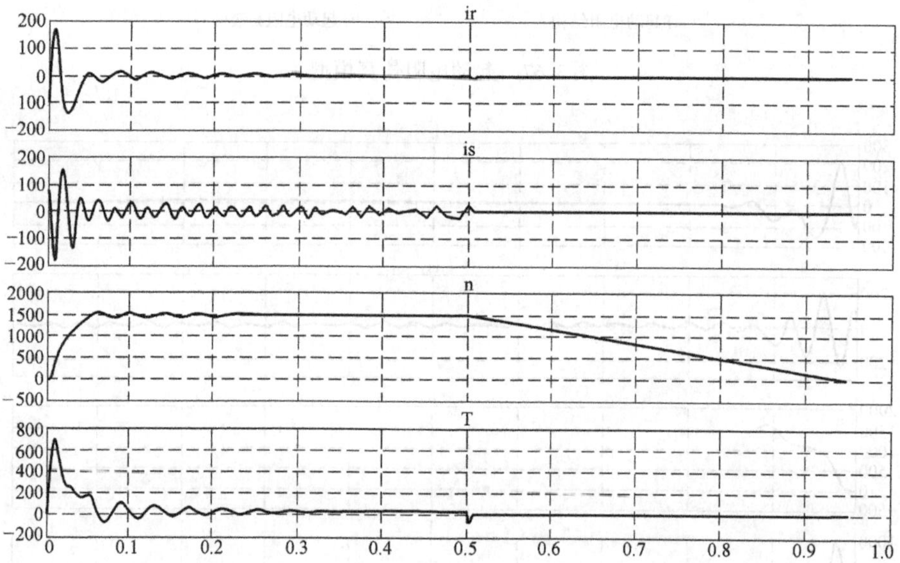

图 3-70 三相异步电动机自由停车仿真结果

2. 三相异步电动机能耗制动仿真

【仿真实例 3-8】 试用 MATLAB/Simulink 建立三相异步电动机能耗制动仿真模型，观

```
str_y =500;                                   %设定字符串的纵坐标初值
for coef =0.75:-0.25:0.25;                    %设定降低定子电压的范围
U1p = U1 *coef;                               %降低定子电压
T1 = (m1 *p *U1p^2 *r2)./s./(w1.*((r1 + r2./s).^2 + (x1 + x2)^2));
                                              %计算电磁转矩
subplot(2,2,1)                                %按2行2列绘制子图1
plot(s,T1,'k-');                              %绘制降低定子电压人为机械特性
str = strcat('U1 =',num2str(int16(U1p)), 'V'); %创建标注字符
text(str_x,max(T1) +5,str,'FontSize',9,'Color', 'black'); %标记各曲线的电压值
subplot(2,2,2)                                %按2行2列绘制子图2
plot(T1,n,'k-');                              %绘制降低定子电压人为机械特性
str = strcat('U1 =',num2str(int16(U1p)),'V');%创建标注字符串
str_y = str_y +100;                           %修改字符串的纵坐标值
text(max(T1)-5,str_y,str, 'FontSize',9,'Color', 'black'); %标记各曲线的电压值
end
subplot(2,2,3)                                %按2行2列绘制子图3
plot(s,T, 'k-');                              %绘制固有机械特性曲线
xlabel('转差率{\its}');                       %横坐标标注"转差率 s"
ylabel('电磁转矩{\itT}/(N\cdotm)');           %纵坐标标注"电磁转矩 T/(N·m)"
str_x =0.75;                                  %标注字符的横坐标
text(str_x,max(T)-45,strcat('r2 =',num2str(r2), '\Omega'),'FontSize',9,'Color', 'black');
                                              %标注固有机械特性曲线的电阻值
title('改变转子电阻的人为机械特性')           %标题"改变转子电阻的人为机械特性"
hold on;                                      %保持当前坐标轴和图形
subplot(2,2,4)                                %按2行2列绘制子图4
plot(T,n,'k-');                               %绘制固有机械特性曲线
hold on;
xlabel('电磁转矩{\itT}/(N\cdotm)');           %横坐标标注"电磁转矩 T/(N·m)"
ylabel('转速{\itn}/(r/min)');                 %纵坐标标注"转速 n/(r/min)"
text(50,400,strcat('r2 =',num2str(r2),'\Omega'),'FontSize',9,'Color', 'black');
                                              %标注固有机械特性曲线的电阻值
title('改变转子电阻的人为机械特性')           %标题"改变转子电阻的人为机械特性"
r2p = r2;                                     %设定改变的转子电阻的初值
str_y1 =400;                                  %设定字符串的纵坐标初值
for coef =1:4;                                %设定改变转子电阻的范围
r2p = r2p +0.75;                              %改变转子电阻
T1 = (m1 *p *U1^2 *r2p)./s./(w1.*((r1 + r2p./s).^2 + (x1 + x2)^2));
                                              %计算电磁转矩
subplot(2,2,3)                                %按2行2列绘制子图3
```

察整个制动过程，示波器显示能耗制动过程的定子电流、转子电流、转速和转矩的变化曲线。

解　根据题意用 Simulink 建立三相异步电动机能耗制动仿真模型，如图 3-71 所示，它是在图 3-60 所示的异步电动机直接起动模型基础上，在 A、B 两相定子电路之间增加了直流励磁控制电路，该直流励磁控制电路由直流电压源和电阻串联组成，并通过一个单相断路器进行控制。为了实现能耗制动，即在断开交流电源断路器的同时闭合直流电源的单相断路器，模型中采用了一个阶跃信号源模块实现能耗制动控制，能耗制动在 $t=1\mathrm{s}$ 时刻进行。

通过运行图 3-71 所示的仿真模型得到图 3-72 所示的仿真结果。

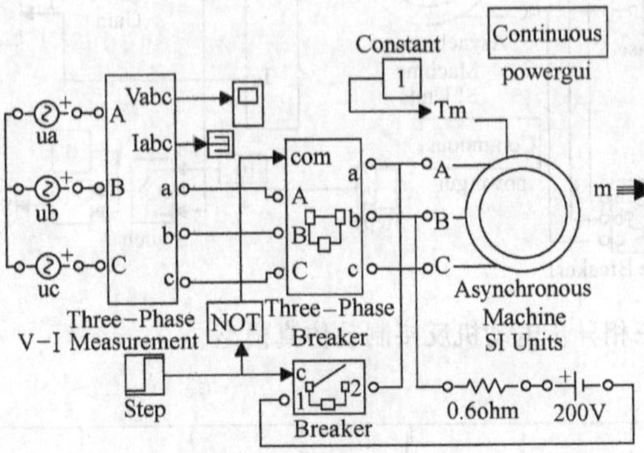

图 3-71　三相异步电动机能耗制动仿真模型

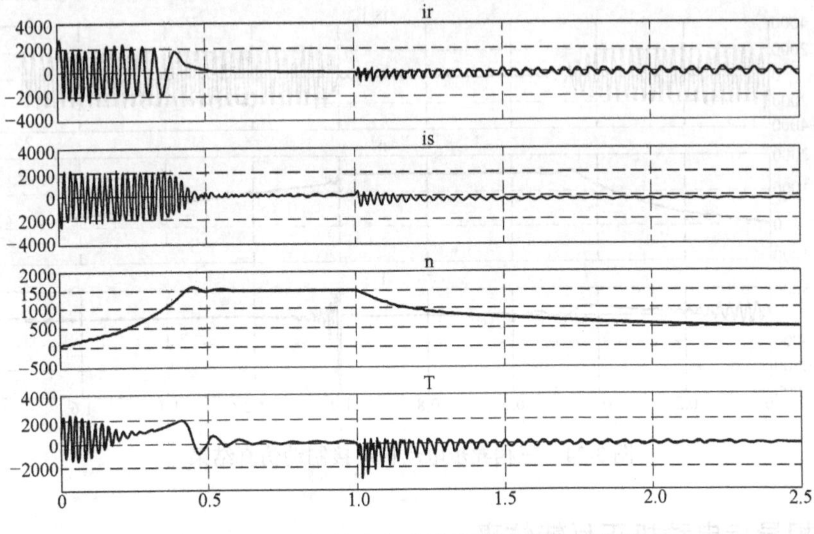

图 3-72　三相异步电动机能耗制动仿真结果

3. 三相异步电动机反接制动仿真

【仿真实例 3-9】　试用 MATLAB/Simulink 建立三相异步电动机反接制动仿真模型，观察整个制动过程，示波器显示反接制动过程的定子电流、转子电流、转速和转矩的变化曲线。

解　根据题意用 Simulink 建立三相异步电动机反接制动仿真模型，如图 3-73 所示，模型中使用了两个三相断路器控制接入异步电动机定子三相绕组的电流相序，以实现反接制动。为了能在制动瞬间，正常运行的交流电源断路器切断的同时闭合反接制动三相断路器，模型中采用了一个阶跃信号源模块实现反接制动控制，反接制动在 $t=1\text{s}$ 时刻进行。

通过运行图 3-73 所示的仿真模型得到图 3-74 所示的仿真结果。

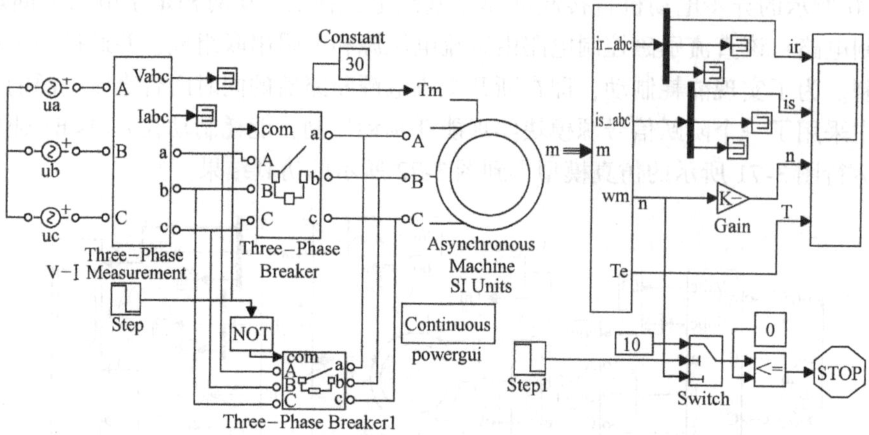

图 3-73　三相异步电动机反接制动仿真模型

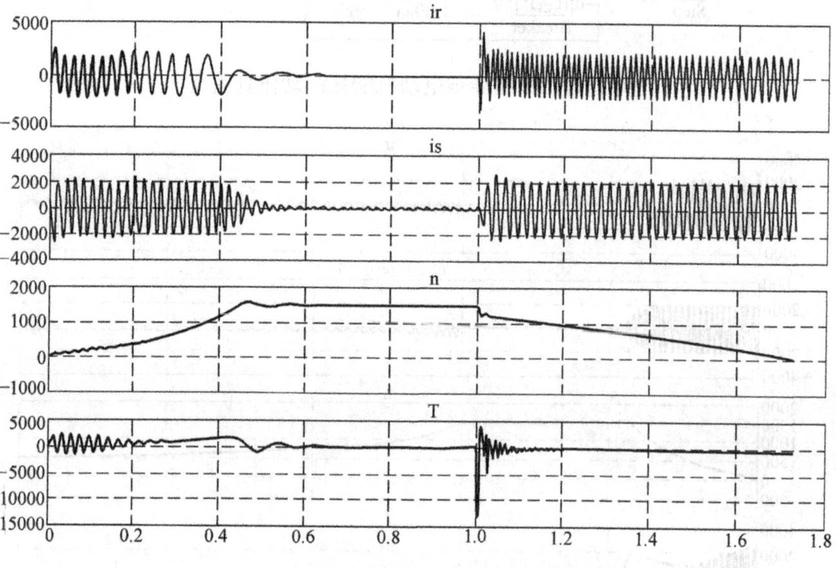

图 3-74　三相异步电动机反接制动仿真结果

3.6.4　三相异步电动机正反转仿真

【仿真实例 3-10】　试用 MATLAB/Simulink 建立三相异步电动机正反转仿真模型，观察整个反转过程，示波器显示从正转到反转过程的定子电流、转子电流、转速和转矩的变化曲线。

解　根据题意用 Simulink 建立三相异步电动机正反转仿真模型，如图 3-75 所示，该模型与三相异步电动机反接制动仿真模型相似，使用了两个三相断路器控制接入异步电动机定子三相绕组的电流相序，以实现反转。为了能在反转瞬间，正转运行的交流电源断路器切断的同时闭合反转三相断路器，模型中采用了一个阶跃信号源模块实现正反转控制，反转在 $t=1\text{s}$ 时刻进行。

通过运行图 3-75 所示的仿真模型得到图 3-76 所示的仿真结果。

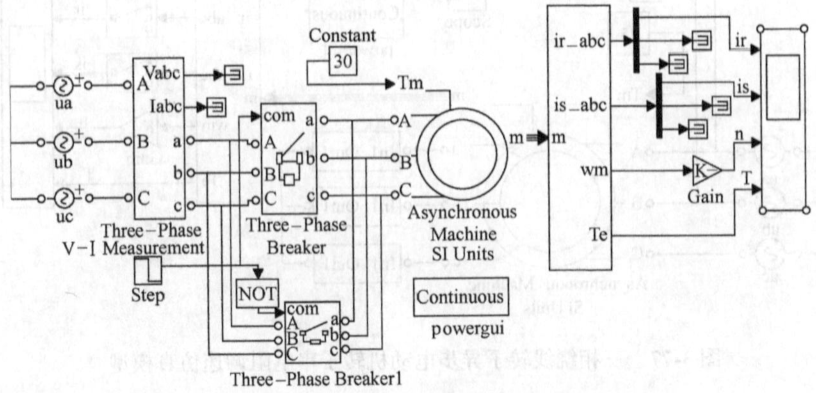

图 3-75　三相异步电动机正反转仿真模型

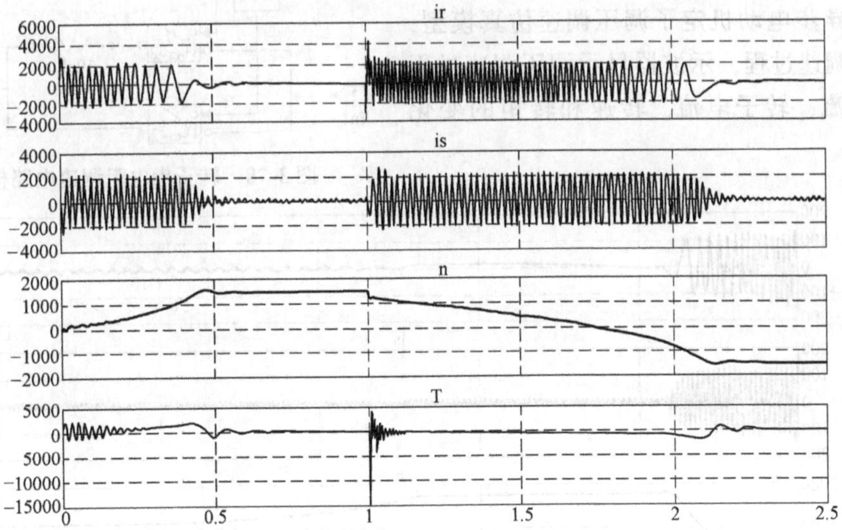

图 3-76　三相异步电动机正反转仿真结果

3.6.5　三相异步电动机调速仿真

1. 三相异步电动机转子串电阻调速仿真

【仿真实例 3-11】 试用 MATLAB/Simulink 建立三相绕线转子异步电动机转子串电阻调速仿真模型，观察整个调速过程，示波器显示调速过程的定子电流、转子电流、转速和转矩的变化曲线。

解　根据题意用 Simulink 建立三相绕线转子异步电动机转子串电阻调速仿真模型，如图 3-77 所示，该模型与三相绕线转子异步电动机转子串电阻起动仿真模型相似，在转子侧使用了两个三相断路器控制接入异步电动机转子三相绕组的电阻，以实现调速。为了能在调速瞬间，转子由直接短接切换到转子串三相对称电阻，模型中采用了一个阶跃信号源模块实现串电阻调速控制，其电路模型如图 3-78 所示。

通过运行图 3-77 所示的仿真模型得到图 3-79 所示的仿真结果。

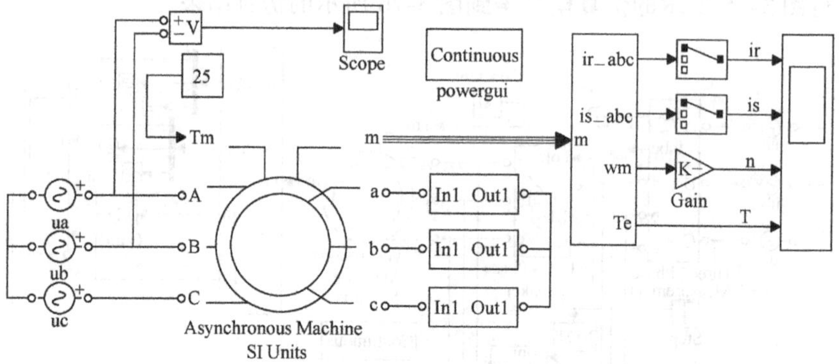

图 3-77　三相绕线转子异步电动机转子串电阻调速仿真模型

2. 三相异步电动机定子调压调速仿真

【仿真实例 3-12】 试用 MATLAB/Simulink 建立三相异步电动机定子调压调速仿真模型，观察整个调速过程，示波器显示调压调速过程的定子电流、转子电流、转速和转矩的变化曲线。

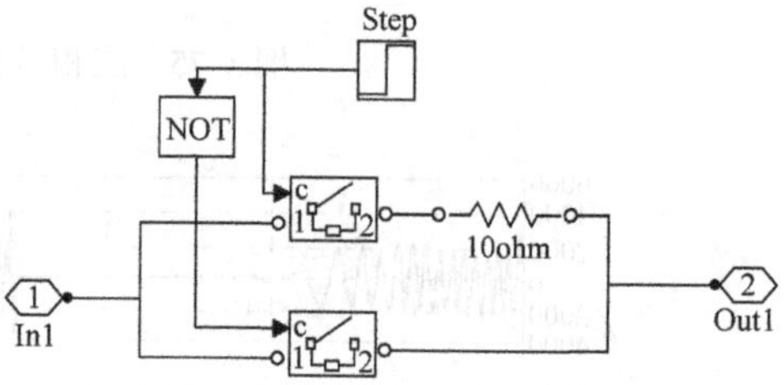

图 3-78　转子串电阻调速电路模型

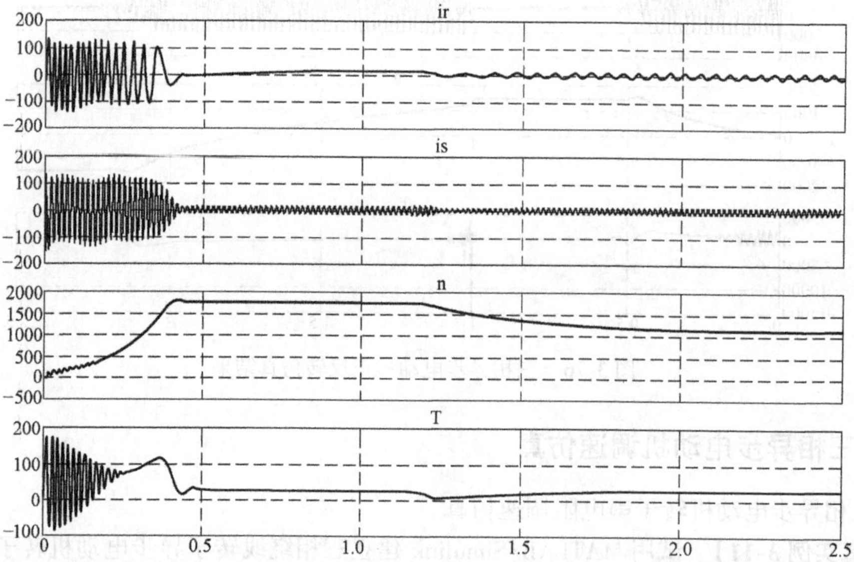

图 3-79　三相绕线转子异步电动机转子串电阻调速仿真结果

解　根据题意用 Simulink 建立三相异步电动机定子调压调速仿真模型，如图 3-80 所示，该模型与三相异步电动机直接起动仿真模型相似，有两套不同电压等级的交流电压源分别由两个三相断路器接到定子绕组以实现调速。为了能在调速瞬间，实现两套三相交流电压源的切换，模型中采用了一个阶跃信号源模块实现定子调压调速控制，调压在 $t=3\text{s}$ 时刻进行。

通过运行图 3-80 所示的仿真模型得到图 3-81 所示的仿真结果。

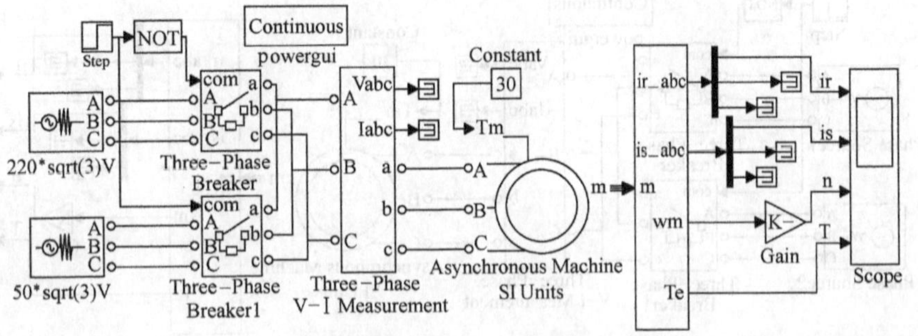

图 3-80　三相异步电动机定子调压调速仿真模型

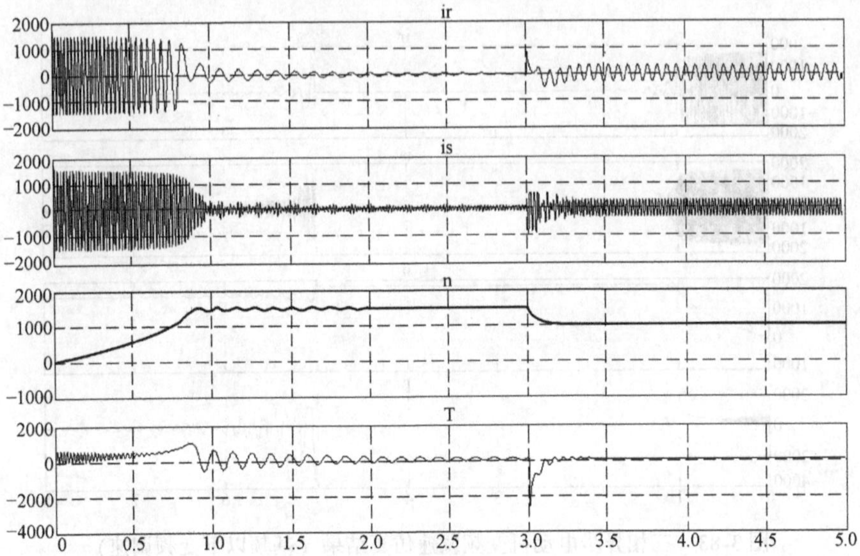

图 3-81　三相异步电动机定子调压调速仿真结果

3. 三相异步电动机变频调速仿真

【仿真实例 3-13】 试用 MATLAB/Simulink 建立三相异步电动机变频调速仿真模型，观察整个调速过程，示波器显示变频调速过程的定子电流、转子电流、转速和转矩的变化曲线。

解　根据题意用 Simulink 建立三相异步电动机变频调速仿真模型，如图 3-82 所示，有两套相同电压等级而频率不等的交流电压源分别由两个三相断路器接到定子绕组以实现调速。为了能在调速瞬间，实现两套三相交流电压源的切换，模型中采用了一个阶跃信号源模块实现变频调速控制。因基频以下变频调速为恒磁通调速，应保持 U_1/f_1 = 常数，三相电源模块 1（Three-Phase Source1）设置电压为 264 * sqrt（3）V、频率为 60Hz，三相电源模块 2（Three-Phase Source2）设置电压为 220 * sqrt(3) V、频率为 50Hz，阶跃模块(Step）设置阶跃信号为 0 ~ 1；基频以上变频调速为恒功率调速，将三相电源模块 1 电压设置改为 220 * sqrt（3）V，阶跃模块(Step)设置阶跃信号为 1 ~ 0。

通过运行图 3-82 所示的仿真模型得到图 3-83 和图 3-84 所示的仿真结果。

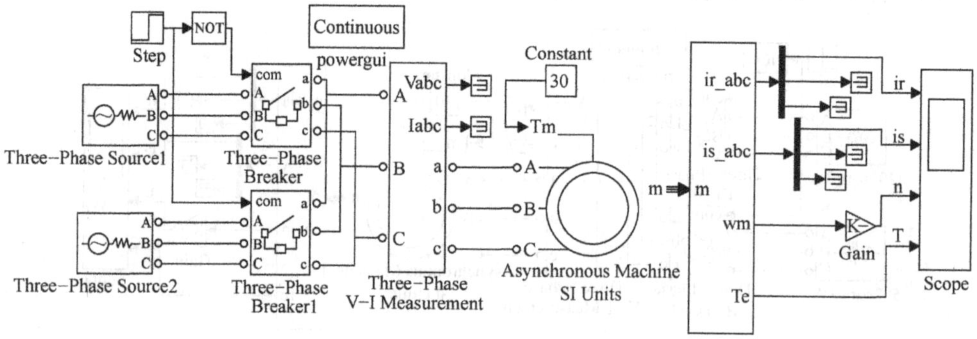

图 3-82 三相异步电动机变频调速仿真模型

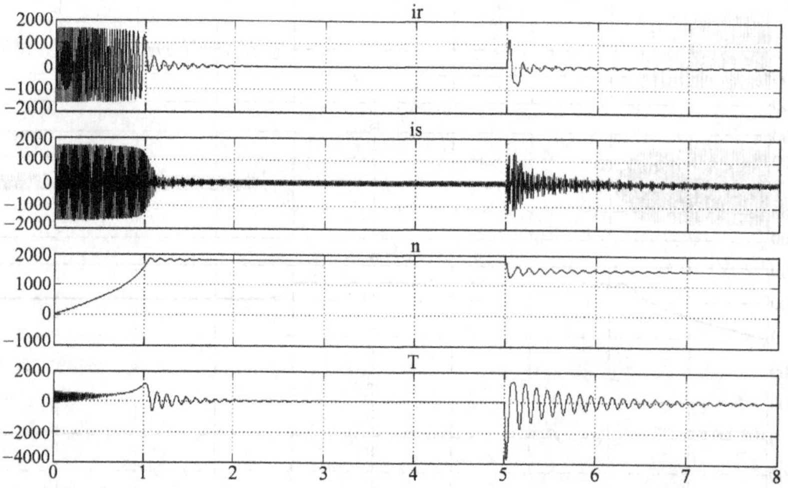

图 3-83 三相异步电动机变频调速仿真结果（基频以下变频调速）

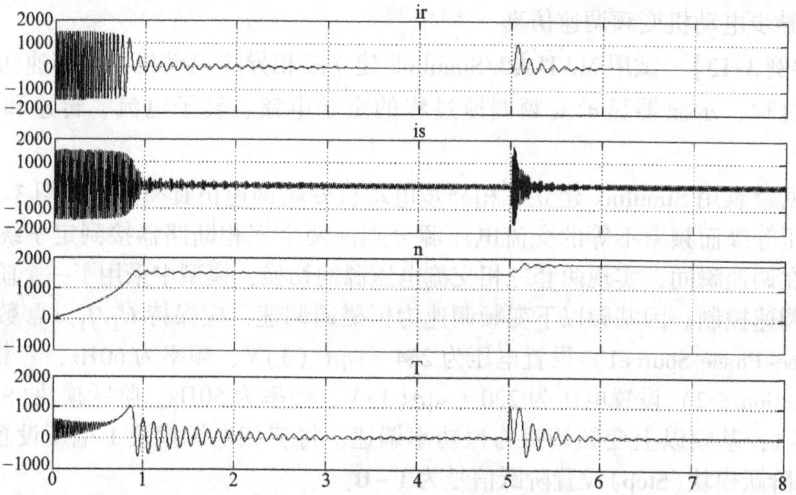

图 3-84 三相异步电动机变频调速仿真结果（基频以上变频调速）

3.6.6　三相同步电动机的仿真

1. 三相同步电动机的起动仿真

【仿真实例 3-14】　试用 MATLAB/Simulink 建立三相凸极同步电动机（二极）异步起动仿真模型，观察整个起动过程，示波器显示同步电动机异步起动过程的 A 相电枢电流、电磁功率、转速和功率角的变化曲线。

解　根据题意用 Simulink 建立三相凸极同步电动机异步起动仿真模型，如图 3-85 所示，异步起动的实质是依靠同步电动机转子上的阻尼绕组进行起动的，因此在异步起动之初不能给励磁绕组施加励磁电流，只有当起动过程中转速约达亚同步转速即 95% n_1 = 1425r/min 时，再施加励磁电流，牵入同步。模型中主要有同步电动机、三相交流电源、电动机测量信号模块、示波器、励磁电流施加控制等模块。

通过运行图 3-85 所示的仿真模型得到图 3-86 所示的仿真结果。

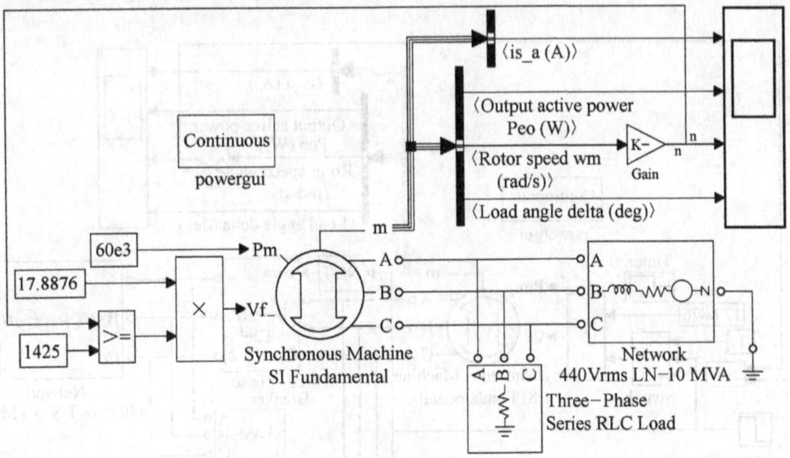

图 3-85　三相凸极同步电动机异步起动仿真模型

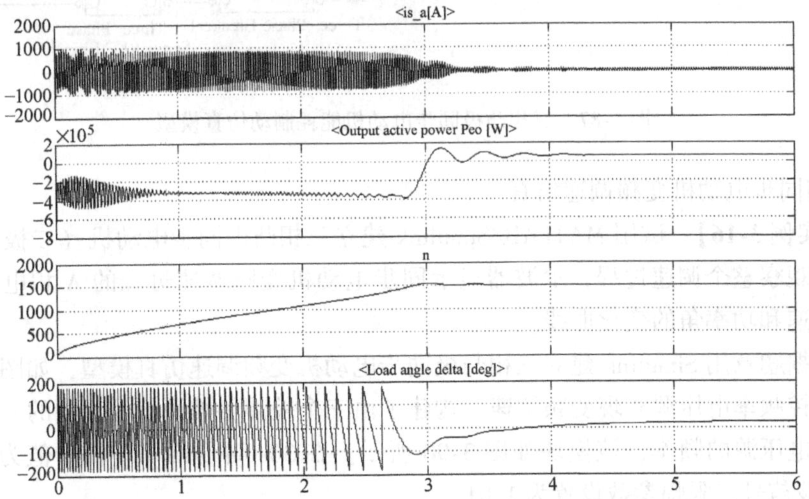

图 3-86　三相凸极同步电动机异步起动仿真结果

2. 三相同步电动机能耗制动仿真

【仿真实例 3-15】 试用 MATLAB/Simulink 建立三相凸极同步电动机（二极）能耗制动仿真模型，观察整个制动过程，示波器显示同步电动机能耗制动过程的 A 相电枢电流、电磁功率、转速和功率角的变化曲线。

解 根据题意用 Simulink 建立三相凸极同步电动机能耗制动仿真模型，如图 3-87 所示，该仿真模型在同步电动机异步起动仿真模型基础上增加了能耗制动部分，采用两个三相断路器，其中一个三相断路器用于异步起动时接通三相交流电压源，另一个三相断路器用于同步电动机从正常运行进入能耗制动的控制，因此，为了能在能耗制动瞬间，正常运行的交流电源断路器切断的同时闭合能耗制动三相断路器，模型中采用了一个阶跃信号源模块实现能耗制动控制，制动时刻设置在 10s。模型中转子所带负载的容量是变动的，起动时负载容量为 10kW，2s 时刻变为 20 kW，5s 时刻突变为 0。

通过运行图 3-87 所示的仿真模型得到图 3-88 所示的仿真结果。

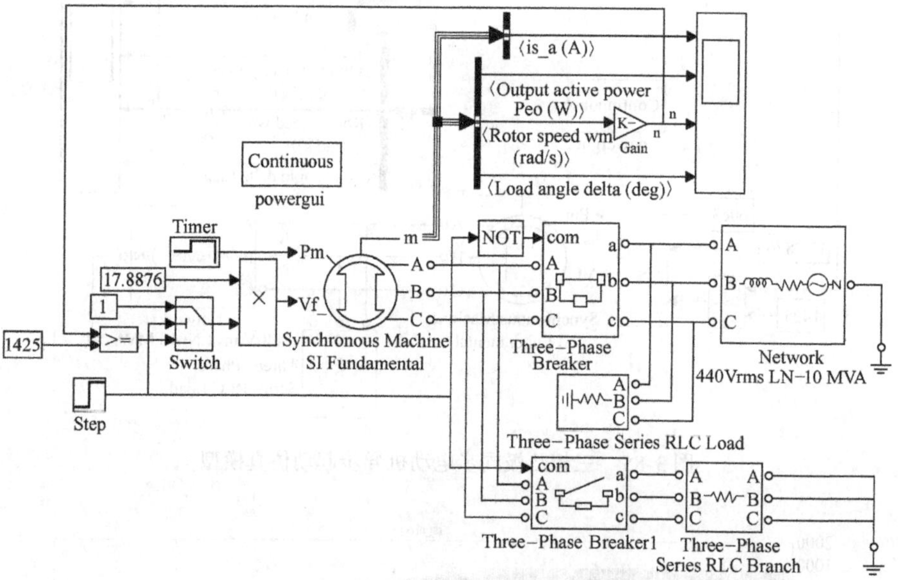

图 3-87 三相凸极同步电动机能耗制动仿真模型

3. 三相同步电动机变频调速仿真

【仿真实例 3-16】 试用 MATLAB/Simulink 建立三相凸极同步电动机（二极）变频调速仿真模型，观察整个调速过程，示波器显示同步电动机变频调速过程的 A 相电枢电流、电磁功率、转速和功率角的变化曲线。

解 根据题意用 Simulink 建立三相凸极同步电动机变频调速仿真模型，如图 3-89 所示，为了获得可控频率电压源实现变频调速，构建了由三个外部斜坡源信号控制的三个正弦信号源，以控制电压源的频率，该模块如图 3-90 所示。在 30s 时刻给一个初始值为 1、斜率为 0.001 的斜坡信号，限幅参数设置为 1.01。

通过运行图 3-89 所示的仿真模型得到图 3-91 所示的仿真结果。

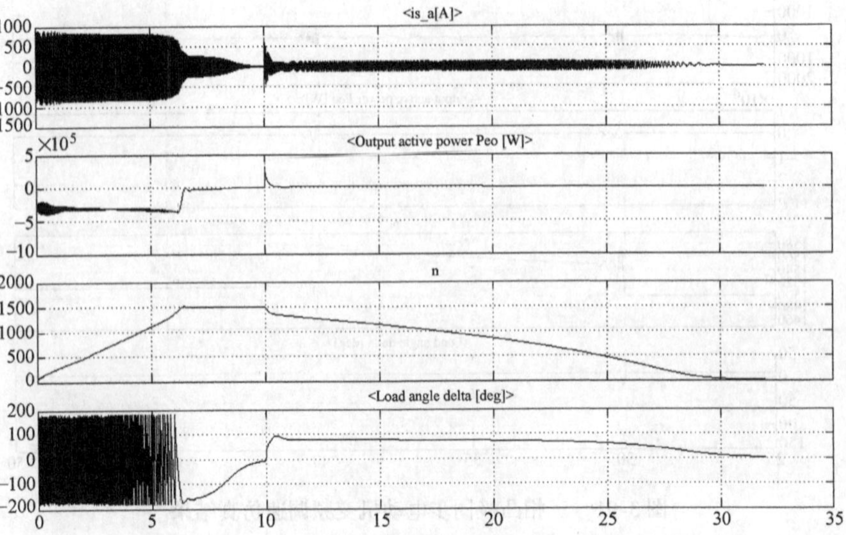

图 3-88 三相凸极同步电动机能耗制动仿真结果

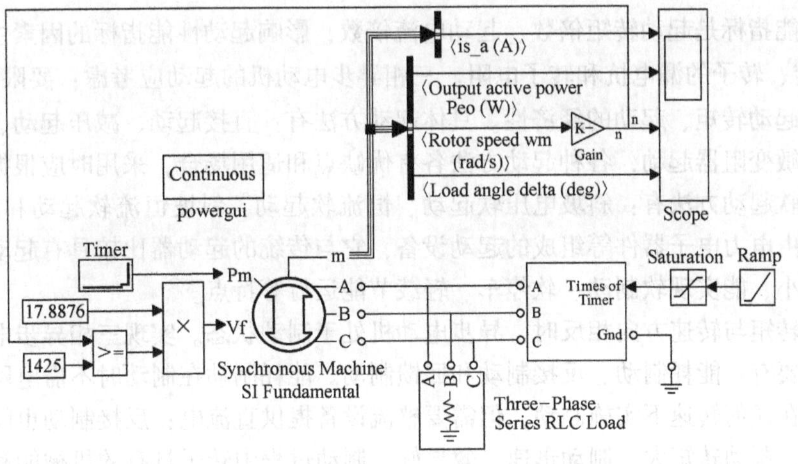

图 3-89 三相凸极同步电动机变频调速仿真模型

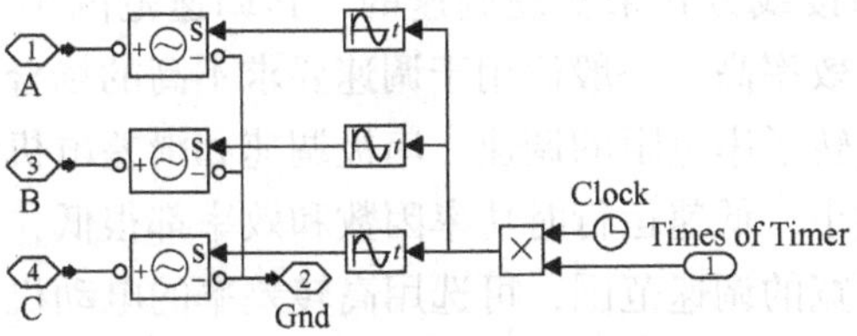

图 3-90 三相可控频率电压源模块结构

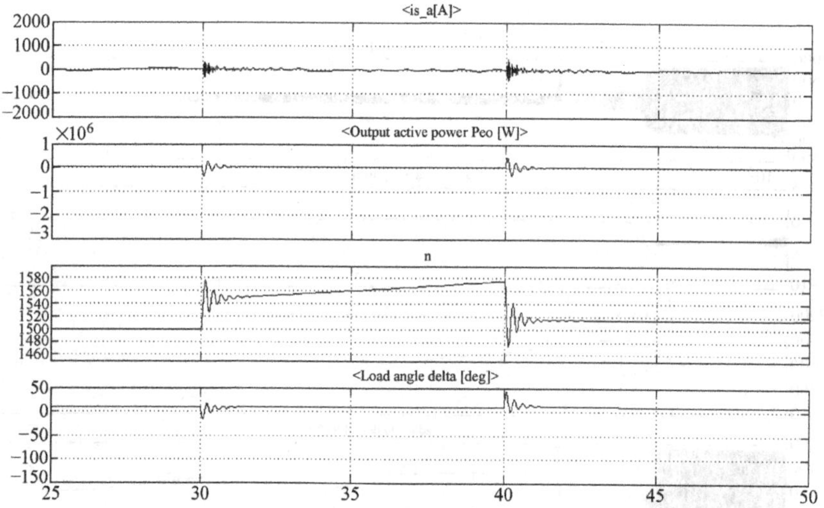

图 3-91 三相凸极同步电动机变频调速仿真结果

本 章 小 结

本章介绍了三相交流电动机的起动、制动与调速。

起动性能指标是起动转矩倍数、起动电流倍数，影响起动性能指标的因素主要有定子端电压 U_1、定、转子的漏电抗和转子电阻。三相异步电动机的起动应考虑：要限制起动电流、要有足够的起动转矩、起动的经济性。具体起动方法有：直接起动、减压起动、转子回路串电阻或串频敏变阻器起动，各种起动方法各有优缺点和适用场合，采用时应根据实际情况选择与校验。软起动方法有：斜坡电压软起动、恒流软起动、斜坡恒流软起动和脉冲软起动。软起动器是由电力电子器件等组成的起动设备，它与传统的起动器比较具有起动平稳、对电网冲击电流小、能实现软制动、软停车、轻载节能运行等特点。

当电磁转矩与转速方向相反时，异步电动机处于制动状态。实现三相异步电动机的电气制动方法主要有：能耗制动、反接制动和回馈制动。能耗制动在制动时不需电网供电，经济性好，并能在任何转速下实施制动，但需要整流设备提供直流电；反接制动也能在任何转速下开始制动，制动转矩大，制动迅速、效果好，制动过程中转子具有的机械能和从电网输入的电能全部消耗在转子电阻上，故经济性相对较差；回馈制动能将转子具有的机械能反馈给电网，经济性好。

三相异步电动机的调速方法主要有：变极调速、变转差率调速和变频调速。变极调速是通过改变定子半相绕组的接线方式来实现调速的，其调速范围小，是有级调速，但设备简单，特性硬，运行可靠，效率高，一般适用于调速要求不高的场合。变转差率调速又包括降低定子电压的调速、绕线转子串电阻的调速、串极调速和滑差电机调速方法，其中降低定子电压调速的方法调速范围小，低速运行时功率因数和效率都很低，电机发热严重。如果要求在拖动恒转矩负载时有较宽的调速范围，可选用高转差率的电动机，但较软的机械特性会在扰动出现时引起较大的转速降，甚至使系统无法工作，为了提高调速的机械特性硬度，可采用转速闭环系统。绕线转子串电阻的调速属恒转矩调速方法，其调速范围不大，效率低，但设备简单，易于实现。绕线转子串极调速方法，机械特性较硬，调速范围较宽，效率高，可实现无级调速，但低速运行的过载能力低，设备体积大，成本高。滑差电机调速结构简单，运行可靠，调速平滑性好，可实现无级调速，闭环控制的调速范围可扩大。但低速运行损耗大、效率低，适用于通风机类的设备。变频调速方法具有频率连续可调，可实现无级调速，调速范围大，机械特性硬，转速稳定性好，效率高等特点，变频调速是现代交流调速的方向。

现代交流调速系统由交流电动机、电力电子功率变换器、控制器和电量检测器四大部分组成。电动机的种类不同，现代交流调速系统可分为异步电动机调速系统和同步电动机调速系统，其中，异步电动机调速系统的基本类型有转差功率消耗型调速系统、转差功率回馈型调速系统和转差功率不变型调速系统；同步电动机的基本调速系统分他控和自控两种。

三相异步电动机因电磁转矩与转速之间的方向不同，其机械特性可处在不同的象限。

同步电动机的起动方法有辅助电动机起动法、变频起动法和异步起动法。

高性能的交流调速系统是建立在交流电动机较精确的动态数学模型基础上的，为此，本章最后介绍了坐标变换，给出了三相异步电动机静止两相坐标系中的动态数学模型和任意旋转坐标系中的动态数学模型。

思考题与习题

3-1　什么是电力拖动系统？说明电力拖动系统由哪些部分组成。

3-2　写出电力拖动系统的运动方程式并注明方程式中各物理量的意义以及方程式中转矩和转速正、负号的规定。

3-3　多轴电力拖动系统简化为单轴电力拖动系统时，负载转矩的折算原则是什么？各轴飞轮力矩的折算原则是什么？

3-4　什么是电力拖动系统的稳定运行？稳定运行的充分必要条件是什么？

3-5　什么是生产机械的负载转矩特性？典型的有哪几种类型？各有何特点？

3-6　试写出三相异步电动机各种机械特性表达式，并说明适用场合。

3-7　试说明三相异步电动机的机械特性曲线，当转差率运行在 $0<s<s_m$ 范围时，电磁转矩 T 随转差率 s 的增大而增大；而当转差率运行在 $s_m<s<1$ 范围时，电磁转矩随转差率 s 的增大而减小。

3-8　试说明频率为50Hz的三相异步电动机如果电源电压比额定电压下降10%时，电动机最大转矩和起动转矩将如何变化？如果电源电压为电动机额定电压，电源频率改变为60Hz时，电动机最大转矩和起动转矩又将如何变化？

3-9　试说明为什么普通三相异步电动机直接起动时，起动电流为额定电流的4～7倍，而起动转矩只有额定转矩的0.9～1.3倍。

3-10　某三相笼型异步电动机铭牌上的额定电压为380V/220V，现将其接在380V的交流电网上空载起动，问能否采用Y-△减压起动？

3-11　对于拖动恒转矩负载的三相异步电动机，若保持电源电压为额定电压不变，在机械强度允许的情况下，将接入电动机的电源频率提高两倍以提高运行速度，是否可行？如拖动恒功率负载，采用同样方法提高运行速度，是否可行？

3-12　有一台三相异步电动机现运行于反向回馈制动状态，问是否可将电动机定子出线端由接电源改接负载？

3-13　滑差电机正常运行时，若电磁转差离合器的励磁回路突然断线，会出现什么现象？

3-14　某台笼型异步电动机，原转子采用紫铜条，后因损坏改为铸铝，试分析在额定电压和输出相同额定转矩的条件下，改换转子导体材料后电动机的转速及输出功率的变化情况。

3-15 已知某三相八极异步电动机额定数据：额定功率 $P_N=250kW$，额定电压 $U_N=380V$，额定频率 $f_{1N}=50Hz$，额定转速 $n_N=720r/min$，过载倍数 $\lambda_m=2.3$。试求：(1) 额定转差率 s_N；(2) 额定输出转矩 T_{2N}；(3) 最大转矩 T_m；(4) 临界转差率 s_m；(5) 机械特性实用表达式；(6) 转差率 $s=0.2$ 时的电磁转矩 T；电动机拖动 3000N·m 负载时的转速。

3-16 已知某三相绕线转子异步电动机额定数据：额定功率 $P_N=30kW$，额定转速 $n_N=1470r/min$，过载倍数 $\lambda_m=2.5$，转子额定电动势 $E_{2N}=360V$，转子额定电流 $I_{2N}=52A$，起动所带负载 $T_L=0.7T_N$。试求转子串电阻起动时的起动级数和起动电阻。

3-17 某笼型三相异步电动机技术数据：$P_N=55kW$，△联结，起动电流倍数 $k_I=6$，起动转矩倍数 $k_T=1.25$，电源变压器容量 $S_N=1000kVA$，如带额定负载起动，试求：(1) 根据已知条件，采用什么方法起动合适？(2) 计算起动电流和起动转矩。

3-18 一台三相四极绕线转子异步电动机技术数据：$P_N=40kW$，额定转速 $n_N=1475r/min$，过载倍数 $\lambda_m=2.5$，转子每相电阻 $r_2=0.08\Omega$，拖动位能性负载运行，忽略电动机及传动机构的损耗。试求：(1) 该电动机提升重物时，要求起动瞬间具有 $2T_N$ 的起动转矩，转子每相应串入的电阻；(2) 若将额定负载在固有特性上回馈下放时，电动机的转速。

3-19 某绕线转子异步电动机铭牌数据：$P_N=5kW$，额定电压 $U_N=380V$，定子额定电流 $I_{1N}=14.9A$，额定频率 $f_{1N}=50Hz$，额定转速 $n_N=970r/min$，定子为Y联结，转子额定电动势 $E_{2N}=164V$，转子额定电流 $I_{2N}=20.6A$，过载倍数 $\lambda_m=2.3$，拖动 $0.75T_N$ 恒转矩负载，要求制动瞬间限制最大转矩为 $1.8T_N$。采用反接制动，求每相应串入的制动电阻值。

3-20 某三相八极笼型异步电动机技术数据：$P_N=75kW$，额定电压 $U_N=380V$，额定转速 $n_N=720r/min$，过载倍数 $\lambda_m=2.4$，拖动额定恒转矩负载，调速时保持负载不变，当电动机转速分别为 $n_A=670r/min$ 和 $n_B=450r/min$ 运行时，试求：(1) 采用变频调速对应的频率和电压值；(2) 采用降压调速对应的电压值。

第 4 章　直流电机

本章教学基本要求

1. 了解直流电机的主要结构和励磁方式，注意换向器和电刷的作用，掌握其额定值。

2. 熟悉直流电机的基本工作原理，理解感应电动势和电磁转矩这两个机电能量转换要素的物理意义，掌握其计算方法。

3. 掌握直流电机的基本平衡方程和功率流程，以及不同励磁方式的工作特性。

4. 了解电枢反应对换向的影响和改善换向的措施。

重点：直流电机的基本平衡方程和工作特性。

直流电机是将直流电能转换为机械能或将机械能转换为直流电能的一种装置，是电机的主要类型之一，把电能转换为机械能的直流电机称为直流电动机，把机械能转换为电能的直流电机称为直流发电机。

直流电机易于实现转速调节和转矩控制，应用于需大范围调速和精确控制的场合。与交流电机相比，因其结构较复杂、成本较高和可靠性较差等因素，应用受到限制。近年来，随着电力电子技术、微电子技术、现代控制理论以及电机理论和技术的发展，交流调速系统在一些场合替代了直流调速，在电气传动领域中占据了统治地位，但由于直流电机性能的多样化和拖动系统更简单，使其仍有一定的用途；直流拖动控制系统不仅在理论上和实践上都比较成熟，而且它又是交流拖动控制系统的基础，因此，研究直流电机仍有一定的理论意义和实用价值。

4.1　直流电机工作原理

4.1.1　直流电机的基本工作原理及主要结构

直流电机有直流发电机和直流电动机两类，下面分别介绍直流电机的基本工作原理和结构。

1. 直流发电机的基本工作原理

直流发电机的工作原理是建立在电磁感应定律基础上的，变化的磁场在导体中要感应电动势是发电机工作的基本原理，下面用图 4-1 所示的简单直流发电机模型来说明。

由图 4-1 可见，给励磁绕组通入直流电，将在固定的主磁极呈现上为 N 极、下为 S 极（主磁极也可以是永磁体）。N 和 S 极之间是电枢，电枢铁心上安放着由 A 和 X 两根导体组成的电枢线圈，线圈的首端（A）和末端（X）分别连在两个相互绝缘的半圆形铜质换向片上，换向片形成的整体称为换向器。换向器固定在转轴上，且与转轴绝缘。换向片上安放着一对固定不动的电刷 B1 和 B2，电刷能与外电路连接。固定不动的部分（主磁极、电刷等）

称为定子，随转轴转动的部分（线圈、电枢铁心、换向器等）称为转子（又称电枢）。定、转子之间有一空隙，称为气隙。磁极 N 和 S 所产生的气隙磁通密度沿空间的分布如图 4-2 所示。

当原动机拖动电枢逆时针方向旋转时，导体切割磁力线，根据电磁感应定律，导体内产生感应电动势，大小为

$$e = B_x l v \tag{4-1}$$

式中，B_x 为导体所在处的磁通密度（Wb/m^2）；l 为导体的有效长度（m）；v 为导体的线速度（m/s）；e 为感应电动势（V）。

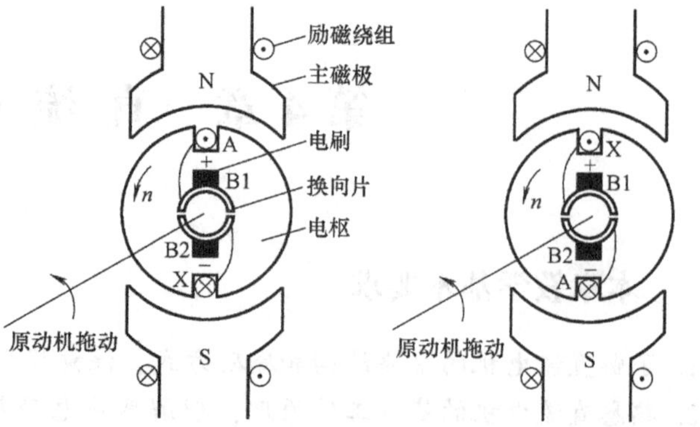

a) ωt=0°时，A端⊙X端⊕ 电刷B1(+)B2(−)　b) ωt=180°时，A端⊕X端⊙ 电刷B1(+)B2(−)

图 4-1　直流发电机的工作原理

感应电动势方向由右手定则判定，展开右手使大拇指与四指呈 90°，当磁力线指向手心，大拇指指向导体运动方向时，则四指的指向为导体中感应电动势的方向。在图 4-1a 中 ωt=0°时，A 端为⊙，与之相接触的电刷 B1 为“+”，X 端为⊕，与之相接触的电刷 B2 为“−”；当电枢旋转 180°后，在图 4-1b 中 ωt=180°时，X 旋转到 N 极下，X 端为⊙，A 旋转到 S 极下，A 端为⊕，线圈 AX 感应电动势 e_{AX} 波形如图 4-2 所示。

上述分析可见，发电机工作时，N 极下导体电动势指向纸外，电刷 B1 总为“+”；S 极下导体电动势指向纸内，电刷 B2 总为“−”。不难看出，线圈中的电动势是交流的，而通过换向器的作用，电刷间的电动势为直流的，如图 4-3 所示。换向器和电刷的共同作用：①将线圈中的交流电动势整流成刷间的直流电动势；②把转动的电路与外面不转的电路连接。从刷间电动势波形看，脉动很大，为了减小电动势的脉动程度，实际电机采用很多元件组成电枢线圈，均匀分布在电枢表面，并按一定规律连接，刷间串联元件数增多，脉动减小，可获得所需的直流电。

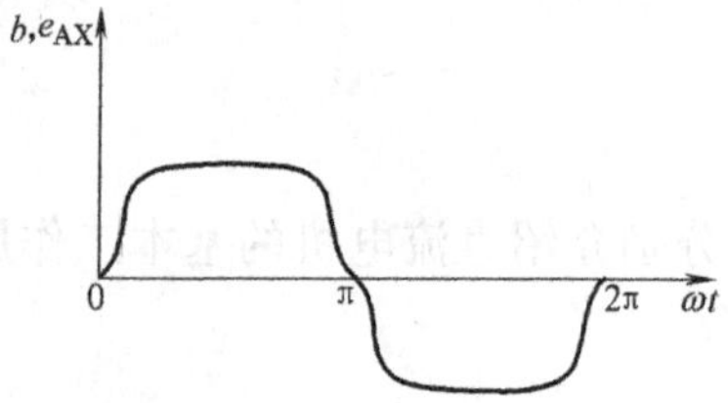

图 4-2　气隙磁通密度分布和线圈 AX 感应电动势

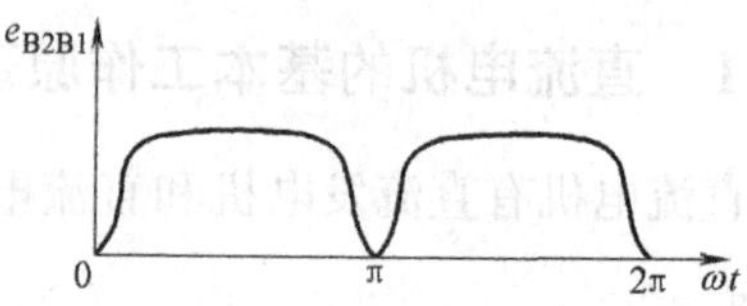

图 4-3　电刷 B1、B2 间的电动势

2. 直流电动机的基本工作原理

载流导体在磁场中要受到力的作用，这是电动机工作的基本原理。

如图 4-4 所示，将直流电加到电刷上（B1 为“+”、B2 为“−”），线圈 AX 上就有电流通过（A 端⊕、X 端⊙），根据电磁力定律，载流导体在磁场中要受力，大小为

$$f = B_x l i \tag{4-2}$$

式中，i 为流过导体的电流（A），方向由左手定则确定，展开左手使大拇指与四指呈 90°，

当磁力线指向手心时，四指的指向则为导体中电流的方向，大拇指指向为导体受力方向；f 的单位为 N。在图 4-4 中 A 受向左的切向力，X 受向右的切向力，这一对力形成了力矩 T（称电磁转矩），使电枢按逆时针方向旋转。此处换向器和电刷的共同作用：①将刷间的直流电逆变成线圈中的交流电；②把外面不转的电路与转动的电路连接起来。

3. 直流电机的主要结构

从对直流电机基本工作原理的讨论中可知，直流电机由两大部分组成：定子（静止部分）和转子（转动部分，又称电枢），如图 4-5 和图 4-6 所示[6]。

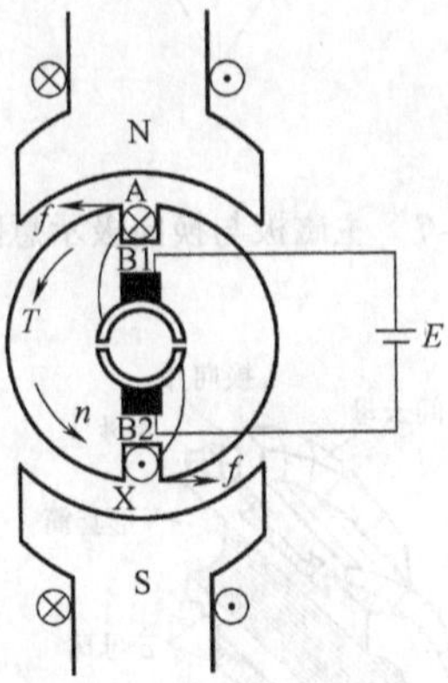

图 4-4　直流电动机的工作原理

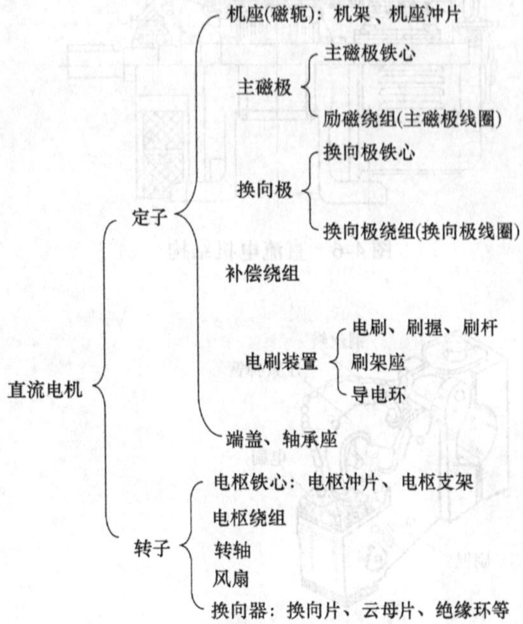

图 4-5　直流电机结构概况

（1）定子

定子由主磁极、换向极、电刷装置、机座等组成。主磁极由主磁极铁心和励磁绕组组成，铁心用 1～1.5mm 的钢板冲片叠成，外套励磁绕组。主磁极的作用是建立主磁场，它总是成对出现，N、S 极交替排列，如图 4-7 所示。换向极也由铁心和绕组组成，铁心一般由整块钢组成，换向极安放在相邻两主磁极之间（见图 4-7），作用是改善电机的换向。电刷装置由电刷、刷握、刷杆、压紧弹簧等组成（见图 4-8），作用是连接转动和静止之间的电路。机座作用是固定主磁极等部件，同时也是磁路的一部分。

（2）转子（电枢）

转子由电枢铁心、电枢绕组、换向器、转轴等组成。电枢铁心一般用 0.5mm 涂过绝缘漆的硅钢片叠压而成，作用是嵌放电枢绕组，同时又是电机主磁路的一部分。电枢绕组由绝缘导线绕制成的线圈（又称绕组元件）按一定规律连接组成，每个元件的两个有效边分别嵌放在电枢铁心表面的槽内，元件的两个出线端分别与两个换向片相连。电枢绕组的作用是产生感应电动势和电磁转矩，是实现机电能量转换的枢纽。换向器由许多相互绝缘的换向片组成，如图 4-9 所示，作用是将电枢绕组中的交流电整流成刷间的直流电或将刷间的直流电逆变成电枢绕组中的交流电。

（3）气隙

为了使电机能够运转，定子和转子之间要留有一定大小的间隙，此间隙称为气隙，也是主磁路的一部分。

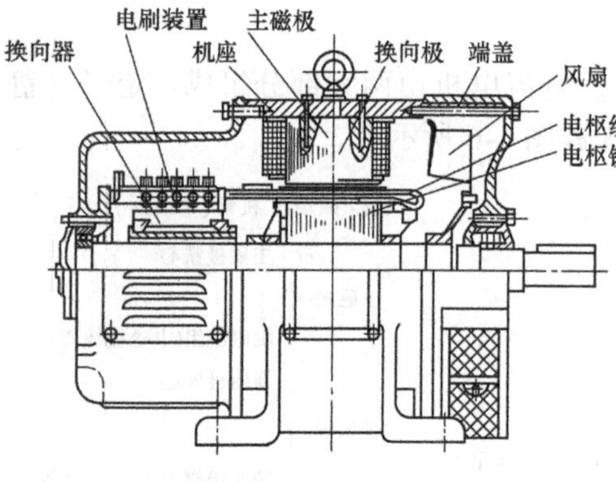

图 4-6 直流电机结构

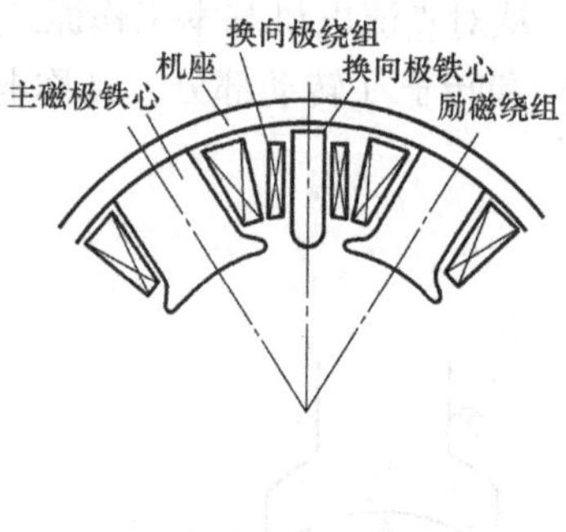

图 4-7 主磁极与换向极示意图

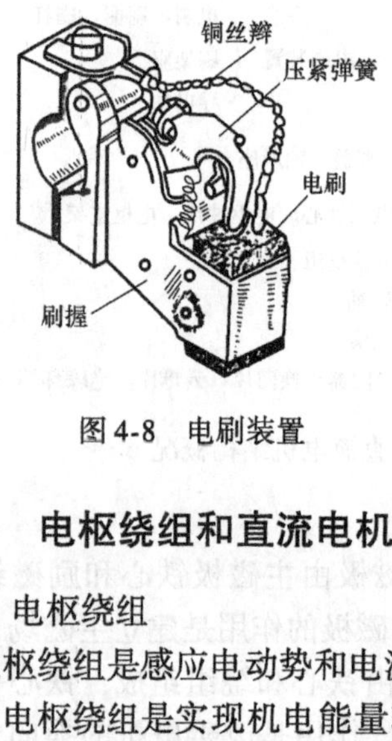

图 4-8 电刷装置

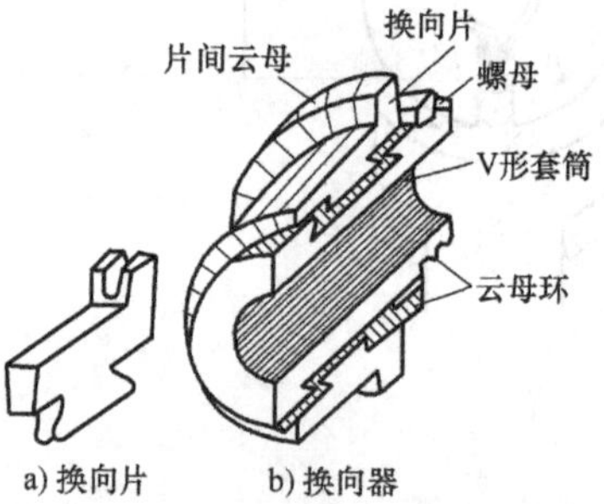

图 4-9 换向片与换向器

4.1.2 电枢绕组和直流电机模型

1. 电枢绕组

电枢绕组是感应电动势和电流的通路，它能产生电磁转矩，使电机实现机电能量转换。因此，电枢绕组是实现机电能量转换的枢纽。直流电机的电枢绕组可分为单叠、单波、复叠、复波、复合绕组等，其基本形式是单叠绕组和单波绕组，如图 4-10 和图 4-11 所示。匝数为 1 的是单匝元件（见图 4-10），匝数大于 1 的是多匝元件（见图 4-11）。由于工艺等方面的原因，有时电枢不宜开太多的槽，在一个实际的槽中，上、下层嵌放多个（设为 u 个）元件边，通常把一个上层边和一个下层边在槽内所占的空间称为一个虚槽。若电枢每槽上、下层只有一个元件边，则总元件数 S 等于实槽数 Q；

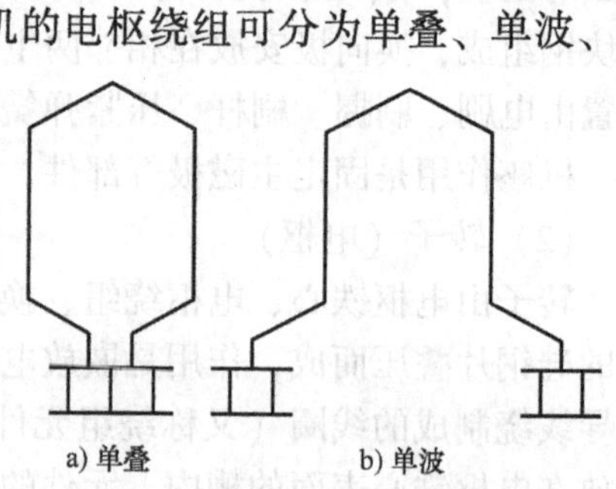

图 4-10 单匝元件示意图

若每槽的上、下层各有 u 个元件边，如图 4-12 所示，则有 $S=uQ=Q_u$，Q_u 为虚槽数。在直流电机中，把相邻两个主磁极轴线之间的距离称为极距，用槽数表示极距时，有

$$\tau = \frac{S}{2p} = \frac{Q_u}{2p} \tag{4-3}$$

式中，p 为主磁极的极对数。

限于篇幅和课时限制，本书将电枢绕组相关知识列于附录中，有兴趣的读者可查阅。下面只介绍单叠和单波绕组的特点。

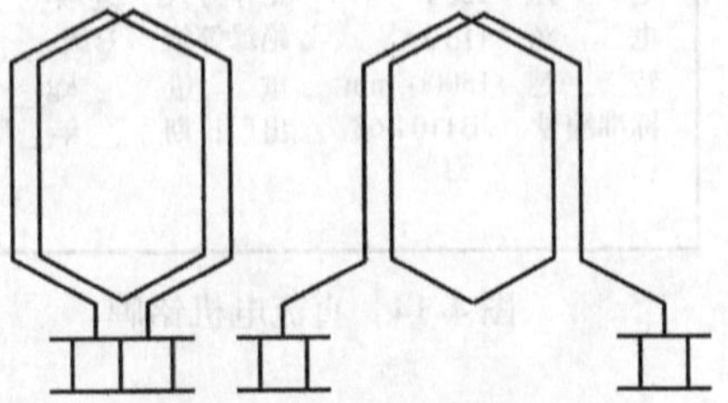

图4-11 两匝元件示意图

图4-12 $u=2$ 示意图

（1）单叠绕组

单叠绕组是以相邻元件依次串联的连接规律连成的，每个元件的两个出线端分别接到相邻的两个换向片上，最后形成一闭合回路。其特点：①支路对数 a 等于极对数 p，同时还等于电刷对数 b，即 $a=p=b$；②电枢电流 I_a 等于各支路电流 i_a 之和，即 $I_a=2ai_a$。

（2）单波绕组

单波绕组是将同一极性下的所有元件串联成一条支路，相邻两个串联连接元件形式似波浪向前延伸。其特点：①支路对数 a 等于1，与极对数 p 无关，即 $a=1$；②电枢电流 I_a 等于2倍支路电流 i_a，即 $I_a=2i_a$；③为了减小电刷的电流密度，实际电刷对数 b 等于极对数 p。

2. 直流电机模型

为了直观反映电枢绕组连接规律，通常需绘制展开图（参见附录D图D-3）。展开图虽然能反映电枢绕组的连接规律，也能说明电机内部的电磁关系，但绘制太麻烦。对非电机制造专业读者，为方便起见，在分析电机内部电磁关系时建议采用电机模型，如图4-13所示。从图中可见，无论电机有多少对磁极，都只用N、S一对磁极表示，不画换向器，电刷放在几何中性线处，并与位于几何中性线处的元件接触，一个圆圈代表一个元件。几何中性线对应的轴线被称为交轴，用q-q表示；与交轴垂直的磁极轴线被称为直轴，用d-d表示。为了方便，以后在分析电机内部电磁过程时均采用直流电机模型。

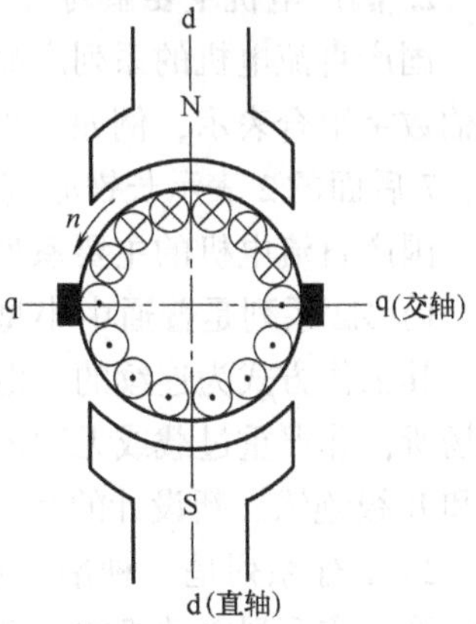

图4-13 直流电机模型

4.1.3 直流电机的铭牌数据和主要系列

为使用户正确使用电机，电机制造厂在每台电机的机座上都钉一块金属牌，上面标有电机的工作条件和根据国家标准制定的额定数据（又称额定值），该标牌称为铭牌，如图4-14所示。

1. 电机主要的额定值

（1）额定功率 P_N

额定功率指电机按规定的工作方式运行时所能提供的输出功率（kW），对发电机是指出线端输出的电功率，它等于额定电压和额定电流的乘积，即

$$P_N = U_N I_N \tag{4-4}$$

对电动机是指轴上输出的机械功率，它等于额定电压、额定电流及额定效率的乘积，即

$$P_N = U_N I_N \eta_N \tag{4-5}$$

直流电动机			
型　　号	Z_2-72	产品编号	7001
结构类型	____	励磁方式	他励
功　　率	22kW	励磁电压	220V
电　　压	220V	工作方式	连续
电　　流	116.3A	绝缘等级	B级
转　　速	1500r/min	重　　量	__kg
标准编号	JB1104-68	出厂日期	__年__月

图4-14　直流电机铭牌

（2）额定电压 U_N

额定电压指电机长期安全运行时所能承受的电压（V）。

（3）额定电流 I_N

额定电流指电机按规定的工作方式运行时，电枢绕组允许通过的电流（A）。

（4）额定转速 n_N

额定转速指电机在额定电压、额定电流和额定功率情况下运行的电机转速（r/min）。电动机轴上输出的额定转矩与转速之间存在如下关系

$$T_{2N} = \frac{P_N}{\Omega_N} = \frac{P_N}{\frac{2\pi n_N}{60}} = 9.55\frac{P_N}{n_N} \tag{4-6}$$

式中，P_N 单位为W；n_N 单位为r/min；T_{2N}单位为N·m。

在实际运行时，电机各物理量在额定值时的运行，称为额定运行。电机处于额定运行状态时，具有良好的性能，工作可靠。当电机电流小于额定电流时的运行，称为欠载运行，电机若长期欠载，则导致其效率不高，造成浪费；当电机电流大于额定电流时的运行，称为过载运行，若电机长期过载，电机则会过热，易降低使用寿命甚至损坏电机。所以额定值是选择电机的依据，应根据实际使用情况，合理选择电机容量，使电机工作在额定运行状态。

2. 国产电机主要系列

国产直流电机的系列产品代号采用大写汉语拼音字母表示，型号采用汉语拼音字母和阿拉伯数字组合表示，例如："Z4-72"表示直流电动机、第四次改进设计型，"7"表示机座号，7后面的2表示长铁心（2号表示长铁心，1号表示短铁心）。

国产直流电机的主要系列说明如下：

1）Z2系列是普通中小型直流电机。该系列直流电机有发电机、调压发电机、电动机等。其工作方式为连续的。电机仅用于正常的使用条件，即非湿热地区，非多尘或无有害气体场所，非严重过载或无冲击性过载要求的情况下。系列容量范围为0.4～220kW，采用E级和B级绝缘。新设计的Z4系列电动机，可以取代Z2、Z3系列直流电动机。

2）ZZJ系列是一种冶金起重辅助传动直流电动机，适用于轧钢机、起重机、升降机、电铲等。该系列电动机的传动惯量低、过载能力强、速度反应快。因而能经受快速而频繁的起动、制动与反转。

其他系列的直流电机型号、技术数据可从产品目录或相关的手册中查到。

【例题4-1】　某直流电动机额定数据为：额定功率 $P_N=250$kW，额定电压 $U_N=220$V，

额定转速 $n_N=1000r/min$，额定效率 $\eta_N=91.6\%$，求该电动机的额定电流和输入功率。

解：(1) 额定电流

电动机的额定电流为 $I_N=\dfrac{P_N}{U_N\eta_N}=\dfrac{250\times10^3}{220\times0.916}A=1240.6A$

(2) 输入功率

电动机的输入功率为 $P_1=U_NI_N=220\times1240.6W=273kW$

4.2 直流电机的磁场

4.2.1 直流电机的励磁方式

直流电机的励磁方式是指励磁绕组获得励磁电流的方式。除永磁式微型直流电机外，直流电机的磁场都是通过励磁绕组通入电流激励而建立的。按励磁方式不同可分为四种：他励、并励、串励和复励。

1）他励。励磁绕组接在独立的电源上，与电枢绕组无关，如图 4-15a 所示。永磁直流电机也属他励。

2）并励。励磁绕组与电枢绕组并联，如图 4-15b 所示。

3）串励。励磁绕组与电枢绕组串联，如图 4-15c 所示。

4）复励。主磁极上有两套励磁绕组，一套与电枢绕组并联称并励绕组，另一套与电枢绕组串联称串励绕组，如图 4-15d 所示。若两套励磁绕组产生的磁动势是相加的，则称积复励；若两套励磁绕组产生的磁动势是相减的，则称差复励，如图 4-16 所示。实际应用中常用积复励。

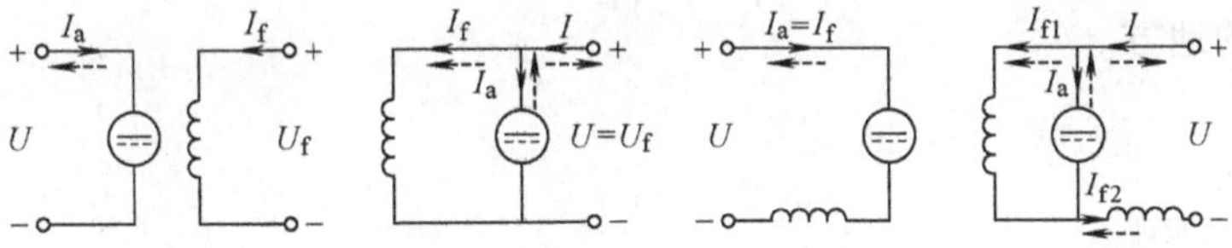

a) 他励　b) 并励　c) 串励　d) 复励

图 4-15　直流电机励磁方式示意图

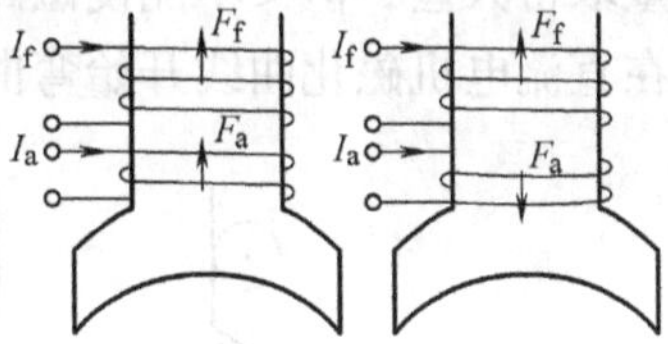

a) 积复励　b) 差复励

图 4-16　复励示意图

4.2.2 直流电机的空载磁场

直流电机空载是指电机对外无功率输出、不带负载空转的一种状态。直流电机空载时，励磁绕组内有励磁电流，电动机电枢电流很小可忽略，而发电机电枢电流为零，这时电机的磁场由励磁电流单独建立。

图 4-17 所示是一台四极直流电机空载磁场的分布，图中主磁极 N、S 交替分布，故磁场的分布是对称的。其中绝大部分磁通经主磁极、气隙、电枢铁心及定子磁轭闭合，这部分磁通同时链绕励磁绕组和电枢绕组，称主磁通，记作：Φ_0，主磁通参与机电能量转换，能产生感应电动势和电磁转矩，是工作磁通。还有一小部分磁通不穿过电枢，仅与励磁绕组自身链绕，称漏磁通，记作：Φ_s，漏磁通不穿过电枢表面，不参与机电能量转换，不是工作

磁通。主磁通通过的磁路称主磁路，主磁路中气隙较小，故磁阻较小；漏磁通通过的磁路称漏磁路，漏磁路中气隙较大，磁阻较大。所以，漏磁通比主磁通小得多，约占主磁通的 20%。

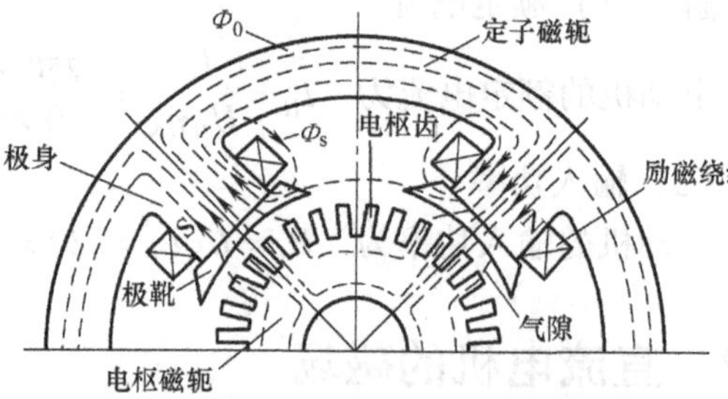

图 4-17 四极直流电机空载磁场的分布

1. 空载时气隙磁通密度分布

如果不考虑电枢表面齿槽效应，假设电枢表面是光滑的，根据磁路定律可推出气隙磁通密度 B_δ 与气隙长度 δ 呈反比，即有 $B_\delta \propto 1/\delta$。如图 4-18 所示，主磁极下的气隙小，且均匀，气隙磁通密度分布均匀；在主磁极极靴尖，气隙增大，磁阻增大，磁通密度下降；在极靴尖外，气隙迅速增大，气隙磁通密度急剧下降，在相邻两极的空间分界线上，磁通密度降为零。气隙磁通密度沿电枢表面空间分布的波形称为平顶波，也可称为钟形曲线。

2. 电机的磁化曲线

电机的磁化曲线是指电机主磁通 Φ_0 与励磁磁动势 F_f 的关系曲线，即 $\Phi_0 = f\ (F_f)$。当励磁绕组的匝数 N_f 一定时，改变励磁电流 I_f 就可改变磁动势，磁化曲线也可用 $\Phi_0 = f\ (I_f)$ 表示。电机的磁化曲线可通过试验或电机磁路计算得到，如图 4-19 所示。图中曲线 1 为磁化曲线，曲线 2 为气隙线，它表示气隙中所消耗的磁动势，由于空气中的 μ_0 为常数，故气隙线是线性的。从图中可见，电机的磁化曲线具有饱和特点，当主磁通 Φ_0 较小时，铁磁材料的磁位降较小，励磁磁通主要消耗在气隙中；当主磁通 Φ_0 较大时，铁磁材料出现饱和，磁位降迅速增大，使 $\Phi_0 = f\ (I_f)$ 曲线离开气隙线弯曲呈非线性。磁化曲线表征磁路的饱和程度，对电机运行性能有很大的影响。设计电机时，既要考虑节省材料，磁通密度 B 值尽量取得大些，但又不能使磁路太饱和。所以，为了更经济有效地利用材料，一般额定磁通取在直流电机磁化曲线开始弯曲的地方。

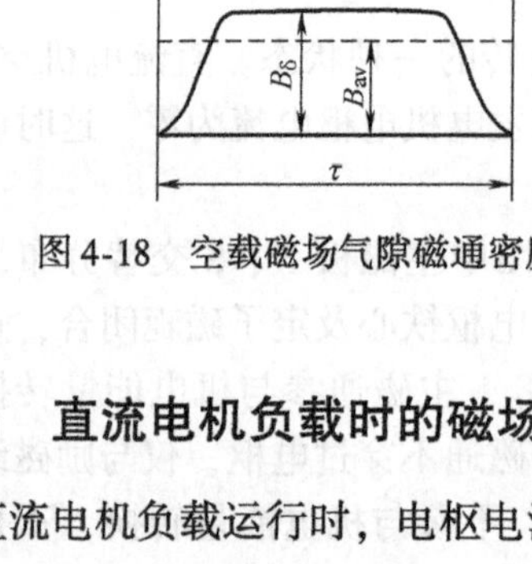

图 4-18 空载磁场气隙磁通密度分布

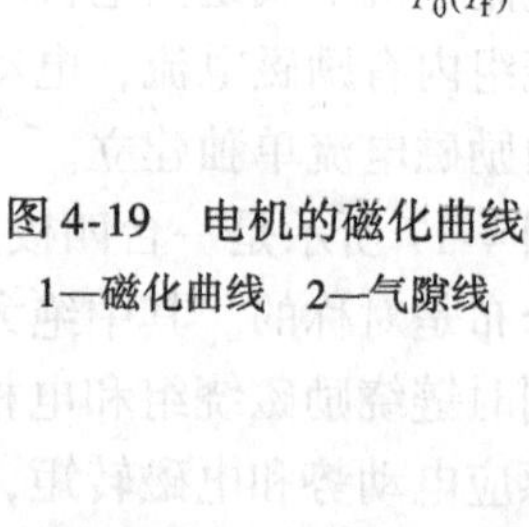

图 4-19 电机的磁化曲线

1—磁化曲线 2—气隙线

4.2.3 直流电机负载时的磁场

直流电机负载运行时，电枢电流 I_a 不为零，气隙中的磁动势由励磁电流 I_f 产生的励磁

磁动势 F_f 和电枢电流 I_a 产生的电枢磁动势 F_a 共同建立。

图4-20a 表示仅由励磁电流产生的空载磁场。图4-20b 表示由电枢电流单独产生的电枢磁场，根据电枢电流方向和右手螺旋定则，可判断电枢磁动势的轴线与电刷轴线（也是几何中性线）重合，并与主磁极轴线正交，故电刷位于几何中性线上时的电枢磁动势也是交轴电枢磁动势。假设电机磁路不饱和，可利用叠加原理，得到负载时的气隙磁场如图4-20c 所示。

为了分析电枢磁动势沿电枢表面的分布情况，现引入电枢线负荷的概念，线负荷是指在电枢表面单位长度上的安培导体数，用 A 表示。设 N 为电枢绕组总导体数，i_a 为导体电流，D_a 为电枢直径，则根据线负荷定义有

$$A = \frac{Ni_a}{\pi D_a} \tag{4-7}$$

如果将电枢外表面从几何中性线处展开成直线，如图4-21 所示，并设主磁极轴线与电枢表面的交点处为原点0，这点的电枢磁动势为零，在离原点 x 处作一矩形磁闭合回路，根据安培环路定律，当磁路不饱和时，存在

$$\sum(Hl) \approx 2F_{ax} = \frac{Ni_a}{\pi D_a} \times 2x = A \times 2x$$

即有

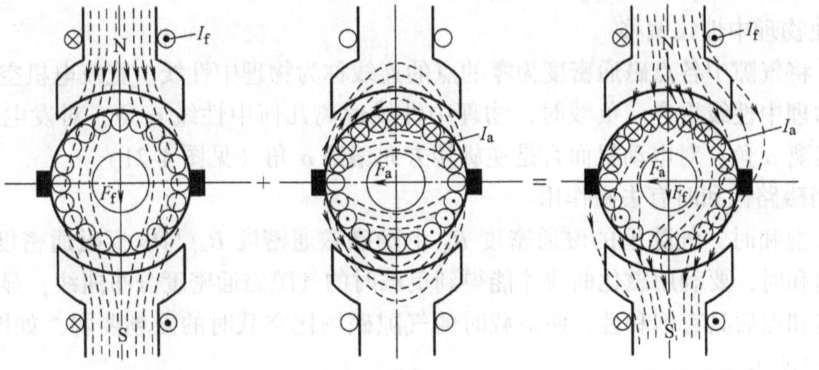

a) 空载磁场　b) 电枢磁场　c) 负载时气隙磁场

图4-20　直流电机的磁场

$$F_{ax} = Ax \tag{4-8}$$

式中，F_{ax} 为每个气隙磁动势，F_{ax} 与 x 成正比，则电枢磁动势分布波形为三角波，如图4-21 曲线 $F_{ax}=f(x)$ 所示。根据 $B_{ax}=\mu_0 H_{ax}$，可推出电枢磁通密度为

$$B_{ax} = \mu_0 H_{ax} = \mu_0 \frac{F_{ax}}{\delta} = \mu_0 \frac{1}{\delta} \frac{Ni_a}{\pi D_a} x \tag{4-9}$$

可见，在磁极下气隙均匀，则 $B_{ax} \propto x$；在极尖，因气隙很大，则 B_{ax} 很小，电枢磁通密度沿电枢表面分布为一马鞍波形，如图4-21 曲线 $B_{ax}=f(x)$ 所示。图中曲线 $B_{ox}=f(x)$ 表示励磁磁通密度，亦即电机空载时的磁通密度曲线。

由上述分析可知，电机负载时的气隙磁通密度 $B_{\delta x}$ 应等于励磁磁通密度 B_{ox} 与电枢磁通密度 B_{ax} 的合成，如图4-21 曲线 $B_{\delta x}=f(x)$ 所示。

4.2.4 直流电机的电枢反应

当电机带负载后，电枢绕组流过电流，产生电枢磁动势。从上面分析可知，电枢磁动势对主磁极产生的磁场有影响，故对电机的运行性能也会产生一定的影响。将电枢磁动势对励磁磁动势产生的影响称为电枢反应。

1. 电刷位于几何中性线时的电枢反应

当电刷位于几何中性线时（见图 4-21），电枢反应表现：使气隙磁场发生畸变并使物理中性线偏移，当磁路饱和时有去磁作用。

(1) 使气隙磁场发生畸变

设电枢旋转时先进入磁极的那个磁极尖称为前极尖，电枢离开磁极的那个磁极尖称为后极尖。电枢反应使气隙磁场发生畸变，如图 4-21 所示，对发电机而言是前极尖磁场被削弱，后极尖磁场被加强；对电动机而言是前极尖磁场被加强，后极尖磁场被削弱。

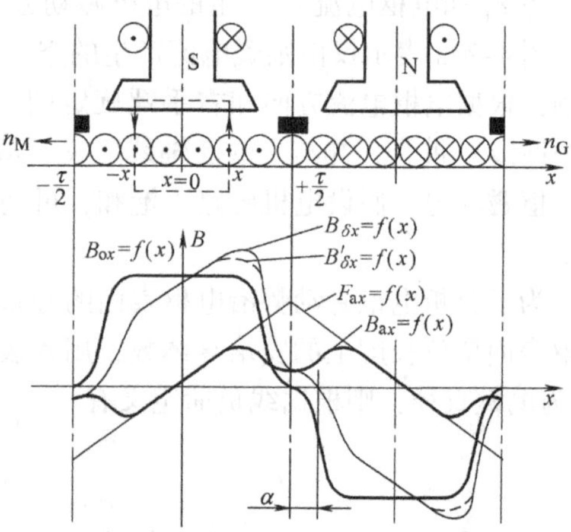

图 4-21 直流电机负载时的气隙磁通密度波形

$F_{ax}=f(x)$—电枢磁动势 $B_{ox}=f(x)$—励磁磁通密度

$B_{ax}=f(x)$—电枢磁通密度

$B'_{\delta x}=f(x)$—气隙磁通密度（磁路饱和）

$B_{\delta x}=f(x)$—气隙磁通密度（磁路未饱和）

(2) 使物理中性线偏移

通常，将气隙中各点磁通密度为零的点的连线称为物理中性线。直流电机空载时，几何中性线与物理中性线重合。负载时，物理中性线偏离几何中性线 α 角，对发电机而言是顺旋转方向偏离 α 角；对电动机而言是逆旋转方向偏离 α 角（见图 4-21）。

(3) 当磁路饱和时有去磁作用

磁路未饱和时，气隙里的磁通密度 $B_{\delta x}$ 由励磁磁通密度 B_{ox} 与电枢磁通密度 B_{ax} 叠加得到。磁路饱和时，要利用磁化曲线才能得到负载时的气隙磁通密度分布曲线，显然由于磁化曲线进入饱和点后具有饱和性，使负载时的气隙磁场比空载时的磁场要弱，如图 4-21 中虚线 $B'_{\delta x}=f(x)$ 所示。

2. 电刷偏离几何中性线时的电枢反应

由于装配或换向的需要等原因，有时电刷会偏离几何中性线。从上面分析得到，当电刷位于几何中性线时，电枢电流只产生交轴电枢磁动势，而电刷偏离几何中性线时，设以电动机为例电刷逆旋转方向偏离 β 角，产生的电枢磁动势为 F_a，将 F_a 分解成交轴电枢磁动势 F_{aq} 和直轴电枢磁动势 F_{ad}，如图 4-22 所示。从图中可看到，交轴电枢磁动势 F_{aq} 对主磁场的影响与上面分析的电刷位于几何中性线的电枢反应情况一样，而直轴电枢磁动势 F_{ad} 与主磁极轴线重合，方向相反，故有去磁作用；同理，当电刷顺电动机旋转方向偏离 β 角时，产生的直轴电枢磁动势 F_{ad} 有助磁作用。

4.2.5 直流电机的感应电动势和电磁转矩

1. 直流电机电枢绕组的感应电动势

直流电机电枢绕组的感应电动势是指从一对正负电刷之间引出的电动势，也称为电枢电

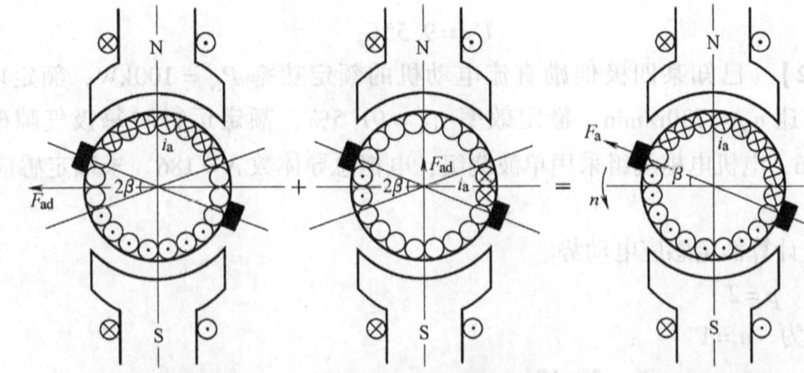

a) 交轴电枢磁动势　　b) 直轴电枢磁动势　　c) 电枢磁动势

图4-22　电刷偏离几何中性线时的电枢反应

动势，记作 E_a。如果设 N 为电枢绕组的总导体数，a 为并联支路对数，B_{av} 为一个磁极内的平均磁通密度，l 为导体的有效长度，v 为导体切割磁场的速度，则电枢电动势为

$$E_a = \frac{N}{2a}B_{av}lv = \frac{N\Phi}{2a\tau l}l \times 2p\tau\frac{n}{60} = \frac{pN}{60a}\Phi n = C_e\Phi n$$

即有

$$E_a = C_e\Phi n \tag{4-10}$$

式中，$C_e = \frac{pN}{60a}$称为电动势常数，它是与电机结构有关的参数。

由电动势表达式 $E_a = C_e\Phi n$ 可知：①$E_a \propto \Phi n$，改变 Φ 或 n 的大小，可使 E_a 大小发生变化，当磁通 Φ 单位为 Wb，转速 n 单位为 r/min 时，电枢电动势 E_a 单位为 V；②E_a 方向取决于 Φ 和 n 的方向，改变 Φ 的方向（改变励磁电流 I_f 的方向），就可改变 E_a 的方向。

2. 直流电机的电磁转矩

直流电机的电磁转矩是指电枢上所有载流导体在磁场中受力所形成的转矩的总和。设 D 为电枢直径，N 为电枢总导体数，f_{av} 为每根导体平均所受的力，则电磁转矩为

$$T = f_{av}\frac{D}{2}N = B_{av}li_a\frac{D}{2}N = \frac{\Phi}{\tau l}l\frac{I_a}{2a}\frac{2p\tau}{2\pi}N = \frac{pN}{2\pi a}\Phi I_a = C_T\Phi I_a$$

即有

$$T = C_T\Phi I_a \tag{4-11}$$

式中，C_T 称为转矩常数，$C_T = \frac{pN}{2\pi a}$，也是与电机结构有关的参数。

由电磁转矩表达式 $T = C_T\Phi I_a$ 可知：①$T \propto \Phi I_a$，改变 Φ 或 I_a 的大小，可使 T 大小发生变化，当磁通 Φ 单位为 Wb，电枢电流 I_a 单位为 A 时，电磁转矩 T 单位为 N·m；②T 方向取决于 Φ 和 I_a 的方向，改变 Φ 的方向（改变励磁电流 I_f 的方向），就可改变 T 的方向。

根据 $C_e = \frac{pN}{60a}$和 $C_T = \frac{pN}{2\pi a}$可得到电动势常数与转矩常数之间的关系为

$$\frac{C_T}{C_e} = \frac{\frac{pN}{2\pi a}}{\frac{pN}{60a}} = \frac{60}{2\pi} = 9.55$$

所以有

$$C_T = 9.55C_e \tag{4-12}$$

【例题 4-2】 已知某四极他励直流电动机的额定功率 $P_N = 100\text{kW}$，额定电压 $U_N = 330\text{V}$，额定转速 $n_N = 730\text{r/min}$，额定效率 $\eta_N = 91.5\%$，额定运行时每极气隙磁通 $\Phi_N = 6.98 \times 10^{-2}\text{Wb}$，电机电枢绕组采用单波绕组，电枢总导体数 $N = 186$。求额定感应电动势和额定电磁转矩。

解 (1) 计算额定感应电动势

极对数为 $p = 2$

支路对数为 $a = 1$

电动势常数为 $C_e = \dfrac{pN}{60a} = \dfrac{2 \times 186}{60 \times 1} = 6.2$

感应电动势为 $E_a = C_e\Phi_N n = 6.2 \times 6.98 \times 10^{-2} \times 730\text{V} = 316\text{V}$

(2) 计算额定电磁转矩

电枢电流为 $I_N = \dfrac{P_N}{U_N\eta_N} = \dfrac{100 \times 10^3}{330 \times 0.915}\text{A} = 331\text{A}$

电磁转矩为 $T_N = C_T\Phi_N I_N = 9.55 \times 6.2 \times 6.98 \times 10^{-2} \times 331\text{N}\cdot\text{m} = 1368\text{N}\cdot\text{m}$

4.3 直流电机的基本方程

直流电机的基本方程是指电压方程和转矩方程，根据上述感应电动势和电磁转矩公式，利用基尔霍夫和牛顿等定律可导出直流电机稳态运行时的基本方程。

4.3.1 电压方程

若直流电机为发电机，采用图 4-23a 所示的发电机惯例（以输出电流作为电枢电流的正方向），则电枢回路方程为

$$E_a = U + I_aR_a \tag{4-13}$$

式中，R_a 为电枢回路的总电阻，包括电刷接触电阻和电枢绕组内阻。

励磁回路方程为

$$U_f = I_fR_f \tag{4-14}$$

式中，R_f 为励磁回路总电阻，包括励磁回路外串电阻和励磁绕组内阻。

由式 (4-13) 可见，电枢电动势 E_a 必须大于电枢端电压 U，这也是判断电机是否处于发电运行状态的依据。

若直流电机为电动机，采用图 4-23b 所示的电动机惯例（以输入电流作为电枢电流的正方向），则电枢回路方程为

$$U = E_a + I_aR_a \tag{4-15}$$

式中，反电动势 $E_a = C_e\Phi n$。由于 R_a 很小，电枢回路上电阻压降很小，电源电压大部分降落在反电动势 E_a 上。

电枢电流 I_a 与线路电流 I 之间的关系与励磁方式有关，若为并励则有

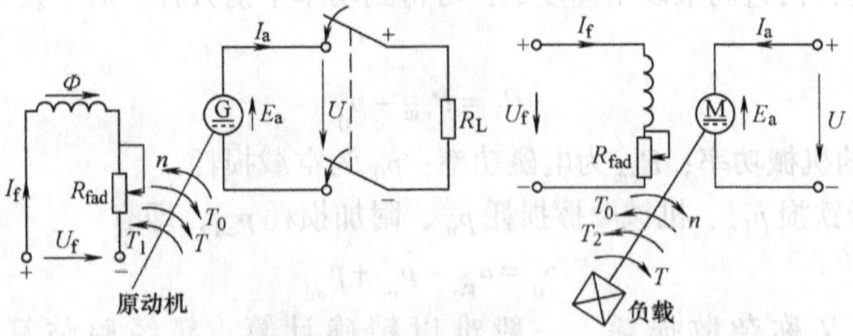

a) 发电机惯例　　b) 电动机惯例

图 4-23 他励直流电机

$$\begin{cases} I_a = I + I_f & （发电机） \\ I = I_a + I_f & （电动机） \end{cases} \tag{4-16}$$

若为串励则有

$$I = I_a = I_f \tag{4-17}$$

4.3.2 转矩方程

当发电机处于恒定转速运行时（见图 4-23a），转矩平衡方程为

$$T_1 = T + T_0 \tag{4-18}$$

式中，T_1 为原动机的拖动转矩；T 为发电机中产生的电磁转矩，其性质为制动转矩；T_0 为空载转矩，它是由电机的机械摩擦和铁损引起的转矩。各转矩的方向如图 4-23a 所示，发电机的转向由原动机决定，$T_1 > T$，故电磁转矩为制动转矩，是阻碍原动机的阻转矩。

当电动机处于稳态运行时，根据图 4-23b 所示转矩方向，电动机空载时，轴上输出转矩 $T_2 = 0$，则有

$$T = T_0 \tag{4-19}$$

当负载转矩为 T_L，轴上输出有 $T_2 = T_L$，电动机匀速稳定运行时有

$$T = T_2 + T_0 \tag{4-20}$$

式中，电磁转矩为拖动性质转矩，可用公式 $T = C_T \Phi I_a$ 计算，$T_2 + T_0$ 为总的阻转矩，方向与 T 相反。

4.3.3 电磁功率和功率平衡方程

1. 电磁功率

电机负载运行时，电枢绕组中的感应电动势与电枢电流的乘积称为电磁功率，则有

$$P_{em} = E_a I_a \tag{4-21}$$

电磁功率表征在机械能转换为电能或电能转换为机械能的能量转换过程中的转换能量，因此它既具有电功率性质，又具有机械功率性质，这是因为就数值而言有

$$E_a I_a = \frac{pN}{60a} \Phi n I_a = \frac{pN}{2\pi a} \Phi \Omega I_a = T\Omega \tag{4-22}$$

可见，式（4-22）左边是电功率，右边是机械功率，因此电磁功率是机电能量转换的桥梁，同时具有两种功率的性质，也正因如此，机电能量才能实现转换。

2. 功率平衡关系

根据转矩方程，两边同乘以角速度 Ω，可得到功率平衡方程。对于发电机，从原动机输入的机械功率为

$$P_1 = P_{em} + p_0 \tag{4-23}$$

式中，P_1 为输入的机械功率；P_{em} 为电磁功率；p_0 为空载损耗。

空载损耗等于铁损 p_{Fe}、机械摩擦损耗 p_m、附加损耗 p_{ad}，即有

$$p_0 = p_{Fe} + p_m + p_{ad} \tag{4-24}$$

式中，附加损耗又称杂散损耗，一般难以精确计算。靠经验估算为额定功率 P_N 的 0.5% ~1%。

发电机输出的电功率为

$$P_2 = P_{em} - p_{Cua} \tag{4-25}$$

式中，p_{Cua} 为电枢回路铜耗；P_2 为输出的电功率，同时输出功率又可表示为

$$P_2 = UI_a \tag{4-26}$$

根据上面所列的功率表达式可得到图 4-24 所示的他励直流发电机的功率流程图。

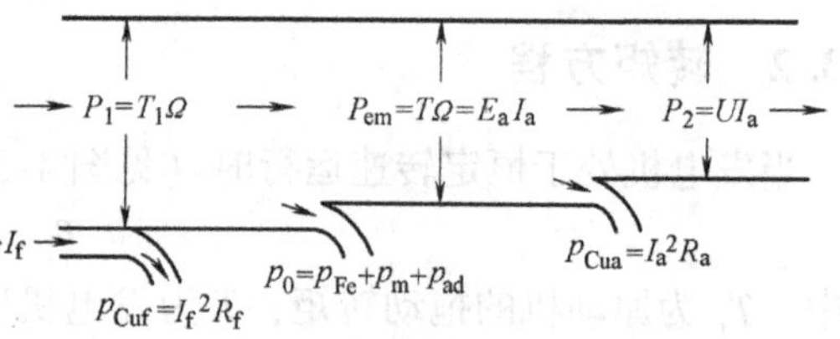

图 4-24 他励直流发电机的功率流程图

对于电动机，他励直流电动机输入功率为

$$P_1 = UI = UI_a = (E_a + I_aR_a)I_a = E_aI_a + I_a^2R_a$$

$$P_1 = P_{em} + p_{Cua} \tag{4-27}$$

式中，电磁功率 P_{em} 的功率性质为电功率；p_{Cua} 为电枢回路上的铜耗，$p_{Cua} = I_a^2R_a$。

在转矩平衡方程 $T = T_2 + T_0$ 两边同乘以角速度 Ω 可得

$$T\Omega = T_2\Omega + T_0\Omega$$

则有

$$P_{em} = P_2 + p_0 \tag{4-28}$$

也可表示为

$$P_2 = P_{em} - p_0 \tag{4-29}$$

式中，电磁功率 P_{em} 的功率性质为机械功率，空载损耗为

$$p_0 = p_{Fe} + p_m + p_{ad} \tag{4-30}$$

根据上面所列的功率表达式可得到图 4-25 所示的他励直流电动机的功率流程图。

关于并励直流发电机和并励直流电动机的基本方程和功率流程图，读者可参照上面推导他励直流电机的方法自己推导。

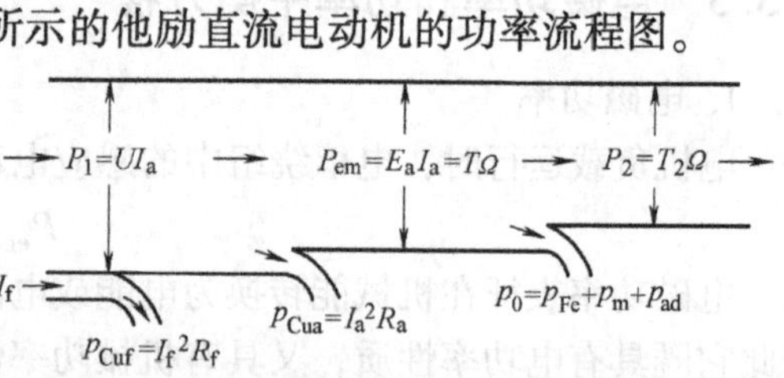

图 4-25 他励直流电动机的功率流程图

3. 效率

他励直流电机的总损耗为 $\Sigma p = p_{Fe} + p_m + p_{ad} + p_{Cua}$，即有

$$\Sigma p = p_0 + p_{Cua} \tag{4-31}$$

效率公式为

$$\eta = \frac{P_2}{P_1} = \frac{P_1 - \Sigma p}{P_1} = 1 - \frac{\Sigma p}{P_2 + \Sigma p} \tag{4-32}$$

【例题4-3】 一台并励直流发电机数据为 $P_N=82kW$，$U_N=230V$，$n_N=970r/min$，电枢回路总电阻 $R_a=0.032\Omega$，励磁支路总电阻 $R_{adf}=26\Omega$，额定负载时，$p_{Fe}+p_m=2.5kW$，附加损耗 $p_{ad}=0.005P_N$。试求额定负载时，发电机的输入功率、电磁功率、电磁转矩和效率。

解 (1) 求电磁功率

励磁电流为 $I_f=\dfrac{U_N}{R_{adf}}=\dfrac{230}{26}\Omega=8.85\Omega$

额定负载电流为 $I_N=\dfrac{P_N}{U_N}=\dfrac{82\times10^3}{230}A=356.52A$

电枢电流为 $I_a=I_N+I_f=(356.52+8.85)A=365.37A$

电枢电动势为 $E_a=U_N+I_aR_a=(230+365.37\times0.032)V=241.7V$

电磁功率为 $P_{em}=E_aI_a=241.7\times365.37W=88.3kW$

(2) 求输入功率

输入功率为 $P_1=P_{em}+p_{Fe}+p_m+p_{ad}=(88.3+2.5+0.005\times82)kW=91.2kW$

(3) 求电磁转矩

电磁转矩为 $T=9.55\dfrac{P_{em}}{n_N}=9.55\times\dfrac{88.3\times10^3}{970}N\cdot m=869.3N\cdot m$

(4) 求效率

效率为 $\eta=\dfrac{P_2}{P_1}\times100\%=\dfrac{82}{91.2}\times100\%=90\%$

【例题4-4】 已知一台永磁直流电动机的电枢电阻 $R_a=1.03\Omega$，当在50V直流电源供电下空载运行时，电动机转速为2100r/min，吸收电流是1.25A。试计算：(1) 电动势常数 $C'_e(C'_e=C_e\Phi)$；(2) 电动机的空载损耗 p_0；(3) 当转速为1700r/min以及电源电压为48V时，电动机的输出功率 P_2。

解 (1) 求电动势常数 C'_e

感应电动势为 $E_a=U-I_aR_a=(50-1.25\times1.03)V=48.7V$

电动势常数为 $C'_e=\dfrac{E_a}{n}=\dfrac{48.7V}{2100r/min}=0.0232V\cdot min/r$

(2) 求空载损耗

空载损耗为 $p_0=E_aI_a=48.7\times1.25W=61W$

(3) 求输出功率

在转速为1700r/min时，感应电动势为 $E_a=C'_en=0.0232\times1700V=39.44V$

电枢电流为 $I_a=\dfrac{U-E_a}{R_a}=\dfrac{48-39.44}{1.03}A=8.31A$

电磁功率为 $P_{em}=E_aI_a=39.44\times8.31W=328W$

输出功率为 $P_2=P_{em}-p_0=(328-61)W=267W$

注意：当电动机空载时，轴上输出功率 $P_2=0$，此时电磁功率与空载损耗相等。

4.4 直流发电机的运行特性与试验测试

发电机的运行特性是指发电机运行时，端电压 U、负载电流 I、励磁电流 I_f 三个基本物理量之间的函数关系。一般保持其中一个物理量不变，讨论剩余两个量之间的关系，这种函数关系就是运行特性。下面分别讨论比较重要的空载特性和外特性。

4.4.1 他励直流发电机空载特性

空载特性是指原动机的转速 $n=n_N$，输出端开路，负载电流 $I=0$（$I_a=0$）时，电枢端电压与励磁电流之间的关系，即 $U_0=E_0=f(I_f)$，如图 4-26 所示。空载特性可以由试验测出，试验接线图如图 4-27 所示。

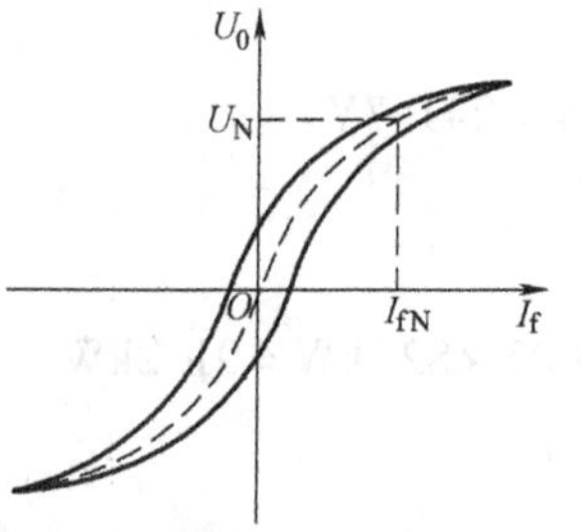

图 4-26　他励直流发电机空载特性

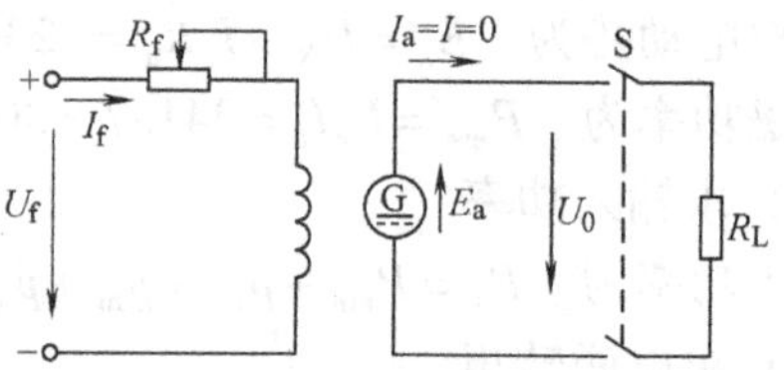

图 4-27　他励直流发电机试验接线图

注意：试验时一定要单方向改变励磁回路电阻测取数据，在测取的数据中应包含额定点，电压可测取到 $U_0=\pm(1.1\sim1.3)U_N$ 为止，线性部分测取的数据可稀疏一些，非线性部分测取的数据可密集一些，使得到的曲线较准确。试验可测取上、下两个分支曲线，一般取平均值作为空载特性曲线，如图 4-26 中虚线所示。另外，特性曲线与转速有关，试验时一定要保持额定转速。

4.4.2 他励直流发电机外特性

外特性是指原动机的转速 $n=n_N$，励磁电流 $I_f=I_{fN}$时，电枢端电压与负载电流之间的关系，即 $U=f(I)$，如图 4-28 所示。这是一条略微下斜的曲线，从空载到负载电压下降的原因：①负载增大，电枢电流增大，使电枢回路电阻压降增大，则端电压下降；②电枢电流增大，使电枢反应的去磁作用增强，端电压进一步下降。

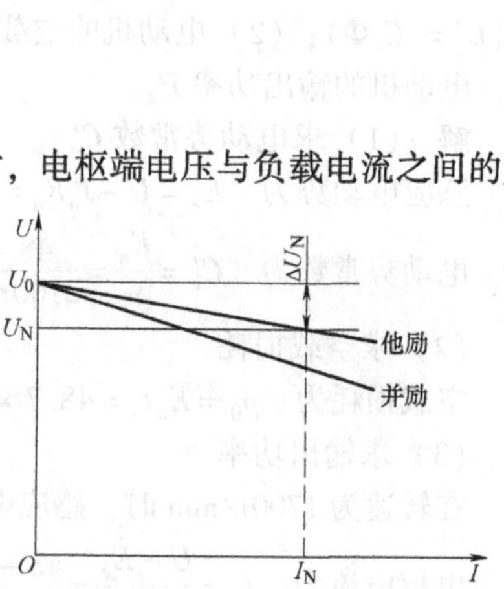

图 4-28　他励(并励)直流发电机的外特性

发电机的端电压随负载的变化程度可用电压变化率（或称电压调整率）表示。电压变化率是指发电机从额定负载（$U=U_N$，$I=I_N$）过渡到空载（$U=U_0$，$I=0$）时，电压升高的数值与额定电压的百分比，即

$$\Delta U\%=\frac{U_0-U_N}{U_N}\times100\% \tag{4-33}$$

通常他励直流发电机的电压变化率 $\Delta U\%$ 为 5% ~10%。

4.4.3 并励直流发电机

他励直流发电机运行特性好，但励磁回路需一直流电源供电，若实际应用中没有条件，可采用并励，这就不需专门的直流励磁电源了。

1. 自励过程与试验

以空载为例说明并励直流发电机的自励过程。在图4-29中，当发电机在原动机带动下以恒定的额定转速 n_N 运转时，在有剩磁条件下，电枢绕组切割剩磁，则电枢绕组中产生感应电动势 E_r（为（2%～5%）U_N），从而在发电机电枢两端建立剩磁电压 U_r。在剩磁电压 U_r 作用下，产生不大的励磁电流 I_f（$I_f=U_r/R_f$），此励磁电流通过励磁绕组会产生磁场，磁场的方向如果与剩磁方向一致，则主磁通得以加强，使电枢端电压进一步升高。端电压的升高，又使励磁电流增大，主磁通更加强，如此反复，最终使电枢端电压建立。

图4-30所示为并励直流发电机自励过程。自励是一个过程，电枢端电压是不断建立的，能否稳定呢？下面讨论自励过程的稳定点。

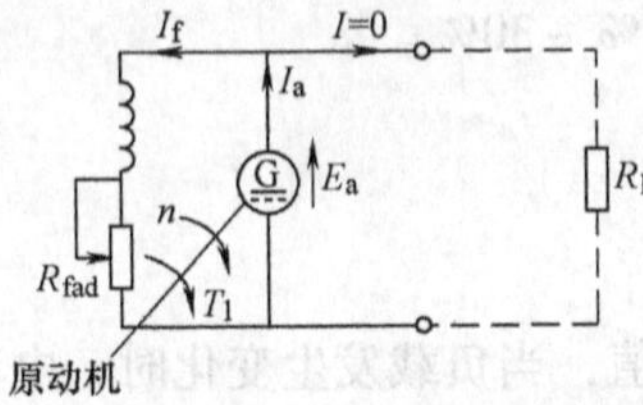

图4-29 并励直流发电机自励试验接线

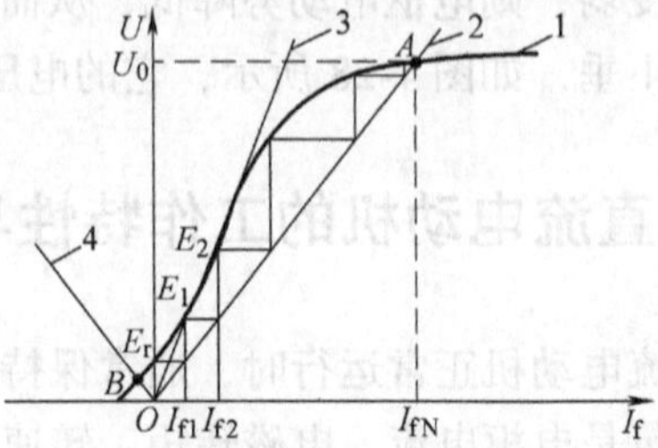

图4-30 并励直流发电机自励过程

1—空载特性 $U_0=f(I_f)$

2、3、4—励磁回路伏安特性，即场阻线 $U_f=f(I_f)$

从并联回路可见，励磁绕组中有自感，用 L_f 表示励磁绕组的自感系数，电枢绕组中也有自感，用 L_a 表示电枢绕组的自感系数。由于励磁绕组导线细、匝数多，而电枢绕组导线粗、匝数少，存在 $L_f \gg L_a$，$R_f \gg R_a$，故可忽略 L_a 和 R_a 的影响，自励过程电压方程为

$$U_0 = i_f R_f + L_f \frac{di_f}{dt}$$

$$L_f \frac{di_f}{dt} = U_0 - i_f R_f \tag{4-34}$$

式中，R_f 为励磁支路的电阻。由式（4-34）可见，只要 $U_0 - i_f R_f > 0$，则 i_f 不断上升，当 i_f 上升至 I_{fN}（A 点）时，$L_f \frac{di_f}{dt} = U_0 - i_f R_f = 0$，励磁电流不再增大，此时有 $U_0 = i_f R_f$，说明 A 点是空载特性与场阻线的交点，也是自励过程的结束点或稳定点。

如果励磁绕组与电枢绕组之间的接法不合适，即励磁电流产生的磁通与剩磁的方向相反，励磁回路的伏安特性如图4-30曲线4所示，它与空载特性的交点为 B，说明发电机不能自励发电。

图4-30曲线2的斜率为

$$\tan\alpha = \frac{U_0}{I_{fN}} = \frac{I_{fN} R_f}{I_{fN}} = R_f \tag{4-35}$$

如果保持转速 $n=n_N$ 不变，当增大励磁回路附加电阻 R_{adf} 时，夹角 α 增大，场阻线的斜率增大，则交点 A 下移。当夹角 α 增大到一定程度时，场阻线与空载特性相切，发电机也不能自励。如果保持励磁电阻 R_f 不变，而改变转速 n，使 n 升高，空载特性曲线会按比例升高，则它与场阻线的交点也会升高，使发电机端电压升高。

综上所述，并励直流发电机的自励条件为：①电机必须有剩磁，否则应利用其他直流电源对其充磁；②励磁绕组与电枢绕组的接法要正确，即应使励磁电流产生的磁通方向与剩磁方向一致，否则应改变并励绕组极性；③励磁回路总电阻应小于该转速下的临界电阻。

实际应用中，并励直流发电机自励而电压未能建立时，应先减小励磁回路的外串电阻 R_{adf}，观察电压是否能建立，不行再改变励磁绕组与电枢绕组连接的极性，若电压还不能建立，则应考虑是否还有剩磁，若没有剩磁，应充磁后，再进行自励发电。

2. 并励直流发电机外特性

并励直流发电机的励磁绕组与电枢绕组并联，当发电机端电压下降时，励磁电流减小，使磁通变弱，则电枢电动势降低，从而使端电压进一步下降，所以它的外特性要比他励直流发电机下垂，如图 4-28 所示，它的电压变化率 $\Delta U\%$ 为 20% ~30%。

4.5 直流电动机的工作特性与试验测试

直流电动机正常运行时，通常保持电枢端电压为额定值，当负载发生变化时，电动机的主要变量是电枢电流、电磁转矩、转速和输出功率，这四个变量之间的关系构成了各种运行特性。运行特性中最重要的有两组特性，即工作特性和机械特性，其中机械特性是电动机机械性能的主要表现，是指在电枢电压、励磁电流和电枢回路总电阻一定的条件下，电动机转速与电磁转矩的关系，即 $n=f(T)$，关于机械特性将在第 5 章中讨论，下面主要讨论电动机的工作特性。

4.5.1 他励（并励）直流电动机的工作特性

直流电动机工作特性是指在 $U=U_N$、$I_f=I_{fN}$，电枢回路不外串电阻的条件下，转速 n、转矩 T、效率 η 与输出功率 P_2 之间的关系曲线。实际运行中，电枢电流 I_a 随 P_2 增大而增大，又便于测量，故也可把转速 n、转矩 T、效率 η 与电枢电流 I_a 之间的关系曲线称为工作特性。

1. 转速特性

转速特性是指当 $U=U_N$、$I_f=I_{fN}$，电枢回路外串电阻 $R_\Omega=0$ 时，$n=f(I_a)$ 的关系。

根据电动势方程 $E_a=C_e\Phi n$ 和电压方程 $U=E_a+I_aR_a$ 可得

$$n=\frac{U_N}{C_e\Phi}-\frac{R_a}{C_e\Phi}I_a=n_0-\frac{R_a}{C_e\Phi}I_a \tag{4-36}$$

如果忽略电枢反应，电枢电阻又较小，转速特性是一条略微向下倾斜的直线，如图4-31 曲线 1 实线所示。式（4-36）中，$n_0=\dfrac{U_N}{C_e\Phi}$是电枢电流 I_a 为零时的理想空载转速。考虑电枢反应的去磁作用，转速特性如图 4-31 曲线 1 的虚线部分所示。

2. 转矩特性

转矩特性是指当 $U=U_N$、$I_f=I_{fN}$，电枢回路外串电阻 $R_\Omega=0$ 时，$T=f(I_a)$的关系。

根据转矩公式 $T=C_T\Phi I_a$，忽略电枢反应，转矩特性是一条过原点的直线，如图 4-31 曲线3实线所示。考虑电枢反应的去磁作用，转矩特性如图4-31曲线3虚线所示。

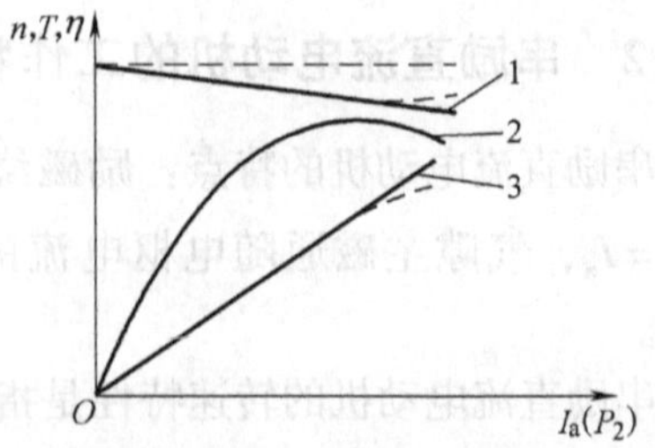

图4-31 他励（并励）直流电动机工作特性
1—$n=f(I_a)$ 2—$\eta=f(I_a)$ 3—$T=f(I_a)$

3. 效率特性

效率特性是指当 $U=U_N$、$I_f=I_{fN}$，电枢回路外串电阻 $R_\Omega=0$ 时，$\eta=f(I_a)$ 的关系。

根据效率的定义可得

$$\eta=\frac{P_2}{P_1}=1-\frac{\Sigma p}{UI_a} \tag{4-37}$$

式中，总损耗为

$$\Sigma p=p_0+p_{Cua}=p_m+p_{Fe}+p_{ad}+I_a^2R_a \tag{4-38}$$

式中，空载损耗 p_0 与负载电流变化无关，称为不变损耗；电枢铜耗 p_{Cua} 随负载电流二次方倍变化，又称可变损耗。

当负载电流从零逐渐增大时，效率也随之增大，当负载电流增大到一定程度时，效率达最大，之后随负载电流的继续增大，效率反而减小，效率特性如图4-31曲线2所示。如果令 $d\eta/dI_a=0$，可得 $p_0=p_{Cua}$，说明不变损耗等于可变损耗时，效率最高。

【例题4-5】 有一他励直流电动机接在额定电压为220V的电网上额定运行时，电动机的额定电枢电流 $I_a=15A$，电枢回路总电阻 $R_a=0.7\Omega$。试求：（1）电动机额定运行时的反电动势；（2）若因某种原因，电网电压下降至200V，但励磁电流和负载转矩均未发生变化，求在达到新平衡点后电动机的反电动势。

解 （1）额定运行时的反电动势

额定运行时的反电动势为 $E_{aN}=U_N-I_aR_a=(220-15\times0.7)V=209.5V$

（2）新平衡点时的反电动势

新平衡点时的反电动势为 $E_a=U-I_aR_a=(200-15\times0.7)V=189.5V$

【例题4-6】 有一台他励直流电动机的数据为：$P_N=75kW$，$U_N=220V$，$I_N=383A$，$n_N=1500r/min$，电枢回路总电阻 $R_a=0.02\Omega$，求额定负载时的电磁转矩、输出转矩、输入功率和效率。

解 （1）求电磁转矩

电枢电动势为 $E_{Na}=U_N-I_{Na}R_a=(220-383\times0.02)V=212.34V$

电磁功率为 $P_{em}=E_{Na}I_{Na}=212.34\times383W=81.33kW$

电磁转矩为 $T=9.55\frac{P_{em}}{n_N}=9.55\times\frac{81.33\times10^3}{1500}N\cdot m=517.8N\cdot m$

（2）求输出转矩

输出转矩为 $T_{2N}=9.55\frac{P_N}{n_N}=9.55\times\frac{75\times10^3}{1500}N\cdot m=477.5N\cdot m$

（3）求输入功率

输入功率为 $P_1=U_NI_N=220\times383W=84.26kW$

（4）求效率

效率为 $\eta=\frac{P_2}{P_1}\times100\%=\frac{75}{84.26}\times100\%=89\%$

4.5.2 串励直流电动机的工作特性

串励直流电动机的特点：励磁绕组与电枢绕组串联，励磁电流 I_f 与电枢电流 I_a 相等，即 $I_f=I_a$，气隙主磁通随电枢电流的变化而变化，其接线图如图 4-32 所示。

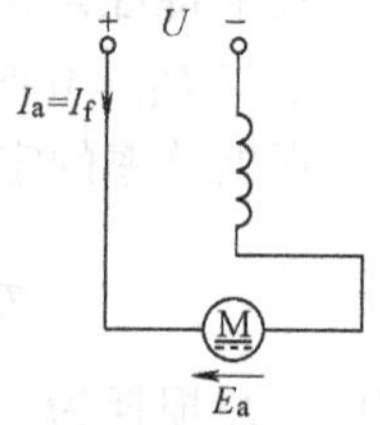

图 4-32 串励直流电动机的接线图

串励直流电动机的转速特性是指在电源电压 $U=U_N$，电枢回路外串电阻 $R_\Omega=0$ 时，$n=f(I_a)$ 的关系曲线，其表达式为

$$n=\frac{U_N}{C_e\Phi}-\frac{R_a+R_f}{C_e\Phi}I_a \tag{4-39}$$

当负载较小，磁路不饱和时，$\Phi=kI_a$，k 为比例常数，电磁转矩为 $T=kC_TI_a^2$，转速随负载增大而下降，特性曲线是一条向下倾斜的直线；当负载增大时，电枢电流增大，磁路饱和，主磁通基本上为一常数，即 $\Phi=k_2$，磁通增加的同时，电枢回路的电阻压降增大，使转速下降很快，特性呈双曲线，其工作特性如图 4-33 所示。

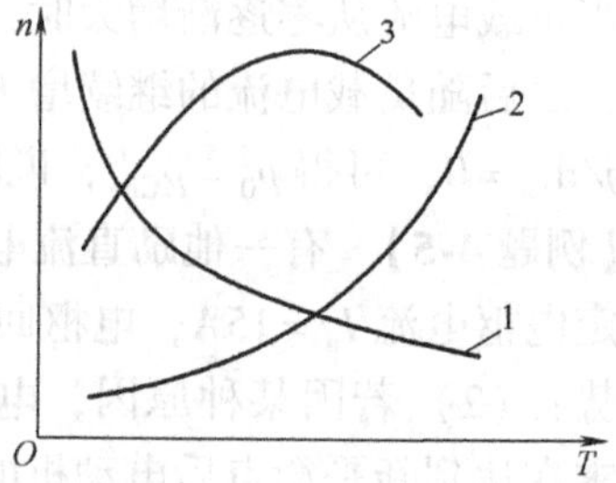

图 4-33 串励直流电动机的工作特性
1—$n=f(I_a)$ 2—$T=f(I_a)$ 3—$\eta=f(I_a)$

由特性曲线可见，串励直流电动机轻载时转速很高，特性曲线与纵轴无交点，理想空载转速为无穷大，故不允许空载运行，也不允许用于传动带的拖动系统中，因为传送带的老化脱落，将会造成“飞车”。串励直流电动机的特点：电磁转矩 T 与电枢电流 I_a 的二次方成正比，所以起动转矩大，过载能力强，适合于拖动闸门、电车等负载。

【例题 4-7】 某串励直流电动机额定数据为：额定电压 $U_N=220\text{V}$，额定电流 $I_N=30\text{A}$，额定转速 $n_N=1000\text{r/min}$，电枢回路总电阻 $R_a=0.57\Omega$，在磁路不饱和的情况下，求电动机运行在欠载电枢电流 $I'_a=18\text{A}$ 时，电动机的转速和电磁转矩。

解 串励电动机的额定电枢电流为 $I_a=I_N=30\text{A}$

额定负载时反电动势为 $E_{aN}=U_N-I_aR_a=(220-30\times0.57)\text{V}=202.9\text{V}$

电枢电流 $I_a=18\text{A}$ 时的磁通为 $\Phi'=\dfrac{I'_a}{I_a}\Phi_N=\dfrac{18}{30}\Phi_N=0.6\Phi_N$

此时的反电动势为 $E'_a=U_N-I'_aR_a=(220-18\times0.57)\text{V}=209.74\text{V}$

电动机转速为 $n'=\dfrac{E'\Phi_N}{E\ \Phi'}n_N=\dfrac{209.74}{202.9}\times\dfrac{1}{0.6}\times1000\text{r/min}=1722.9\text{r/min}$

电磁转矩为 $T'=9.55\dfrac{E'_a}{n'}I'_a=9.55\times\dfrac{209.74}{1722.9}\times18\text{N·m}=20.93\text{N·m}$

4.6 直流电机的换向*

由前面分析直流电机工作原理可知，直流电机电枢绕组中的电动势和电枢电流是交变的。电机运行时，元件会随电枢的运转从一条支路经过电刷换到另一条支路，元件电流改变方向，该过程称为换向，换向也是直流电机特有的问题，换向的好坏直接影响到直流电机运行性能的好坏。

4.6.1 换向的物理过程

图4-34所示是某一单叠绕组1号元件的换向过程，设图中电刷宽度与换向片宽度相等，电枢以 v_a 的速度从右向左旋转。

换向前：如图4-34a所示，电刷与换向片1接触，1号元件中的电流 i_a 从下层边流向上层边，设为 $+i_a$，元件处于右支路。

换向中：如图4-34b所示，电刷与换向片1、2同时接触，1号元件被短接，元件中的电流正从 $+i_a$ 向 $-i_a$ 变化。

换向后：如图4-34c所示，电刷与换向片2接触，1号元件中的电流 i_a 从上层边流向下层边，电流为 $-i_a$，元件处于左支路。

电枢上的每个元件在经过电刷时都要换向，元件的换向时间称为换向周期，记作：T_k。如果换向元件中各种电动势为零，被电刷短接的闭合回路就不会出现环流，元件中的电流大小由电刷与相邻两换向片的接触面积决定，电流随时间均匀变化，即有 $i=f(t)$，将这种换向称为直线换向，如图4-35曲线1所示，直线换向是理想换向，电机不会出现火花。

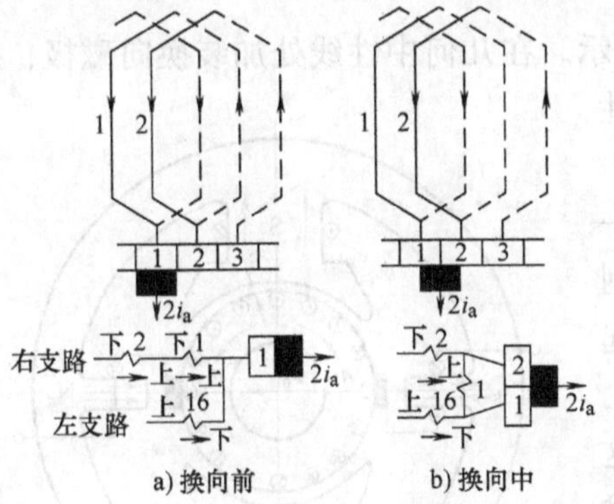

图4-34 1号元件的换向过程

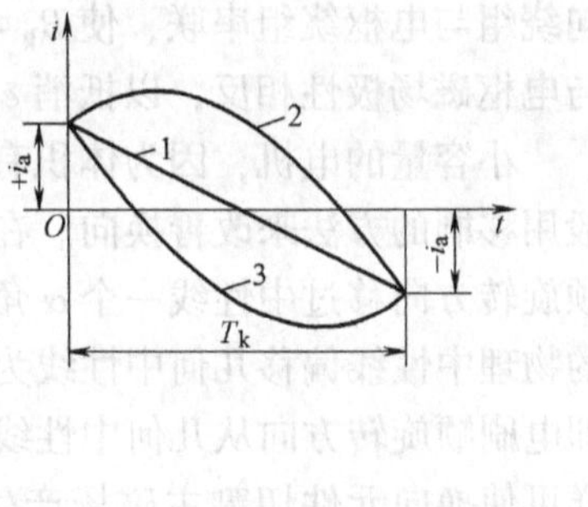

图4-35 换向元件中电流的变化

1—直线换向 2—延迟换向 3—超前换向

4.6.2 换向元件的感应电动势

实际电机换向时，换向元件中 $\Sigma e \neq 0$。换向元件中存在以下电动势。

（1）自感电动势 e_L

换向元件中电流变化时产生的自感电动势，即 $e_L = L\dfrac{di}{dt}$。

（2）互感电动势 e_M

同时换向的几个元件中相互产生的互感电动势，即 $e_M = M\dfrac{di}{dt}$。

通常把自感电动势 e_L 与互感电动势 e_M 之和称为电抗电动势 e_r，即

$$e_r = e_L + e_M = L_r\frac{di}{dt} \tag{4-40}$$

电抗电动势总是阻碍换向元件中电流的变化，e_r 方向应与换向前元件的电流方向一致。

(3) 电枢反应电动势 e_a

换向元件处在几何中性线上，主磁场在此区域的磁通密度 $B_0=0$，但电枢磁通密度 $B_a \neq 0$，在刷位正常时最大，换向元件切割电枢磁场产生电枢反应电动势 e_a，其方向与电抗电动势 e_r 相同，也是阻碍换向元件中电流的变化。

4.6.3 改善换向的方法

由于换向元件中的 $\Sigma e = e_a + e_r \neq 0$，则在被电刷短接的闭合回路中就有环流 i_k 产生，设闭合回路的总电阻为 ΣR，环流为

$$i_k = \frac{\Sigma e}{\Sigma R} = \frac{e_a + e_r}{\Sigma R} \tag{4-41}$$

环流的存在使换向元件在换向过程中电流不随时间直线变化，电流的变化比直线换向慢，如图 4-35 曲线 2 所示，这种换向称为延迟换向。延迟换向使电刷电流密度不均匀，电刷后部电流密度比前部大，因此在电刷后部出现火花。

为了改善换向，应使 $i_k=0$，想办法产生 e_k，使 e_k 大小等于 e_a+e_r，方向与 e_a+e_r 的方向相反，则 $\Sigma e=0$。如果 e_k 作用大于 e_a+e_r，则电流变化如图 4-35 曲线 3 所示，这种换向称为超前换向，超前换向使电刷前部出现火花。

改善换向的方法是加装换向磁极，如图 4-36 所示。在几何中性线处加装换向磁极，换向绕组与电枢绕组串联，使 $B_k \propto I_a$，换向磁极的极性与电枢磁场极性相反，以抵消 e_a+e_r 的作用。

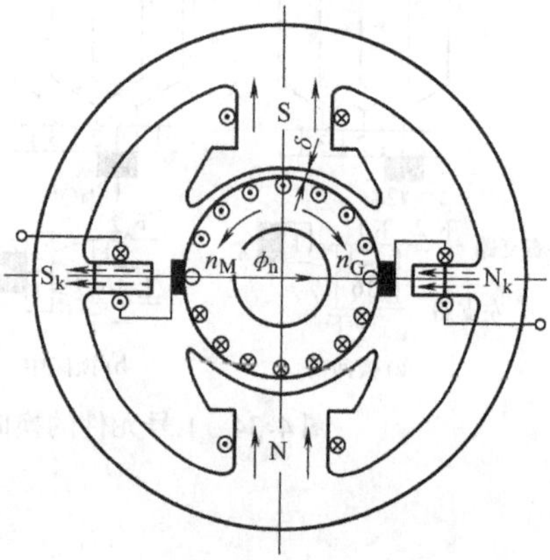

图 4-36 加装换向磁极的极性和电路

小容量的电机，因为体积有限，无换向磁极，一般用移刷的方法来改善换向。在直流发电机中将电刷顺旋转方向移过中性线一个 α 角，设由电枢反应引起的物理中性线偏移几何中性线为 β 角，则应使 $\alpha>\beta$，即电刷顺旋转方向从几何中性线移过物理中性线，这样可使换向元件切割主磁场产生的感应电动势 e_k 除抵消电枢反应电动势 e_a 外，还可抵消电抗电动势 e_r，使换向元件总电动势基本为零。对直流电动机，电刷应逆旋转方向移 α 角，且使 $\alpha>\beta$。

由前面介绍的直流电机电枢反应内容可知，电枢反应使气隙磁通密度发生畸变，使位于 $B_{\delta max}$ 处的元件所连接的两换向片之间的电压增大，此电压超过一定限度，可能出现环火，即在正、负电刷之间出现电弧，环火能使电机在很短时间内损坏。为了防止环火，可在主磁极的极靴中加装与电枢绕组串联的补偿绕组，所产生的磁动势应与电枢磁动势相反。

4.7 实例（应用）

【实例 4-1】 一台 25kW，125V 的他励直流电机，以恒定转速 3000r/min 运行，并具有恒定励磁电流，开路电枢电压是 125V，电枢电阻为 0.02Ω。当端电压分别为 128V 和 124V 时，计算电枢电流、输入功率、电磁功率和电磁转矩。

解　(1) 端电压为 128V 时

由题意可知：端电压 $U=128\text{V}$，电枢电动势 $E_a=125\text{V}$，由于电枢电动势小于端电压，电枢电流将流入电机，电机作电动机运行，按电动机惯例，电枢电流为

$$I_a=\frac{U-E_a}{R_a}=\frac{128-125}{0.02}\text{A}=150\text{A}$$

电动机端的输入功率为

$$P_1=UI_a=128\times150\text{W}=19.2\text{kW}$$

电磁功率为

$$P_{em}=E_aI_a=125\times150\text{W}=18.75\text{kW}$$

电磁转矩为

$$T=9.55\frac{P_{em}}{n_N}=9.55\times\frac{18.75\times10^3}{3000}\text{N}\cdot\text{m}=59.7\text{N}\cdot\text{m}$$

(2) 端电压为 124V 时

由于电枢电动势大于端电压，电枢电流将流出电机，电机作发电机运行，电枢电流为

$$I_a=\frac{E_a-U}{R_a}=\frac{125-124}{0.02}\text{A}=50\text{A}$$

发电机端的输出功率为　$P_2=UI_a=124\times50\text{W}=6.20\text{kW}$

电磁功率为　$P_{em}=E_aI_a=125\times50\text{W}=6.25\text{kW}$

电磁转矩为　$T=9.55\dfrac{P_{em}}{n_N}=9.55\times\dfrac{6.25\times10^3}{3000}\text{N}\cdot\text{m}=19.9\text{N}\cdot\text{m}$

【点评】　从本例可见，对一台直流电机究竟是作发电机运行还是作电动机运行，关键要看外加条件，即功率输入的形式。若从轴上输入机械功率，电机作发电机运行，电刷向外输出直流电能；若从电刷上输入电功率，电机作电动机运行，轴上向外输出机械能。对于同一台电机在不同外界条件下作发电机或电动机运行的原理，称为可逆原理。

【实例 4-2】　一台四极他励直流电机，电枢采用单波绕组，总导体数为 $N=372$，电枢回路总电阻为 $R_a=0.21\Omega$。电机接在电网电压 $U=220\text{V}$ 上运行，此时转速 $n=1500\text{r/min}$，每极磁通 $\Phi=0.011\text{Wb}$，空载损耗 $p_0=566\text{W}$。试求：(1) 电机运行在发电机还是电动机状态；(2) 电磁转矩；(3) 电机的输入功率；(4) 效率。

解　(1) 电机的运行状态

由题意得知，并联支路数 $a=1$，则电枢感应电动势为

$$E_a=\frac{pN}{60a}\Phi n=\frac{2\times372}{60\times1}\times0.011\times1500\text{V}=204.6\text{V}<U=220\text{V}$$

可见，电机运行在电动机状态。

(2) 电磁转矩

电枢电流为　$I_a=\dfrac{U-E_a}{R_a}=\dfrac{220-204.6}{0.21}\text{A}=73.3\text{A}$

电磁转矩为　$T=\dfrac{pN}{2\pi a}\Phi I_a=\dfrac{pN}{2\pi a}\Phi\dfrac{U-E_a}{R_a}=\dfrac{2\times372}{2\pi\times1}\times0.011\times\dfrac{220-204.6}{0.21}\text{N}\cdot\text{m}=95.52\text{N}\cdot\text{m}$

(3) 输入功率

输入功率为 $P_1 = UI_a = 220 \times 73.3\text{W} = 16.13\text{kW}$

(4) 效率

输出功率为 $P_2 = E_a I_a - p_0 = (204.6 \times 73.3 - 566)\text{W} = 14.43\text{kW}$

效率为 $\eta = \dfrac{P_2}{P_1} = \dfrac{14.43}{16.13} \times 100\% = 89.5\%$

【点评】 判断电机运行在发电机状态还是电动机状态，可通过电枢电动势和电枢所接电网电压的大小来判断，当 $U > E_a$ 时，则运行在电动机状态；反之，则运行在发电机状态。电机运行状态的判断，也可从电枢电流的流向来判断。

【实例 4-3】 图 4-37 所示为某钢厂热轧机主轧辊的直流电动机驱动系统。轧机的轧辊由两台直流电动机分别驱动。根据工艺要求，轧机工作时，应使两台电动机的转速一致，以保证钢材质量。为使两台电动机转速一致，需采用转速闭环控制，通过调节电枢电压，使两台电机转速同步。

图中来自上位控制调节器的速度指令信号同时送给两个直流驱动系统的控制器，直流驱动系统的控制器根据转速偏差改变晶闸管整流装置（VT）的触发脉冲角度，以调节直流电动机的电枢电压，达到控制转速的目的。为了使电枢电流平滑，主回路中串入了电抗器 L。

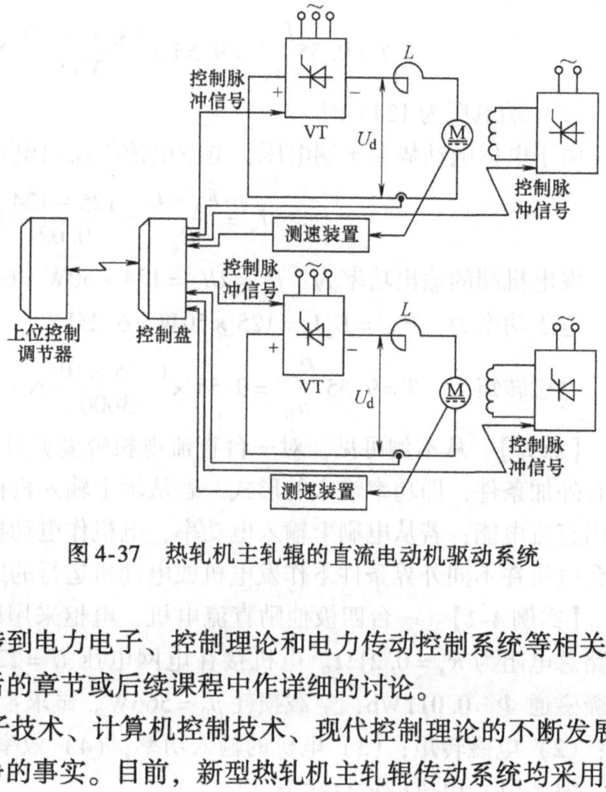

图 4-37　热轧机主轧辊的直流电动机驱动系统

鉴于热轧机主轧辊的直流电动机驱动系统是个复杂的控制系统，牵涉到电力电子、控制理论和电力传动控制系统等相关知识，恕不一一展开，这些知识将在以后的章节或后续课程中作详细的讨论。

【点评】 随着微电子学、电力电子技术、计算机控制技术、现代控制理论的不断发展，交流调速系统取代直流调速已成为不争的事实。目前，新型热轧机主轧辊传动系统均采用交流调速系统。

4.8 直流电机性能的仿真

4.8.1 直流发电机运行特性仿真

1. 直流发电机空载特性仿真

【仿真实例 4-1】 一台他励直流发电机的额定电压 $U_N = 110\text{V}$，额定转速 $n_N = 1500\text{r/min}$，励磁电流 $I_{fN} = 1.4\text{A}$，电枢绕组的电阻和电感忽略不计。在额定转速时做发电机空载特性试验，测得数据见表 4-1，试绘制空载特性曲线。

表 4-1　直流发电机空载特性试验数据

I_f/A	0	0.5	0.7	0.8	1.0	1.2	1.5	1.2	1.0	0.8	0.7	0.5	0
U_0/V	2	75	93.5	99	106	111.5	117	114	109.5	102.5	97.5	83.6	18

解　用 M 语言编写绘制直流发电机空载特性曲线的 MATLAB 程序如下：

```
% 绘制直流发电机空载特性曲线问题
clc
clear
Ifdata1 = [0.0,0.5,0.7,0.8,1.0,1.2,1.5];
Ifdata2 = [0.0,0.5,0.7,0.8,1.0,1.2,1.5];          % 励磁电流 If 值
U0data1 = [2,75,93.5,99,106,111.5,117];
U0data2 = [18,83.6,97.5,102.5,109.5,114,117];     % 空载电压 U0 值
xdata = 0:.1:1.5;                                  % y 坐标 0 ~ 120
ydata1 = interp1(Ifdata1,U0data1,xdata,'spline');
ydata2 = interp1(Ifdata2,U0data2,xdata,'spline');  % 采用样条插值的方法分析数据
plot(Ifdata1, U0data1,'*')                         % 用'*'描点绘制空载特性
hold on;                                           %保持当前坐标轴和图形
plot(Ifdata2, U0data2,'*')                         % 绘制 If、U0 坐标
hold on;
plot(xdata,ydata1);                                % 绘制 x、y 坐标
hold on;                                           %保持当前坐标轴和图形
plot(xdata,ydata2);                                % 绘制 x、y 坐标
hold on;                                           %保持当前坐标轴和图形
title('直流发电机空载特性')                        % 标题'直流发电机空载特性'
xlabel('{\itI}_f/A')                               % x 坐标标签'If/A'
ylabel('{\itU}_0/V')                               % y 坐标标签'U0/V'
axis([0,2,0,120])
```

运行上述 MATLAB 程序得到直流发电机空载特性仿真曲线如图 4-38 所示。

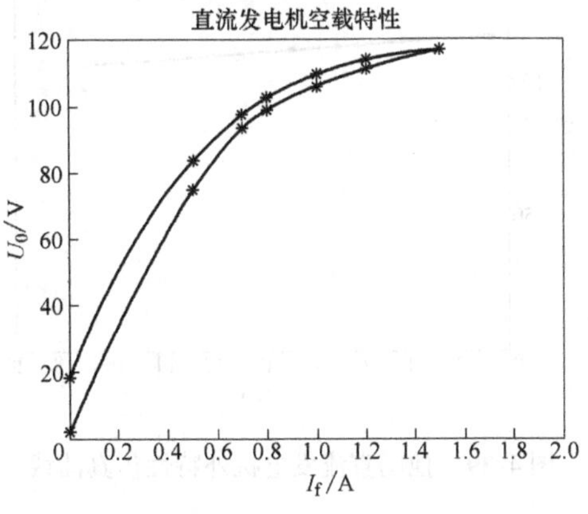

图 4-38　直流发电机空载特性仿真曲线

2. 直流发电机外特性仿真

【仿真实例 4-2】 一台他励直流发电机的额定数据：额定电压 $U_N=110V$，额定转速 $n_N=1500r/min$，励磁电流 $I_{fN}=1.4A$，电枢电阻 $R_a=2.3\Omega$。在额定转速时做发电机外特性试验，测得数据见表 4-2，试绘制发电机的外特性曲线。

表 4-2 直流发电机外特性试验数据

I/A	17	15	13	8.8	7	4.3	0
U/V	107	108.5	110	112.5	114	116	118

解 用 M 语言编写绘制他励直流发电机外特性曲线的 MATLAB 程序如下：

```
% 绘制他励直流发电机外特性曲线问题
clc
clear
Idata = [0,4.3,7,8.8,13,15,17];                      % 负载电流 I 值
Udata = [118,116,114,112.5,110,108.5,107];           % 负载电压 U 值
xdata = 0:1:17;                                      % x 坐标 0～17
ydata = interp1(Idata,Udata,xdata,'spline');         % 采用样条插值的方法分析数据
plot(Idata,Udata,'*');                               % 用'*'描点绘制外特性
hold on                                              % 保持当前坐标轴和图形
plot(xdata,ydata);                                   % 绘制 x、y 坐标
hold on                                              % 保持当前坐标轴和图形
title('他励直流发电机外特性')                          % 标题'他励直流发电机外特性'
xlabel('{\itI}/A')                                   % x 坐标标签'I/A'
ylabel('{\itU}/V')                                   % y 坐标标签'U/V'
axis([0,20,0,150])                                   % 设置轴线数据范围
```

运行上述 MATLAB 程序得到他励直流发电机外特性仿真曲线如图 4-39 所示。

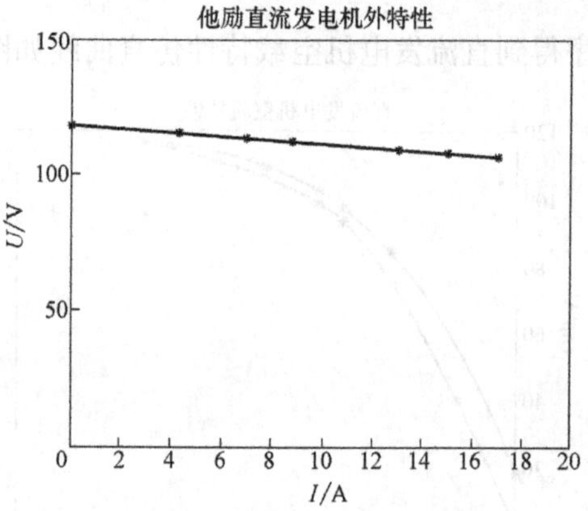

图 4-39 他励直流发电机外特性仿真曲线

【仿真实例 4-3】 一台并励直流发电机的额定数据：额定电压 $U_N=110V$，额定转速

$n_N = 1500r/min$，励磁电流 $I_{fN} = 1.4A$，励磁回路电阻 $R_f = 75\Omega$，电枢电阻 $R_a = 2.3\Omega$。在额定转速时做发电机空载特性试验，测得数据见表4-3，试绘制该并励直流发电机外特性曲线。

表4-3 并励直流发电机空载特性试验数据

I_f/A	0	0.5	0.7	0.8	1.0	1.2	1.5
U_0/V	5	75	95	100	108	110	117

解 用M语言编写绘制并励直流发电机外特性曲线的MATLAB程序如下：

```
% 绘制并励直流发电机外特性曲线问题
clc
clear
    nN = 1500;IfN = 1.4;Rf = 75;Ra = 2.3;          % 输入发电机基本数据
    Ifdata = [0,0.5,0.7,0.8,1.0,1.2,1.5];         % 输入励磁电流
    U0data = [5,75,95,100,108,110,117];           % 输入空载电压
    If = 0:0.01:12;                               % 重新设置励磁参数
    P = polyfit(Ifdata,U0data,3);
    U0 = polyval(P,If);                           % 空载特性曲线拟合
    U = If*Rf;                                    % 计算电枢端电压
    Ia = (U0-U)/Ra;                               % 计算电枢电流
    I = Ia-If;                                    % 计算负载电流
    plot(I,U)                                     % 绘制并励直流发电机外特性
    hold on                                       % 保持当前坐标轴和图形
  title('并励直流发电机外特性')                     % 标题'并励直流发电机外特性'
    axis([0,20,0,120])                            % 设置轴线数据范围
  xlabel('{\itI}/A')                              % x 坐标标签'I/A'
  ylabel('{\itU}/V')                              % y 坐标标签'U/V'
```

运行上述MATLAB程序得到并励直流发电机外特性仿真曲线如图4-40所示。

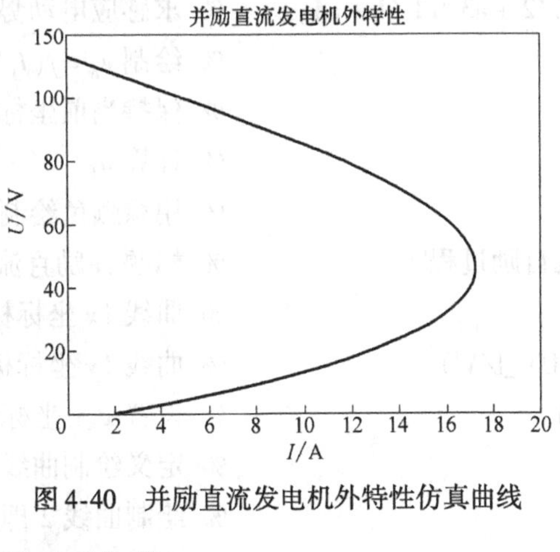

图4-40 并励直流发电机外特性仿真曲线

3. 并励直流发电机自励过程仿真

【仿真实例 4-4】 一台并励直流发电机的额定数据：额定电压 $U_N=110V$，额定转速 $n_N=1500r/min$，励磁电流 $I_{fN}=1.4A$，励磁绕组电阻 $R_f=75\Omega$，电感 $L_f=40H$，电枢绕组电阻和电感忽略不计。在额定转速时做发电机空载特性试验，测得数据见表 4-4，试建模仿真并励直流发电机的自励过程，并求稳态电压。

表 4-4 并励直流发电机空载特性试验数据

I_f/A	0	0.5	0.7	0.8	1.0	1.2	1.5
E_a/V	5	75	95	100	108	110	117

解 用 M 语言编写仿真并励直流发电机自励过程和求稳态电压的 MATLAB 程序如下：

```
% 仿真并励直流发电机自励过程和求稳态电压问题
% sh_ge_se_ex_ode 函数的 M 文件
function dydt = sh_ge_se_ex_ode( ~ ,iff)          % 定义该 M—函数为 sh_ge_se_ex_ode,即
%shunt_generator_self_excited_ode
global   a1 a2 a3 a4 Rf                            % 指定全局变量
Lf =40;Rf =75;                                     % 输入发电机基本数据
Ifdata =[0,0.5,0.7,0.8,1.0,1.2,1.5];               % 输入励磁电流实验数据
U0data =[5,75,95,100,108,110,117];                 % 输入感应电动势数据
a = polyfit(Ifdata,U0data,3);                      % 曲线拟合
dydt =1/Lf*(a(1)*iff^3 +a(2)*iff^2 +a(3)*iff^1 +a(4))-Rf/Lf*iff;
                                                   % 列写标准形式微分方程并将感应电动势用
%励磁电流的拟合多项式函数表示
    a1 =a(1);a2 =a(2);a3 =a(3);a4 =a(4);           % 给全局变量赋值
[t,iff] =ode23(@sh_ge_se_ex_ode,[0 10],[0]);       % 选择微分方程解算指令 ode23()
    global   a1 a2 a3 a4 Rf                        % 指定全局变量
subplot(3,1,1),                                    % 定义绘制仿真曲线 1
ea =a1*iff.^3 +a2*iff.^2 +a3*iff.^1 +a4;           % 求感应电动势
plot(iff,ea)                                       % 绘制 e_a =f(I_f) 曲线
hold on                                            % 保持当前坐标轴和图形
uf =Rf.*iff;                                       % 计算 u_f
plot(iff,uf,'g')                                   % 用绿颜色绘制 u_f =f(i_f)场阻线
title('并励直流发电机自励过程')                     % 标题'并励直流发电机自励过程'
xlabel('{\itI}_f/A')                               % 曲线 1x 坐标标签'I_f/A'
ylabel('{\itE}_a/{\itU}_f/V')                      % 曲线 1y 坐标标签'E_a/U_f/V'
axis([0,1.6,0,150])                                % 设置 x、y 坐标值
subplot(3,1,2)                                     % 定义绘制曲线 2
plot(t,iff);                                       % 绘制曲线 2 即 i_f =f(t)
xlabel('{\itt}/s')                                 % 曲线 2x 坐标标签't/s'
```

```
ylabel('{\itI}_f/A')                                    % 曲线 2y 坐标标签'If/A'
axis([0,5,0,2])
subplot(3,1,3),                                         % 定义绘制曲线 3
plot(t,(a1*iff.^3+a2*iff.^2+a3*iff.^1+a4));             % 绘制 ea 曲线
xlabel('{\itt}/s')                                      % 曲线 3x 坐标标签't/s'
ylabel('{\ite}_a/V')                                    % 曲线 3 y 坐标标签'ea/V'
iff,a1*iff.^3+a2*iff.^2+a3*iff.^1+a4;                   %计算励磁电流和感应电动势的数值
axis([0,5,0,150])
```

运行上述 MATLAB 程序得到并励直流发电机自励过程仿真曲线如图 4-41 所示，在 MATLAB 主程序窗口运行脚本函数名，可以得到励磁电流和感应电动势为

iff = 1.5609　　　　　　　　　　ea = 117.0703

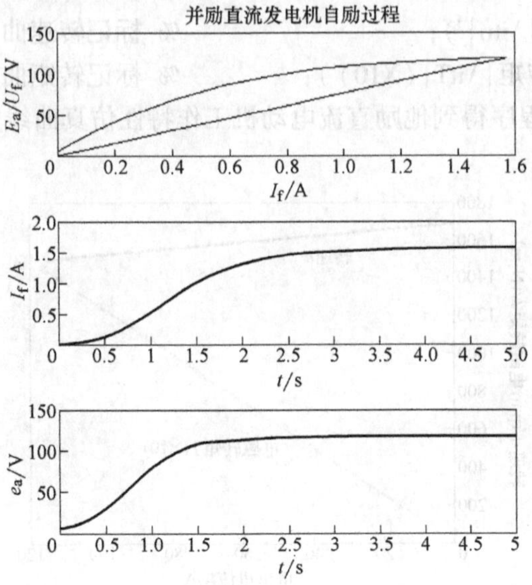

图 4-41　并励直流发电机自励过程仿真曲线

4.8.2　直流电动机运行特性仿真

1. 他励直流电动机工作特性仿真

【仿真实例 4-5】　一台他励直流电动机的额定数据：额定功率 $P_N = 22\text{kW}$，额定电压 $U_N = 220\text{V}$，额定转速 $n_N = 1500\text{r/min}$，额定电流 $I_N = 115\text{A}$，电枢回路电阻 $R_a = 0.21\Omega$。试绘制他励直流电动机的工作特性。

解　用 M 语言编写绘制他励直流电动机工作特性的 MATLAB 程序如下：

```
% 绘制他励直流电动机工作特性问题
clc
clear
```

```
UN = 220;PN = 22;IaN = 115;Nn = 1500;              % 输入电动机参数
Ra = 0.21;                                          % 输入电枢电阻
CePhiN = (UN-Ra*IaN)/Nn;                            % 计算电动势常数CeΦN
CTPhiN = 9.55*CePhiN;                               % 计算电磁转矩常数CTΦN
Ia = 0:IaN;                                         % 电枢电流从0~额定电流IaN
n = UN/CePhiN-Ra/(CePhiN)*Ia;                       % 计算转速
TN = CTPhiN*Ia;                                     % 计算电磁转矩
TNP = TN*10;                                        % 为清楚起见,将电磁转矩扩大10倍显示
plot(Ia,n, 'b.-',Ia,TNP, 'r.-');                    % 绘制转速特性和转矩特性曲线
xlabel('电枢电流{\itI}_a/A')                        % 横坐标标签'电枢电流Ia/A'
ylabel('转速{\itn}/(r/min),电磁转矩{\itT}/(N.m)')
                                                    % 纵坐标标签'转速n/(r/min),电磁转
                                                    矩T/(N·m)'
text(30,1500, '转速{\itn}');                        % 标记转速曲线
text(50,500, '电磁转矩{\itT}(X10)');                % 标记转矩曲线
```

运行上述 MATLAB 程序得到他励直流电动机工作特性仿真曲线如图 4-42 所示。

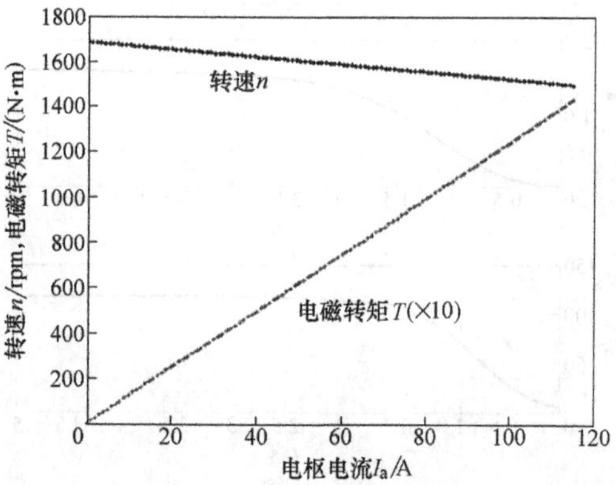

图 4-42 他励直流电动机工作特性仿真曲线

2. 串励直流电动机工作特性仿真

【仿真实例 4-6】 一台串励直流电动机的额定数据：额定功率 $P_N = 22kW$，额定电压 $U_N = 220V$，额定转速 $n_N = 1500r/min$，额定电流 $I_N = 115A$，励磁电阻 $R_f = 0.31\Omega$，电枢电阻 $R_a = 0.18\Omega$，磁路不饱和时的比例常数 $k = 0.01$。试绘制串励直流电动机的工作特性。

解 用 M 语言编写绘制串励直流电动机工作特性的 MATLAB 程序如下：

```
% 绘制串励直流电动机工作特性问题
clc
clear
UN = 220;PN = 22;IaN = 115;Nn = 1500;              % 输入电动机参数
Ra = 0.18;                                          % 输入电枢电阻
```

```
Rf = 0.31;                                    % 输入励磁电阻
k = 0.01;                                     % 输入比例常数
CePhiN = (UN-(Ra + Rf)*IaN)/Nn;               % 计算电动势常数 CeΦN
Ce = CePhiN/k/IaN;                            % 计算电动势常数 Ce
Ia = 0:IaN;                                   % 电枢电流从 0 ~ 额定电流 IaN
n = UN./(Ce*k.*Ia)-(Ra + Rf)/(Ce*k);          % 计算转速
start_p = 30;                                 % 设置显示的起始点
Ia_p = Ia(start_p:length(Ia));                % 截取电流显示区间
n_p = n(start_p:length(n));                   % 截取转速显示区间
CTPhiN = 9.55*CePhiN;                         % 计算电磁转矩常数 CTΦN
CT = CTPhiN/k/IaN;                            % 计算电磁转矩常数 CT
TN = CT*k*Ia.*Ia;                             % 计算电磁转矩
TNP = TN*30;                                  % 为清楚起见,将电磁转矩扩大 30 倍显示
plot(Ia_p,n_p,'b.-',Ia,TNP,'r.-');            % 绘制转速特性和转矩特性曲线
xlabel('电枢电流{\itI}_a/A')                  % 横坐标标签'电枢电流 Ia/A'
ylabel('转速{\itn}/(r/min),电磁转矩{\itT}/(N.m)')
                                              % 纵坐标转速n/(r/min),电磁转矩T/(N·m)'
text(40,5500,'转速\itn');                     % 标记转速曲线
text(15,1000,'电磁转矩{\itT}(X30)');          % 标记转矩曲线
```

运行上述 MATLAB 程序得到串励直流电动机工作特性仿真曲线如图 4-43 所示。

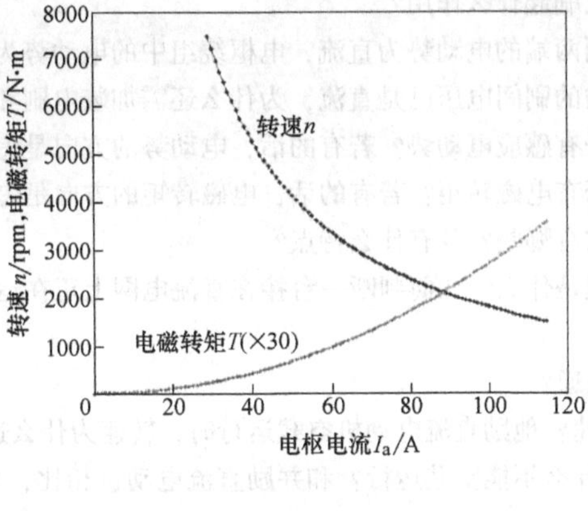

图 4-43 串励直流电动机工作特性仿真曲线

本章小结

直流电机的基本工作原理是建立在电磁感应定律和电磁力定律基础上的，直流电机的运行是可逆的，同一台电机既可在一定条件下作电动机运行，又可在另一条件下作发电机运行，如在电枢两端输入直流电能，可作为电动机，将输入的电能转变为机械能；如在原动机

的拖动下，可作为发电机，将输入的机械能转变为电能。

直流电机由定子和转子组成，定子主要用于建立主磁场，转子主要用来产生感应电动势和电磁转矩，是实现机电能量转换的枢纽，故又称电枢。旋转着的电枢绕组中的电流、电动势均是交变的，但电机的外部静止电路中的电流、电压是直流性质，这是换向器和电刷共同作用的结果，因此，换向也就成了直流电机特有的问题，对直流电机的换向过程以及如何改善换向等问题应有所了解。

直流电机的铭牌数据是正确选择和合理使用电机的依据，必须理解各额定值的含义。直流电机一般可分为他励、并励、串励和复励四种，不同的励磁方式产生不同的工作特性。电机负载运行时，电枢磁场对主磁场会产生影响，这种影响称电枢反应，电枢反应的结果为：使气隙磁通密度发生畸变；物理中性线偏离几何中性线一角度，并在磁路饱和时有去磁作用。

发电机和电动机运行时都有感应电动势 $E_a = C_e \Phi n$ 和电磁转矩 $T = C_T \Phi I_a$。在发电机中，$E_a > U$（电枢端电压），电磁转矩是制动转矩；在电动机中，感应电动势为反电动势，$U > E_a$，电磁转矩是拖动转矩。

熟练运用直流电机的三个基本平衡方程，可定量计算电机运行中的各物理量，同时还可求得电机的各种工作特性。

并励直流发电机能自励的条件：①电机必须有剩磁，否则应利用其他直流电源对其充磁；②励磁绕组与电枢绕组的接法要正确，即励磁电流产生的磁通方向与剩磁方向应一致，否则应改变并励绕组极性；③励磁回路总电阻应小于该转速下的临界电阻。

思考题与习题

4-1 试说明直流电机定、转子的组成部件以及各部件的作用。

4-2 直流电机换向器和电刷起什么作用？

4-3 在直流发电机中电刷两端的电动势为直流，电枢绕组中的电动势为交流还是直流？为什么？

4-4 在直流电动机中外加的刷间电压已是直流，为什么还需加装电刷和换向片？

4-5 在直流电动机中是否有感应电动势？若有的话，电动势的方向是怎样的？

4-6 在直流发电机中是否有电磁转矩？若有的话，电磁转矩的方向是怎样的？

4-7 直流电机的励磁方式有哪些？各有什么特点？

4-8 直流电机的可逆原理是什么？如何判断一台接在直流电网上正在运行的电机是工作在发电状态还是工作在电动状态？

4-9 什么是主磁通和漏磁通？

4-10 什么是理想空载转速？他励直流电动机空载运行时，转速为什么达不到理想空载转速？

4-11 串励直流电动机为什么不能空载运行？和并励直流电动机相比，串励直流电动机的运行性能有何特点？

4-12 若要改变并励、串励、复励直流电动机的转向，应怎么办？

4-13 什么叫换向？换向元件在换向过程中可能产生哪些电动势？这些电动势对换向有什么影响？改善换向的方法有哪些？

4-14 一台直流电动机技术数据如下：额定功率 $P_N = 40kW$，额定电压 $U_N = 220V$，额定转速 $n_N = 1500r/min$，额定效率 $\eta = 87.5\%$，求电动机的额定电流和额定负载时的输入功率。

4-15 一台直流发电机技术数据如下：额定功率 $P_N = 82kW$，额定电压 $U_N = 230V$，额定转速 $n_N = 970r/min$，额定效率 $\eta = 90\%$，求发电机的额定电流和额定负载时的输入功率。

4-16　已知一台直流电机极对数$p=2$，槽数Z和换向片数K均等于22，采用单叠绕组，试求：(1) 绕组各节距；(2) 并联支路数。

4-17　已知直流电机极数$2p=6$，电枢绕组总导体数$N=400$，电枢电流$I_a=10\text{A}$，气隙每极磁通$\Phi=2.1\times10^{-2}\text{Wb}$，试求：(1) 采用单叠绕组时电枢所受的电磁转矩；(2) 绕组改为单波保持支路电流i_a不变时的电磁转矩。

4-18　一台并励直流发电机额定数据如下：$p=2$，$P_N=46\text{kW}$，$U_N=230\text{V}$，$n_N=1000\text{r/min}$，电枢回路电阻$R_a=0.04\Omega$，励磁回路电阻$R_f=30\Omega$。若将发电机作电动机运行，所加电源电压$U_N=220\text{V}$，并保持电枢电流为发电机运行时的数值，试求：(1) 设磁路不饱和时的电动机转速；(2) 作电动机运行时的电磁转矩，并与原发电机运行时的电磁转矩比较大小。

4-19　一台并励直流电动机额定数据如下：$U_N=220\text{V}$，$I_N=92\text{A}$，电枢回路电阻$R_a=0.08\Omega$，励磁回路电阻$R_f=89\Omega$，额定效率$\eta_N=86\%$，电动机额定运行，试求：(1) 输入功率；(2) 输出功率；(3) 总损耗；(4) 电枢回路铜损耗；(5) 励磁回路铜损耗；(6) 空载损耗。

4-20　一台他励直流电动机额定数据如下：$P_N=100\text{kW}$，$U_N=220\text{V}$，$I_N=517\text{A}$，$n_N=1200\text{r/min}$，电枢回路电阻$R_a=0.044\Omega$，试求：(1) 额定负载时的电枢电动势和电磁转矩；(2) 固有机械特性方程；(3) 实际空载运行时的电枢电流和空载转矩；(4) 理想空载转速和实际空载转速；(5) 当电动机轴上负载为$75\%\,T_{emN}$时，电动机的转速。

第 5 章　直流电动机的电力拖动

本章教学基本要求

1. 掌握分析他励直流电动机机械特性和人为特性的方法。
2. 掌握他励直流电动机起、制动原理和方法。
3. 熟悉他励直流电动机调速方法，了解他励直流电动机四象限运行概念。

5.1　他励直流电动机的机械特性

5.1.1　机械特性表达式

他励直流电动机的机械特性是指在励磁电流、电枢电压和电枢回路总电阻一定的条件下，转速与电磁转矩的关系，即 $n=f(T)$。

设电动机电枢回路外串电阻为 R_c，则他励直流电动机电枢回路的电压平衡方程为

$$U=E+(R_a+R_c)I_a \tag{5-1}$$

将 $E=C_e\Phi n$ 和 $T=C_T\Phi I_a$ 代入式（5-1）得他励直流电动机的机械特性表达式为

$$n=\frac{U}{C_e\Phi}-\frac{R_a+R_c}{C_eC_T\Phi^2}T=n_0-\beta T \tag{5-2}$$

式中，n_0 为理想空载转速；β 为机械特性斜率，β 越小，特性越硬。

5.1.2　固有机械特性和人为机械特性

1. 固有机械特性及根据铭牌数据绘制机械特性

（1）固有机械特性

他励直流电动机的固有机械特性是指在电源电压 $U=U_N$，气隙磁通 $\Phi=\Phi_N$，电枢外串电阻 $R_c=0$ 时，$n=f(T)$ 的机械特性，其数学表达式为

$$n=\frac{U_N}{C_e\Phi_N}-\frac{R_a}{C_eC_T\Phi_N^2}T=n_0-\beta_N T=n_0-\Delta n_N \tag{5-3}$$

式中，β_N 称为斜率，$\beta_N=\dfrac{R_a}{C_eC_T\Phi_N^2}$；$\Delta n_N$ 为额定负载时的转速降。他励直流电动机固有机械特性如图 5-1 所示。

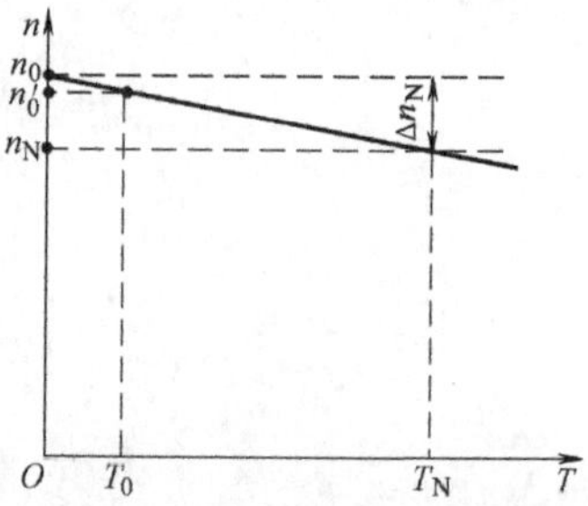

图 5-1　他励直流电动机固有机械特性

由图可见，他励直流电动机固有机械特性是一条过理想空载点（$n=n_0$，$T=0$）、斜率很小的硬特性曲线。当空载转矩为 T_0 时，实际空载转速为 n_0'。

（2）根据铭牌数据绘制机械特性

直流电动机的固有机械特性可通过试验测得，也可根据铭牌数据估算求得。

由于固有机械特性是一条直线，一般通过求取两个特殊点（理想空载点和额定工作点），再将这两点连成直线便可得到固有机械特性。

1）求理想空载点（n_0，0）。计算理想空载转速公式为

$$n_0=\frac{U_N}{C_e\Phi_N} \tag{5-4}$$

式中

$$C_e\Phi_N=\frac{E_{aN}}{n_N}=\frac{U_N-I_NR_a}{n_N} \tag{5-5}$$

式（5-5）中的电枢回路电阻 R_a，可实测或根据经验公式估算。一般直流电动机额定运行时的铜损约占总损耗的 1/2~2/3，则 R_a（单位：Ω）的估算式为

$$R_a=(\frac{1}{2}\sim\frac{2}{3})\frac{U_NI_N-P_N\times10^3}{I_N^2} \tag{5-6}$$

根据式（5-4）可计算出理想空载转速 n_0。

2）求额定工作点（n_N，T_N）。根据铭牌数据可得额定转速 n_N，而计算电磁转矩公式为

$$T_N=C_T\Phi_NI_N=9.55C_e\Phi_NI_N \tag{5-7}$$

2. 人为机械特性

每台电动机只有一条固有机械特性，当改变电气参数如变电源电压、或变气隙磁通、或变电枢外串电阻时，所得到的机械特性称为人为机械特性。

（1）电枢回路串电阻时的人为机械特性

电枢回路串电阻时的人为机械特性是指在电源电压 $U=U_N$，气隙磁通 $\Phi=\Phi_N$，改变电枢外串电阻 R_c 时，$n=f(T)$ 的机械特性，其数学表达式为

$$n=\frac{U_N}{C_e\Phi_N}-\frac{R_a+R_c}{C_eC_T\Phi_N^2}T=n_0-\beta T=n_0-\Delta n \tag{5-8}$$

式中，β 称为人为特性的斜率，$\beta=\frac{R_a+R_c}{C_eC_T\Phi_N^2}$，当改变外串电阻 R_c 的大小时，可得到电枢回路串电阻时的人为机械特性如图 5-2 所示。电枢回路串电阻时的人为机械特性的特点：①理想空载点 n_0 与固有机械特性的相同；②斜率 β 随外串电阻 R_c 的增大而增大，使特性变软。电枢回路串电阻时的人为机械特性可用于电动机起动和调速。

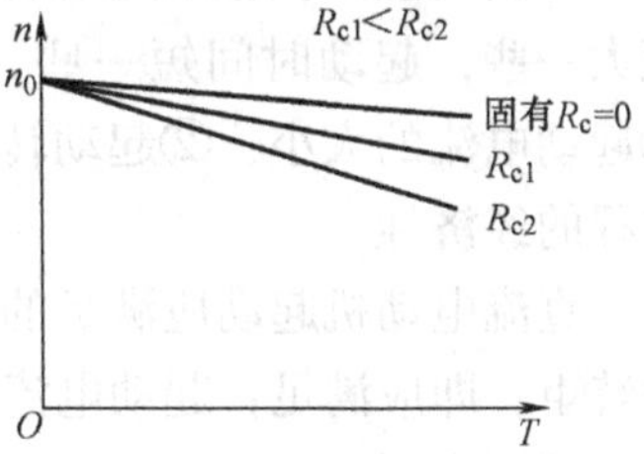

图 5-2　电枢回路串电阻时的人为机械特性

（2）改变电枢电源电压时的人为机械特性

改变电枢电源电压时的人为机械特性是指在气隙磁通 $\Phi=\Phi_N$，电枢外串电阻 $R_c=0$，改变电枢端电压时，$n=f(T)$ 的机械特性，其数学表达式为

$$n=\frac{U}{C_e\Phi_N}-\frac{R_a}{C_eC_T\Phi_N^2}T=\frac{U}{C_e\Phi_N}-\beta_NT \tag{5-9}$$

式中，电源电压 $U<U_N$，特性如图 5-3 所示。改变电枢电源电压时的人为机械特性的特点：①与固有机械特性相比，斜率 β 不变，即特性硬度没变；②特性的理想空载转速 n_0 随电压的下降而变小，是一簇平行特性曲线。改变电枢电源电压时的人为机械特性可用于调速。

（3）减弱气隙磁通时的人为机械特性

减弱气隙磁通时的人为机械特性是指在电源电压 $U=U_N$，电枢外串电阻 $R_c=0$，改变气隙磁通 Φ 时，$n=f(T)$ 的机械特性，其数学表达式为

$$n=\frac{U_N}{C_e\Phi}-\frac{R_a}{C_eC_T\Phi^2}T \tag{5-10}$$

式中，气隙磁通 $\Phi<\Phi_N$，特性如图 5-4 所示。减弱气隙磁通时的人为机械特性的特点：①与固有机械特性相比，斜率 β 随磁通 Φ 减少而增大，特性变软；②特性的理想空载转速 n_0 随气隙磁通 Φ 减弱而增大，故特性上移。减弱气隙磁通时的人为机械特性也可用于调速。

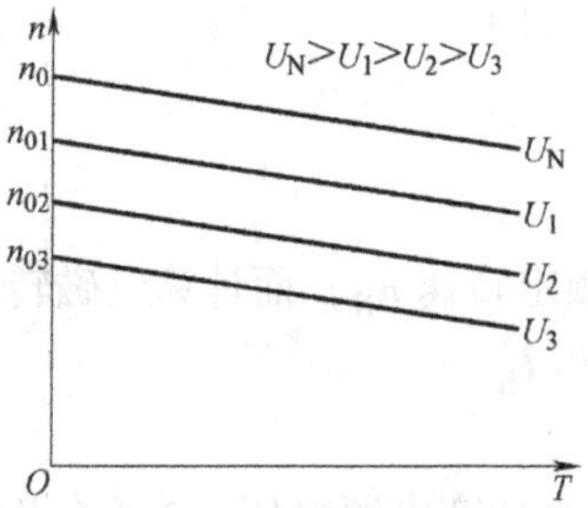

图 5-3　改变电枢电源电压时的人为机械特性

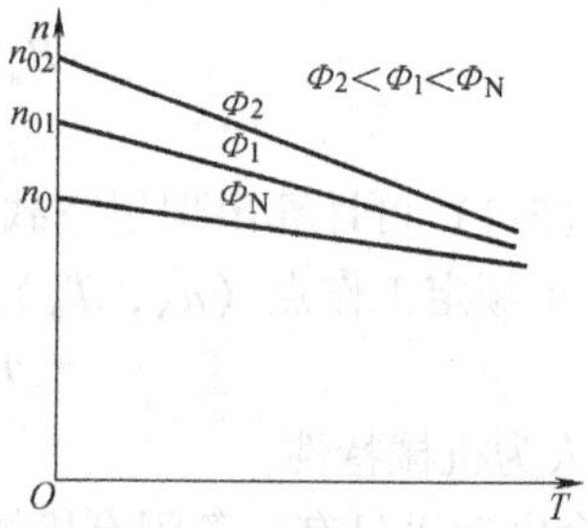

图 5-4　减弱气隙磁通时的人为机械特性

5.2 他励直流电动机的起动

5.2.1 系统对起动的要求

不同的生产机械对起动有不同的要求，例如：一般生产机械都要求快速起动，即起动转矩大一些，起动时间短一些，而电车则要求起动慢些，平稳些。所以，设计起动应考虑：①起动电流的大小；②起动转矩的大小；③起动时间的长短；④起动过程的平稳性；⑤起动过程的经济性。

直流电动机起动应满足的原则：在起动电流不超过允许值的条件下，尽可能获得大的起动转矩，即应满足：起动电流 $I_s\leqslant(1.5\sim2.0)\ I_N$；起动转矩 $T_s\geqslant(1.1\sim1.2)\ T_L$，且 $I_f=I_{fN}$（满磁起动）。

5.2.2 起动方法

直流电动机的起动方法有直接起动、减压起动、电枢回路串电阻起动三种。

1. 直接起动

直接起动是指电动机电枢两端加额定电压，电枢回路不外串电阻的起动。起动瞬间，由于转速 $n=0$，电枢反电动势未建立，$E_a=C_e\Phi n=0$，使额定电压全部加在电枢内阻上，此时起动电流 $I_s=U_N/R_a$。由于电枢回路内阻 R_a 很小，故 I_s 很大，为额定电流 I_N 的 10～20

倍，如此大的起动电流会造成换向困难，严重时会出现环火；同时，过大的起动电流会引起电网电压的波动，影响接于同一电网的其他用电设备的正常运行；另外，根据起动转矩 $T_s = C_T \Phi I_s$，过大的起动电流会产生过大的起动转矩，使传动机构受到冲击，易造成设备损坏。所以，除微型直流电动机，由于自身电枢电阻大，可以直接起动外，一般直流电动机不允许直接起动。

直接起动的优点：不需附加起动设备，接线最简单，操作方便。

2. 减压起动

减压起动是指起动时降低电枢端电压，将起动电流限制在一定范围内，随着电动机转速的增大逐渐增大电枢端电压，直至升到额定电压的起动。

根据 $I_s = \dfrac{U}{R_a} = (1.5 \sim 2.0)\ I_N$，可得 $U = (1.5 \sim 2.0)\ I_N R_a$，同时应满足 $T_s = (1.1 \sim 1.2)\ T_L$，随着电枢反电动势的增大，电枢电流下降，$I_a = (U - E_a)/R_a$，电压可逐渐增大直至 $U = U_N$。起动完毕，他励直流电动机的减压起动机械特性如图5-5所示。

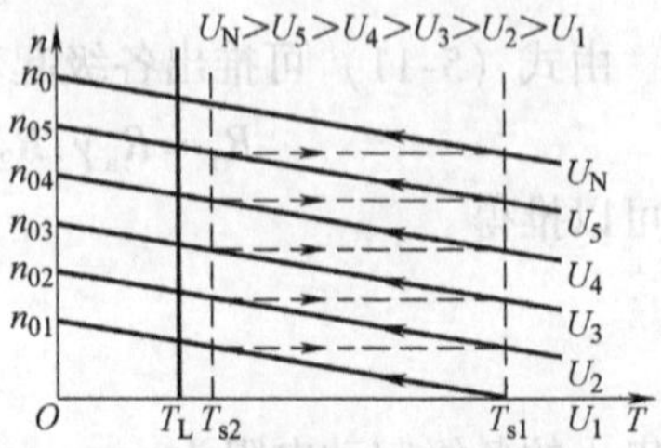

图5-5　他励直流电动机的减压起动机械特性

减压起动的优点：起动平稳，起动过程中能量损耗小，可实现软起动；缺点：需一套专用调压设备，投资大。

3. 电枢回路串电阻起动

电枢回路串电阻起动是指起动时加额定电压并在电枢回路串入起动电阻，起动过程中逐渐切除起动电阻的起动。一般起动电阻为多级，下面以电枢回路串入二级起动电阻为例，说明起动电阻的计算。图5-6所示为电枢回路串电阻起动的接线图及机械特性。

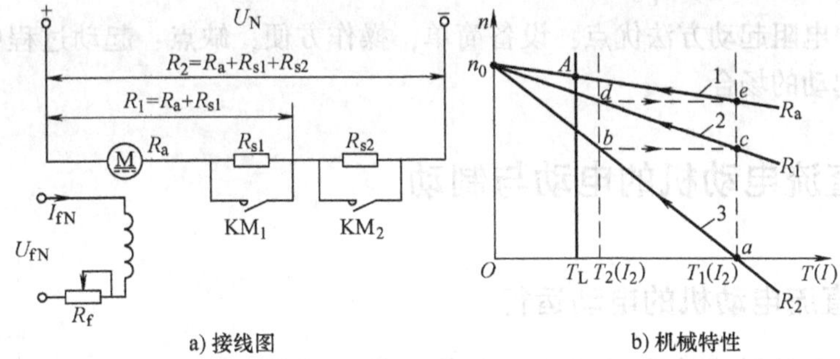

a) 接线图　　b) 机械特性

图5-6　电枢回路串电阻起动接线图及机械特性

由图5-6可见，起动时，应使励磁电流 $I_f = I_{fN}$，外串电阻全部串入，即接触器 KM_1、KM_2 断开，此时起动电流为 $I_s = I_1 = U_N/R_2$，在由 I_1 产生的起动转矩 $T_s = T_1$ 的作用下，电动机特性从 a 点开始沿曲线3向上移动，转速逐渐上升而电枢电流和电磁转矩同时下降，当转速上升到 n_b、电枢电流为 I_2、电磁转矩为 T_2 时，使接触器 KM_2 闭合，即外串电阻 R_{s2} 被切除；在电阻被切除瞬间，由于机械惯性，转速来不及变化，$n_b = n_c$，特性从 b 点突变到 c 点，并从 c 点沿曲线2向上移动，转速继续上升，同时电枢电流和电磁转矩逐渐下降；当转速升到 n_d、电枢电流为 I_2、电磁转矩为 T_2 时，使接触器 KM_1 闭合，即外串电阻 R_{s1} 被切除；

在外串电阻被全部切除瞬间，由于机械惯性，转速来不及变化，$n_d = n_e$，特性从 d 点突变到 e 点，并从 e 点沿曲线 1 向上移动，转速继续上升，直至 $n = n_A$，起动结束。

为了起动顺利，起动时既要限制起动电流，又要保证有足够大的起动转矩，一般取：起动转矩为 $T_s = T_1 = (1.5 \sim 2.0)T_N$ 或起动电流为 $I_s = I_1 = (1.5 \sim 2.0)I_N$；切换转矩为 $T_2 = (1.1 \sim 1.2)T_L$ 或切换电流为 $I_2 = (1.1 \sim 1.2)I_L$。

在图 5-6b 中，$n_b = n_c$，$U_N - I_2R_2 = E_b = C_e\Phi_N n_b = C_e\Phi_N n_c = E_c = U_N - I_1R_1$，则有 $I_1/I_2 = R_2/R_1$，同理有 $I_1/I_2 = R_1/R_a$，可得 $R_2/R_1 = R_1/R_a = I_1/I_2 = \gamma$，其中 $\gamma = I_1/I_2$ 或 $\gamma = T_1/T_2$。

若起动级数 m 已知，则有

$$\gamma = \frac{I_1}{I_2} = \frac{R_m}{R_{m-1}} = \frac{R_{m-1}}{R_{m-2}} = \cdots = \frac{R_2}{R_1} = \frac{R_1}{R_a} \tag{5-11}$$

由式（5-11）可推出各级起动电枢回路总电阻为

$$R_1 = R_a\gamma, R_2 = R_a\gamma^2, \cdots, R_{m-1} = R_a\gamma^{m-1}, R_m = R_a\gamma^m \tag{5-12}$$

还可以推得

$$\gamma = \sqrt[m]{\frac{R_m}{R_a}} = \sqrt[m]{\frac{U_N}{I_1R_a}} \tag{5-13}$$

则串入的各级起动电阻为

$$R_{s1} = R_1 - R_a, R_{s2} = R_2 - R_1, \cdots, R_{sm} = R_m - R_{m-1} \tag{5-14}$$

若起动级数未知，设计电枢回路串电阻起动时，可先预选 T_1（I_1）、T_2（I_2），计算 $R_m = U_N/I_1$ 和 $\gamma = I_1/I_2$，再根据式（5-12）得

$$m = \frac{\lg(R_m/R_a)}{\lg\gamma} \tag{5-15}$$

根据式（5-15）求出的起动级数 m 取整后，代入式（5-13）修正 γ，并校验 I_2，应满足大于或等于（1.1 ~ 1.2）I_L。

电枢回路串电阻起动方法优点：设备简单，操作方便；缺点：起动过程中能量损耗大，不适用于频繁起动的场合。

5.3 他励直流电动机的电动与制动

5.3.1 他励直流电动机的电动运行

图 5-7 所示为他励直流电动机电动运行特性示意图，由图可见，电动运行时，特性在第Ⅰ象限或在第Ⅲ象限。

1. 正向电动运行

他励直流电动机工作点在第Ⅰ象限时，如图 5-7 所示的 A 点，电动机电磁转矩 $T > 0$，转速 $n > 0$，该运行状态称为正向电动运行。由于 T 与 n 同方向，T 为拖动转矩。

电动运行时，电动机从电源吸收电功率通过电磁作用转换为机械功率，再从轴上输出给负载。在这个过程中，电枢回路中存在铜损耗和空载损耗。

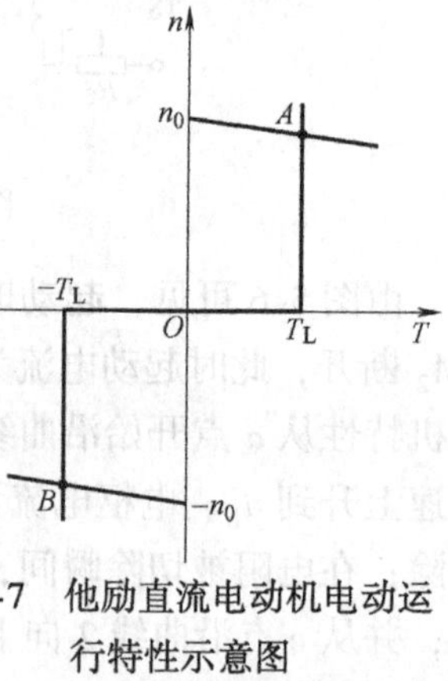

图 5-7 他励直流电动机电动运行特性示意图

2. 反向电动运行

若拖动反抗性负载，正转时电动机工作点在第Ⅰ象限，反转时，电动机工作点则在第Ⅲ象限，如图 5-7 所示的 B 点，此时电动机电源电压为负值。在第Ⅲ象限运行时，电磁转矩 $T<0$，转速 $n<0$，T 与 n 仍同方向，T 仍为拖动性转矩，其功率关系与正向电动运行完全相同，该运行状态称为反向电动运行。

3. 他励直流电动机的反转

实际生产中经常需要改变电动机转动方向，即在第Ⅲ象限反向电动运行，为此需要改变电动机产生的电磁转矩方向。而电磁转矩是由主极磁通和电枢电流相互作用产生的，因此改变电动机转向有两种方法：①反接电枢绕组来改变电枢电流方向；②反接励磁绕组来改变主极磁通方向，由于反向磁场建立过程较缓慢，该法适用于不频繁正反转控制的场合。

正向电动运行与反向电动运行是电动机运行的最基本运行状态，除此之外，实际运行的电动机还会运行在 T 与 n 反方向的运行状态，即电磁转矩不是拖动转矩而是阻转矩的状态，其特性显然处于第Ⅱ或Ⅳ象限，这是本节下面要介绍的制动运行。

5.3.2　他励直流电动机的制动运行

他励直流电动机的制动方法有：能耗制动、反接制动和回馈制动。

1. 能耗制动

（1）制动原理

图 5-8 所示是他励直流电动机能耗制动原理接线图，接触器 KM_1 触点闭合，KM_2 触点断开，电动机运行在电动状态，各量正方向如图所示。能耗制动时，保持励磁电流大小和方向不变，接触器 KM_1 触点断开，KM_2 触点闭合，使电动机脱离电源，并在电枢回路串入外加制动电阻 R_c。由于机械惯性，制动瞬间，转速来不及变化，使电动势 E_a 保持原大小和方向，此时电枢电流为 $I_a=\dfrac{-E_a}{R_a+R_c}$，即电枢电流反向（图 5-8 中虚线所示），则电磁转矩 T 反向，与转速 n 方向相反，为制动转矩，在其作用下系统迅速减速。

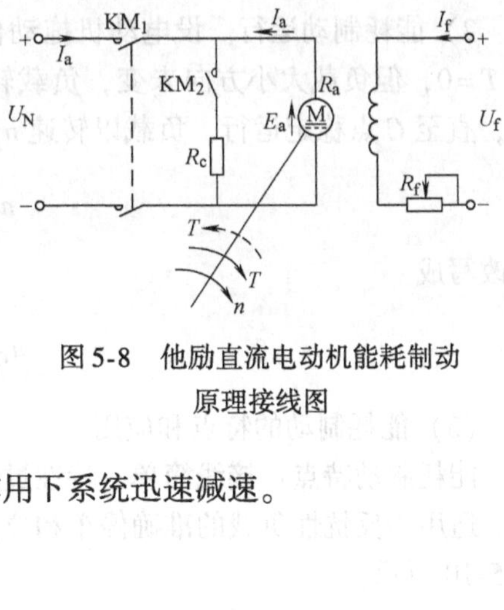

图 5-8　他励直流电动机能耗制动原理接线图

（2）特性方程与制动电阻计算

能耗制动时，电枢电压 $U=0$，机械特性方程为

$$n=-\frac{R_a+R_c}{C_eC_T\Phi_N^2}T=-\beta T \tag{5-16}$$

式中，β 为能耗制动时机械特性的斜率，$\beta=\dfrac{R_a+R_c}{C_eC_T\Phi_N^2}$。由式（5-16）可见，能耗制动时，电磁转矩 T 与转速 n 方向相反，当 $T=0$ 时，$n=0$，特性是一条过原点的位于第Ⅱ、Ⅳ象限的直线，斜率由 β 决定，即与电枢回路串电阻 R_c 的人为机械特性平行，如图 5-9 所示。第Ⅱ象限特性 BO 段是能耗制动停车过程，第Ⅳ象限 OC 段是能耗制动运行，下面分别讨论。

1）能耗制动停车。设电动机拖动额定反抗性恒转矩负载运行在电动状态，即运行在固

有机械特性 A 点处，如图 5-9 所示。能耗制动瞬间，由于机械惯性，电动机转速来不及突变，工作点从 A 点突变到 BC 特性上的 B 点，此时电枢电流和电磁转矩都在第Ⅱ象限，与电动状态方向相反，则转速在制动转矩 T_B 和 T_L 的共同作用下沿 BO 减速直至 $n=0$，系统停车。

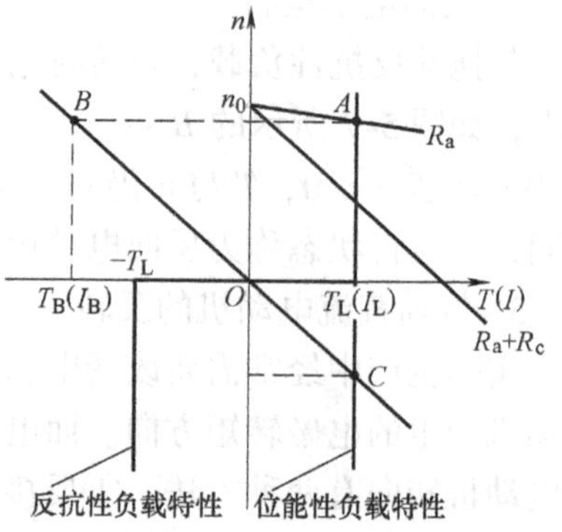

图 5-9 他励直流电动机能耗制动机械特性

制动瞬间最大制动电流为

$$I_B = -\frac{C_e\Phi_N}{R_a+R_c}n_A \tag{5-17}$$

若取 $U_N \approx E_A = C_e\Phi_N n_A$，则近似公式为

$$I_B \approx -\frac{U_N}{R_a+R_c} \tag{5-18}$$

由制动电流的计算公式可见，如果不串附加制动电阻，则 $I_B \approx \frac{U_N}{R_a}$，制动瞬间的电流相当于直接起动电流，是不允许的；如果外串附加制动电阻 R_c 越小，则特性越硬，制动瞬间电流越大，制动转矩也越大，制动越迅速，但制动电阻 R_c 不能太小，一般取最大制动电流 $I_B \leqslant 2I_N$。确定了最大制动电流后，可根据下式求出制动电阻，即

$$R_c = -\frac{C_e\Phi_N}{I_B}n_A - R_a \tag{5-19}$$

2）能耗制动运行。设电动机拖动位能性恒转矩负载，当能耗制动至 $n=0$ 时，电磁转矩 $T=0$，但负载大小方向未变，负载转矩将迫使电动机反向起动，沿特性 OC 转速逐渐增大，直至 C 点稳定运行，负载以转速 $n=n_C$ 匀速下放（见图 5-9），下放速度为

$$n_C = -\frac{R_a+R_c}{C_e\Phi_N}I_L \tag{5-20}$$

或改写成

$$n_C = -\frac{R_a+R_c}{C_eC_T\Phi_N^2}T_L \tag{5-21}$$

（3）能耗制动的特点和应用

能耗制动特点：接线简单，特性过原点，制动转矩随转速下降而减小，故低速制动效果差。适用于反抗性负载的准确停车和位能性负载的稳速下放。能耗制动过程的功率流程图如图 5-10 所示。

2. 电压反接的反接制动

（1）制动原理

图 5-11 所示为他励直流电动机电压反接的反接制动接线图，接触器 KM_1 触点闭合，KM_2 触点断开，电动机运行在电动状态，各量正方向如图所示。电压反接制动时，保持励磁电流大小和方向不变，接触器 KM_1 触点断开，KM_2 触点闭合，使电枢两端的电压反向接通，同时为了限制制动电流，在电枢回路中外串附加制动电阻 R_c。制动瞬间，由于机械惯性，转速来不及突变，反电动势也不能突变，但电压方向改变了，它与反电动势极性一致，电枢电流反向，则电磁转矩也反向，变成制动转矩，使电动机工作在制动状态。

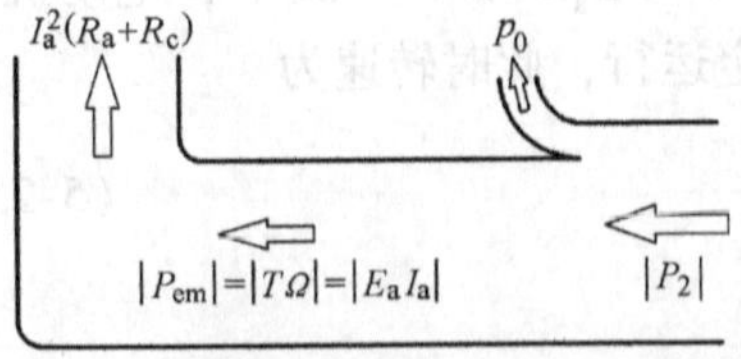

图5-10 能耗制动过程的功率流程图

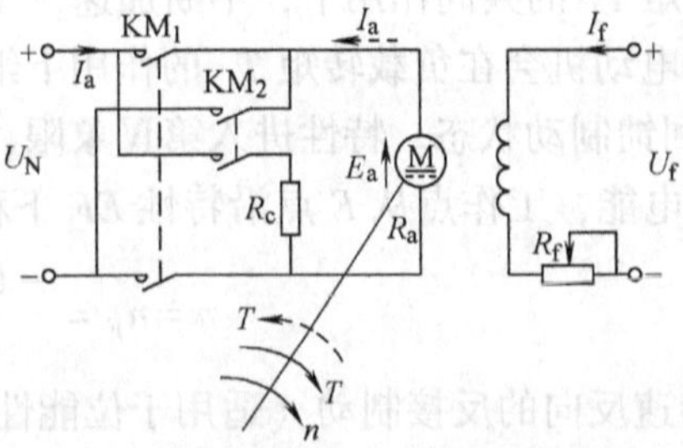

图5-11 他励直流电动机电压反接的反接制动接线图

（2）特性方程与制动电阻计算

电压反接制动瞬间，电压 $U=-U_N$，电枢回路总电阻为 R_a+R_c，特性方程式为

$$n=\frac{-U_N}{C_e\Phi_N}-\frac{R_a+R_c}{C_eC_T\Phi_N^2}T=-n_0-\frac{R_a+R_c}{C_eC_T\Phi_N^2}T \tag{5-22}$$

式中，n_0 为电动状态时固有机械特性的理想空载转速，$n_0=\dfrac{U_N}{C_e\Phi_N}$。

制动瞬间电流为

$$I_B=\frac{-U_N-E_A}{R_a+R_c}=-\frac{U_N+C_e\Phi_Nn_A}{R_a+R_c} \tag{5-23}$$

通常，取最大制动电流 $I_B\leqslant 2I_N$。确定了最大制动电流后，可根据下式求出制动电阻，即

$$R_c=-\frac{U_N+C_e\Phi_Nn_A}{I_B}-R_a \tag{5-24}$$

由式（5-24）可见，电压反接的反接制动所接的制动电阻约为能耗制动电阻的两倍。

电压反接的反接制动机械特性如图5-12所示，特性是一条穿过第Ⅱ、Ⅲ、Ⅳ象限过 $-n_0$ 点的直线，其中第Ⅱ象限是反接制动停机状态，第Ⅲ象限是反向电动状态，第Ⅳ象限是回馈制动状态。

1）反接制动停机状态。设电动机原工作在 A 点，电压反接瞬间，转速来不及突变，使工作点从 A 点突变到 B 点，此时电磁转矩反向，变成制动转矩，系统在 T_B 与 T_L 的共同作用下减速，工作点从 B 沿特性 BC 下移直至 C 点，转速 $n=0$，电压反接制动结束。但此时电磁转矩 $T=T_C\neq 0$，如果系统制动是为了停车，则应在转速为零时切断电源，否则在 T_C 的作用下，有可能反向起动。

2）反向电动状态。工作点在 C 点时，如果不切断电源，设负载为反抗性恒转矩，当 $|T_C|>|T_L|$ 时，电动机反向起动，工作点从 C 点沿特性 CD 段下移直至 D 点，以转速 $n=n_D$ 稳定运行。

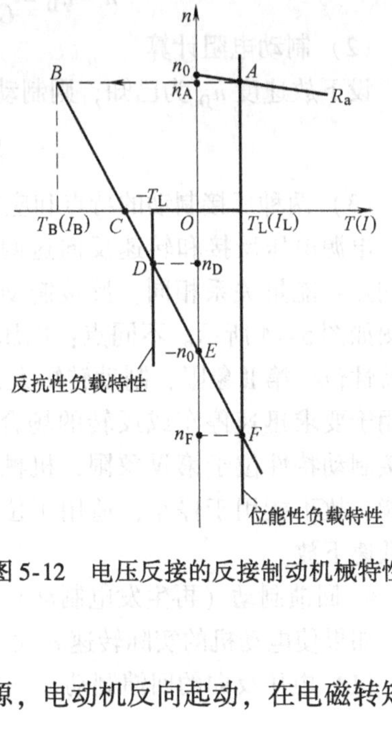

图5-12 电压反接的反接制动机械特性

对于位能性负载，工作点在 C 点时，如果不切断电源，电动机反向起动，在电磁转矩 T

与负载转矩 T_L 的共同作用下，不断加速，工作点从 C 点沿特性 CE 段下移至 $-n_0$ 点，虽然 $T=0$，但电动机会在负载转矩 T_L 的作用下继续加速，进入回馈制动。

3）回馈制动状态。特性进入第Ⅳ象限，转速 $n>n_D$，$|-E_a|>|-U_N|$，电动机向电源回送电能，工作点从 E 点沿特性 EF 下移直至 F 点稳定运行，此时转速为

$$n=n_F=\frac{-U-(R_a+R_c)I_L}{C_e\Phi_N} \tag{5-25}$$

3. 转速反向的反接制动（适用于位能性负载）

（1）制动原理

如图 5-13 所示，设接触器 KM 触点闭合，外串附加电阻 R_c 被短接，各物理量正方向用实线表示，他励直流电动机原稳定运行在 A 点，以转速 n_A 提升负载。现需要低速下放负载，采用转速反向的反接制动方法，即保持励磁电流和电枢电压不变，使接触器 KM 断开，电枢回路串入足够大的附加电阻。制动瞬间，由于机械惯性转速来不及突变，工作点从 A 点突变到 B 点，$T_B<T_L$，电动机减速，工作点沿特性 BC 下移，直至 C 点转速 $n=n_C=0$，负载停止上升。但 $T_C<T_L$，负载拖动电动机反转，使 $n<0$，则 E_a 反向；电枢电流方向未变，电磁转矩 $T>0$，此时 T 与 n 方向相反，T 为制动转矩，工作点从 C 点沿特性 CD 下移，直至 D 点稳定，负载以 $n=n_D$ 速度匀速下放，下放转速为

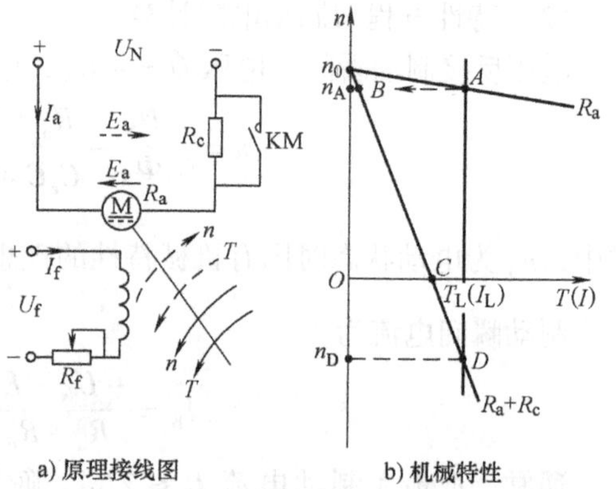

图 5-13 转速反向的反接制动

$$n=n_D=\frac{U_N}{C_e\Phi_N}-\frac{R_a+R_c}{C_e\Phi_N}I_L=n_0-\frac{R_a+R_c}{C_e\Phi_N}I_L \tag{5-26}$$

（2）制动电阻计算

设下放速度 n_D 为已知，则制动电阻为

$$R_c=\frac{U_N-C_e\Phi_N n_D}{I_L}-R_a \tag{5-27}$$

（3）两种反接制动的特点和应用

电源电压反接和转速反向这两种反接制动的共同点：能量关系相同，反接制动过程的功率流程图如图 5-14 所示。不同点：电压反接的反接制动特性位于第Ⅱ象限，制动转矩大，制动效果好，适用于要求迅速停车或反转的场合；转速反向的反接制动特性位于第Ⅳ象限，机械能来自负载的位能，故不能用于停车，适用于位能性负载的稳定低速下放。

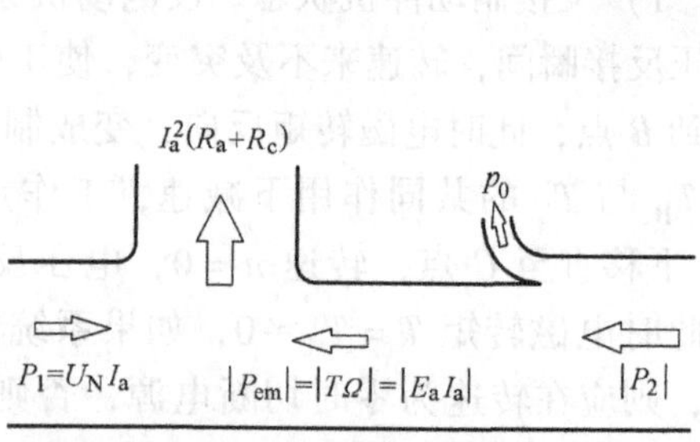

图 5-14 反接制动过程的功率流程图

4. 回馈制动（再生发电制动）

如果使电动机的实际转速 n 大于理想空载转速，则电动机运行在回馈制动状态。

（1）电压反向的回馈制动

如前所述，电动机拖动位能性负载在电源电压反接的反接制动时，电动机要经过第Ⅱ象限的反接制动停机状态、第Ⅲ象限的反向电动状态和第Ⅳ象限的回馈制动状态，如图5-12所示，电动机最终处于电压反向回馈制动的稳定运行状态。由于回馈制动状态的功率关系与发电机相同，所以回馈制动运行状态又称再生发电制动运行状态。

（2）正向回馈制动

图5-15所示为降低电枢电压的降压过程，电动机原工作在A点，突然降低电枢电压为U_1，由于机械惯性，转速来不及变化，工作点从A点突跳到B点，此时$T<0$，为制动转矩，在T和T_L的共同作用下电动机减速，工作点从B点沿特性BD下移直至D点稳定运行。特性在第Ⅱ象限的BC段即为正向回馈制动。

（3）回馈制动的特点

回馈制动在$|n|>|n_0|$时出现，电机由电动机变成发电机，将系统储存的机械能转变成电能回馈给电网，节约能源，经济性好，回馈制动过程的功率流程如图5-16所示。

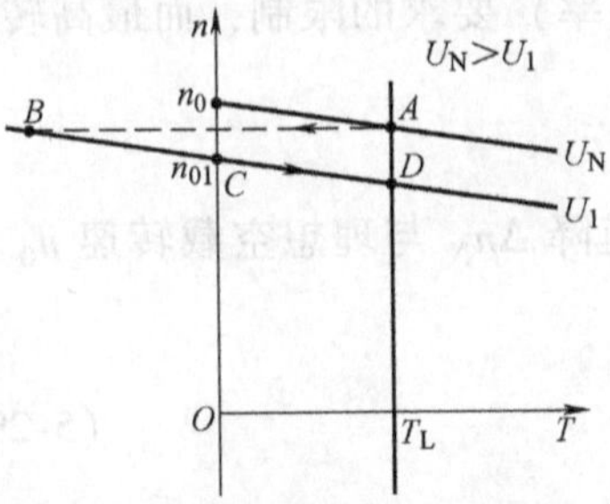

图5-15 降低电枢电压的降压过程

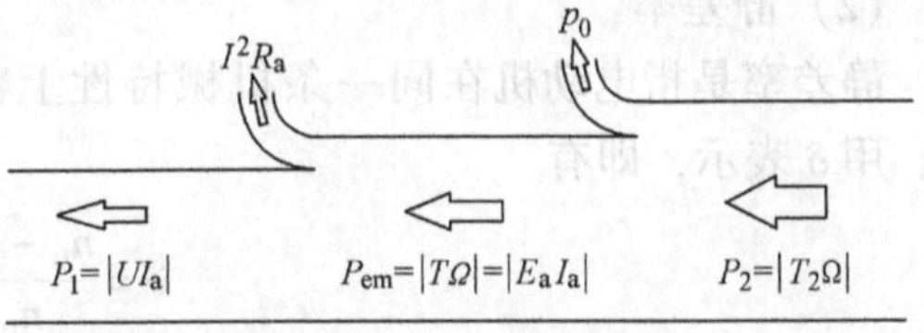

图5-16 回馈制动过程的功率流程图

5.3.3 他励直流电动机的各种运行状态

直流电动机的工作状态是指电动机的机械特性与负载转矩特性交点所对应的稳定运行状态。图5-17所示为他励直流电动机的各种运行状态示意图，其中机械特性在Ⅰ、Ⅲ象限内为电动状态，在Ⅱ、Ⅳ象限内为制动状态，图中给出的负载有位能性恒转矩负载和反抗性恒转矩负载。

不论是起动、制动，还是负载突变等，电动机从某一平衡点进入新的平衡点都有一个变化过程，这就是过渡过程，关于他励直流电动机过渡过程的内容见附录E。

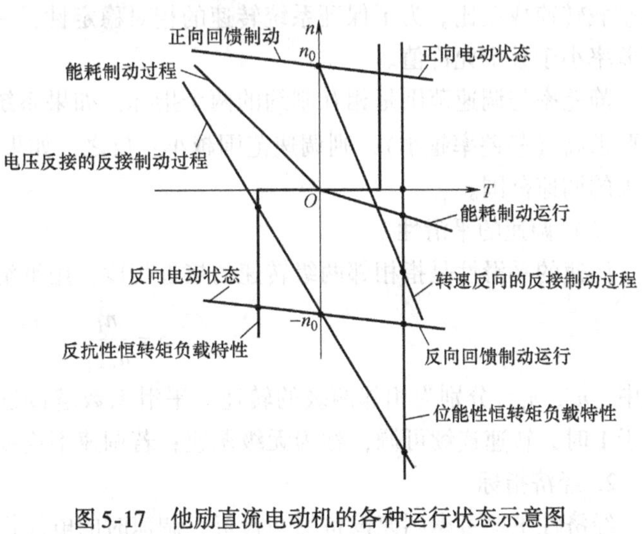

图5-17 他励直流电动机的各种运行状态示意图

5.4 他励直流电动机的调速基础

5.4.1 调速的性能指标

评价电动机调速的性能指标有技术指标和经济指标。

1. 技术指标

电动机调速的技术指标有调速范围、静差率和调速的平滑性。

(1) 调速范围

调速范围是指电动机在额定负载下调速时所能达到的最高转速 $n_{\max}$ 与最低转速 $n_{\min}$ 之比，用 D 表示，即有

$$D=\frac{n_{\max}}{n_{\min}} \tag{5-28}$$

电动机最低转速受生产机械对转速的相对稳定性（静差率）要求的限制，而最高转速则受电动机换向及机械强度的限制。

(2) 静差率

静差率是指电动机在同一条机械特性上额定负载的转速降 Δn_N 与理想空载转速 n_0 之比，用 δ 表示，即有

$$\delta=\frac{n_0-n_N}{n_0}=\frac{\Delta n_N}{n_0} \tag{5-29}$$

静差率是衡量系统相对稳定运行的重要指标。对于具有相同的理想空载转速 n_0 的机械特性，其特性越硬，额定转速降 Δn_N 越小，则静差率 δ 越小，相对稳定性越好，如图 5-18 中曲线 1 与曲线 3 所示，$\delta_1<\delta_3$；而对于具有相同硬度的机械特性，其理想空载转速越高，静差率越小，如图 5-18 中曲线 1 与曲线 2 所示，$\delta_1<\delta_2$。因此，静差率不仅与机械特性的硬度有关，还与理想空载转速成反比。为了保证系统转速的相对稳定性，一般要求静差率小于某个允许值。

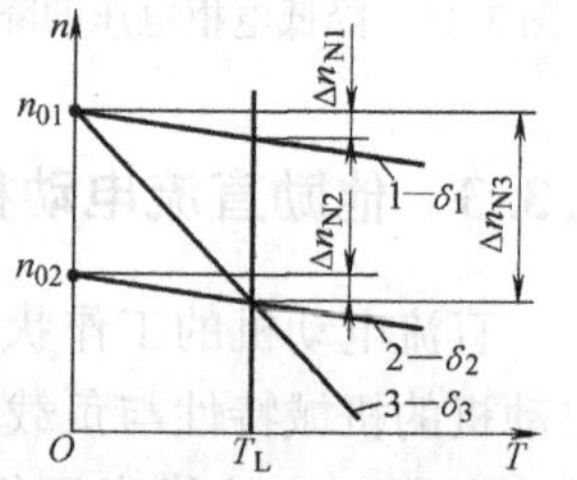

图 5-18 不同机械特性对应的静差率

静差率与调速范围是相互制约的两个指标，如果系统对静差率要求高（静差率越小），则调速范围越小；反之，如果系统对静差率要求不高，则可得到较大的调速范围。

(3) 调速的平滑性

调速的平滑性是指相邻两级转速的接近程度，用平滑系数来衡量，即有

$$\varphi=\frac{n_i}{n_{i-1}} \tag{5-30}$$

式中，n_i、n_{i-1} 分别为相邻两级的转速，平滑系数越接近 1，调速的平滑性越好。平滑系数等于 1 时，转速连续可调，称为无级调速；若调速不连续，则称为有级调速。

2. 经济指标

经济性主要考虑调速设备的初投资、调速时的电能损耗以及运行时的维修费等。

5.4.2 他励直流电动机的调速方法

他励直流电动机的调速方法有降低电枢电压的调速、电枢回路串电阻的调速和减弱磁通的调速。

1. 降低电枢电压调速

降低电枢电压的调速是指保持励磁磁通为额定值，电枢回路不串入附加电阻，通过一可调直流电源调节电枢两端电压（最高电压不超过额定电压）实现调节转速的方法。

图 5-19 所示为降低电枢电压调速的机械特性，从图中可见，$U_N > U_1 > U_2 > U_3$，对于同一负载 T_L，电枢端电压越低，则稳定运行转速越低，$n_3 < n_2 < n_1 < n_N$。

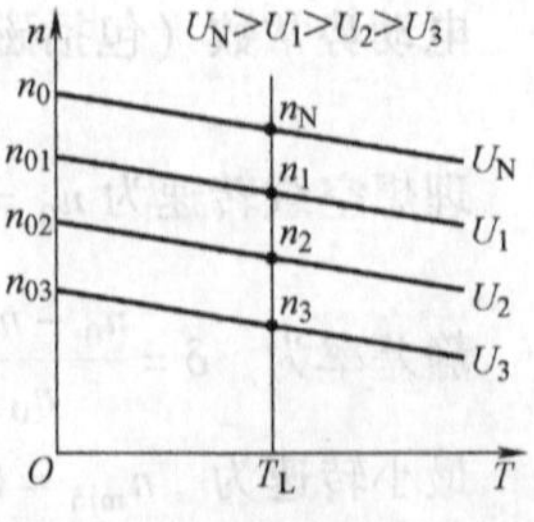

图 5-19 降低电枢电压调速的机械特性

降低电枢电压调速方法的特点：人为机械特性与固有机械特性平行，静态稳定性好，调速范围大，如果能连续改变电枢电压，则转速能平滑调节，调速平滑性好，能实现无级调速，调速过程中能量损耗小，但需要一套专门的调压设备，初投资较大。

2. 电枢回路串电阻调速

电枢回路串电阻的调速是指保持励磁磁通和电枢端电压为额定值，在电枢回路中串入附加的调速电阻 R_c，改变 R_c 来调节转速的方法。

图 5-20 所示为电枢回路串电阻调速的机械特性，由图可见，$R_{c2} > R_{c1}$，对于同一负载 T_L，电枢回路串入的电阻越大，则稳定运行转速越低，$n_2 < n_1 < n_N$。

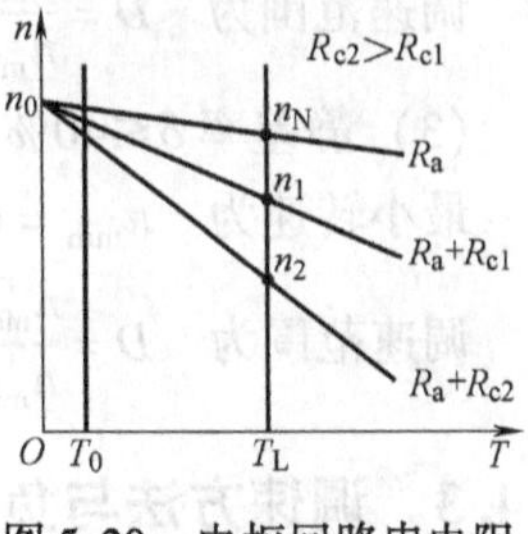

图 5-20 电枢回路串电阻调速的机械特性

电枢回路串电阻调速方法的特点：串入电阻越大，特性越软，空载或轻载时调速效果不明显，静态稳定性差，调速范围不大，因电阻是分段调节，故属于有级调速，调速过程中能量损耗大，但设备简单，操作方便，投资少。

3. 减弱磁通调速

减弱磁通的调速是指保持电枢电压为额定值，电枢回路不外串电阻，减弱励磁电流使主磁通减小来调节转速的方法。

图 5-21 所示为减弱磁通调速的机械特性，由图可见，$\Phi_2 < \Phi_1 < \Phi_N$，对于同一负载 T_L，主磁通越小，则稳定运行转速越高，$n_2 > n_1 > n_N$。

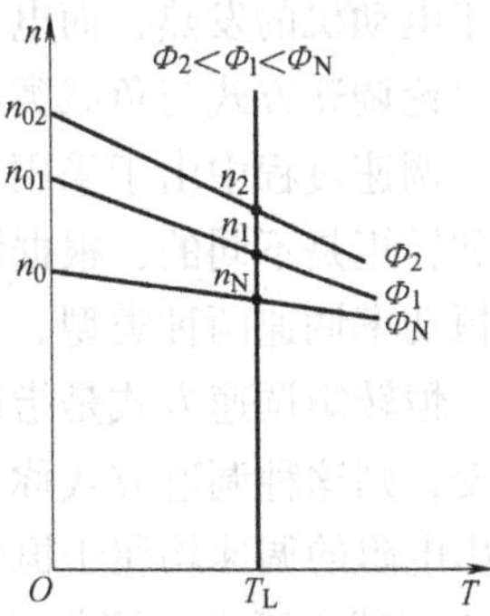

图 5-21 减弱磁通调速的机械特性

减弱磁通调速方法的特点：机械特性斜率大，静态稳定性差，由于是在基速以上调速，电动机最高转速受换向能力和机械强度的限制，一般为 $(1.2 \sim 2)n_N$，故调速范围有限，但励磁电流的控制与调节方便，调速过程中能量损耗小，易实现无级调速。

在实际中，一般把降低电枢电压的调速与减弱磁通的调速配合起来使用，以扩大转速的调节范围。

【例题 5-1】 一台他励直流电动机额定数据为：$P_N =$

60kW，$U_N=220V$，$I_N=350A$，$n_N=1000r/min$，$R_a=0.04\Omega$。试求电动机在以下各种不同静差率要求、不同调速方式时的调速范围：（1）静差率 $\delta\leqslant25\%$、电枢回路串电阻调速；（2）静差率$\delta\leqslant25\%$、改变电枢电压调速；（3）静差率 $\delta\leqslant40\%$、电枢回路串电阻调速。

解 （1）静差率 $\delta\leqslant25\%$、电枢回路串电阻调速时的调速范围

电动势常数（包括磁通）为 $C_e\Phi_N=\dfrac{U_N-I_NR_a}{n_N}=\dfrac{(220-350\times0.04)V}{1000r/min}=0.206V\cdot min/r$

理想空载转速为 $n_0=\dfrac{U_N}{C_e\Phi_N}=\dfrac{220}{0.206}r/min=1068r/min$

静差率为 $\delta=\dfrac{n_0-n_{min}}{n_0}=0.25$

最小转速为 $n_{min}=(1-\delta)n_0=(1-0.25)\times1068r/min=801r/min$

调速范围为 $D=\dfrac{n_{max}}{n_{min}}=\dfrac{1000}{801}=1.25$

（2）静差率 $\delta\leqslant25\%$、改变电枢电压调速时的调速范围

转速降为 $\Delta n_N=n_0-n_N=(1068-1000)r/min=68r/min$

降压后的理想空载转速为 $n_0'=\dfrac{\Delta n_N}{\delta}=\dfrac{68}{0.25}r/min=272r/min$

最小转速为 $n_{min}=n_0'-\Delta n_N=(272-68)r/min=204r/min$

调速范围为 $D=\dfrac{n_{max}}{n_{min}}=\dfrac{1000}{204}=4.9$

（3）静差率 $\delta\leqslant40\%$、电枢回路串电阻调速时的调速范围

最小转速为 $n_{min}=(1-\delta)n_0=(1-0.40)\times1068r/min=640.8r/min$

调速范围为 $D=\dfrac{n_{max}}{n_{min}}=\dfrac{1000}{640.8}=1.56$

5.4.3 调速方法与负载性质的匹配问题

如果使电动机长期运行在电枢电流为额定值的状态下，既保持 $I_a=I_N$ 不变，则该电动机既能充分利用，又能安全可靠运行。电动机调速过程中，允许输出的功率与转矩的大小取决于电动机的发热，而电动机发热又取决于电枢电流。从合理使用电动机的角度考虑，有必要讨论调速方式与负载类型相互配合的问题。

调速过程中由于采用不同的调速方法，若要保持 $I_a=I_N$ 不变，则电动机允许输出的功率和转矩是不同的，根据调速中转矩与转速或功率与转速的关系，调速方式分为恒转矩调速与恒功率调速两种类型。

恒转矩调速方式是指调速中保持电枢电流 $I_a=I_N$ 不变，如果该电动机的电磁转矩恒定不变，则这种调速方式称为恒转矩调速方式。他励直流电动机降低电枢电压的调速和电枢回路串电阻的调速均属于恒转矩调速方式。恒转矩调速方式的转矩与转速关系 $n=f(T)$ 如图5-22 曲线 1 所示，该曲线表示，在保证充分利用电动机的条件下，电动机允许输出的转矩，但并不代表电动机的实际输出转矩，电动机的实际输出转矩取决于负载转矩的大小。如果电动机拖动恒转矩负载额定运行时，采用恒转矩调速方式，在任何转速下，都能保持 $I_a=I_N$

不变，电动机能得到充分利用，则恒转矩调速与恒转矩负载是相匹配的。

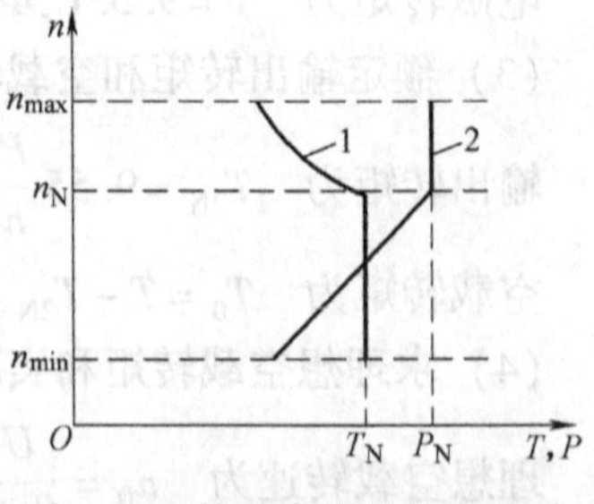

图5-22 他励直流电机调速时允许输出转矩和功率

恒功率调速方式是指调速中保持电枢电流 $I_a=I_N$ 不变，如果该电动机的电磁功率恒定不变，则这种调速方式称为恒功率调速方式。他励直流电动机减弱磁通的调速属于恒功率调速方式。恒功率调速方式的功率与转速关系 $n=f(P)$ 如图5-22 曲线2 所示，该曲线表示在保证充分利用电动机的条件下，电动机允许输出的功率，并不代表电动机的实际输出功率。如果电动机拖动恒功率负载额定运行时，采用恒功率调速方式，在任何转速下，都能保持 $I_a=I_N$ 不变，电动机能得到充分利用，则恒功率调速与恒功率负载是相匹配的。

如果电动机拖动恒功率负载采用恒转矩调速，此时电动机的允许输出转矩特性 $n=f(T_{al})$ 和负载实际转矩特性 $n=f(T_L)$ 如图5-23 所示，只有在低速时，$T_{al}=T_L$，电动机才能得到充分利用，而在其他转速下，电动机的实际输出都比允许输出要小，没能得到充分利用，所以恒功率负载与恒转矩调速方式是不匹配的。不难分析，恒转矩负载与恒功率调速方式也是不匹配的。对于非恒转矩或非恒功率的负载（如泵类负载），不论采用哪种类型的调速方式，都不能很好地匹配。

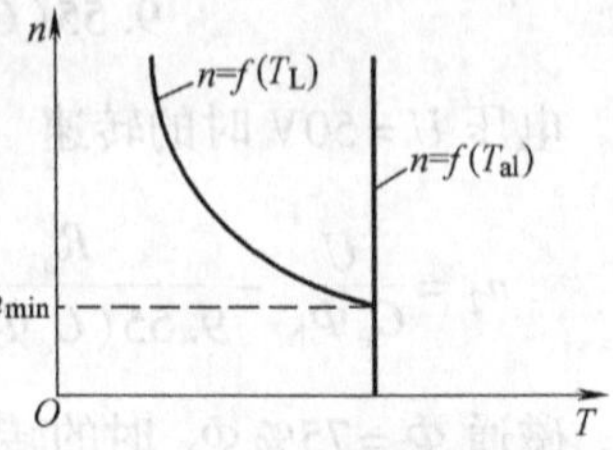

图5-23 恒功率负载与恒转矩调速配合

5.5 实例（应用）

【实例5-1】 一台他励直流电动机额定数据为：$P_N=100\text{kW}$，$U_N=220\text{V}$，$I_N=517\text{A}$，$n_N=1200\text{r/min}$。试求：(1) 固有机械特性方程式；(2) 额定负载时的电枢电动势和额定电磁转矩；(3) 额定输出转矩和空载转矩；(4) 理想空载转速和实际空载转速；(5) 电动机额定运行，分别求电枢回路外串电阻 $R_c=0.206\Omega$ 时的转速、电压 $U=50\text{V}$ 时的转速和磁通 $\Phi=75\%\Phi_N$ 时的转速。

解 (1) 求固有机械特性方程式

估算电枢电阻，其值约为 $R_a=\dfrac{1}{2}\dfrac{U_NI_N-P_N\times10^3}{I_N^2}=\dfrac{1}{2}\dfrac{220\times517-100\times10^3}{517^2}\Omega=0.026\Omega$

电动势常数（包括磁通）为 $C_e\Phi_N=\dfrac{U_N-I_NR_a}{n_N}=\dfrac{(220-517\times0.026)\text{V}}{1200\text{r/min}}=0.172\text{V}\cdot\text{min/r}$

固有机械特性方程式为

$$n=\frac{U_N}{C_e\Phi_N}-\frac{R_a}{C_eC_T\Phi_N^2}T=\frac{220}{0.172}\text{r/min}-\frac{0.026}{9.55\times0.172^2}T=1279\text{r/min}-0.092T$$

(2) 求电枢电动势和电磁转矩

电枢电动势为 $E_a=C_e\Phi_Nn_N=0.172\times1200\text{V}=206.4\text{V}$

电磁转矩为 $T=9.55C_e\Phi_N I_a=9.55\times0.172\times517\text{N}\cdot\text{m}=849.2\text{N}\cdot\text{m}$

（3）额定输出转矩和空载转矩

输出转矩为 $T_{2N}=9.55\dfrac{P_N}{n_N}=9.55\times\dfrac{100\times10^3}{1200}\text{N}\cdot\text{m}=795.8\text{N}\cdot\text{m}$

空载转矩为 $T_0=T-T_{2N}=(849.2-795.8)\text{N}\cdot\text{m}=53.4\text{N}\cdot\text{m}$

（4）求理想空载转矩和实际空载转矩

理想空载转速为 $n_0=\dfrac{U_N}{C_e\Phi_N}=1279\text{r/min}$

实际空载转速为 $n_0'=n_0-0.092T_0=(1279-0.092\times53.4)\text{r/min}=1274.1\text{r/min}$

（5）电枢回路外串电阻 $R_c=0.206\Omega$ 时的转速

$$n_1=1279\text{r/min}-\frac{R_a+R_c}{9.55(C_e\Phi_N)^2}T=\left(1279-\frac{0.026+0.206}{9.55\times0.172^2}\times849.2\right)\text{r/min}=582\text{r/min}$$

电压 $U=50\text{V}$ 时的转速

$$n_2=\frac{U}{C_e\Phi_N}-\frac{R_a}{9.55(C_e\Phi_N)^2}T=\left(\frac{50}{0.172}-\frac{0.026}{9.55\times0.172^2}\times849.2\right)\text{r/min}=213\text{r/min}$$

磁通 $\Phi=75\%\Phi_N$ 时的转速

$$n_3=\frac{U_N}{75\%C_e\Phi_N}-\frac{R_a}{9.55(75\%C_e\Phi_N)^2}T=\left[\frac{220}{0.75\times0.172}-\frac{0.026\times849.2}{9.55\times(0.75\times0.172)^2}\right]\text{r/min}=1566\text{r/min}$$

【点评】 本例题介绍了固有机械特性的求法，电枢回路电阻未知时，可用 $R_a=\left(\dfrac{1}{2}\sim\dfrac{2}{3}\right)\dfrac{U_N I_N-P_N\times10^3}{I_N^2}$粗略估算。当改变电气参数时，可改变电动机的转速，从而达到调速的目的。

【实例 5-2】 一台他励直流电动机额定数据为：$P_N=7.5\text{kW}$，$U_N=110\text{V}$，$I_N=85.2\text{A}$，$n_N=750\text{r/min}$，$R_a=0.129\Omega$。拟采用电枢回路串三级电阻起动，试计算起动电阻，画出三级起动机械特性，并用继电器等常规低压电器设计起动控制电路。

解 （1）计算各级起动电阻

设最大起动电流 $I_1=2I_N=170.4\text{A}$

第三级电阻为 $R_m=\dfrac{U_N}{I_1}=\dfrac{110}{170.4}\Omega=0.646\Omega$

起动电流比为 $\gamma=\sqrt[m]{\dfrac{R_m}{R_a}}=\sqrt[3]{\dfrac{0.646}{0.129}}=1.71$

切换电流为 $I_2=\dfrac{I_1}{\gamma}=\dfrac{170.4}{1.71}\text{A}=99.6\text{A}=1.17I_N$，满足要求。

各级起动电阻分别为 $R_1=R_a\gamma=0.221\Omega$，$R_2=R_a\gamma^2=0.377\Omega$，$R_3=R_a\gamma^3=0.646\Omega$。

各级串入电阻分别为 $R_{s1}=R_1-R_a=0.092\Omega$，$R_{s2}=R_2-R_1=0.156\Omega$，$R_{s3}=R_3-R_2=0.269\Omega$。

(2) 画三级起动机械特性、设计起动控制电路

图 5-24a 所示为三级起动机械特性，图 5-24b 所示为控制电路接线图。

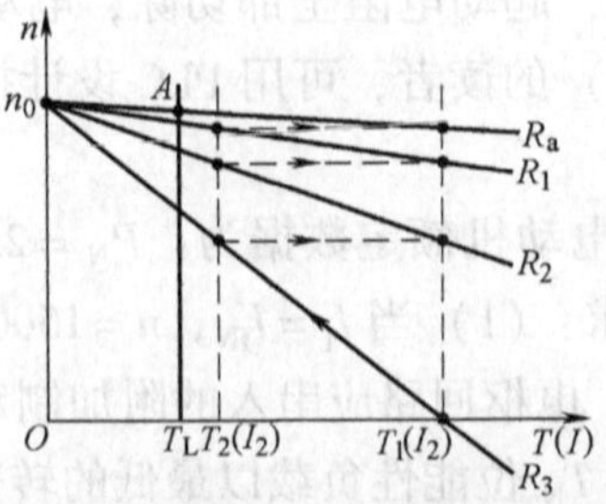

a) 电枢回路串电阻三级起动的机械特性

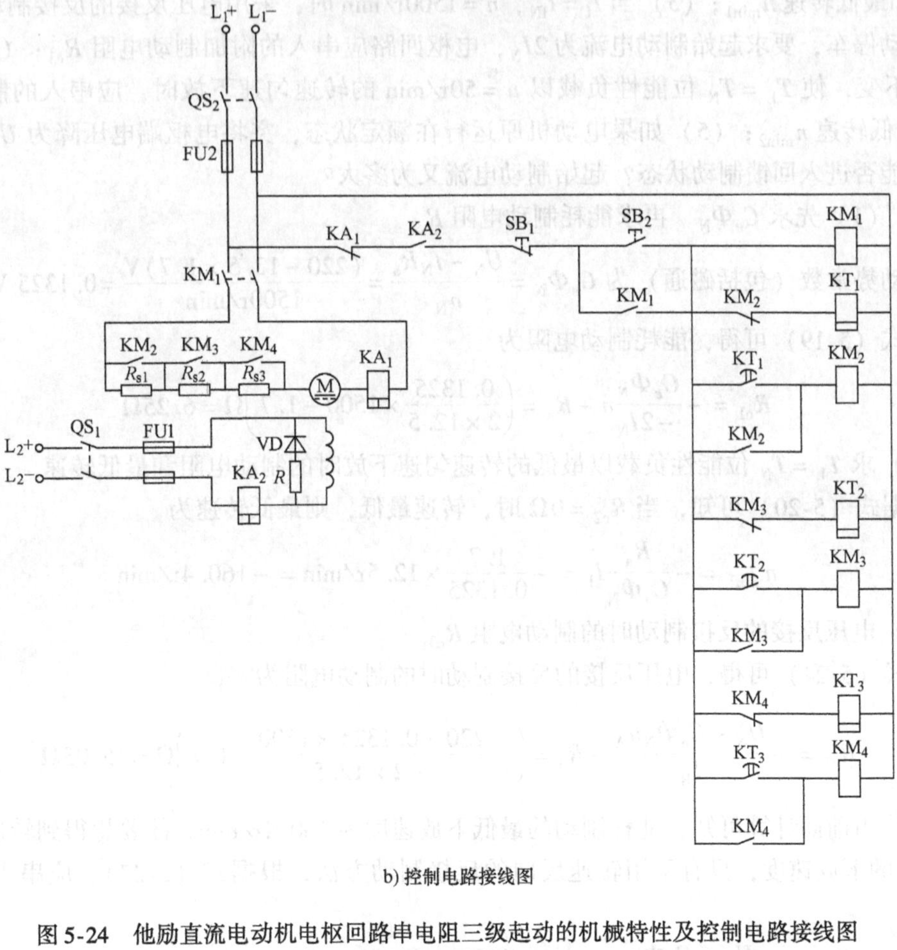

b) 控制电路接线图

图 5-24 他励直流电动机电枢回路串电阻三级起动的机械特性及控制电路接线图

图 5-24b 所示接线图中主电路由励磁回路和电枢回路组成，右边是控制电路。励磁回路中串有保护用的欠电流继电器 KA_2 和二极管回路，其中 R 和 VD 的回路为励磁绕组的续流回路，当励磁绕组电源断开瞬间，励磁绕组两端由于自身的感应作用，会产生高压脉冲，而加装 R 和 VD 的回路是为了消除这一脉冲电压。电枢回路中串有三级起动电阻 R_{s1}、R_{s2}、R_{s3} 和保护用的过电流继电器 KA_1。起动时电枢回路串入三级起动电阻，经三级延时，逐级

将起动电阻切除，电动机进入正常运行状态。若主电路出现过电流，过电流继电器动作，使接触器 KM_1 线圈失电，KM_1 触点断开，切断主电路。

【点评】 为了保持起动过程中电磁转矩持续较大和电枢电流持续较小，可采用逐段切除起动电阻的方法，起动结束时，起动电阻全部切除，电动机运行在固有机械特性的稳定点。学过 PLC（可编程序控制器）的读者，可用 PLC 设计控制电路，则布线更简单，实现更容易。

【实例 5-3】 一台他励直流电动机额定数据为：$P_N = 2.2\text{kW}$，$U_N = 220\text{V}$，$I_N = 12.5\text{A}$，$n_N = 1500\text{r/min}$，$R_a = 1.7\Omega$。试求：(1) 当 $I_f = I_{fN}$，$n = 1500\text{r/min}$ 时，使系统转入能耗制动停车，要求起始制动电流为 $2I_N$，电枢回路应串入的附加制动电阻 R_{c1}；(2) 在能耗制动基础上，保持 $I_f = I_{fN}$不变，使 $T_L = T_N$ 位能性负载以最低的转速匀速下放时，应串入的制动电阻 R_{c2}和最低转速 $n_{\min1}$；(3) 当 $I_f = I_{fN}$，$n = 1500\text{r/min}$ 时，采用电压反接的反接制动使系统迅速制动停车，要求起始制动电流为 $2I_N$，电枢回路应串入的附加制动电阻 R_{c3}；(4) 保持 $I_f = I_{fN}$不变，使 $T_L = T_N$ 位能性负载以 $n = 50\text{r/min}$ 的转速匀速下放时，应串入的制动电阻 R_{c4}和最低转速 $n_{\min2}$；(5) 如果电动机原运行在额定状态，突将电枢端电压降为 $U = 185\text{V}$，问系统能否进入回馈制动状态？起始制动电流又为多大？

解 (1) 先求 $C_e\Phi_N$，再求能耗制动电阻 R_{c1}

电动势常数（包括磁通）为 $C_e\Phi_N = \dfrac{U_N - I_N R_a}{n_N} = \dfrac{(220 - 12.5 \times 1.7)\text{V}}{1500\text{r/min}} = 0.1325\ \text{V}\cdot\text{min/r}$

由式 (5-19) 可得，能耗制动电阻为

$$R_{c1} = -\frac{C_e\Phi_N}{-2I_N}n - R_a = \left(\frac{0.1325}{2 \times 12.5} \times 1500 - 1.7\right)\Omega = 6.25\Omega$$

(2) 求 $T_L = T_N$ 位能性负载以最低的转速匀速下放时的制动电阻和最低转速

根据式 (5-20) 可知，当 $R_{c2} = 0\Omega$ 时，转速最低，则最低转速为

$$n_{\min1} = -\frac{R_a}{C_e\Phi_N}I_L = -\frac{1.7}{0.1325} \times 12.5\text{r/min} = -160.4\text{r/min}$$

(3) 电压反接的反接制动时的制动电阻 R_{c3}

由式 (5-24) 可得，电压反接的反接制动时的制动电阻为

$$R_{c3} = -\frac{U_N + C_e\Phi_N n_A}{I_B} - R_a = \left(-\frac{220 + 0.1325 \times 1500}{-2 \times 12.5} - 1.7\right)\Omega = 15.05\Omega$$

(4) 由前面计算可知，能耗制动的最低下放速度为 160.4r/min，故要想得到转速为 $n = 50\text{r/min}$ 的下放速度，只有采用转速反向的反接制动方法，根据式 (5-27)，应串入的制动电阻为

$$R_{c4} = \frac{U_N - C_e\Phi_N n_D}{I_L} - R_a = \left(\frac{220 - 0.1325 \times 50}{12.5} - 1.7\right)\Omega = 15.37\Omega$$

(5) 电枢端电压降为 $U = 185\text{V}$ 时

额定运行时的电枢电动势为 $E_{aN} = U_N - I_N R_a = (220 - 12.5 \times 1.7)\text{V} = 198.75\text{V}$

由于电压突降瞬间，转速来不及变化，此时电动势为 $E_a = E_{aN} = 198.75\text{V} > U = 185\text{V}$，电动机能进入回馈制动状态，起始制动电流为

$$I=\frac{U-E_a}{R_a}=\frac{185-198.75}{1.7}\text{A}=-8.09\text{A}$$

【点评】 本例题包含了各种制动方法，不同的制动方法有不同的制动效果，适用的场合也不同，实际中要根据生产工艺的具体要求设计制动方法。相同的起始制动条件下，电枢电源电压反接的反接制动所串电阻比能耗制动所串电阻要大一倍多，特性斜率也差不多比能耗制动的增大一倍，在制动停车的过程中电枢电源电压反接的反接制动转矩比能耗制动的大，因此制动停车的时间也短，制动效果较好。

5.6 直流电动机拖动的仿真

5.6.1 他励直流电动机的机械特性仿真

【仿真实例 5-1】 一台他励直流电动机的额定数据为：额定功率 $P_N=22\text{kW}$，额定电压 $U_N=220\text{V}$，额定转速 $n_N=1500\text{r/min}$，额定电流 $I_N=115\text{A}$，电枢回路电阻 $R_a=0.21\Omega$。试分别绘制他励直流电动机的固有机械特性和电枢回路串电阻、改变电枢电源电压、减弱磁通时的人为机械特特性曲线。

解 用 M 语言编写绘制他励直流电动机机械特性的 MATLAB 程序如下：

```
clc
clear
PN = 22,UN = 220,IN = 115, nN = 1500,Ra = 0.21;   %  输入铭牌数据
IaN = IN;                                        %  计算电枢电流
CePhiN = (UN-Ra*IaN)/nN;                         %  计算电动势常数 CeΦN
CTPhiN = 9.55*CePhiN;                            %  计算电磁转矩常数 CTΦN
Ia = 0:IaN;                                      %  建立电枢电流数组
n = UN/CePhiN-Ra/(CePhiN)*Ia;                    %  计算转速
T = CTPhiN*Ia;                                   %  计算电磁转矩
figure(1);                                       %  建立 1 号图形窗口
plot(T,n,'.-');                                  %  绘制固有机械特性曲线
title('固有机械特性');                            %  标题'固有机械特性'
xlabel('电磁转矩{\itT}/(N \cdotm)');              %  横轴标注'电磁转矩 T/(N·m)'
ylabel('转速{\itn}/(r/min)');                     %  纵轴标注'转速 n/(r/min)'
ylim([0,1800]);                                  %  限制纵轴显示范围
figure(2);                                       %  建立 2 号图形窗口
plot(T,n,'rd');                                  %  绘制固有机械特性曲线
title('降低电枢电源电压的人为机械特性');            %  标题'降低电枢电源电压的人为
                                                 %  机械特性'
xlabel('电磁转矩{\itT}/(N\cdot m)');              %  横轴标注'电磁转矩 T/(N·m)'
ylabel('转速{\itn}/(r/min)');                     %  纵轴标注'转速 n/(r/min)'
hold on;                                         %  保持当前坐标轴和图形
for jy = 1:-0.25:0.25;
```

```
U = UN *jy;                                              % 改变电枢电源电压
n = U/CePhiN-Ra/(CePhiN *CTPhiN) *T;                     % 计算对应不同电枢电源电压的转速
plot(T,n,'-');                                           % 绘制改变电枢电源电压的人为机械特性
str = strcat('{\it U} =',num2str(U),'V');                % 显示字符串处理
y = 1700 *jy;                                            % 显示字符串纵坐标
text(60,y,str);                                          % 给曲线标注电压值
end
figure(3);                                               % 建立3号图形窗口
Rc =0;                                                   % 临时变量
n = UN/CePhiN-(Ra + Rc)/(CePhiN *CTPhiN) *T;             % 计算转速
plot(T,n,'rd');                                          % 绘制固有机械特性曲线
title('电枢回路串电阻的人为机械特性');                   % 标题'电枢回路串电阻的人为机械特性'
xlabel('电磁转矩{\itT}/(N\cdot m)');                     % 横轴标注'电磁转矩 T/(N·m)'
ylabel('转速{\itn}/(r/min)');                            % 纵轴标注'转速 n/(r/min)'
hold on;                                                 % 保持当前坐标轴和图形
Rc =0.02;                                                % 电枢串电阻值
for Rc =0:0.5:1.9;
n = UN/CePhiN-(Ra + Rc)/(CePhiN *CTPhiN) *T;             % 计算转速
plot(T,n,'-');                                           % 绘制电枢回路串电阻的人为机械特性
str = strcat('{\it R} =',num2str(Ra + Rc),'\Omega');     % 字符串处理
y =400 *(4-Rc *1.8);                                     % 显示字符串的纵坐标
text(120,y,str);                                         % 给各曲线标记电阻值
end
ylim([0,1700]);                                          % 限制纵轴显示范围
figure(4);                                               % 建立4号图形窗口
n = UN/CePhiN-Ra/(CePhiN *CTPhiN) *T;                    % 计算转速
plot(T,n,'rd');                                          % 绘制固有机械特性曲线
title('减弱磁通的人为机械特性');                         % 标题'减弱磁通的人为机械特性'
xlabel('电磁转矩{\itT}/(N\cdot m)');                     % 横轴标注'电磁转矩 T/(N·m)'
ylabel('转速{\itn}/(r/min)');                            % 纵轴标注'转速 n/(r/min)'
hold on;                                                 % 保持当前坐标轴和图形
for ct =0.5:0.25:1;
CePhi = CePhiN *ct;CTPhi = CTPhiN *ct;                   % 改变磁通值
n = UN/CePhi-Ra/(CePhi *CTPhi) *T;                       % 计算转速
plot(T,n,'-');                                           % 绘制改变磁通时的人为机械特性
if ct ~ =1;
str = strcat('{\it \phi} =',num2str(ct),'\phi_N');       % 显示字符串处理
```

```
  y=3600-1850*ct;                    % 显示字符串纵坐标
  text(120,y,str);                   % 给各曲线标记磁通
  else                               % 1倍时不显示倍数
  str=strcat('{\it \phi} =','\phi_N');  % 显示字符串处理
  y=3600-1850*ct;                    % 显示字符串纵坐标
  text(120,y,str);                   % 给曲线标记磁通
  end                                % if 条件语句的结束
  end                                % for 循环语句的结束
  ylim([0,3600]);                    % 限制纵坐标的显示范围
```

运行上述 MATLAB 程序得到他励直流电动机的机械特性仿真曲线如图 5-25 所示。

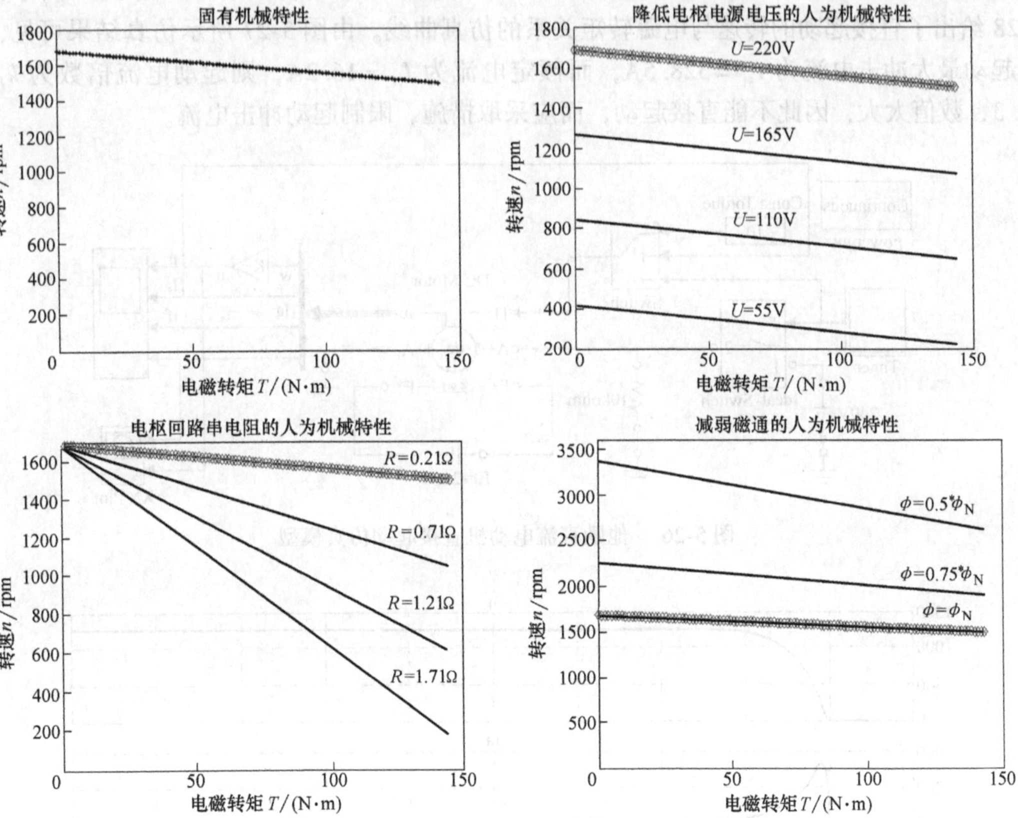

图 5-25　他励直流电动机的机械特性仿真曲线

5.6.2　直流电动机起动仿真

1. 他励直流电动机直接起动仿真

直流电动机直接起动瞬间起动电流可达 10～20 倍的额定电流，一般微型电动机由于其电枢电阻较大才可直接起动。由于起动是动态过程，因此相比 M 函数编程，用 MATLAB/Simulink 建模仿真起动过程更具优势。下面通过使用 Simulink 对直流电动机直接起动进行建模并仿真，研究起动电流、电磁转矩的变化过程。

【仿真实例 5-2】　一台他励直流电动机的额定数据为：额定功率 $P_N=37\text{kW}$，额定电压

$U_N=240V$，额定转速 $n_N=1220r/min$，额定电流 $I_N=16.2A$，电枢回路电阻 $R_a=0.6\Omega$，电枢电感 $L_a=0.012H$，励磁绕组电阻 $R_f=240\Omega$，励磁电感 $L_f=120H$，励磁绕组和电枢的互感 $L_{af}=1.8H$，转动惯量 $J=1kg\cdot m^2$。试建模仿真他励直流电动机运行在空载状态（空载转矩为 10 N·m）直接起动，示波器显示转速、电枢电流、励磁电流、电磁转矩在起动时间 0～10s 内的变化曲线以及电磁转矩与转速的曲线。

解 根据题意用 Simulink 建立他励直流电动机直接起动仿真模型如图 5-26 所示，图中涉及的模块有直流电源（DC Voltage Source）、理想开关（Ideal Switch）、直流电动机（DC Machine）、开关（Switch）、增益（Gain）、电阻（RLC branch）、示波器（Scope）模块等，仿真模型中理想开关之后所并联的 10kΩ 电阻，是因为电动机本身属于感性负载，电流不能突变，需在其两端并联缓冲电阻，他励直流电动机直接起动的仿真结果如图 5-27 所示，图 5-28 给出了直接起动的转速与电磁转矩关系的仿真曲线。由图 5-27 所示仿真结果可见，直接起动最大冲击电流为 $I_{st}=328.5A$，而额定电流为 $I_N=16.2A$，则起动电流倍数为 $k_{Ist}=20.3$，数值太大，因此不能直接起动，而应采取措施，限制起动冲击电流。

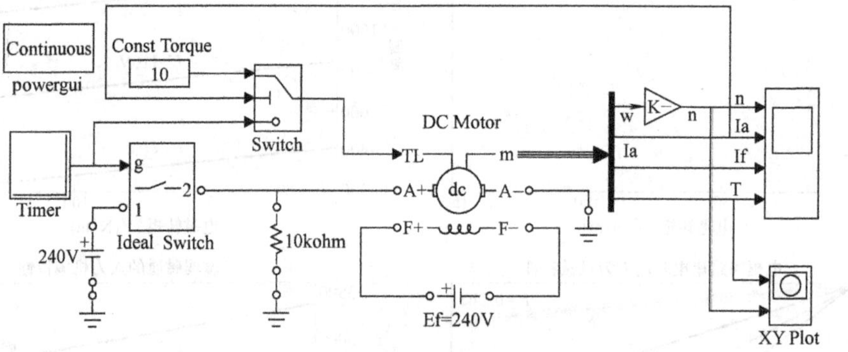

图 5-26 他励直流电动机直接起动仿真模型

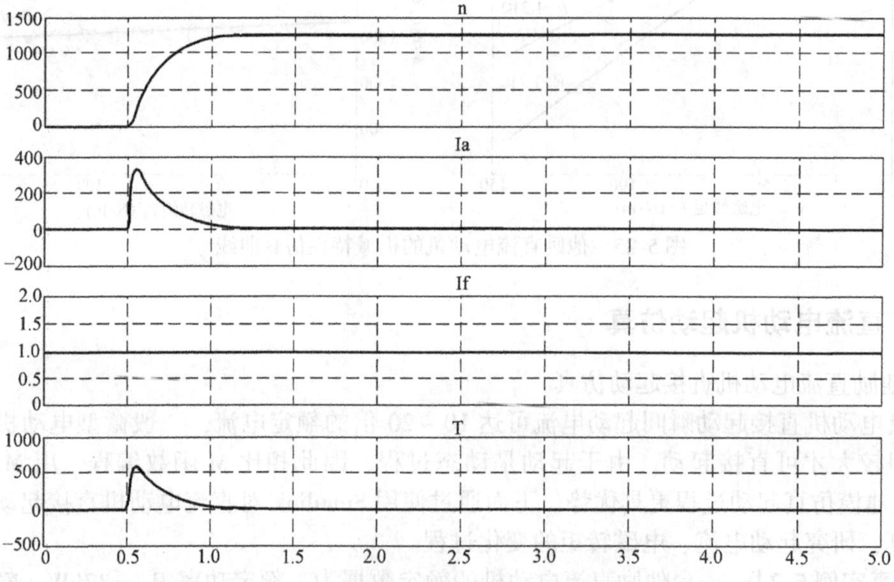

图 5-27 他励直流电动机直接起动的仿真结果

2. 他励直流电动机串电阻分级起动仿真

为了限制直接起动瞬间产生的过大起动电流，可采用电枢回路串电阻起动的方法起动直流电动机。现以 $m=3$为例，通过使用 Simulink 对直流电动机电枢回路串电阻起动进行建模并仿真，研究起动电流、电磁转矩的变化过程。

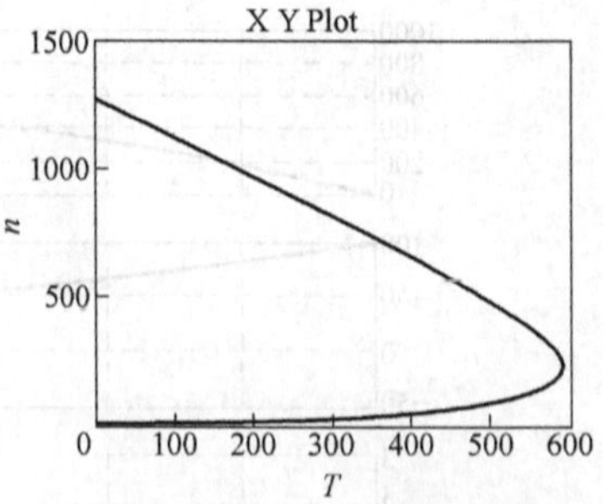

图 5-28 他励直流电动机直接起动 $n=f(T)$ 关系仿真结果

【仿真实例 5-3】 一台他励直流电动机额定数据为：$P_N=21\text{kW}$，$U_N=220\text{V}$，$I_N=115\text{A}$，$n_N=980\text{r/min}$，$R_a=0.1\Omega$，$GD^2=64.7\text{N}\cdot\text{m}^2$。采用电枢回路串三级电阻起动，最大起动电流为 100A，空载（转矩常数取 10），各起动电阻分别为 $R_{s1}=0.217\Omega$、$R_{s2}=0.48\Omega$、$R_{s3}=1.406\Omega$，各级起动时间分别为 $t_1=0.76\text{s}$，$t_2=0.675\text{s}$，$t_3=0.5\text{s}$。试建立三级电阻控制子模块和他励直流电动机电枢回路串电阻三级起动仿真模型，示波器显示转速、电枢电流、励磁电流、电磁转矩在起动时间 0~10s内的变化曲线。

解 与直接起动相比，电枢回路串电阻分级起动相当于在电源端与电枢端之间串入了一个变阻箱，其他模块与直接起动的相似。为此可先建立电阻控制子模块（Motor Starter），如图 5-29 所示，由于起动级数 $m=3$，因此子模块由输入（In）输出（Out）端口、三段电阻（RLC branch）、三个断路器（Breaker）、三个阶跃信号（Step）模块组成。具体建立子模块时，可从 Simulink 库中拖入子系统模块（Subsystem），双击子模块打开子模块内部原理图窗口，在该窗口建立如图 5-29 所示的电枢回路串电阻三级起动控制子模块原理图，并在子模块的图标上鼠标右键选择快捷菜单中的封装子模块命令（Mark Subsystem），对该子模块封装，随后会出现封装编辑窗口，通过对其参数设定即可完成对子模块的封装。

他励直流电动机电枢回路串电阻三级起动仿真模型如图 5-30 所示，通过运行该仿真模型得到图 5-31 所示的仿真结果。

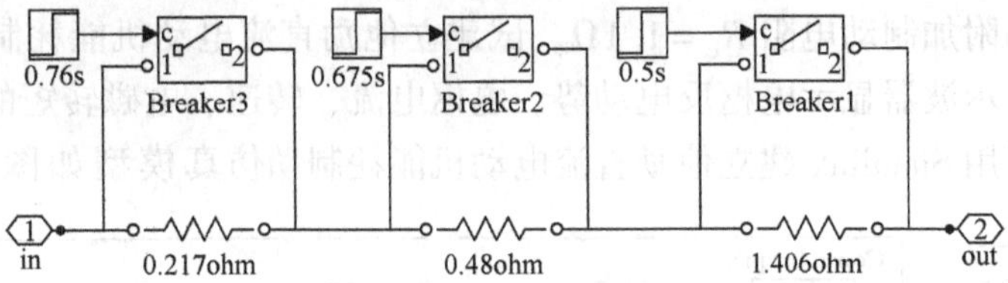

图 5-29 电枢回路串电阻三级起动控制子模块原理图

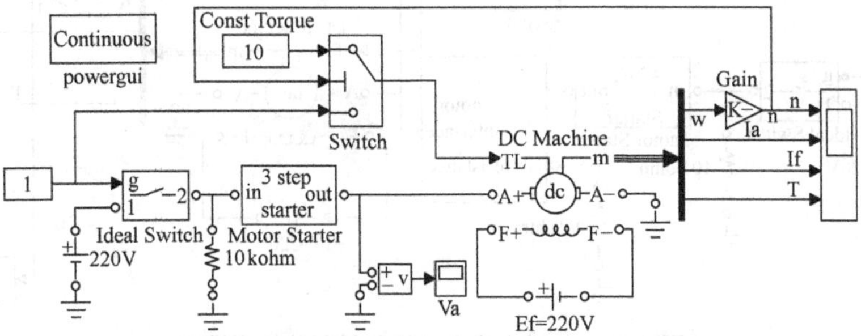

图 5-30 他励直流电动机电枢回路串电阻三级起动仿真模型

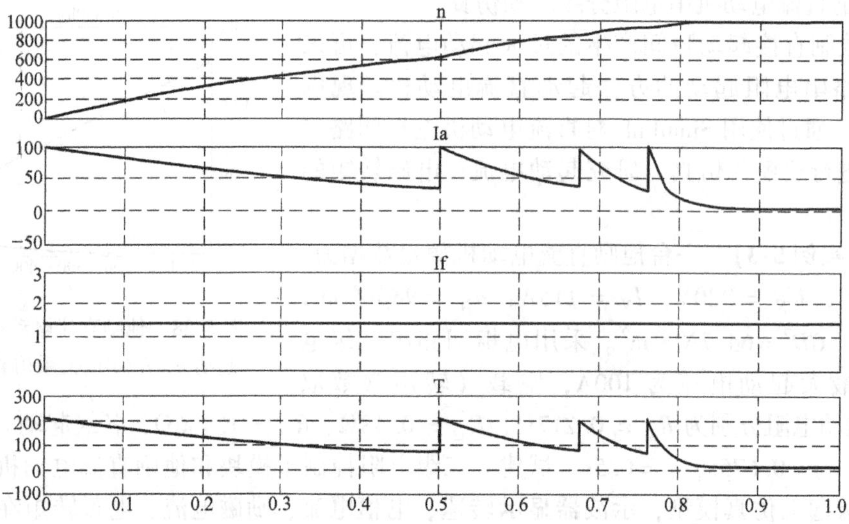

图 5-31 他励直流电动机电枢回路串电阻三级起动仿真结果

5.6.3 直流电动机制动仿真

1. 直流电动机能耗制动仿真

实现直流电动机的能耗制动方法是励磁电流不变，而电枢两端断电的同时串入电阻与电枢形成闭合回路，此时电动机由于机械惯性继续保持原旋转方向，电枢感应电动势保持原方向，电动机处于发电状态，电枢感应电流所产生的电磁转矩与电枢旋转方向相反，为制动转矩，从而达到制动目的。因此根据能耗制动原理，建立能耗制动仿真模型时，要求电动机运行在稳定工作状态，并记录电动机各工作参数。

【仿真实例 5-4】 用【仿真实例 5-3】中的电动机模型仿真能耗制动过程，电动机串三级电阻起动稳态后，在 5s 时刻使系统转入能耗制动停车，要求起始制动电流为 $1.6I_N$，此时电枢回路应串入的附加制动电阻 $R_c=1.1\Omega$。试建立他励直流电动机能耗制动仿真模型，观察整个制动过程，示波器显示电枢反电动势、电枢电流、转速、电磁转矩的变化曲线。

解 根据题意用 Simulink 建立他励直流电动机能耗制动仿真模型如图 5-32 所示，能耗

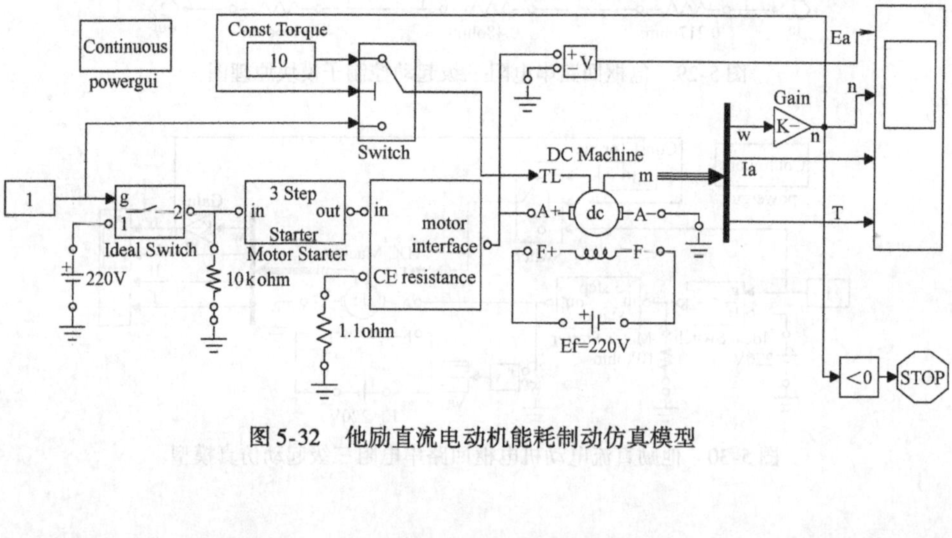

图 5-32 他励直流电动机能耗制动仿真模型

制动控制子模块原理图如图5-33所示，通过运行图5-32所示的仿真模型得到图5-34所示的仿真结果。

2. 直流电动机反接制动仿真

实现直流电动机的电枢电源电压反接制动方法是励磁电流不变，反接电枢两端电源电压的同时串入电阻与电枢形成闭合回路。与能耗制动相比，反接制动产生的制动转矩大，适用于快速停车或快速反转的场合。因此，制动是为了停车，需在电动机转速下降为零时，将电源切断，否则电动机有可能反转。

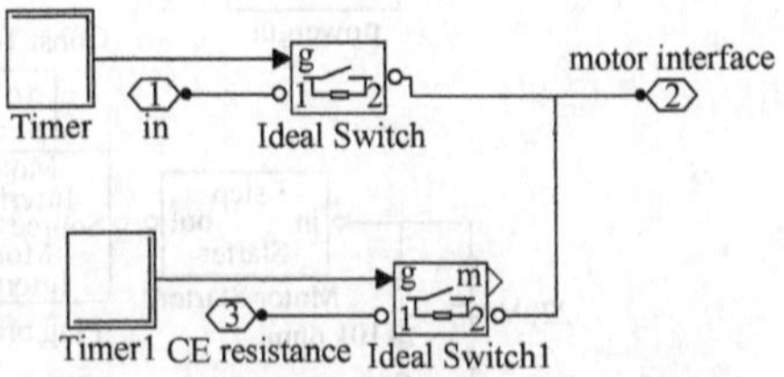

图5-33 能耗制动控制子模块原理图

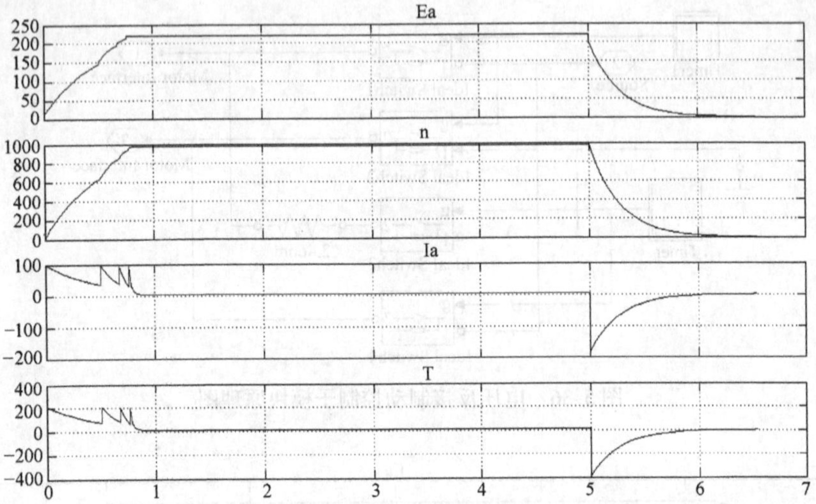

图5-34 他励直流电动机能耗制动仿真结果

【仿真实例5-5】 用【仿真实例5-3】中的电动机模型仿真反接制动过程，电动机串三级电阻起动稳态后，在5s时刻使系统转入电枢电源电压反接制动停车，要求起始制动电流为$1.5I_N$，此时电枢回路应串入的附加制动电阻$R_c=2.4\Omega$。试建立他励直流电动机电枢电源电压反接制动仿真模型，观察整个反接制动过程，要求仿真电动机在0~5s起动和额定运行，5s时刻反接制动，示波器显示电枢反电动势、电枢电流、转速、电磁转矩的变化曲线。

解： 根据题意用Simulink建立他励直流电动机电枢电源电压反接制动仿真模型如图5-35所示，电压反接制动控制子模块原理图如图5-36所示，通过运行图5-35所示的仿真模型得到图5-37所示的仿真结果。

5.6.4 直流电动机调速仿真

1. 直流电动机改变电枢电压调速仿真

实现他励直流电动机改变电枢电压调速方法是在电枢电阻和励磁电流一定的条件下，改变电枢两端的电源电压，使电动机的理想空载转速发生变化，从而达到调速的目的。

【仿真实例5-6】 一台他励直流电动机额定数据为：$P_N=100\text{kW}$，$U_N=220\text{V}$，$I_N=517\text{A}$，$n_N=1200\text{r/min}$，$R_a=0.026\Omega$，$R_f=50.3\Omega$，$L_{af}=0.4\text{H}$。电动机原运行在额定状态

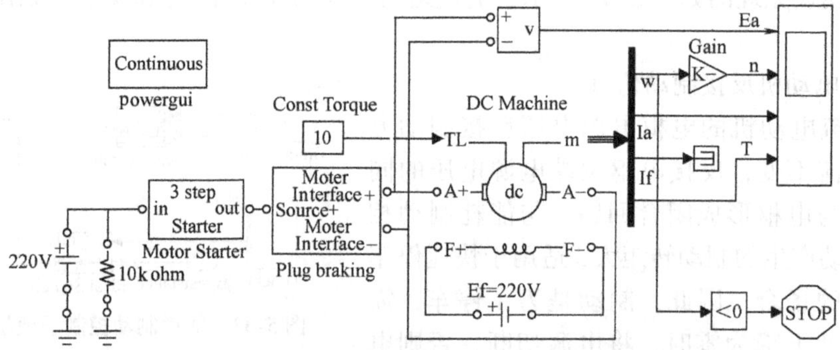

图 5-35 他励直流电动机电枢电源电压反接制动仿真模型

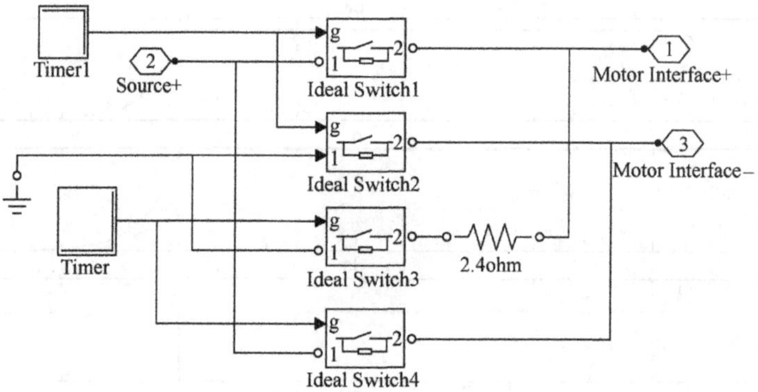

图 5-36 电压反接制动控制子模块原理图

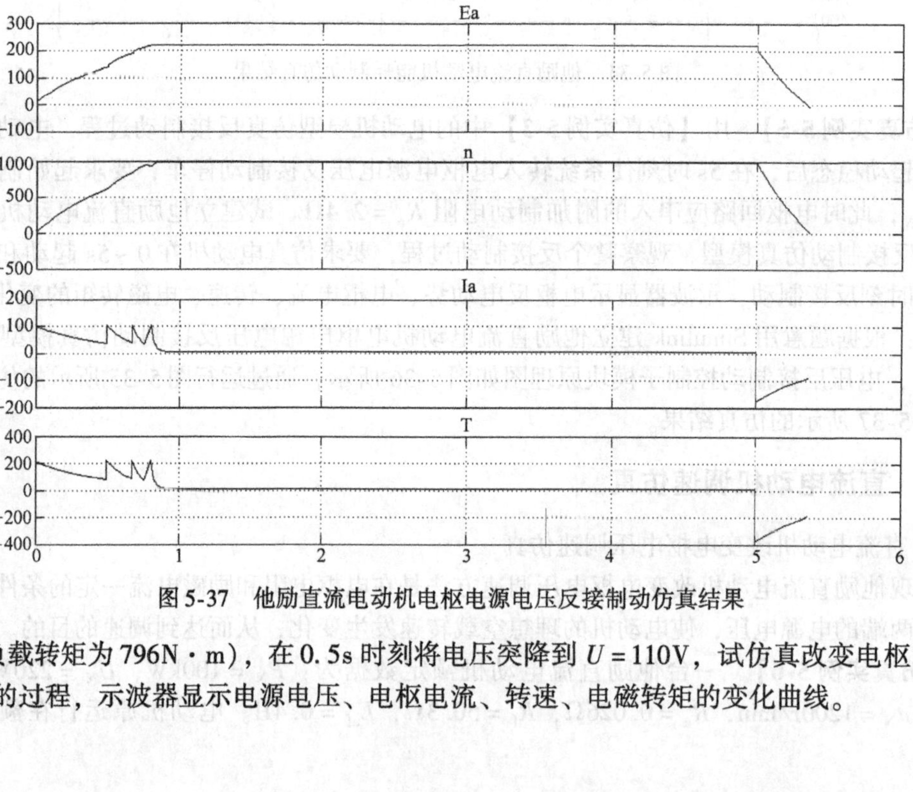

图 5-37 他励直流电动机电枢电源电压反接制动仿真结果

（额定负载转矩为 796N · m），在 0.5s 时刻将电压突降到 $U=110\text{V}$，试仿真改变电枢电源电压调速的过程，示波器显示电源电压、电枢电流、转速、电磁转矩的变化曲线。

解：根据题意用 Simulink 建立他励直流电动机改变电枢电源电压调速仿真模型如图 5-38 所示，改变电枢电源电压控制子模块原理图如图 5-39 所示，通过运行图 5-38 所示的仿真模型得到图 5-40 所示的仿真结果。

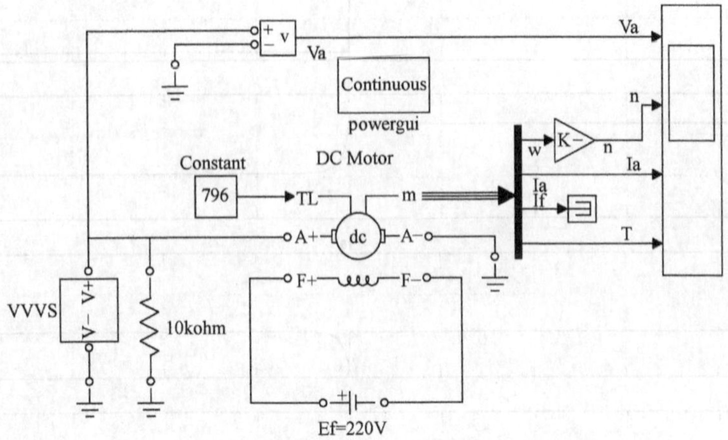

图 5-38　他励直流电动机改变电枢电源电压调速仿真模型

2. 直流电动机减弱磁通调速仿真

实现他励直流电动机减弱磁通调速方法是在电枢电源电压和电枢电阻一定条件下，改变励磁电流，即调节励磁回路电阻，从而达到调速的目的。

【仿真实例 5-7】　一台他励直流电动机额定数据为：$P_N = 100\text{kW}$，$U_N = 220\text{V}$，$I_N = 517\text{A}$，$n_N = 1200\text{r/min}$，$R_a = 0.026\Omega$，$R_f = 50.3\Omega$，$L_{af} = 0.4\text{H}$。电动机原运行在空载状态（空载转矩为 10 N · m），在 0.5s 时刻突降励磁电源电压（由 220V 降为 150V），试仿真减弱磁通调速的过程，示波器显示励磁电压、电枢电流、转速、电磁转矩的变化曲线。

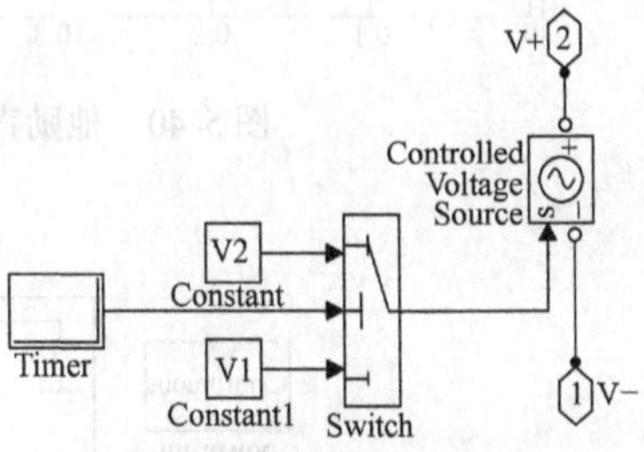

图 5-39　改变电枢电源电压控制子模块原理图

解　根据题意用 Simulink 建立他励直流电动机减弱磁通调速仿真模型如图 5-41 所示，减弱磁通控制子模块原理图如图 5-42 所示，通过运行图 5-41 所示的仿真模型得到图 5-43 所示的仿真结果。

以上只介绍了改变电压和减弱磁通的两种调速方法的仿真，若改变电枢回路外串电阻也可达到调节电动机转速的目的，读者不妨自行尝试。

5.6.5　直流调速系统仿真*

实际生产中直流电动机的调速通常采用控制晶闸管导通角来控制向直流电动机供电，从而达到调速的目的。典型的控制系统由电源、晶闸管、直流电动机等部分组成，若是闭环控制系统，还应有检测与反馈回路。

1. 开环系统仿真[2]

开环控制系统是根据给定的控制量进行控制，被控制量在整个过程中对控制量不产生影

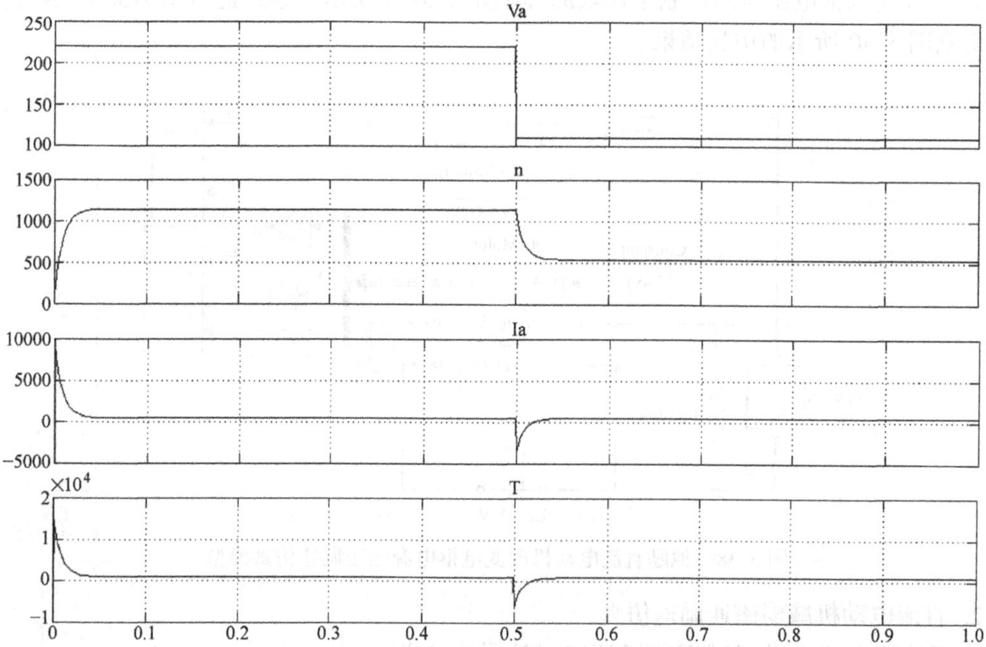

图 5-40 他励直流电动机改变电枢电源电压调速仿真结果

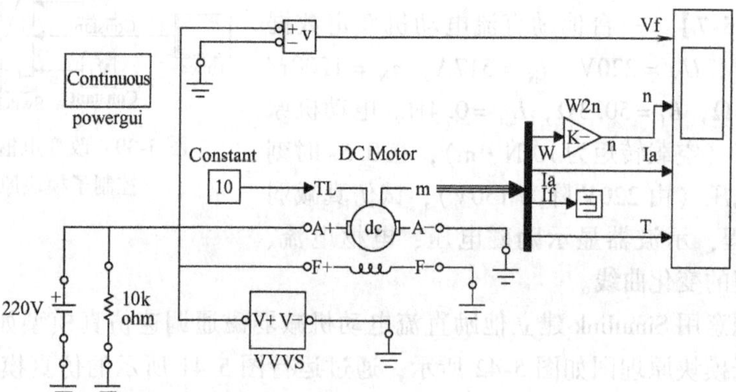

图 5-41 他励直流电动机减弱磁通调速仿真模型

响。而被控制量相对于预期出现的偏差，开环系统是不具备修正能力的。

【仿真实例 5-8】 搭建晶闸管-他励直流电动机开环调速系统，通过调节门极关断晶闸管的占空比可达到调速目的。设直流电压为 300V，电动机模型采用【仿真实例 5-2】中的电动机模型，轻载运行（负载为 120 N · m），原占空比为 95%，在 0.25s 时刻切换为 80%，观察调速情况，示波器显示转速、电枢电流、电磁转矩。

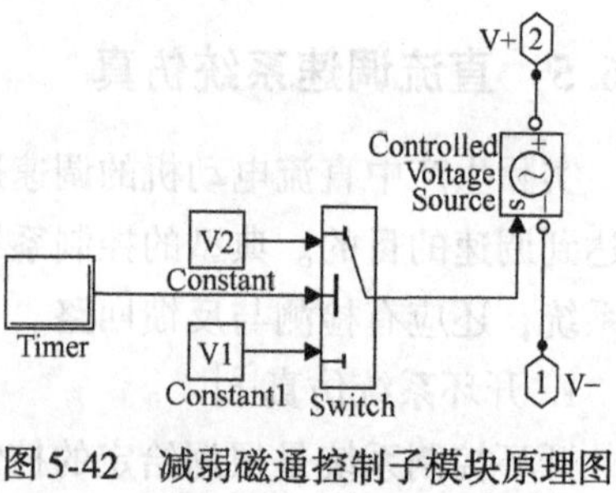

图 5-42 减弱磁通控制子模块原理图

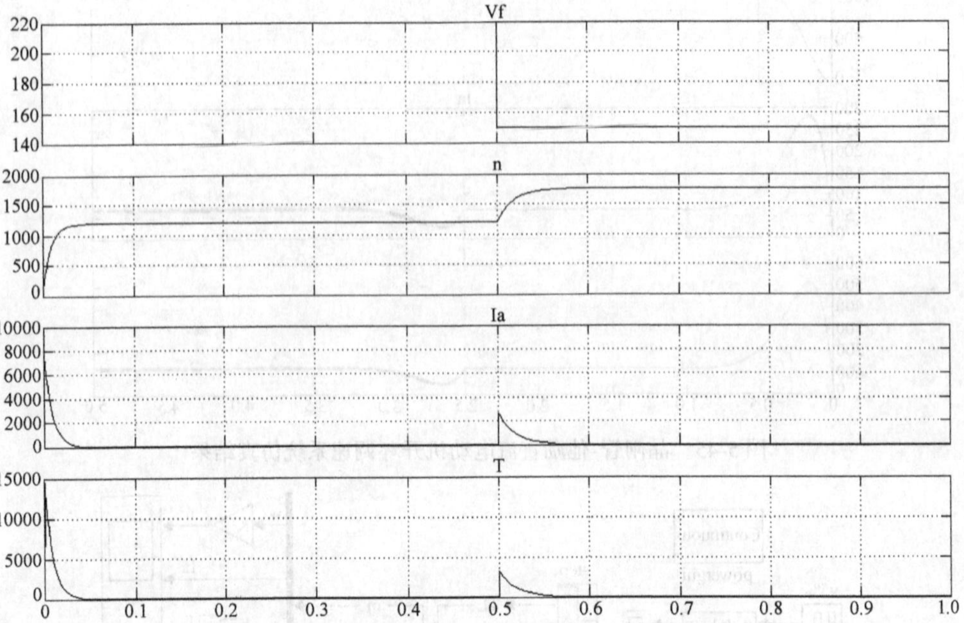

图 5-43　他励直流电动机减弱磁通调速仿真结果

解　典型的晶闸管-他励直流电动机开环调速系统主要由直流电源、门极关断晶闸管、直流电动机、脉冲发生器、续流二极管等组成，其仿真模型如图 5-44 所示，运行该仿真模型可得到图 5-45 所示的仿真结果，从仿真曲线看，通过调节占空比是可以达到调速目的的。

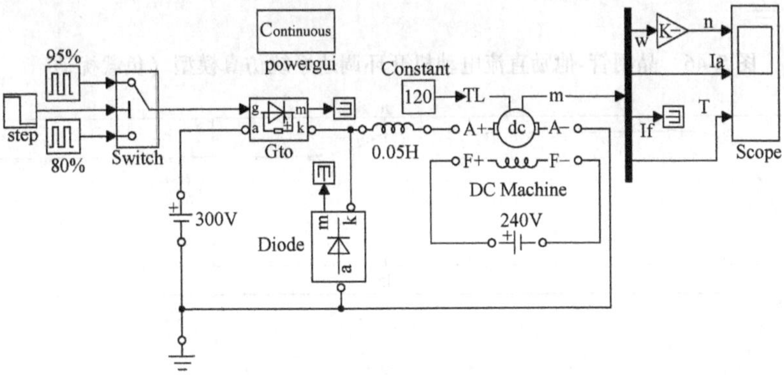

图 5-44　晶闸管-他励直流电动机开环调速系统仿真模型

【仿真实例 5-9】　以【仿真实例 5-8】为例搭建晶闸管-他励直流电动机开环调速系统，在 2.5s 时刻改变负载（负载由 120 N·m 突增到 220 N·m），观察转速变化。

解　搭建的负载扰动仿真模型如图 5-46 所示，运行该仿真模型可得到图 5-47 所示的仿真结果，从仿真曲线看，负载扰动时，转速明显变化（由 1220r/min 降到 1022r/min），但由于是开环系统，无法自动调节转速。因此，要克服负载扰动现象，进行稳速运行则需要采用闭环系统。

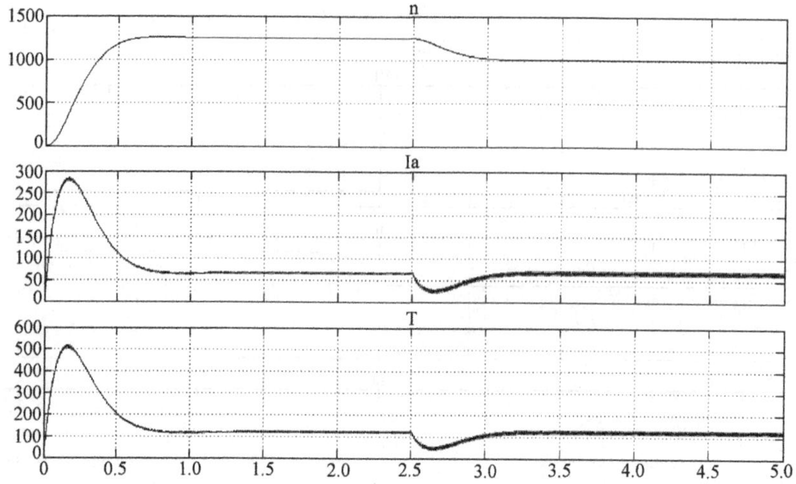

图 5-45　晶闸管-他励直流电动机开环调速系统仿真结果

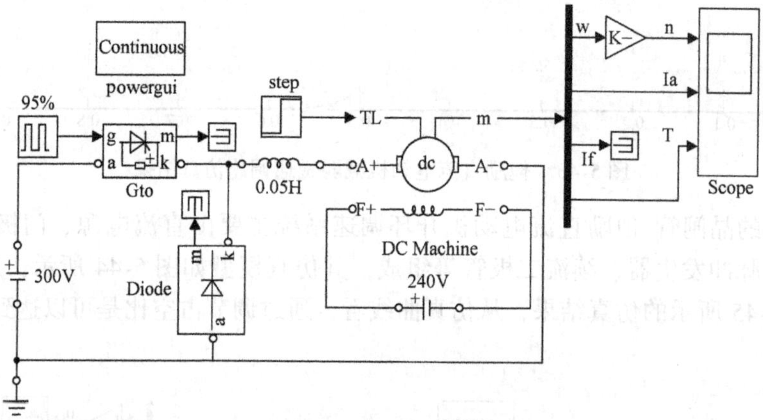

图 5-46　晶闸管-他励直流电动机开环调速系统仿真模型（负载扰动）

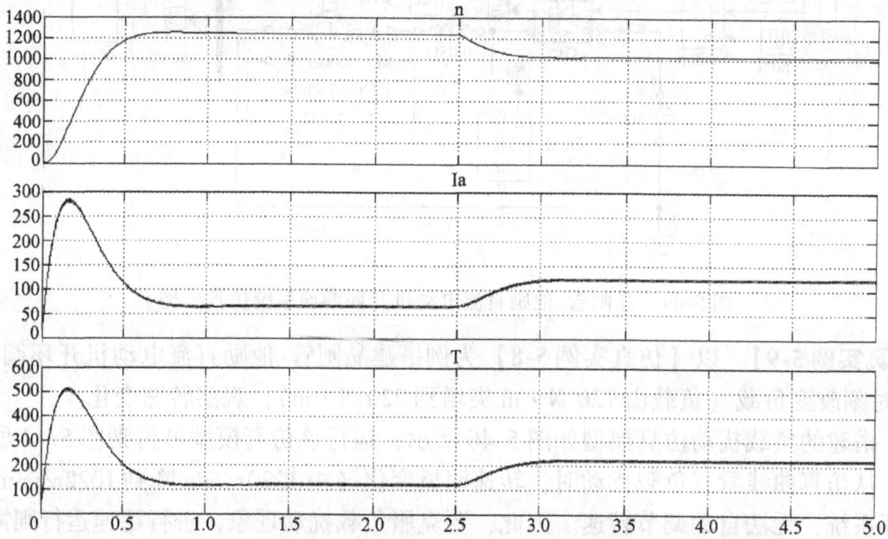

图 5-47　晶闸管-他励直流电动机开环调速系统仿真结果（负载扰动）

2. 闭环系统仿真

与开环系统相比，闭环系统通过反馈环可及时修正被控量相对于预期出现的偏差，使控制更精确。采用不同的控制算法或不同的控制器，系统的控制效果也不同，即获得的静、动态参数不同，它是相关后续课程研究的问题，这里只简单介绍采用比例调节器或比例积分调节器控制的单闭环调速系统的仿真。

【仿真实例5-10】 以【仿真实例5-9】为例搭建晶闸管-他励直流电动机单闭环调速系统，采用比例调节器，改变负载（负载由120 N·m突增到220 N·m），观察转速变化。

与前面介绍的开环系统相比，单闭环控制系统增加了比例调节器和反馈环，比例调节器仿真模型由加法器、比例放大器、比较器等组成，其中加法器的两个输入分别是转速实测值和转速参考值，这两个数值的差不为零，因此系统是有静差的。晶闸管-他励直流电动机单闭环调速系统仿真模型如图5-48所示，运行该仿真模型可得到图5-49所示的仿真结果。由

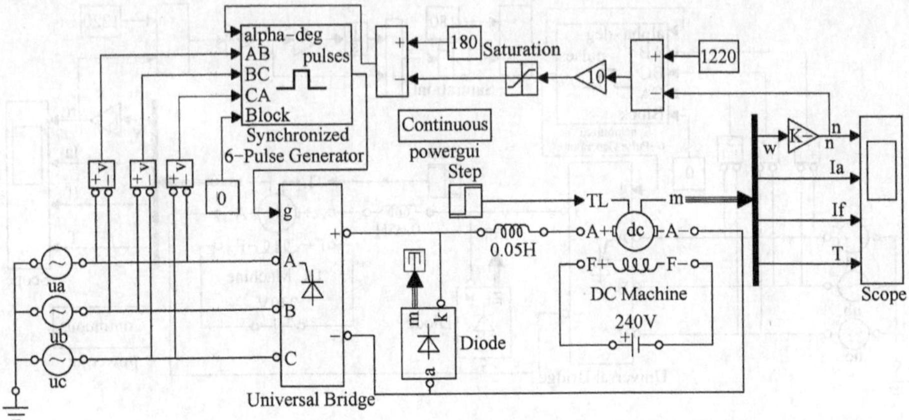

图5-48　晶闸管-他励直流电动机单闭环调速系统仿真模型（比例调节器）

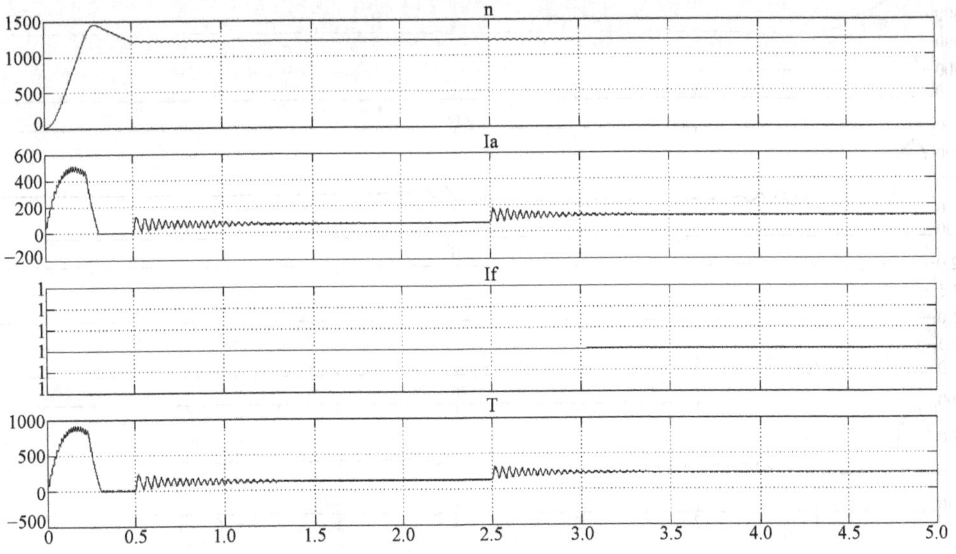

图5-49　晶闸管-他励直流电动机单闭环调速系统仿真结果（有静差）

转速的仿真曲线可见，给定转速为 1220r/min，电动机起动后能稳定运行在 1215r/min 上（有静差），在 2.5s 时刻加入负载扰动，因系统为闭环控制，电动机最终稳定运行在 1215 r/min 上，与开环系统相比有一定的自动调节功能，但由于调节器为比例调节器，存在静差，若要消除静差，应采用比例积分调节器。

【仿真实例 5-11】 以【仿真实例 5-9】为例搭建晶闸管-他励直流电动机单闭环调速系统，采用比例积分调节器，在 4s 时刻改变负载（负载由 120 N·m 突增到 220 N·m），观察转速变化（不考虑动态指标）。

解 晶闸管-他励直流电动机单闭环调速系统仿真模型如图 5-50 所示，运行该仿真模型可得到图 5-51 所示的仿真结果。由转速的仿真曲线可见，给定转速为 1220r/min，电动机起动后能稳定运行在 1220r/min 上（无静差），在 4s 时刻加入负载扰动，因系统为闭环控制，电动机最终稳定运行在 1220 r/min 上。与比例调节器控制相比，能消除静差。若生产工艺

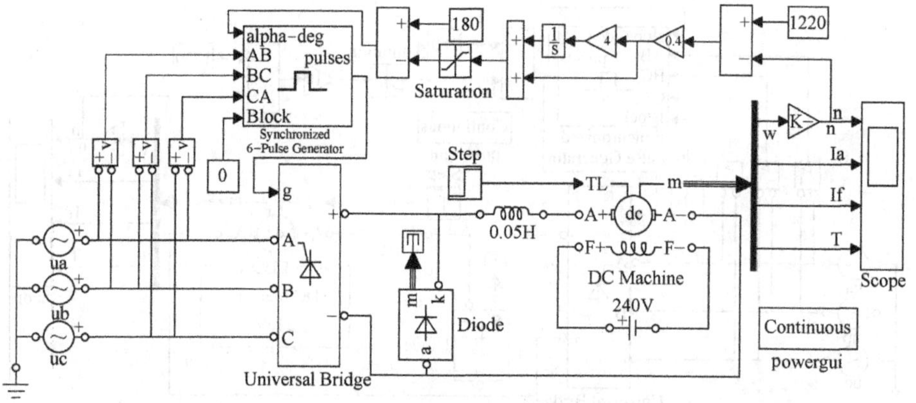

图 5-50 晶闸管-他励直流电动机单闭环调速系统仿真模型（比例积分调节器）

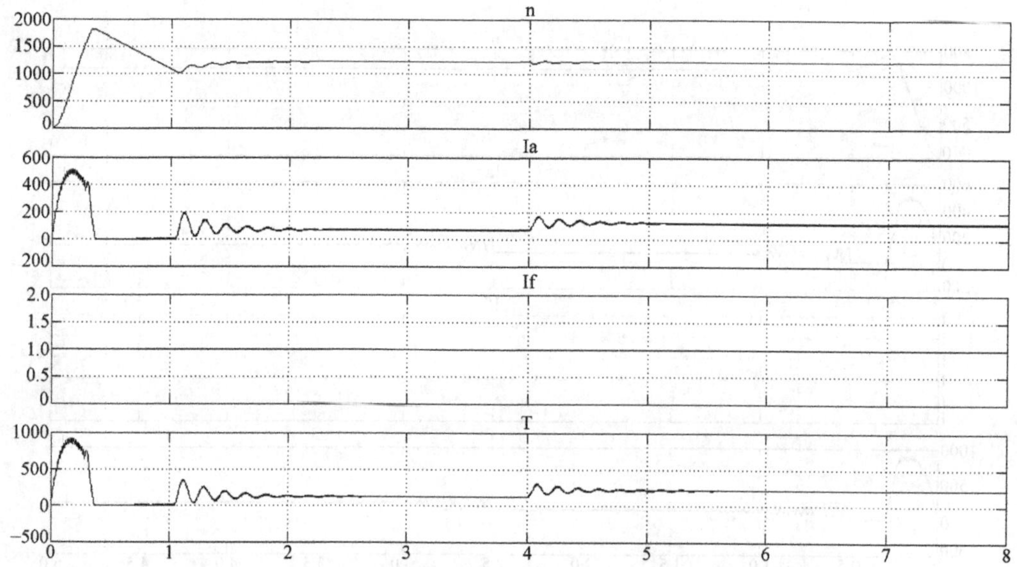

图 5-51 晶闸管-他励直流电动机单闭环调速系统仿真结果（无静差）

要求高性能的调速系统，则可采用转速、电流反馈控制的双环调速系统等更复杂的控制系统，以满足静、动态性能指标。

本章小结

电力拖动系统由电动机、传动机构、生产机械、控制设备和电源等组成，系统运行状态与电动机机械特性及负载转矩特性有关，系统稳定平衡运行的条件是判断系统是否稳定运行的依据。电动机的典型负载转矩特性有位能性和反抗性恒转矩负载、恒功率负载以及通风机类负载。

他励直流电动机的起动方法有直接起动、减压起动、电枢回路串电阻起动。起动时应有足够大的起动转矩，同时要限制起动电流，一般限制在 $2I_N$ 左右。由于起动瞬间，反电动势未建立，使额定电压全部降在电枢电阻上，电枢电流为额定电流的 10～20 倍，易损坏电动机，故除小容量电动机外，一般不允许直流电动机直接起动。他励直流电动机的机械特性在Ⅰ、Ⅲ象限内为电动状态，在Ⅱ、Ⅳ象限内为制动状态，制动可用于迅速停车或位能性恒转矩负载的匀速下放。他励直流电动机的制动方法有能耗制动、电压反接和转速反向的反接制动、回馈制动。通过改变电动机的电气参数改变转速的方法称为电气调速。他励直流电动机的电气调速方法有降低电枢电压的调速、电枢回路串电阻的调速和减小主磁通的调速，其中降低电枢电压和电枢回路串电阻的调速属于恒转矩调速，减小主磁通的调速属于恒功率调速。为合理使用电动机，调速方式应与负载类型相匹配，恒转矩调速与恒转矩负载、恒功率调速与恒功率负载是相互匹配的。

思考题与习题

5-1　什么是固有机械特性和人为机械特性？试说明他励直流电动机的各种人为机械特性的变化特点。

5-2　直流电动机起动有哪些要求？直流电动机常用的起动方法有哪些？各种起动方法的主要特点是什么？为什么一般直流电动机不能采用直接起动？

5-3　起动他励直流电动机时为什么一定要先加励磁电压？如果未加励磁电压，而将电枢电源接通，将会发生什么现象？

5-4　一台并励直流电动机和一台他励直流电动机的电枢绕组接在同一电源上运行，当改变电源电压的极性时两台电动机的转向如何？为什么？

5-5　试从电磁转矩与转速的方向、能量的流向、机械特性所在象限这几个方面区别电动运行与制动运行。

5-6　试分别说明他励直流电动机能耗制动、反接制动、回馈制动的实现方法、基本原理和制动性能。

5-7　试从理想空载转速与电枢转速的转向、能量的流向和用途这几个方面列表比较直流电动机的三种制动方式的特点。

5-8　什么是电气调速？怎样评价调速性能的好坏？调速范围与静差率之间有什么关系？选择调速方法的原则是什么？

5-9　电气调速有哪几种？各种调速方式的主要特点是什么？

5-10　试从机械特性曲线上说明电枢回路串电阻调速、降低电枢电压调速和弱磁调速时稳定工作点的变化过程。

5-11　一台他励直流电动机的铭牌数据：$P_N=10\text{kW}$，$U_N=220\text{V}$，$I_N=55\text{A}$，$n_N=1450\text{r/min}$，$R_a=0.5\Omega$。试求：(1) 固有机械特性方程；(2) 电枢回路串入 1.5Ω 电阻时的人为机械特性和此时带额定负载时的转速；(3) 电枢电源电压降至额定电压一半的人为机械特性方程和此时带额定负载时的转速；(4) 磁通减弱 30% 的人为机械特性方程和此时带额定负载时的转速。

5-12　一台他励直流电动机铭牌数据：$P_N=8kW$，$U_N=220V$，$I_N=60A$，$n_N=1450r/min$，$R_a=0.55\Omega$。试求：（1）额定运行时的电磁转矩、输出转矩和空载转矩；（2）理想空载转速和实际空载转速；（3）半载时电动机的转速；（4）转速为 1500r/min 时的电枢电流。

5-13　一台他励直流电动机铭牌数据：$P_N=7.5kW$，$U_N=110V$，$I_N=80A$，$n_N=700r/min$，$R_a=0.2\Omega$。试求：（1）直接起动时的起动电流和起动电流倍数；（2）若限制起动电流为 $1.5I_N$，则采用电枢回路串电阻起动，电枢回路应外串多大电阻。

5-14　一台他励直流电动机铭牌数据：$P_N=20kW$，$U_N=220V$，$I_N=115A$，$n_N=1000r/min$，$R_a=0.1\Omega$。若最大起动电流为 $2I_N$，负载电流为 $0.9I_N$，试求电动机串电阻起动的最小级数、各级起动电阻值以及所串各段起动电阻值。

5-15　一台他励直流电动机额定数据为：$P_N=2.5kW$，$U_N=220V$，$I_N=12.5A$，$n_N=1500r/min$，$R_a=0.7\Omega$。试求：（1）当 $I_f=I_{fN}$，$n=1300r/min$ 时，使系统转入能耗制动停车，要求起始制动电流为 $2I_N$，电枢回路应串入的附加制动电阻 R_{c1} 值，若电枢不串入制动电阻，则制动瞬间电流为多大。（2）若负载为位能性负载，要求在 $T_L=0.9T_{2N}$ 时保证以 170r/min 的转速能耗制动稳速下放负载，应串入的制动电阻 R_{c2}。

5-16　一台他励直流电动机额定数据为：$P_N=29kW$，$U_N=440V$，$I_N=76A$，$n_N=1000r/min$，$R_a=0.39\Omega$。试求：（1）电动机以 700 r/min 转速提升额定负载时应串入的电阻值；（2）可采用哪些方法使所带位能性负载 $T_L=0.8T_N$ 以 500r/min 转速下放；各种方法电枢应串入的电阻值；（3）在以 500r/min 转速提升位能性负载 $T_L=0.8T_{2N}$ 时，突将电枢反接，并使电流不超过 I_N，求最后稳定下降转速。

第 6 章　驱动和控制微电机

本章教学基本要求

了解各种常用的驱动和控制微电机的基本工作原理、特点、适用场合，掌握相应的工作特性，熟悉其控制或驱动方法。

6.1　概述

微电机是随军事装备和自动控制技术、电子技术、计算机技术以及电力电子技术发展起来的具有多用途的小功率电机，已有百余年的历史。微电机按其功能可分为三大类：控制微电机、驱动微电机和电源微电机。

控制微电机的作用是在自动控制系统中作为检测、放大、执行和解算元件，用作对运动物体的位置或速度进行快速和精确的控制，这种电机着重于特性的高精度和快速反应，功率一般从数百毫瓦到数百瓦，机壳外径一般是 12 ~ 130mm，但在地面设备和舰船设备的大功率控制系统中，功率大的有近 20kW，外径可达 1m。

驱动微电机作为小型和微动力，用作驱动各种要求的机械负载。其功率一般从数百毫瓦到数百瓦，高速情况下可达数千瓦，外壳直径一般不大于 160mm 或轴中心高不大于 90mm。

电源微电机作为独立的小型能量转换装置，用作将机械能转换成电能或将一种电能转换成另一种电能，其功率一般从数百瓦到数十千瓦。

微电机的应用范围十分广泛，在军事装备中，微电机应用于导弹、火炮、卫星、宇宙飞船、舰艇、坦克、火箭、雷达、战车等，用作各类自动装备的驱动与定位、位置传感与指示、坐标变换与解算、速度检测与反馈、飞机、舰艇和导弹运动轨迹的自动绘图等。在工业中，微电机作为执行元件有着大量的应用。在电子技术和计算机工业中，微电机用于打印机、读出器、自动记录和绘图仪的数控驱动和定位，数字量与模拟量的变换等。在日常生活中，电风扇、洗衣机、电冰箱、空调以及各种小型家用电器产品，录音机、录像机、传真机和音响设备也都大量使用微型直流和交流电机。另外，微电机在各种汽车、摩托车、电动自行车、电瓶车、电动轮椅中也被大量使用，如起动电机、刮水器电机、空调电机、冷却风扇以及车用门锁、后视镜、门窗升降、座椅调整、各种泵、行李器等都是采用微电机[11]。

微电机与普通电机的区别在于：普通电机的主要任务是进行机电能量转换，一般作为动力使用；微电机在控制系统中只是一个元件，其主要任务是完成控制信号的传递和转换，而能量转换是次要的，对其要求是运行可靠、动作迅速、准确性高，此外军用微电机还要求对工作环境有较高的适应性，而工业和民用微电机需成本低廉。本章重点讨论驱动微电机和控制微电机。

6.2 单相异步电动机

单相异步电动机的电源是单相交流电，它使用方便，并具有结构简单、价格低廉、运行可靠、维护简便以及噪声小等优点，广泛应用于工农业和日常生活中。

6.2.1 单相异步电动机的基本工作原理

单相异步电动机的运行原理与三相异步电动机基本相同，但又有自身的特点。单相异步电动机的定子有两个绕组，一个为起动绕组（又称副绕组），另一个为工作绕组（又称主绕组），转子为普通笼型。其基本工作原理为：给单相异步电动机定子绕组通入单相交流电，便会产生旋转磁场，根据电磁感应定律，气隙旋转磁场切割转子绕组，并在转子绕组中产生感应电动势和电流，从而产生电磁转矩，使电动机旋转，实现机电能量转换。

单相异步电动机的两相绕组在起动时同时接入电源，当转速上升约 $75\% n_1$ 时，起动绕组脱离电源，正常运行时只有工作绕组接电源。下面讨论一相定子绕组通电时的情况。

在 2.2.1 小节中已介绍了单相绕组中通入单相交流电，便会产生脉振磁动势。现假设工作绕组中通入的单相交流电为 $i=\sqrt{2}I\cos\omega t$，则产生的单相脉振磁动势的基波表达式为

$$f_1(\alpha,\omega t)=F_1\cos\alpha\cos\omega t=\frac{F_1}{2}\cos(\alpha-\omega t)+\frac{F_1}{2}\cos(\alpha+\omega t) \tag{6-1}$$

上式表明单相脉振磁动势可分解成两个转速和幅值相等、转向相反的圆形旋转磁动势，每个旋转磁动势的幅值为脉振磁动势幅值的一半，其中正转旋转磁动势表达式为

$$f_+(\alpha,\omega t)=\frac{F_1}{2}\cos(\alpha-\omega t)$$

反转旋转磁动势表达式为

$$f_-(\alpha,\omega t)=\frac{F_1}{2}\cos(\alpha+\omega t)$$

又设正、反转旋转磁动势产生的正、反转磁通分别为 $\dot{\Phi}_+$ 和 $\dot{\Phi}_-$，在转子绕组中同时产生对应的感应电动势和电流，从而产生正、反转的电磁转矩 T_+ 和 T_-，它们与三相笼型异步电动机在正转旋转磁动势（电源相序为正时）或反转旋转磁动势（电源相序为负时）分别作用下所受的电磁转矩完全相似，对应的正序和反序的机械特性 $T_+=f(s_+)$ 和 $T_-=f(s_-)$ 如图 6-1 曲线 1 和曲线 2 所示，由图可见，两条机械特性之间对原点对称。因而单相脉振磁动势产生的电磁转矩为 $T=T_++T_-$，单相异步电动机的机械特性 $T=f(s)$ 是曲线 1 和曲线 2 的合成，如图 6-1 曲线 3 所示。

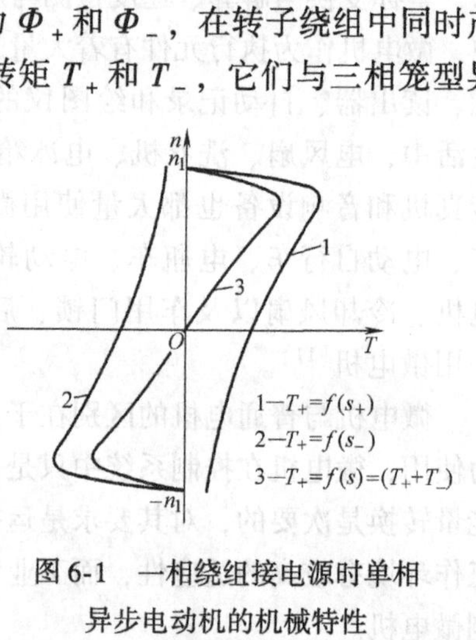

图 6-1 一相绕组接电源时单相异步电动机的机械特性

由图 6-1 可见，单相异步电动机的机械特性具有以下特点：①曲线过原点，即 $n=0$ 时，$T=0$，无起动

转矩，若不采取措施，不能自行起动；②在 $s=1$ 时，合成转矩是对称的，无固定转向，旋转方向由起动转矩的方向决定；③由于反序 $T_{-}=f(s_{-})$ 的存在，使合成的电磁转矩 T 减小、最大转矩 T_{m}、输出功率 P_{2}、效率 η 都相应减小，所以相同体积下的单相异步电动机容量为三相异步电动机的1/3～2/3。

6.2.2 单相异步电动机的起动

上述分析结果表明，单相异步电动机定子上只有一相绕组是无法自行起动的，但可以运行，显然必须解决起动问题。从2.2.3小节两相绕组产生的旋转磁动势介绍中可知，在空间分布相差90°电角度的两相对称绕组中通入两相对称交流电时，会产生旋转磁动势，使电动机带负载转动。所以单相异步电动机起动的必要条件为：定子应有在空间分布互差一定相位的两相绕组，同时通入两相绕组的交流电也要互差一定相位。

实际单相异步电动机安装两套空间相差90°电角度的绕组，一相为工作绕组，另一相为起动绕组，两相绕组的参数不同，并联后接至单相电源上时，将在两绕组中产生不同相位的电流，一般产生椭圆旋转磁动势，也可将其分解为两个圆形旋转磁动势 F_{+} 和 F_{-}，且 $F_{+}>F_{-}$，产生的正、反转电磁转矩也不相等，$T_{+}>T_{-}$，因此电动机能正常起动。起动绕组只是在起动时通电，起动后可切除。

根据起动方法和运行方法的不同，单相异步电动机有不同的类型，下面分别介绍。

1. 电阻起动的单相异步电动机

电阻起动的单相异步电动机（又称电阻分相电动机）其定子绕组接线图如图6-2a所示，定子上装有两套绕组，一套工作绕组（匝数 N_{r}），一套起动绕组（匝数 N_{st}），两套绕组在空间相差90°电角度安放，起动绕组和起动开关串联后再与工作绕组并联接至单相电源上。当电动机的转速上升至（75%～80%）n_{1} 时，开关断开，起动绕组被切除，电动机只有一套工作绕组工作。

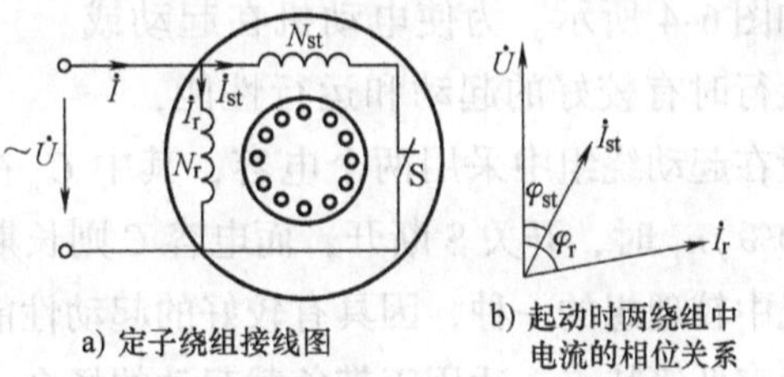

a) 定子绕组接线图　b) 起动时两绕组中电流的相位关系

图6-2　电阻起动的单相异步电动机

为使两套绕组中的电流有相位差，一般起动绕组采用较细的铜线或电阻率较大的导线，起动绕组的匝数比工作绕组的匝数少，即有 $N_{st}<N_{r}$，使起动绕组的电抗小于工作绕组的电抗，即 $x_{st}<x_{r}$，但电阻却比工作绕组电阻大，即有 $r_{st}>r_{r}$。起动时起动绕组中的起动电流 $\dot{I}_{st}$ 超前工作绕组中的起动电流 $\dot{I}_{r}$，起动时两绕组中电流的相位关系如图6-2b所示，图中 $\dot{U}$ 为电源电压。若要改变电动机转向，只需将接线对调即可。

电阻起动的单相异步电动机因两绕组中的起动电流相位相差不大，旋转磁通的椭圆度大，使其起动转矩较小，一般适用于驱动不经常起动的低转动惯量的小型家用电器类负载。

2. 电容起动的单相异步电动机

电容起动的单相异步电动机（又称电容分相电动机）其定子绕组接线图如图6-3a所示，起动绕组中串入一电容 C_{st} 和起动开关S，当电动机转速上升至（75%～80%）n_{1} 时，开关S断开，切除起动绕组和电容，电动机只有一套工作绕组工作。

电容 C_{st}的作用是使起动绕组回路阻抗呈容性，起动绕组中的起动电流 $\dot{I}_{st}$超前电源电压 U 一相位角 φ_{st}。由于工作绕组回路阻抗呈感性，起动时起动绕组中的电流 $\dot{I}_{st}$超前工作绕组中的起动电流 $\dot{I}_r$相当大的相位角，起动时两绕组中电流的相位关系如图 6-3b 所示。合理选择电容的容量可使起动绕组与工作绕组在起动的电流相位差接近 90°电角度，产生接近圆形的旋转磁动势，可获得较大的起动转矩。由于两电流相位差接近 90°电角度，使合成定子电流较小，因此，采用电容起动的单相异步电动机要比电阻起动的单相异步电动机的起动性能好。

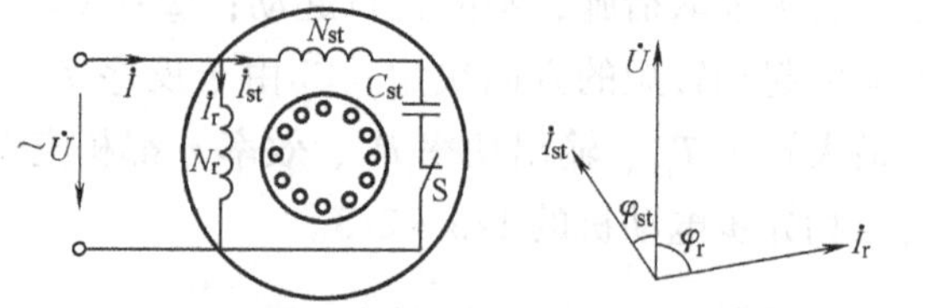

a) 定子绕组接线图　b) 起动时两绕组中电流的相位关系

图 6-3　电容起动的单相异步电动机

3. 电容运转单相异步电动机

若起动绕组和电容在电动机起动后不切除而是与工作绕组一起长期运行，这种电动机称为电容运转单相异步电动机（简称电容电动机），其实质是两相电动机，其定子绕组接线图以及起动时两绕组中电流的相位关系如图 6-4 所示。为使电动机在起动或运行时有较好的起动和运行性能，一般在起动绕组中采用两个电容，其中 C_{st}在起动时工作，当电动机起动到转速为（75% ~ 80%）n_1 时，开关 S 断开，而电容 C 则长期工作。电容运转单相异步电动机是单相异步电动机中较理想的一种，因具有较好的起动性能，较高的过载能力，功率因数和效率高，电动机噪声低等特点，适用于带负载起动的场合。

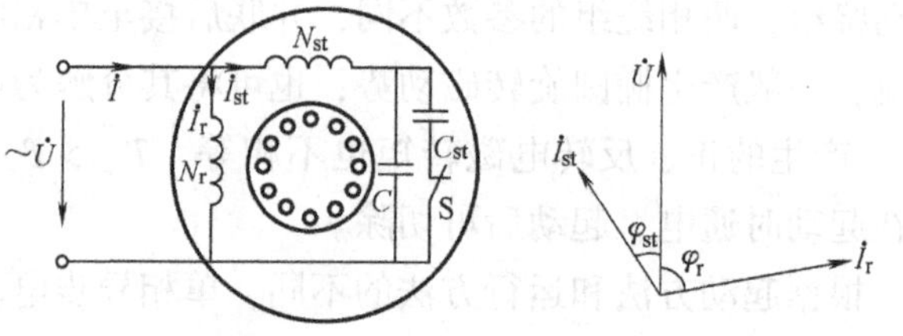

a) 定子绕组接线图　b) 起动时两绕组中电流的相位关系

图 6-4　电容运转单相异步电动机

4. 单相罩极式异步电动机

单相罩极式异步电动机定子分凸极式和隐极式，两种电动机的工作原理一样，但凸极式结构简单，故实际应用中隐极式较少见。凸极式定子由硅钢片冲成凸极状叠压而成，如图 6-5a 所示，磁极上装有工作绕组，在极靴的约1/3处开有一小槽，槽内嵌有一闭合的短路环 K（相当于起动绕组)，转子为普通笼型转子。

当工作绕组通电时，产生交变的脉振磁通，一部分磁通 Φ_1 通过未罩磁极，另一部分磁通 Φ_2 通过被罩磁极，由于短路环是闭合的，短路环中的这部分交变磁通 Φ_2 在短路环中产生感应电动势 $\dot{E}_k$ 和感应电流 I_k，该感应电流又要产生磁通 Φ_k，这样穿过短路环的磁通为 $\dot{\Phi}_3=\dot{\Phi}_2+\dot{\Phi}_k$，各量之

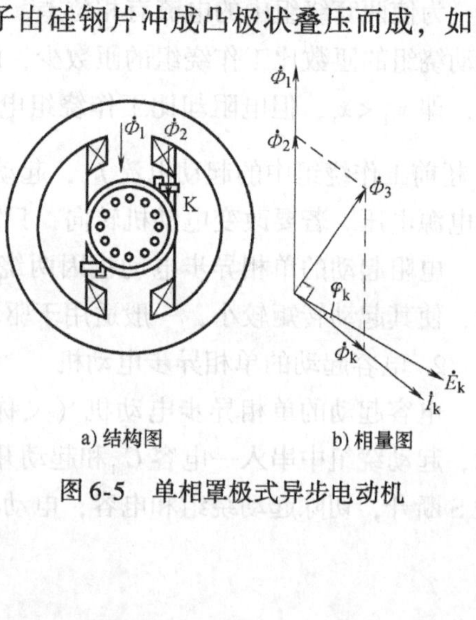

a) 结构图　b) 相量图

图 6-5　单相罩极式异步电动机

间的相位关系如图6-5b所示，其中 φ_k 为短路环阻抗角。由相量图可见，罩极式异步电动机中的磁通 Φ_1 和 Φ_3 在空间和时间上都相差一电角度，所以产生的气隙合成磁动势为椭圆旋转磁动势，旋转方向是先通过 Φ_1 轴线，后通过 Φ_3 轴线，旋转磁动势的方向也是转子的旋转方向，亦即转子的转向由磁极未罩部分向被罩部分方向旋转，因此，罩极式异步电动机的转向总是固定不变的。由于存在椭圆旋转磁动势，则能产生一定的起动转矩，使电动机运转。因为 Φ_1 和 Φ_3 在空间上相差的电角度较小，且 Φ_3 值也较小。因此，罩极式异步电动机起动转矩小，功率因数和效率比较低，但其结构简单，价格低，广泛用于起动转矩不高的小型电风扇、电唱机的电动机中。

6.3 测速发电机

测速发电机是一种将转速的机械能转变成电压信号的元件，分直流和交流两大类。

6.3.1 直流测速发电机

直流测速发电机是一种微型直流发电机，按励磁结构分电磁式和永磁式两种，其工作原理与直流发电机相同，在4.2.5小节中介绍的电动势表达式为

$$E_a = C_e \Phi n$$

式中，C_e 称为电动势常数，$C_e = \dfrac{pN}{60a}$，是与电机结构有关的参数。当每极磁通 Φ = 常数时，$E_a \propto n$。

图6-6a所示为他励直流测速发电机接线，当负载电阻 $R_L = \infty$ 时，输出端开路，测速发电机处于空载状态，则有

$$U_0 = E_a = C_e \Phi n = C_1 n \tag{6-2}$$

式中，$C_1 = C_e \Phi$ = 常数，可见电压 U_0 与转速 n 呈正比的线性关系。当负载电阻 $R_L \neq \infty$ 时，测速发电机中有一定电枢电流 I_a，其输出电压为

$$U = E_a - I_a R_a = C_1 n - \frac{U}{R_L} R_a = \frac{C_1}{1 + R_a/R_L} n = C_2 n \tag{6-3}$$

式中，$C_2 = C_1/(1 + R_a/R_L)$；R_a 为电枢回路总电阻。在理想情况下，C_1、R_a、R_L 均为常数，则 C_2 也为常数。对于不同的负载，测速发电机的输出特性仍为直线，但特性的斜率有所不同，负载大的斜率大，如图6-6b所示。

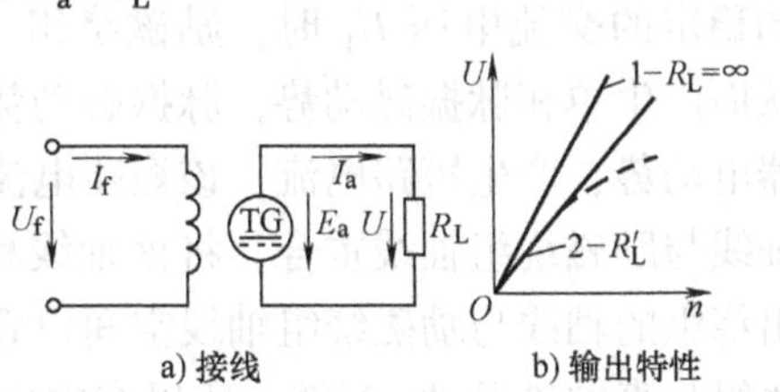

图6-6 他励直流测速发电机接线和输出特性

实际运行中，转速越高，电枢电流越大，电枢反应的去磁作用增大，当转速高到一定程度后，电压有所下降，使输出特性的上部呈虚线形状，如图6-6b曲线2。

实际的测速发电机并不是工作在理想情况下，因此会产生误差。产生的误差有如下几种：

（1）电枢反应引起的误差

电枢反应对主磁通有去磁作用，使输出特性的上部偏离直线趋向曲线。要改善特性，必

须削弱电枢反应的去磁作用，解决方法为：对于电磁结构的测速发电机，可在定子磁极加装补偿绕组，使用时转速不得超过最大线性工作转速，所接的负载不得小于最小负载电阻。

(2) 温度变化引起的误差

发电机周围环境温度的变化以及发电机本身发热都能引起绕组电阻的变化，当温度升高时，励磁电阻增大，励磁电流变小，主磁通下降，使输出电压降低。解决方法为：在励磁回路中串联一个阻值比励磁电阻大几倍的附加电阻用以稳流；或在励磁回路中串联负温度系数的热敏电阻并联网络，热敏电阻并联网络一般用于测速要求高的场合。

(3) 电刷接触电阻引起的误差

电刷接触电阻一般不为常数，其包含在电枢回路总电阻 R_a 中。由于电刷接触电阻的非线性，当发电机转速很低时，电枢电动势小于电刷压降，可能使输出电压为零，形成一小段无信号区，解决电刷接触电阻引起误差的方法为：选用黄铜石墨电刷或镀银电刷。

(4) 纹波引起的误差

实际的测速发电机输出的电压总是略带脉动的，称该脉动为纹波。减小纹波影响的方法为：选用较多换相片数的发电机或转子采用斜槽结构。

6.3.2 交流测速发电机

交流测速发电机从结构上可分为同步测速发电机和异步测速发电机。同步测速发电机又可分为永磁式、感应式和脉冲式三种。异步测速发电机根据转子结构不同也分笼型转子和杯形转子两种，其中由于杯形转子测速发电机具有精度高、转动惯量小等优点，应用最为广泛，下面重点介绍杯形转子测速发电机。

杯形转子异步测速发电机的转子是用高电阻率的材料制成的薄壁非磁性杯，其定子上装有在空间相差 90°电角度的两相绕组，一是励磁绕组 N_1，接单相交流电源，产生磁场；二是输出绕组 N_2，输出与转速 n 成正比的频率与励磁绕组相同的交流电压，其原理示意图如图 6-7 所示。

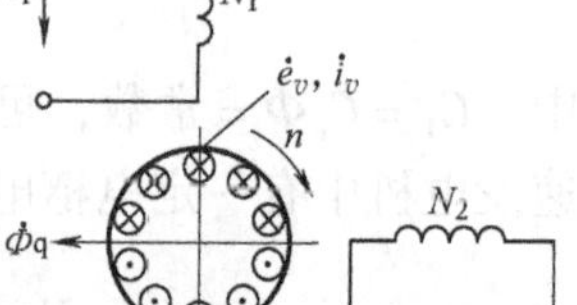

图 6-7 交流异步测速发电机原理示意图

转子不转时，当给杯形测速发电机励磁绕组加频率为 f_1 的稳定的交流电压 $\dot{U}_1$ 时，励磁绕组 N_1 中就有电流 $\dot{I}_1$ 产生，从而产生单相脉振磁动势，脉振磁动势在转子导条中产生变压器电动势，产生短路电流，该短路电流也产生脉振磁动势，其轴线与励磁绕组轴线重合，将该轴线称为直轴（或 d 轴）。输出绕组的轴线与励磁绕组轴线空间位置相差 90°电角度，故称为交轴（或 q 轴），由于输出绕组与直轴磁通 Φ_d 交链，所以在输出绕组中无感应电动势产生。上述交流测速发电机的电磁过程相当于变压器的短路状态，若忽略励磁绕组电阻 r_1 和漏抗 x_1，则由变压器电压平衡方程式可得

$$U_1 \approx E_1 \tag{6-4}$$

又因感应电动势 E_1 与磁通 Φ_d 成正比，即 $E_1 \propto \Phi_d$，则有

$$\Phi_d \propto U_1 \tag{6-5}$$

转子转动时，励磁绕组通入交流电，在励磁绕组轴线上的脉振磁通不变，转子绕组上除

了产生变压器电动势外，由于转子切割直轴磁通 Φ_d，在杯形转子中还将产生切割电动势 $\dot{E}_v$，同时产生相应的电流 $\dot{I}_v$。现假设转子旋转方向和直轴磁通的方向如图 6-7 所示，则在转子上产生的切割电动势方向在交轴的上半部分导体是指进纸面即为⊕，而下半部分导体则指出纸面即为⊙。相应的电流 $\dot{I}_v$ 在忽略转子漏抗情况下与切割电动势 $\dot{E}_v$ 方向一致，由电流 $\dot{I}_v$ 产生磁通 Φ_q 的方向如图 6-7 所示。

根据切割电动势公式 $e = Blv$，$B \propto \Phi_d$，$v \propto n$，可推导得出

$$E_v \propto \Phi_d n \tag{6-6}$$

由于杯形转子的电阻比漏抗大得多，忽略漏抗时有

$$I_v \propto E_v \tag{6-7}$$

交轴磁通 Φ_q 又与产生它的转子电流成正比，即有

$$\Phi_q \propto I_v \tag{6-8}$$

$$U_2 \propto \Phi_q \tag{6-9}$$

同时考虑式（6-6）~式（6-9）可得

$$U_2 \propto \Phi_d n \tag{6-10}$$

将式（6-10）代入式（6-5）中，则有

$$U_2 \propto U_1 n \tag{6-11}$$

由式（6-11）可知输出电压的大小与转速呈线性关系。如果测速发电机的转向相反时，转子中的切割电动势 $\dot{E}_v$、电流 $\dot{I}_v$ 和交轴磁通 Φ_q 都要与原来的相反，因而输出电压 U_2 的相位也与原来的相反，所以交流测速发电机能将转速信号转变成电压信号，达到测速的目的。

上述交流测速发电机是在理想状况下，即输出电压与转速严格呈线性；输出电压与励磁电压相位相同；当转速为零时，输出电压为零。而实际上由于各种原因会使测速发电机产生误差，表征交流异步测速发电机性能的主要指标有线性误差、相位误差和剩余电压等。其中保持输出电压与转速严格的线性关系是在直轴磁通 Φ_d 的最大值恒定不变的前提下，但实际上一方面励磁绕组和输出绕组的漏抗会引起直轴磁通 Φ_d 的变化，另一方面转子旋转时，杯形转子导体切割交轴磁通 Φ_q 又产生切割电动势，由该切割电动势产生的电流和磁场与励磁绕组同轴，对励磁绕组产生的磁场起去磁作用，从而又将使直轴磁通变化，破坏输出电压与转速之间严格的线性关系，产生线性误差。为了减小线性误差，一般采用增大转子电阻即用高电阻率的材料制造杯形转子。

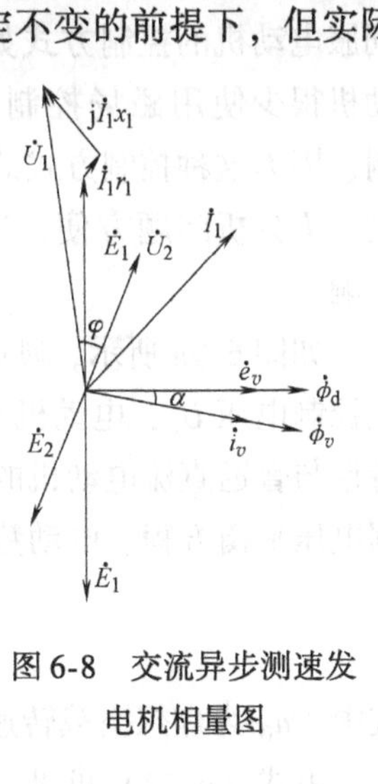

图 6-8　交流异步测速发电机相量图

理想的交流异步测速发电机输出电压与励磁电压相位相同，但实际上由于励磁绕组和输出绕组存在漏抗，会在交流异步测速发电机中引起一定的相位差，交流异步测速发电机相量图如图6-8所示，以 Φ_d 为参考相量，它与励磁绕组 N_1 相交链，在 N_1 中产生变压器电动势 $\dot{E}_1$，$\dot{E}_1$ 滞后 Φ_d 90°电角度，则根据 $\dot{U}_1 = -\dot{E}_1 + \dot{I}_1(r_1 + \mathrm{j}x_1)$ 可求得在 N_1 中的相量 $\dot{U}_1$，而转子转动时切割直轴磁通 Φ_d 产生切割电动势 $\dot{E}_v$，

它与 Φ_d 同相位，产生的电流 $\dot{I}_v$ 因转子漏抗的存在而滞后其一角度 α，电流 $\dot{I}_v$ 又产生与其同相位的磁通 $\dot{\Phi}_v$，$\dot{E}_2$ 为 Φ_v 在输出绕组 N_2 上产生的变压器电动势，空载时有 $\dot{U}_2 = -\dot{E}_2$，从相量图 6-8 中可见 $\dot{U}_1$ 与 $\dot{U}_2$ 之间有相位差 φ。

理想的交流测速发电机在转速为零时，输出电压也为零，但实际上在转速为零时，总有一些剩余电压存在。产生剩余电压的主要原因：励磁绕组和输出绕组不正交、气隙不均匀、杯形转子材料不均匀和壁厚不均匀，从而使电路、磁路不对称等。

6.4 伺服电动机

伺服电动机在自动控制系统中是作为将输入电压信号变换成转轴角位移或角速度输出的执行元件使用的，因此，又称执行电动机，根据其使用的电源不同，又可分为直流伺服电动机和交流伺服电动机两大类。

6.4.1 直流伺服电动机

直流伺服电动机可分为永磁式和电磁式两种，其基本结构与普通小型直流电动机相同。其中电磁式按励磁方式的不同又可分为他励、并励、串励和复励。直流伺服电动机的控制方式有两种：一种是电枢控制，即把励磁绕组接到恒定的电源电压上，在电枢绕组两端加控制电压，加上控制电压时伺服电动机立即旋转，去掉控制电压伺服电动机马上停转；另一种是磁场控制，即在电枢绕组两端加上恒定电压，励磁绕组上加控制电压。直流伺服电动机的控制方式如图 6-9 所示。直流伺服电动机很少使用磁场控制方式，一般多采用电枢控制，因为这种控制方式的调速范围大且平滑。下面主要讨论电枢控制方式时的直流伺服电动机。为分析问题方便，讨论前先作如下假设：电动机磁路未饱和且忽略电枢反应的去磁影响。

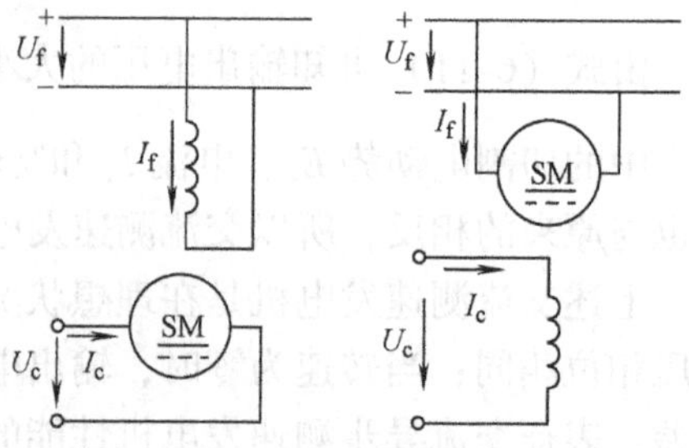

a) 电枢控制方式　　b) 磁场控制方式

图 6-9　直流伺服电动机的控制方式

如图 6-9a 所示，励磁绕组加恒定电压 U_f，由于电动机的运行状态由控制信号控制，加上控制电压 U_c，电动机马上旋转，去掉控制电压 U_c，电动机停转。直流伺服电动机的机械特性与普通直流电动机的一样，是指电枢电压恒定时其转速与电磁转矩之间的关系曲线。根据电压平衡方程、电动势和电磁转矩公式可联立得机械特性表达式为

$$n = \frac{U_c}{C_e\Phi} - \frac{R_a}{C_e C_T \Phi^2}T = n_0 - kT \tag{6-12}$$

式中，n_0 为理想空载转速；k 为机械特性的斜率。

由式（6-12）可见，特性是一条向下倾斜的直线，如图 6-10a 所示，与纵轴相交的点为理想空载转速 n_0，与横轴相交的点为堵转转矩 T_s，其中机械特性的斜率 k 与电枢电阻 R_a 成

正比，R_a 越大，机械特性越软；反之 R_a 越小，机械特性越硬。与普通直流电动机相比，直流伺服电动机的斜率 k 通常较大，这有利于调速。上述讨论是在某一电枢电压时的机械特性，不同的电枢电压可以得到一簇平行的机械特性，如图 6-10b 所示。

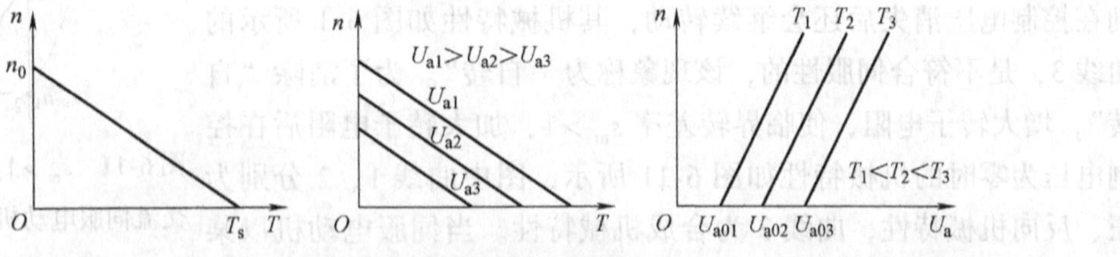

a) 机械特性　b) 不同电枢电压时的机械特性　c) 不同负载时的调节特性

图 6-10　直流伺服电动机的特性

在自动控制系统中为了控制伺服电动机的转速，需了解电动机在带上负载后，加多大的控制电压电动机能转动，加某一控制电压时伺服电动机的转速为多少等，为此引入调节特性的概念。伺服电动机的调节特性是指在一定的负载下，稳态转速随控制电压变化的关系。由式（6-12）可知，对应不同的负载转矩，调节特性也是一簇平行直线，如图 6-10c 所示，其中始动电枢电压 U_{a0} 是调节特性与横轴 U_a 的交点电压，为伺服电动机的转动瞬间的控制电压。当 $U_a < U_{a0}$ 时，电动机的转速始终为零，因为此时电动机产生的电磁转矩不足以克服负载转矩，即 $T < T_L$，电动机转动不了，一般称 $0 \sim U_{a0}$ 区域为伺服电动机的死区；当 $U_a > U_{a0}$ 时，电动机开始转动，且转速 n 随 U_a 的增大而上升；对应于不同的负载（如 T_1、T_2、T_3），始动电压也不同（U_{a01}、U_{a02}、U_{a03}）。调节特性斜率为 $1/C_e\Phi$，其大小只与电动机参数有关，而与控制电压和负载的大小无关。

6.4.2　交流伺服电动机

交流伺服电动机在自动控制系统中主要用作执行元件，其定子铁心中装有在空间互成 90°电角度的两相绕组，一相为励磁绕组，运行时接至电压为 U_f 的交流电源上；另一相为控制绕组，输入交流控制电压 U_c，励磁电压与控制电压频率相同，所以交流伺服电动机实为两相异步电动机。

为了满足自动控制系统的要求，转子的结构有高电阻率导条笼型和杯形转子。其中高电阻率导条笼型转子的结构及工作原理与普通三相笼型异步电动机一样，只不过伺服电动机定子是两相绕组，工作时两相绕组产生圆形或椭圆形旋转磁场，转子导条切割磁场产生感应电动势，产生转子电流和电磁转矩，使伺服电动机转动。杯形转子又分非磁性和磁性杯形转子，常用的是非磁性杯形转子，由外定子、空心杯形转子、内定子三部分组成。外定子与笼型转子的交流伺服电动机结构一样，两相绕组在空间差 90°电角度，内定子上无绕组，仅作为磁路的一部分。杯形转子用铝合金非磁性材料制成，杯壁在 0.5mm 以下，很轻，转动惯量很小，能在内、外定子间转动，杯形转子相当于导条无穷多的笼型转子，所以其工作原理与笼型转子的伺服电动机相似，这种伺服电动机的转动惯量小，运行平稳，噪声小。但因气隙较大，使励磁电流大，占额定电流的 20% ~80%，功率因数和效率低。

交流伺服电动机与直流伺服电动机一样必须满足伺服性，即有控制电压时电动机转动，调节控制电压的大小，能得到不同的转速；控制电压消失时，电动机停转。但两相交流伺服电动机在控制电压消失时成为单相电动机，单相电动机若原来是转动的，则在控制电压消失后还会继续转动，其机械特性如图 6-1 所示的曲线 3，是不符合伺服性的，该现象称为“自转”。为了消除“自转”，增大转子电阻，使临界转差率 $s_m>1$，加大转子电阻后在控制电压为零时的机械特性如图 6-11 所示，图中曲线 1、2 分别为正、反向机械特性，曲线 3 为合成机械特性。当伺服电动机以某一速度旋转时，控制电压突降为零。由图 6-11 可见，电动机的合成电磁转矩为负，即为制动转矩，使电动机立即停转。因此，增大转子电阻能有效克服交流伺服电动机的“自转”现象。

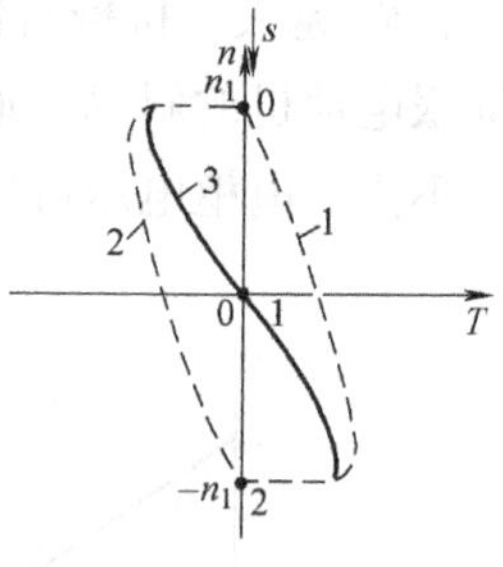

图 6-11 $s_m>1$ 且 $U_c=0$ 时交流伺服电动机的机械特性

交流伺服电动机若两相电压幅值不同或相位差不为 90°电角度，气隙中磁场为椭圆旋转磁场，改变控制电压的大小或它与励磁电压的相位角，都可使旋转磁场的椭圆度发生改变，因此，交流伺服电动机的控制方式有三种，即幅值控制、相位控制和幅值-相位控制。

幅值控制的方法是通过改变控制电压的大小来调节电动机转速的，控制电压与励磁电压之间始终保持 90°电角度。控制电压高，转速快；控制电压低，转速慢；控制电压消失，转速为零，电动机停转。幅值控制方式如图 6-12a 所示。

相位控制的方式是通过改变控制电压与励磁电压之间的相位角 β 来调节电动机转速的，控制电压的幅值始终保持不变，当相位角 $\beta=0$ 时，伺服电动机停转。相位控制方式如图 6-12b所示，此方法因需移相装置，故很少用。

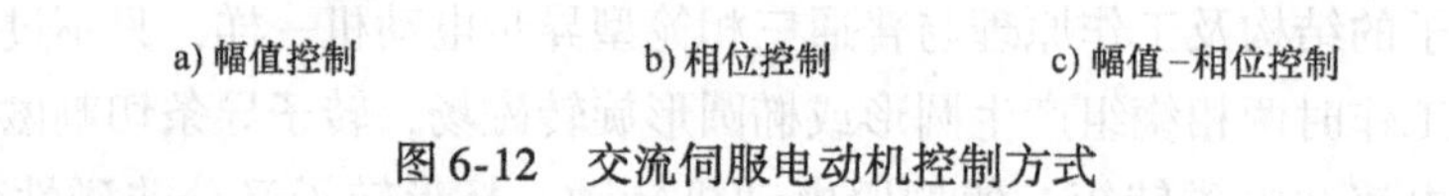

图 6-12 交流伺服电动机控制方式

幅值-相位控制的方式是将励磁绕组串联电容 C 以后再接至稳压电压 U_1 上，如图 6-12c 所示。励磁绕组电压 $\dot{U}_f=\dot{U}_1-\dot{U}_{fC}$，控制电压 $\dot{U}_c$ 始终与 $\dot{U}_1$ 相位相同。当调节控制电压时，由于转子绕组的耦合作用，使励磁电流发生变化，又使励磁绕组上的电压 U_f 和电容 C 上的电压 $\dot{U}_{fC}$随之改变，从而不仅改变 $\dot{U}_c$ 和 $\dot{U}_f$ 电压的大小，而且还改变它们之间的相位角 β，当控制电压消失时，电动机转速为零。这是一种利用电容分相的复合控制方法，由于设备简单，因此其应用最广泛。

以上三种控制方式下的交流伺服电动机的机械特性和调节特性差异不是很大，图6-13所示为幅值-相位控制时的标幺值机械特性和调节特性，图中 $T^* = T/T_k$ 为转矩的标幺值，其基值为堵转转矩 T_k；$n^* = n/n_1$ 为转速标幺值，其基值为同步转速 n_1；$\alpha = U_c/U_f$ 称为信号系数也是控制电压的标幺值，其基值电压为额定励磁电压 U_f。

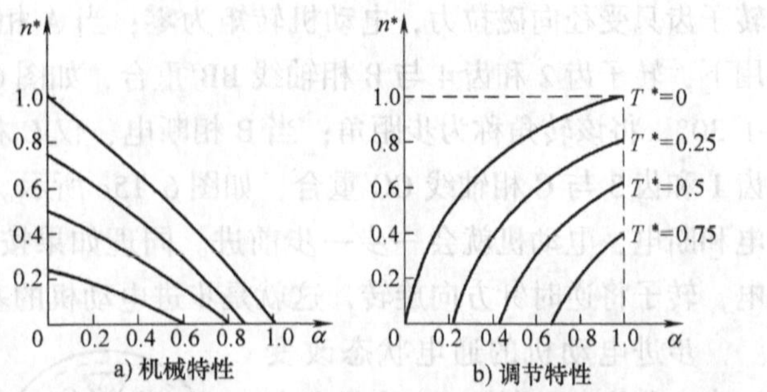

图6-13　幅值-相位控制时的交流伺服电动机工作特性

6.5　步进电动机

步进电动机是一种将脉冲信号转换成相应角位移或直线位移的执行元件。每输入一个脉冲，电动机就前进一步或转动一个步距角，因此，又称脉冲电动机。步进电动机的发展与计算机工业密切相关，自从步进电动机在计算机外围设备中取代小型直流电动机以后，促进了步进电动机的发展；另一方面，微型计算机和数字控制技术的发展，又将作为数控系统执行部件的步进电动机推广到其他领域，如电加工机床、小功率机械加工机床、测量仪器、光学和医疗仪器以及包装机械等[12]。

步进电动机按励磁方式可分为反应式、永磁式和感应子式。其中反应式步进电动机目前国内使用普遍，以下以反应式为例介绍步进电动机的结构、工作原理、运行特性和驱动电路。

6.5.1　步进电动机结构与基本工作原理

反应式步进电动机又称磁阻式步进电动机，图6-14所示为一台三相反应式步进电动机，定、转子由硅钢片叠成，定子上有六个磁极（大齿），每一磁极上又有许多小齿，径向对应的两个磁极线圈串联成一相绕组，该步进电动机共有三套定子控制绕组，三相绕组接成Y。转子上无绕组，沿转子圆周有许多小齿，齿距与定子磁极上的小齿距相同。

图6-14　三相反应式步进电动机结构示意

反应式步进电动机是利用磁力线总是力图走磁阻最小磁路而产生反应转矩的原理使电动机转动的。为了分析问题方便，下面以最简单的三相反应式步进电动机为例说明其工作原理，如图6-15所示，定子磁极上无小齿，转子只有四个，齿宽与定子磁极相等。

当A相绕组通电，B、C相绕组不通电时，由于磁力线力图走磁阻最小路径，使转子齿1和齿3与定子A相轴线AA′重合，如图6-15a所示，此时转子齿只受径向磁拉力，电动机转矩为零；当 A 相断电，仅 B 相通电时，在反应转矩的作用下，转子齿 2 和齿 4 与 B 相轴线 BB′重合，如图 6-15b 所示，转子前进一步，顺时针转过了 30°，将该转角称为步距角；当 B 相断电，仅 C 相通电时，转子又顺时针转过 30°，转子齿 1 和齿 3 与 C 相轴线 CC′重合，如图 6-15c 所示。只要按 A—B—C—A 顺序给定子绕组通电和断电，电动机就会一步一步前进。同理如果按 A—C—B—A 顺序给定子绕组通电和断电，转子将逆时针方向旋转，这就是步进电动机的基本工作原理。

步进电动机的通电状态改变一次，称为“一拍”，上述通电方式因每次只有一相绕组通电，三拍为一循环，故称为“三相单三拍”运行方式；如果每次通电有两相，通电顺序为 AB—BC—CA—AB 时，则称为“三相双三拍”运行方式；如果上述两种运行方式相结合，通电绕组单双相切换，顺序为 A—AB—B—BC—C—CA—A，则称为“三相六拍”运行方式，其步距角为 15°，如图 6-16 所示。

a) A相通电　b) B相通电　c) C相通电

图 6-15　三相反应式步进电动机三相单三拍运行

由上述步进电动机的工作原理可知，每输入一脉冲，转子就转过一角度，若将每输入一脉冲转子转过的角度称为步距角，用符号 θ_b 表示，则步距角的大小与转子齿数 Z_R 和拍数 N 有关，即有

$$\theta_b = \frac{360°}{Z_R N} \tag{6-13}$$

式 (6-13) 表明，要减小步距角 θ_b 可增加拍数 N，而相数的增加相当于拍数的增加，故反应式步进电动机有不同的相数，如三相、四相、五相、八相等，但相数越多，电动机和电源的结构就越复杂，一般为六相，个别也有八相或更多相数。另外，采用双拍制可减小步距角 θ_b，而增加转子齿数也能减小步距角 θ_b，所以反应式步进电动机的转子齿数一般都很多，使步距角 θ_b 能小到零点几度。

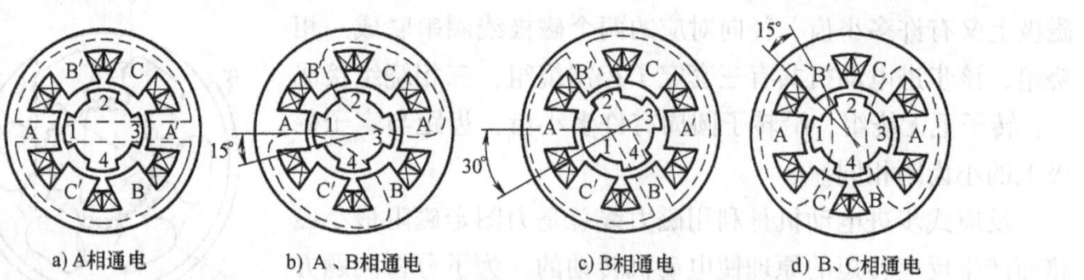

a) A相通电　b) A、B相通电　c) B相通电　d) B、C相通电

图 6-16　三相反应式步进电动机三相六拍运行

由式 (6-13) 可见，每输入一个脉冲，转子转过的角度是整个圆周角的 $1/(Z_R N)$，即转过了 $1/(Z_R N)$ 转，则每分钟转子所转过的圆周数即转速有如下表达式，即

$$n = \frac{60f}{Z_R N} \tag{6-14}$$

式中，f为控制脉冲的频率，即为每秒输入的脉冲数。转速也可用步距角 θ_b 表示，用 θ_b 表示时有

$$n=\frac{60f}{Z_R N}=\frac{60f\times 360^\circ}{Z_R N\times 360^\circ}=\frac{f}{6^\circ}\theta_b \tag{6-15}$$

6.5.2　步进电动机的运行特性

1. 静态运行状态

所谓静态运行状态是指步进电动机不改变通电方式时的工作状态。步进电动机处于静止状态时，转矩与转角之间的关系称为静态矩角特性，用 $T=f(\theta)$ 表示。

当某相绕组通电时，在理想空载情况下，该通电相的定子齿的轴线与转子齿的轴线重合，如图6-17a所示，此时转子不受切向力作用，电磁转矩为零。如果转子齿与定子齿轴线右错一个小角 θ，则出现切向磁拉力f，产生电磁转矩，是阻止转子错开的阻力，故为负值。图6-17b所示为 $\theta<90^\circ$的情况，θ越大，电磁转矩 T 越大；如果 θ 继续增大，$\theta>90^\circ$，随着 θ 角的增大，因磁力线减少，电磁转矩反而减小；当 $\theta=180^\circ$时，转子齿轴线处于两定子齿轴线之间，电磁转矩为零，如图6-17c所示；继续增大 θ 角，下一个定子齿对转子齿的磁拉力增大，使电磁转矩变为正值，如图6-17d所示。

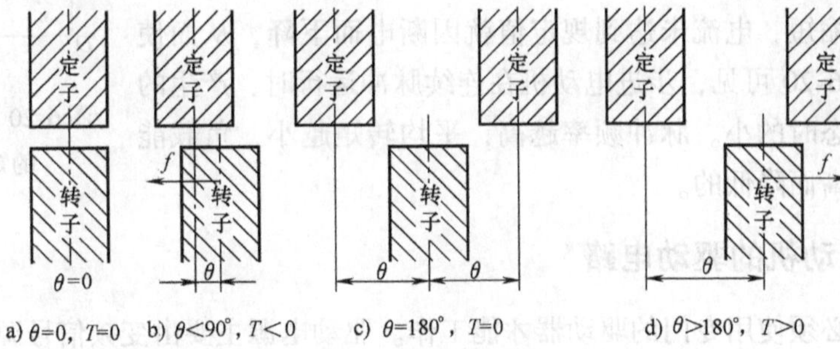

图6-17　反应式步进电动机的转矩与转角的关系

由上面分析中可得出，电磁转矩随转角的变化周期是一个齿距，即360°电角度。通常步进电动机的实际矩角特性曲线接近正弦波，如图6-18所示，图中转矩的最大值 T_{sm}称为最大静态转矩，坐标原点称为稳定平衡点（或称协调位置），$-180^\circ<\theta<180^\circ$区域称为静稳定区。

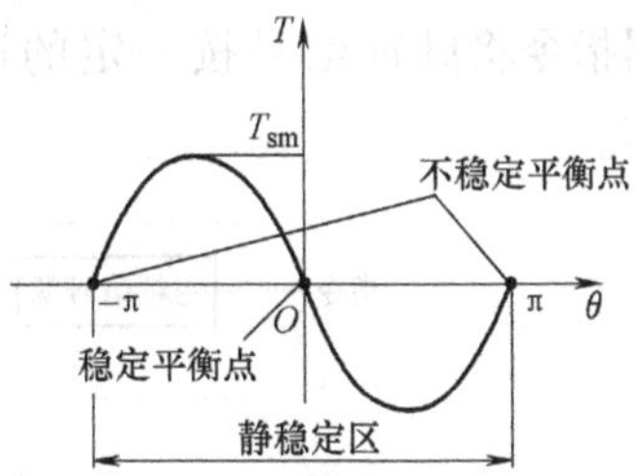

图6-18　反应式步进电动机的矩角特性

2. 步进运行状态

步进电动机的步进运行状态是指控制脉冲频率很低，在下一个控制脉冲到来之前，转子已走完一步的运行状态。图6-19所示曲线A和B分别为A相、B相通电时的矩角特性，两条曲线相隔一个步距角 θ_b。由图示可见，从A相通电转换到B相通电后，转子新的平衡点变为 O_B，新的稳定平衡区为 $-180^\circ+\theta_b<\theta<180^\circ+\theta_b$。在绕组通电换接瞬间只要转子的位置在新的稳定平衡区内，转子就能正常运行，到达新的稳定平衡点，故又称该新的稳定平衡区为动稳定区，即指从一种通

电状态转换到另一种通电状态而不引起失步的区域。显然步距角 θ_b 越小，动稳定区就越接近静稳定区。

如果步进电动机带上负载 T_L，A 相通电时稳定在 1 点，当 A 相断电 B 相通电瞬间，由于惯性转子来不及转动，此时对应曲线 B 上 2 点的电磁转矩大于负载转矩 T_L，使转子加速沿曲线 B 向 θ 角增大方向运动直至新稳定平衡点 3。如果负载转矩大于 A、B 两曲线的交点 T_m 时，显而易见电动机不能在此负载下作步进运行，故称两曲线的交点为最大负载转矩（或称步进转矩），最大负载转矩 T_m 比最大静态转矩 T_{sm} 要小，步距角 θ_b 越小，最大负载转矩 T_m 越大，越接近最大静态转矩 T_{sm}。

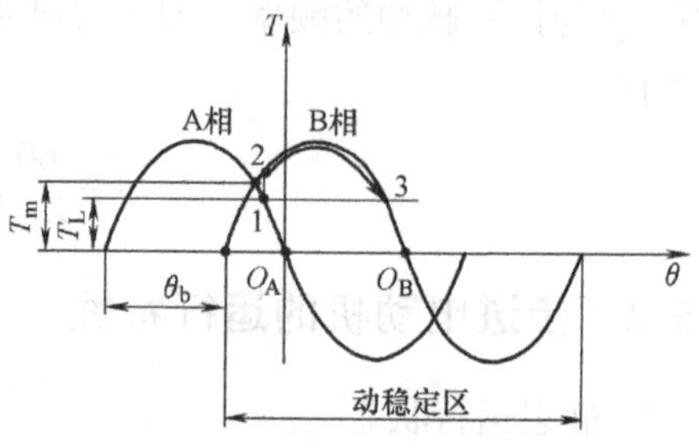

图 6-19 步进电动机的动稳定区和最大负载转矩

3. 连续脉冲运行状态

连续脉冲运行状态是指当步进电动机的控制脉冲很高，转子转动时步与步之间的时间间隔很小时，电动机处于连续旋转的运行状态。此时电动机的电磁转矩称为动态转矩，而动态转矩与脉冲频率的关系称为矩频特性。步进电动机的动态转矩是随脉冲频率的升高而下降的，如图 6-20 所示，其原因是定子绕组中电感的存在延缓了电流变化，频率升高又使绕组通电时间缩短，电流未达到规定值就因断电而下降，从而使转矩下降。由图 6-20 可见，步进电动机在连续脉冲运行时，产生的平均转矩要比静态时的小。脉冲频率越高，平均转矩越小，负载能力是随频率的增高而降低的。

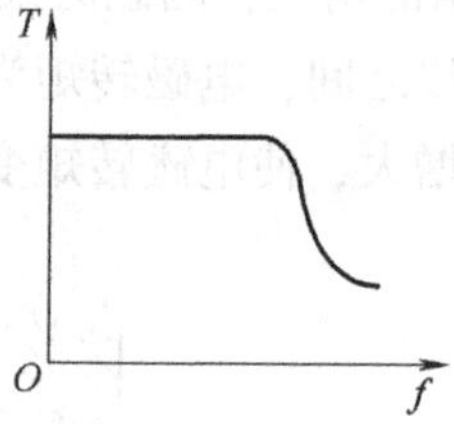

图 6-20 步进电动机的矩频特性

6.5.3 步进电动机的驱动电路*

步进电动机必须使用专门的驱动器才能工作。驱动电源主要由变频信号源、脉冲分配器和脉冲放大器三部分组成，如图 6-21 所示。其中变频信号源是频率从数十赫兹到几万赫兹的连续可变的脉冲信号发生器；脉冲分配器是由门电路和双稳态触发器组成的逻辑电路，能根据指令将脉冲信号按一定的逻辑关系送到放大器上，使步进电动机按一定的运行方式工作。

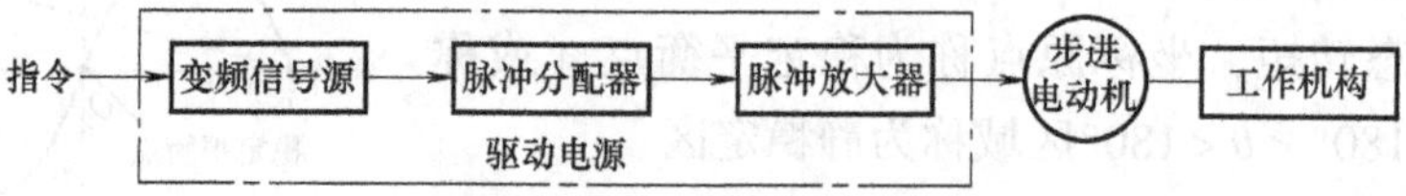

图 6-21 步进电动机驱动电源方框图

步进电动机的驱动电源种类很多，按电压输出脉冲的极性分为单相脉冲电源和正、负双极性脉冲电源两种；按输出的电脉冲功率元件分为晶体管驱动电源、高频晶闸管驱动电源和门极关断晶闸管驱动电源三种；按脉冲的供电方式分为单一电压型电源、高低压切换型电源、电流控制的高低压切换型电源、细分电路电源等等。

随着微型计算机和数字控制技术的发展，脉冲分配器和变频信号源可由微型计算机替代，使步进电动机的性能更好，可靠性更高。限于篇幅，此处不作介绍，感兴趣的读者可参阅相关的文献。

6.6 其他驱动和控制微电机

6.6.1 自整角机

自整角机是一种广泛用于显示装置和随动系统中的感应式机电元件，具有对角位移或角速度的偏差自动整步的能力，能使机械上互不相连的两根或多根转轴自动保持相同的转角变化或同步旋转，因此，自整角机总是两台或两台以上组合使用。产生信号的一方称为发送方，所使用的自整角机称为发送机；接收信号的一方称为接受方，所使用的自整角机称为接收机。在自动控制系统中，一般使用单相自整角机，按其使用要求的不同可分力矩式和控制式两种。力矩式自整角机主要用于指示系统中；控制式自整角机主要用于传输系统中作为检测元件，将角度信号变换成电压信号。

1. 力矩式自整角机

图6-22所示为力矩式自整角机工作原理示意图，左边为自整角发送机，右边为自整角接收机，定子铁心中安放三相对称同步绕组，发送机和接收机定子三相同步绕组对应相连接，转子上安放单相励磁绕组，励磁绕组接在同一单相交流电源上。

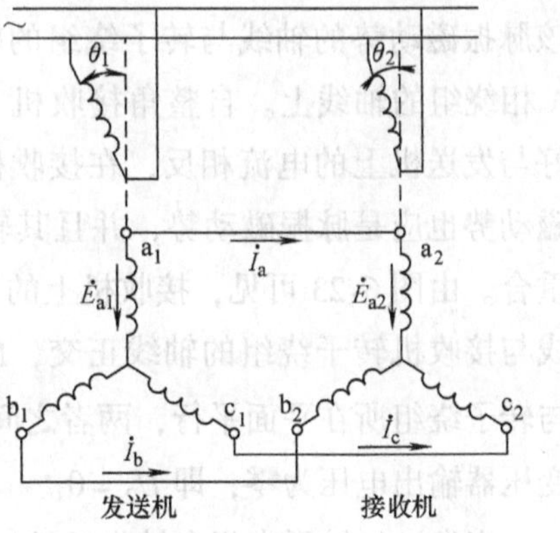

图6-22 力矩式自整角机工作原理示意图

为了分析方便，假设发送机和接收机的结构参数相同，气隙中励磁磁场的磁通密度沿定子内圆周按余弦规律分布，并忽略磁饱和及电枢反应的影响。现规定发送机和接收机的励磁绕组轴线与三相同步绕组中的A相绕组轴线重合时为转子的初始位置。当发送机和接收机转子离开初始位置时，分别用 θ_1 和 θ_2 表示偏离角度，而 $\theta=\theta_1-\theta_2$ 称为失调角。在励磁绕组通电的情况下，两台自整角机同时产生单相脉振磁动势，则在三相同步绕组中产生感应电动势，自整角发送机上的感应电动势为

$$\begin{cases}e_{A1}=E\cos\theta_1\sin\omega t\\ e_{B1}=E\cos(\theta_1-120°)\sin\omega t\\ e_{C1}=E\cos(\theta_1-240°)\sin\omega t\end{cases}\tag{6-16}$$

自整角接收机上的感应电动势为

$$\begin{cases}e_{A2}=E\cos\theta_2\sin\omega t\\ e_{B2}=E\cos(\theta_2-120°)\sin\omega t\\ e_{C2}=E\cos(\theta_2-240°)\sin\omega t\end{cases}\tag{6-17}$$

由式（6-16）和式（6-17）可见，若 $\theta_1=\theta_2$，即失调角 $\theta=0$，则发送机和接收机对应相的绕组感应电动势相等，三相绕组回路中无电流流过，因此，自整角机中也就无转矩产

生，在 $\theta=0$，$\theta_1=\theta_2$ 时，称为协调位置。若 $\theta_1\neq\theta_2$，即失调角 $\theta\neq 0$，则 $e_{A1}\neq e_{A2}$、$e_{B1}\neq e_{B2}$、$e_{C1}\neq e_{C2}$，三相回路中有电流流过，就会产生电磁转矩，该转矩称为整步转矩，力图使失调角 θ 减小趋于零。当指令轴带动发送机旋转时，由于 $\theta_1\neq\theta_2$ 产生的整步转矩，使接收机转子转动，θ_2 不断趋于 θ_1，执行轴始终跟随指令轴同步旋转，保持协调位置，这即为力矩式自整角机的基本工作原理。

2. 控制式自整角机

控制式自整角机的发送机与力矩式自整角机的发送机相同，即转子励磁绕组接单相交流电源，其接收机的转子不接电源，而是作为自整角机变压器的二次绕组输出电压，其安放在与发送机励磁绕组相互垂直的位置，如图 6-23 所示。设接收机转子绕组轴线与定子 A 相绕组轴线相互垂直为接收机的初始位置，即偏移角 $\theta_2=0$。

若发送机和接收机同处于初始位置，在发送机绕组接单相交流电源后，便会在励磁绕组中产生单相脉振磁动势，在定子三相绕组中感应出的电动势在时间上同相位，该感应电动势产生的电流在时间上也是同相位，由此产生的磁动势是脉振磁动势，该脉振磁动势的轴线与转子绕组的轴线重合，即在 A 相绕组的轴线上。自整角接收机上流过的电流正好与发送机上的电流相反，在接收机上产生的合成磁动势也应是脉振磁动势，并且其轴线与 A 相轴线重合。由图 6-23 可见，接收机上的脉振磁动势的轴线与接收机转子绕组的轴线正交，此时磁力线正好与转子绕组所在平面平行，两者之间无耦合作用，故转子绕组中不产生感应电动势，自整角变压器输出电压为零，即 $U_2=0$。

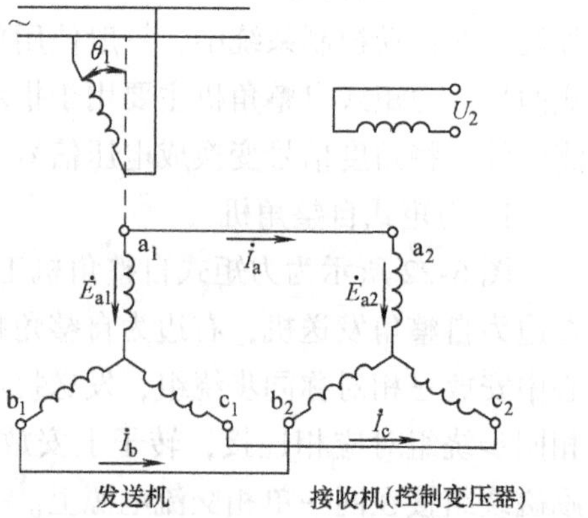

图 6-23 控制式自整角机工作原理示意图

当发送机转子由指令轴带动转过 θ 角，使 $\theta_1\neq\theta_2$，即出现失调角 θ 时，则接收机上的脉振磁动势轴线也转过一个 θ 角，使接收机脉振磁场的磁力线穿过其转子绕组而产生感应电动势，其值为

$$U_2=U_{2m}\sin(\theta_1-\theta_2)=U_{2m}\sin\theta \tag{6-18}$$

式中，U_{2m} 为 $\theta=90°$ 电角度时转子绕组的最大输出电动势。

由式（6-18）可知，控制式自整角机的输出电压只与失调角 θ 有关，而与发送机和接收机转子的本身位置无关。最典型的控制式自整角机的应用是在随动系统中，发送机由主令轴带动旋转 θ_1 角，此时出现了失调角 θ，自整角变压器随之产生输出电压，经放大后驱动伺服系统带动自整角变压器旋转，使伺服系统及自整角变压器跟随发送机转动。

6.6.2 开关磁阻电动机

1. 结构

开关磁阻电动机是 20 世纪 80 年代迅猛发展起来的一种新型机电一体化电动机，其结构简单、调速范围宽、调速性能优越、效率高、系统可靠。开关磁阻电动机的驱动系统由开关磁阻电动机、功率变换器、控制器和位置检测器四部分组成，其系统框图如图 6-24 所示，下面分别介绍这四个部分。

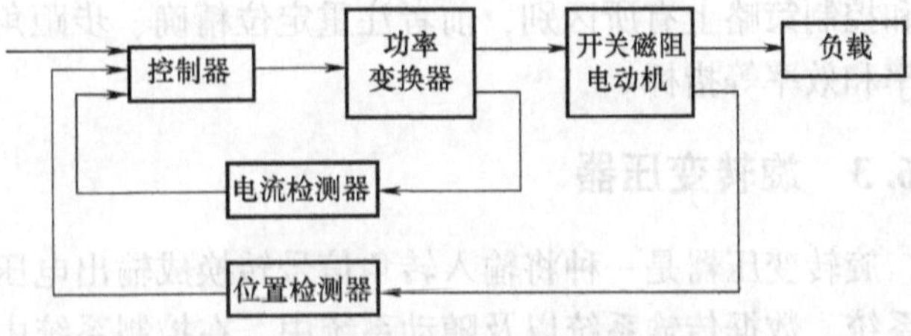

图 6-24　开关磁阻电动机的系统框图

开关磁阻电动机是实现机电能量转换的部件，其结构和工作原理与反应式步进电动机一样。如图 6-25 所示，其定、转子均由普通硅钢片叠压而成，定子各极上安有集中绕组，径向相对应极的绕组相互串联，组成一相，而转子上无绕组也无永磁体。

功率变换器是开关磁阻电动机运行时所需能量的提供者。

控制器是开关磁阻电动机系统的决策和指挥中心，能综合外部输入指令、位置检测器和电流检测器提供的电动机转子位置、速度、电流等反馈信息，通过分析处理、决策，向功率变换器发出指令，控制开关磁阻电动机的运行。

位置检测器是向控制器提供检测到的转子位置及速度等信号的器件。

图 6-25　四相 8/6 极开关磁阻电动机的定子和转子[13]

2. 工作原理

图 6-26 所示为四相 8/6 极开关磁阻电动机典型结构示意图。定子上有八个均匀分布的磁极，转子上有六个磁极，定、转子之间是气隙。当 A 相绕组控制开关 S_1、S_2 闭合时，A 相绕组励磁，按磁通总是沿磁阻最小路径闭合原理，磁场力图使转子轴线 aa′与定子轴线 AA′重合，产生的磁阻电磁转矩使转子旋转。如果定子绕组按 A→B→C→D 顺序通电，转子将按逆时针方向旋转，反之按 A→D→C→B 顺序通电，转子将按顺时针方向旋转。通过改变相电流脉冲频率，可以改变开关磁阻电动机的转速。

从上述工作原理分析可知，开关磁阻电动机的工作原理与反应式步进电动机的工作原理一样，但两种电动机是有区别的，区别在于：

① 反应式步进电动机绕组换向时刻取决于外加的脉冲，与转子位置没有严格的对应关系，一般运行在开环状态；而开关磁阻电动机的励磁换向时刻与转子位置存在严格的对应关系，是依靠位置检测器运行在同步状态的；

② 反应式步进电动机多应用于小功率位置系统；而开关磁阻电动机多应用于小功率传动系统中。应用系统的不同，使它们在电动机设

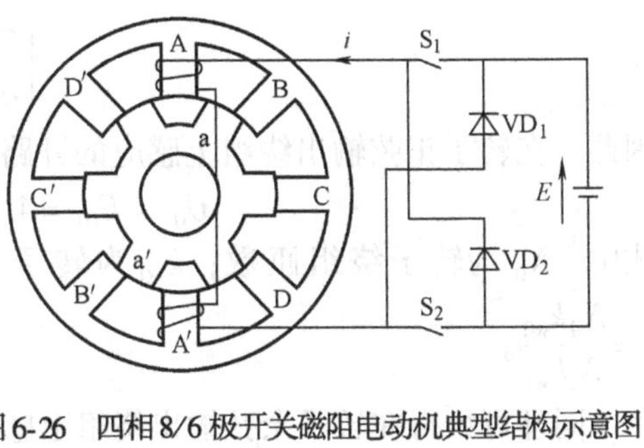

图 6-26　四相 8/6 极开关磁阻电动机典型结构示意图

计和控制策略上有所区别，前者注重定位精确、步距角和最大静转矩等指标；后者注重输出功率和效率等指标。

6.6.3 旋转变压器

旋转变压器是一种将输入转角信号转换成输出电压信号的精密测位机电元件，应用于伺服系统、数据传输系统以及随动系统中，在控制系统中可作为解算元件，如坐标变换、三角运算等；在随动系统中可传输与转换相应的电信号。按旋转变压器的输出电压与转子转角之间的函数关系可分：正余弦旋转变压器、线性旋转变压器、比例式旋转变压器等，下面只介绍正余弦旋转变压器。

旋转变压器的典型结构与普通绕线转子异步电动机相似，定子、转子由铁心和绕组组成，定、转子上均有两个在空间互差90°电角度的正弦绕组，且定、转子上两个绕组的匝数、线径、接线方式均相同，转子绕组由电刷和集电环引出。

如图6-27所示，设变压器处于空载，即转子输出绕组（Z_1-Z_2、Z_3-Z_4）和定子交轴绕组（D_3-D_4）开路，现给定子直轴上的励磁绕组（D_1-D_2）加交流电压 U_{f1}，在气隙中产生脉振磁通 Φ_D，其轴线在励磁绕组轴线上，此脉振磁通在励磁绕组上产生的感应电动势为

$$E_{f1}=4.44fN_fk_{wf}\Phi_D \tag{6-19}$$

式中，N_f 为定子励磁绕组匝数，k_{wf} 为基波绕组系数；Φ_D 为脉振磁通幅值。当忽略定子励磁绕组漏阻抗压降时，则有 $U_{f1}=E_{f1}$。由于励磁电压恒定，则脉振磁通幅值 Φ_D 为常量，在空间按正弦规律分布。

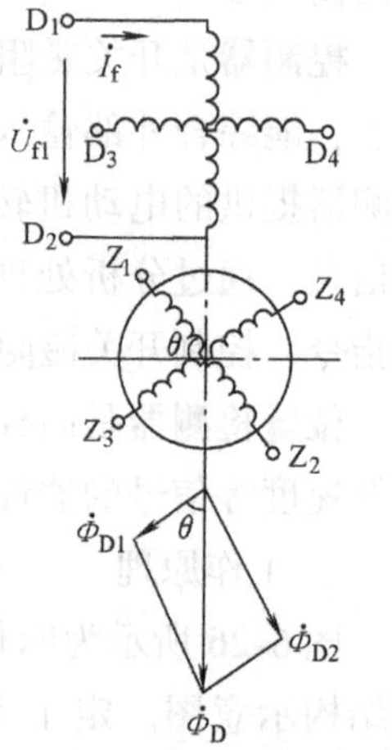

图6-27 正余弦旋转变压器空载运行

由于旋转变压器可看做是一次（定子）与二次（转子）绕组之间的电磁耦合程度能随着转子角度改变而改变的变压器，所以在转子两输出绕组中会感应出变压器电动势，转子绕组与脉振磁通幅值 Φ_D 交链的多少与定、转子绕组之间的相对位置有关。现设转子正弦绕组（Z_1-Z_2）轴线与交轴的夹角为 θ，此夹角也是转子的转角。为了分析方便，现将 Φ_D 分解成两个分量，即

$$\dot{\Phi}_D=\dot{\Phi}_{D1}+\dot{\Phi}_{D2} \tag{6-20}$$

式中，第一个分量与正弦输出绕组的轴线方向一致；第二个分量与正弦输出绕组的轴线方向垂直，大小分别为

$$\begin{cases}\Phi_{D1}=\Phi_D\sin\theta\\ \Phi_{D2}=\Phi_D\cos\theta\end{cases} \tag{6-21}$$

因此，在转子正弦输出绕组上感应的开路电压为

$$U_{01}=E_{01}=4.44fN_0k_{w0}\Phi_{D1}=kU_{f1}\sin\theta \tag{6-22}$$

式中，N_0 为转子绕组匝数；k_{w0} 为转子基波绕组系数；k 为定、转子绕组有效匝数比，$k=\dfrac{N_0k_{w0}}{N_fk_{wf}}$。

同理可推得在转子余弦输出绕组上感应的开路电压为

$$U_{02} = kU_{f1}\cos\theta \tag{6-23}$$

由此可得，正余弦旋转变压器在励磁电压稳定时，转子的正余弦输出绕组的空载电压与转子转角 θ 之间呈正弦和余弦关系。

当转子正弦输出绕组接阻抗为 Z_{L1} 的负载后，若转子转角 $\theta=0$，转子绕组流过的电流与变压器负载一样，定、转子绕组产生的磁动势都在定子绕组的轴线方向上，按照变压器磁动势平衡原理，旋转变压器的磁动势与空载时相同，在转子输出绕组中的感应电动势也与空载情况相同。但若转子正弦输出绕组接阻抗为 Z_{L1} 的负载，当转子转角 $\theta\neq0$ 时，在其绕组中产生的电流 I_{d1} 便会产生正弦分布的脉振磁动势，该磁动势也可分解成直轴分量和交轴分量两部分。其中直轴分量 F_d 所起的作用与转子转角 $\theta=0$ 时一样，F_d 可以由定子绕组增加的磁动势所抵消，在忽略励磁绕组漏抗的情况下，Φ_D 仍为常数。但交轴分量 F_q 产生交轴磁通，并感应交轴电动势，使正弦输出绕组的电压发生畸变，为此必须对负载后的交轴磁动势进行补偿。

交轴磁动势的补偿方法有定子侧补偿和转子侧补偿或定、转子同时补偿。

6.6.4 无刷直流电动机

无刷直流电动机由电动机本体、位置传感器和电子开关电路三部分组成，其结构框图如图6-28所示，它是电动机技术、电子技术和微机控制技术相结合的机电一体化新型电动机。其结构上是一台反应式的普通电动机，电枢是定子，转子是永磁磁极，电枢绕组是一多相绕组，分别与晶体管开关电路中的功率开关元件相连。图6-29所示为一台采用晶体管开关电路进行换流的两极三相绕组，并带有电磁式位置传感器的无刷直流电动机。位置传感器的励磁线圈由高频振荡器供电，借助于导磁片的作用使信号线圈获得比较大的感应电压，经整流、放大后施加到晶体管的基极上使该管子导通，并使与之相连的电枢绕组与外电源相通，产生电枢磁场，定、转子磁场相互作用拖动转子转动，由于导磁片与电动机转子同轴旋转，所以信号线圈 N_a、N_b、N_c 依次得电，使 VT_1、VT_2、VT_3 依次导通，从而使定子三相绕组轮流通电，转子旋转起来。

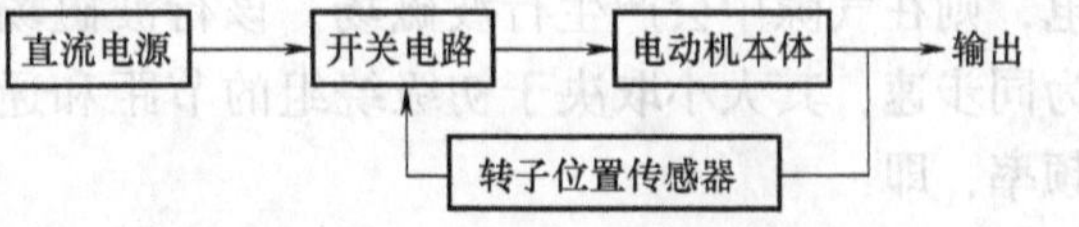

图6-28　无刷直流电动机结构框图

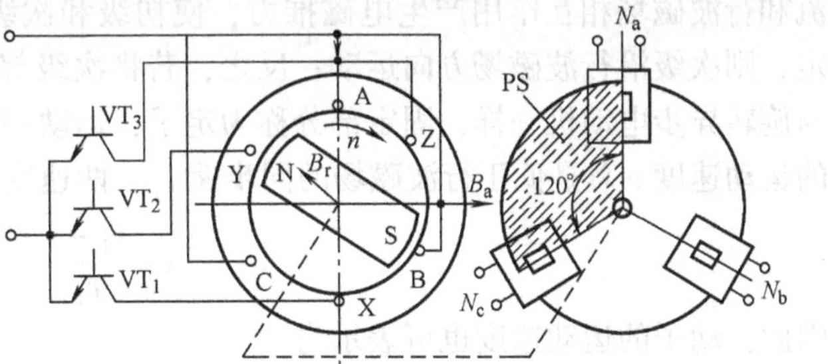

图6-29　无刷直流电动机工作原理示意图

无刷直流电动机取消了机械换向器和电刷，而又具有与传统有刷直流电动机相似的机械特性、调速范围宽、起动转矩大、效率高等优点，所以在工业、家电及国防等领域获得了广泛的应用。

6.6.5 直线电动机

直线电动机是一种能够直接作直线运行的机电能量转换装置。在实现直线运行的过程中，因其取消了由传统的旋转电动机拖动时必需的蜗轮、蜗杆等中间传动机构，精度和快速性都得到了大大提高。

直线电动机按其工作原理的不同分为直线直流电动机、直线异步电动机、直线同步电动机和直线步进电动机，下面主要介绍直线异步电动机。

直线异步电动机是由旋转异步电动机演变而来的。将旋转电动机沿径向剖切并将圆周展开成直线如图 6-30 所示，旋转电动机的定子和转子，在直线电动机中对应为初级和次级。直线异步电动机按结构可分为扁平形（见图 6-30b）和圆筒形（见图 6-31）两种基本结构。

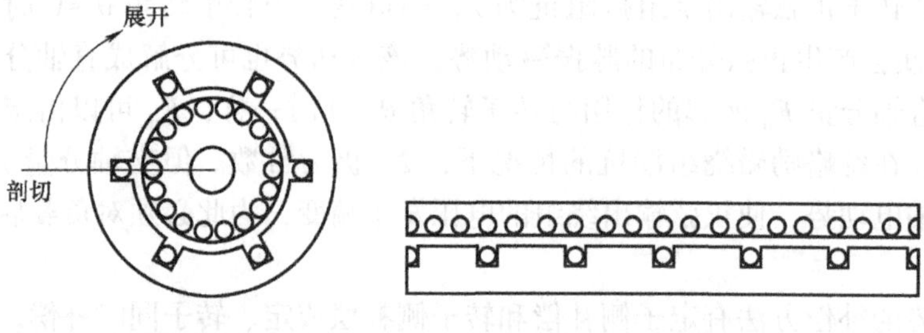

a) 旋转电动机　　b) 直线电动机

图 6-30　由旋转异步电动机演变为直线异步电动机的示意图

若直线电动机初级三相对称绕组中通入三相对称交流电，则在气隙中会产生行波磁场，该行波磁场移动速度称为同步速，其大小取决于初级绕组的节距和通入交流电的频率，即

$$v_1 = 2\tau f_1 \tag{6-24}$$

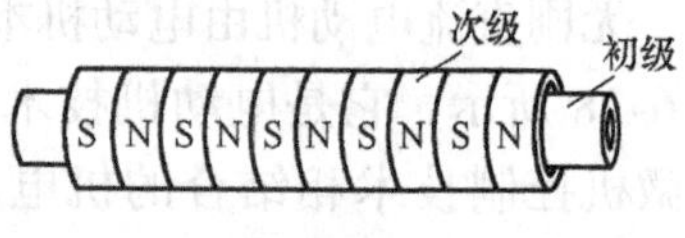

图 6-31　圆筒形结构的直线异步电动机

式中，τ 为初级绕组节距（m）；f_1 为电源频率（Hz）。我国电网工频为 50Hz，因此，同步速为

$$v_1 = 100\tau \tag{6-25}$$

在同步速 v_1 的行波磁场作用下，次级导条中会产生感应电动势和感应电流，该感应电流和行波磁场相互作用产生电磁推力，使初级和次级之间产生相对运动，若将初级部分固定，则次级沿行波磁场方向运动；反之，若将次级部分固定，则初级沿行波磁场方向运动。与旋转异步电动机一样，固定部分称为定子，运动部分称为动子。为了确保相对切割，动子的运动速度 v 总是低于行波磁场的同步速 v_1，两速度之间的差异可用转差率 s 表示，即

$$s = \frac{v_1 - v}{v_1} \tag{6-26}$$

因此，动子的运动速度也可表示为

$$v = v_1(1 - s) = 100\tau(1 - s) \tag{6-27}$$

与旋转异步电动机一样，若需改变动子运动方向，只需改变电源相序，由此即可实现直线电动机的往复运动。对于扁平形直线电动机的初级可采用单边型结构，也可采用双边型结构，如图 6-32 所示。其中，单边型结构的直线电动机初级励磁产生行波磁场时，除了产生直线方向的电磁力外，在垂直于运动方向会产生纵向磁拉力，适用于需悬浮要求的场合下；而双边型结构因两个初级对称放置，纵向磁拉力相互抵消，因此在垂直于运动方向不产生电磁力。

实际应用的直线电动机，由于铁心在行波磁场运动方向上是开断的，长度也是有限的，

因此，其固定的定子和运动的动子长度不等，否则会因相对运动，一旦动子离开定子，两者之间便会失去耦合，动子将停止运动。为了在直线运动过程中始终保持初级和次级的耦合，实际直线电动机中有采用长定子和短动子结构的，也有采用长动子和短定子结构的，两者相比，长动子和短定子结构因其成本低而应用较广泛。

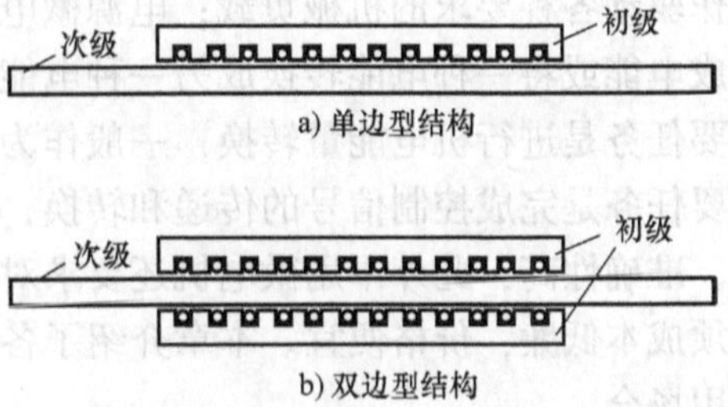

图 6-32 扁平形结构的直线电动机

如前所述，直线异步电动机的基本工作原理与旋转异步电动机的相似，但由于直线电动机的铁心开断形成两个边端，存在纵向和横向边缘效应；另外，为了确保运动过程中初级与次级不会相擦，直线电动机的气隙相对于旋转电动机要大得多，因此，相同条件下，直线电动机的励磁电流大、功率因数低、损耗大、效率低。

6.6.6 新原理微电机*

1. 超声波电动机

超声波电动机（简称 USM）是国外日益受到重视的一种新型直接驱动电动机。超声波电动机突破了传统的电磁式电动机的概念，与传统的电磁式电动机不同，USM 没有磁极和绕组，不依靠电磁的互相作用传递能量，而是利用压电陶瓷的逆压电效应，将材料的微观变形通过共振放大和摩擦耦合转换成转子或者滑块的宏观运动，故又称压电电动机。与传统电磁式电动机相比，USM 具有功率密度大、无电磁干扰、低速大转矩、响应快、无噪声和无输入自锁等优越特性。USM 在工业控制、汽车专用电器、超高精度测量仪器、办公设备、智能机器人等领域具有广阔的应用前景，近年来备受科技界和工业界的重视[14]。

超声波电动机的主要应用场合：相机自动对焦装置；机器人的多自由度驱动；精密定位控制；物料传送；汽车专用电器等。

2. 超微电动机

所谓超微电动机是指那些形状非常小（1mm 以下），重量很轻，并且在同一块基板上（硅或其他材料），采用微电子技术和微加工技术制造出来的机电一体化传动装置。它是传统的机械制造技术的一次革命性的飞跃。其特点是基于半导体材料硅的微机械加工技术，用来制造尺寸从毫米到微米级范围的具有能量转换功能的器件。

超微电动机的应用前景十分广阔，特别是在人们尚未充分认识的微环境下，有待不断开创发展。采用超微电动机和其他微电子机械制成的微型机器人，可进入人体内部探查病灶，实施手术；超微电动机可与集成电路制成各种专门器件，在光通信、航天、航空、计算机等领域更有重大的应用价值[15]。

本章小结

微电机按其功能分为三大类：控制微电机、驱动微电机和电源微电机。控制微电机的作用是在自动控制系统中作为检测、放大、执行和解算元件，用作对运动物体的位置或速度进行快速和精确的控制，它着重于特性的高精度和快速反应；驱动微电机作为小型和微动力，用作驱动各种要求的机械负载；电源微电机作为独立的小型能量转换装置，用作将机械能转换成电能或将一种电能转换成另一种电能。微电机与普通电机的区别在于：普通旋转电机的主要任务是进行机电能量转换，一般作为动力使用；微电机在控制系统中只是一个元件，其主要任务是完成控制信号的传递和转换，能量转换是次要的，对其要求是运行可靠、动作迅速、准确性高，此外军用微电机还要求对工作环境有较高的适应性，而工业和民用微电机则必须成本低廉，价格便宜。本章介绍了各种控制与驱动微电机的基本工作原理、运行特点和适用场合。

单相异步电动机的运行原理与三相异步电动机基本相同，但单相异步电动机运行时只需单相交流电，使用方便，并具有结构简单、价格低廉、运行可靠、维护简便以及噪声小等优点，因此广泛应用于工农业生产和日常生活中。由于单相异步电动机起动的必要条件是定子应有在空间分布互差一定相位的两相绕组，同时通入两相绕组的交流电也要互差一定相位，所以实际单相异步电动机安装两套空间相差90°电角度的绕组，一是工作绕组，二是起动绕组，起动绕组只是在起动时通电，起动后可切除。单相异步电动机根据起动方法和运行方法的不同分为电阻起动的单相异步电动机、电容起动的单相异步电动机、电容运转单相异步电动机、单相罩极式异步电动机。

测速发电机是一种将转速的机械能转变成电压信号的元件，分直流和交流两大类。直流测速发电机是一种微型直流发电机，按励磁结构分有电磁式和永磁式两种。直流测速发电机的工作原理与直流发电机相同。交流测速发电机按结构不同可分为同步测速发电机和异步测速发电机。同步测速发电机又可分为永磁式、感应式和脉冲式三种。异步测速发电机根据转子结构不同也分为笼型转子和杯形转子两种。由于杯形转子测速发电机具有精度高、转动惯量小等优点，应用最为广泛，本章重点介绍了杯形转子测速发电机的结构和工作原理。

伺服电动机在自动控制系统中是作为将输入的电压信号变换成转轴的角位移或角速度输出的执行元件使用的，因此又称执行电动机，根据其使用的电源不同，又可分直流伺服电动机和交流伺服电动机两大类。直流伺服电动机可分永磁式和电磁式两种，其基本结构与普通小型直流电动机相同。直流伺服电动机的控制方式有两种：一种是电枢控制，即把励磁绕组接到恒定的电源电压上，在电枢绕组两端加控制电压，加上控制电压时伺服电动机立即旋转，去掉控制电压时伺服电动机马上停转；另一种是磁场控制，即在电枢绕组两端加上恒定电压，励磁绕组上加控制电压。交流伺服电动机其定子铁心中装有在空间互成90°电角度的两相绕组，一相为励磁绕组，运行时接至电压为 u_f 的交流电源上；另一相为控制绕组，输入交流控制电压 u_c，励磁电压与控制电压频率相同，所以交流伺服电动机实为两相异步电动机。

交流伺服电动机为了满足自动控制系统的要求，转子的结构有高电阻率导条笼型和杯形转子。其中高电阻率导条笼型转子的结构及工作原理与普通三相笼型异步电动机一样，只不过伺服电动机定子是两相绕组，工作时两相绕组产生圆形或椭圆形旋转磁场，转子导条切割磁场产生感应电动势，产生转子电流和电磁转矩，使伺服电动机转动。

步进电动机是一种将脉冲信号转换成相应角位移或直线位移的执行元件。每输入一个脉冲，电动机就前进一步或转动一个步距角，因此又称脉冲电动机。反应式步进电动机是利用磁力线总是力图走磁阻最小的磁路而产生反应转矩的原理使电动机转动的。

此外本章还介绍了其他驱动微电机，如广泛用于显示装置和随动系统中的感应式机电元件的自整角机、开关磁阻电动机、无刷直流电动机的结构和工作原理，介绍了新原理微电机，如超声波电动机、超微电机。

思考题与习题

6-1　试解释单相异步电动机起动时不产生电磁转矩，而一旦在外力作用下运转后电磁转矩却不为零的现象。

6-2　单相交流绕组通入单相交流电将形成怎样的磁场，该磁场具有什么性质？

6-3　两相绕组通入两相交流电将形成怎样的磁场？

6-4　两相对称绕组中通入两相对称交流电将形成怎样的磁场？

6-5　分相电动机（电阻分相电动机和电容分相电动机）或电容运转电动机能否实现反转？

6-6　单相罩极式异步电动机能否反转？为什么？

6-7　单相罩极式异步电动机的转向如何确定？

6-8　试说明单相罩极式异步电动机的主要优缺点。

6-9　为什么直流测速发电机的使用转速不宜超过最大线性转速，而负载电阻却不能小于最小值？

6-10　为什么交流测速发电机输出电压的大小与转子转速成正比，而与励磁频率无关？

6-11　当转速升高时，交流异步测速发电机输出电压的大小和频率会如何变化？

6-12　交流异步测速发电机的剩余电压是如何产生的？怎样消除或减小？

6-13　直流伺服电动机为什么有始动电压？与负载的大小有什么关系？

6-14　什么是自转现象？如何消除交流伺服电动机的自转现象？

6-15　交流伺服电动机有哪些控制方式？试简单加以说明。

6-16　反应式步进电动机的步距角 θ_b 与齿数 Z_R 存在什么关系？

6-17　一台三相六极反应式步进电动机，步距角 $\theta_b=1.5°/0.75°$，试求：（1）转子齿数 Z_R；（2）控制脉冲频率 $f=2000\text{Hz}$ 时的电动机转速 n。

6-18　步进电动机转速大小与负载轻重相关吗？

6-19　力矩式自整角机与控制式自整角机的控制方式有何不同？转子的起始位置有何不同？

6-20　为什么正余弦旋转变压器带载后输出电压会发生畸变？如何解决？

6-21　开关磁阻电动机与反应式步进电动机的工作原理相同，两种电动机的区别是什么？

6-22　为什么相同条件下，旋转异步电动机要比直线异步电动机的功率因数和效率高？

6-23　为什么实际应用的直线异步电动机定子和动子的长度不一样？

6-24　为什么直线异步电动机的速度总是低于同步速？

6-25　已知一台单相四极异步电动机技术数据：额定电压 $U_{1N}=110\text{V}$，额定频率 $f_{1N}=50\text{Hz}$，$r_1=r_2'=2\Omega$，$x_1=x_2'=2\Omega$，$x_m=50\Omega$，$r_m=5\Omega$，铁损 $p_{Fe}=25\text{W}$，空载损耗 $p_0=10\text{W}$，当转差率 $s=0.05$ 时，试求：（1）定子电流和功率因数；（2）电磁功率和电磁转矩；（3）输出功率和效率；（4）正反转旋转磁动势幅值之比。

第 7 章　电动机容量的选择

本章教学基本要求

1. 了解电动机容量选择的基本理论。
2. 掌握电力拖动系统中电动机容量选择的工程方法。

7.1　电动机选择的主要内容

正确选择电动机是电力拖动系统经济可靠运行的重要前提，电动机选择的主要内容包括电动机种类、型式、额定电压、额定转速、额定功率（容量）等的确定。其中容量的选择是最重要的，因为容量选得偏小，会使电动机拖动不了负载或使电动机长期工作在过载情况，电动机过热，绝缘过早老化，缩短电动机的使用寿命，造成浪费；而容量选得偏大，电动机虽不会因过热而损坏，但电动机的容量不能得到充分利用，功率因数低，造成“大马拉小车”的现象，也将造成浪费，经济性不高。除此之外，正确选择类型、额定电压、额定转速、结构形式等对节省一次投资、节约运行费用等综合经济效益十分重要，与当前国家大力倡导的节能减排政策相符。

正确选择电动机的原则：在电动机满足生产机械负载要求的前提下，尽量选择容量小一些的电动机，使电动机在运行中既能够被充分利用，又使其温升不超过但接近国家标准规定的温升。

电动机在运行过程中必然会产生损耗并导致机体温度升高，运行中电动机最热部位是绕组，而耐热最差的部位是绕组的绝缘。当温度升高超过绝缘材料允许的限度时，则会使绝缘过早老化，缩短电动机的使用寿命。我国绝缘材料的最高允许温度见表 7-1，通常电动机容量是按周围环境温度为 40℃时设计的，所以各级绝缘材料的最高允许温升比其最高允许温度低 40℃。

表 7-1　电动机使用的各级绝缘材料的最高允许温度和温升

绝缘材料等级	A	E	B	F	H	C
最高允许温度/℃	105	120	130	155	180	180 以上
最高允许温升/℃	65	80	90	115	140	140 以上

实际运行的电动机温升取决于发热和散热情况，若不超过绝缘材料允许的最高温度，电动机可长期运行；反之，若超过最高允许温度，则会加速绝缘材料的老化，缩短电动机寿命，甚至造成绝缘材料的炭化，损坏电动机。可见，电动机的带载能力取决于绝缘材料的最高允许温度。

由于电动机的负载多数情况下是变化的，有时甚至是冲击性的，所以在决定电动机容量时，需校验过载能力，即应使所选的电动机承受短时最大负载转矩小于电动机的最大转矩。

电动机的过载能力可在产品样本中查到。由于异步电动机的电磁转矩与电压二次方成正比，选择时，还需考虑电网波动的影响，并留有一定的裕量；而对于直流电动机，其短时过载能力主要受换向器过电流程度的限制，应使所选电动机承受的最大负载电流小于电动机的最大电流。对于笼型异步电动机，由于起动转矩较小，同时又要考虑受电网波动的影响，还需进行起动能力校验。

总之，电动机容量主要由允许温升、过载能力以及起动能力三因素决定。

7.2 电动机的发热、冷却与工作制

7.2.1 电动机的发热与冷却

电动机运行过程产生的各种损耗均会生成热能使电动机温度高于工作环境温度。电动机从空载到负载或在运行中突加负载时，损耗会随负载增加而增加，电动机的温度也会随之升高，稳定后的温度比起始温度高，该过程称为电动机的发热过程。将电动机温度比环境温度高出部分的值称为温升，记作 τ。可证明电动机的温升过程曲线是按指数规律上升的，如图7-1 曲线1 所示，图中，T_θ 为发热时间常数，可理解为电动机发出的热量全部用作提高电动机的温度，使电动机温升从零上升到稳定温升所需要的时间。如果电动机从冷却状态开始运行，则起始温升 $\tau_0 \neq 0$，如图 7-1 曲线2 所示。

电动机的冷却是指负载减小或切断电源停止运行，电动机内部损耗减小或降为零，导致电动机温升降低的过程。同样可证明，电动机的冷却过程曲线是按指数规律下降的曲线，如图7-2 曲线1 所示，图中 T'_θ为冷却时间常数。如果停电后，电动机产生的热量为零，则冷却过程如图 7-2 曲线2 所示。

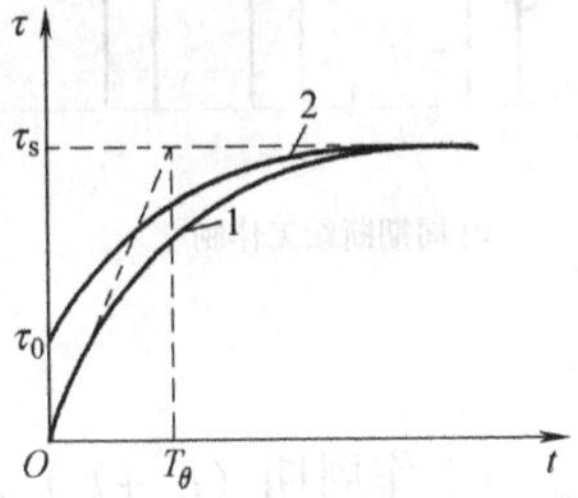

图 7-1　电动机的温升曲线

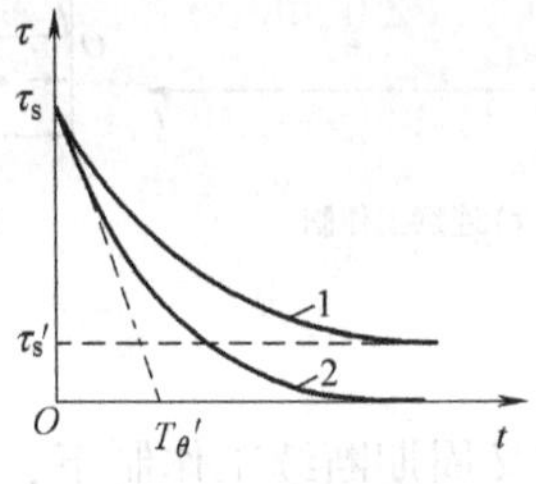

图 7-2　电动机的冷却曲线

7.2.2 电动机的工作制

实际运行的电动机所带负载是多种多样的，运行状态也不尽相同，而电动机的温升不仅取决于负载的大小，且与负载持续时间有关。电动机的工作制即电动机的工作方式是对电动机运行情况的具体说明，根据不同的运行情况，GB 755—2008《旋转电机　定额和性能》将电动机的工作制分为 S1 ~ S10 共 10 类[16]，下面介绍常用的 S1 ~ S3 三种，即连续工作制、短时工作制和周期断续工作制。

1. 连续工作制（S1）

连续工作制是指电动机在恒定负载或周期性变化负载下连续运行，工作时间内使电动机

的温升达到稳定温升。显然连续工作制的工作时间 $t_w > (3\sim4)T_\theta$，其典型负载图和温升曲线如图 7-3a 所示，实际生产中的水泵、风机、轧钢机主传动拖动电机等属连续工作制电动机。适用于连续工作制的电动机有 Y2、Y3 系列三相笼型异步电动机。

2. 短时工作制（S2）

短时工作制是指电动机工作时间短，在工作时间内，电动机的温升达不到稳定温升，而停歇时间长，一般停歇时间 $t_s > (3\sim4)T'_\theta$，在此时间内，电动机的温度可以降至周围介质温度，其负载图和温升曲线如图 7-3b 所示。我国规定短时工作制的标准时间有 10min、30min、60min、90min 四种。实际生产中的车床夹紧装置、水闸的闸门电动机等属于短时工作制电动机。

3. 周期断续工作制（S3）

周期断续工作制是指电动机的工作时间 t_w 和停歇时间 t_s 相互交替，在工作时间内电动机温升达不到稳定值，停歇时间内电动机温升也降不到零，其负载图和温升曲线如图 7-3c 所示。由图可见，工作时间和停歇时间均不长，$t_w < (3\sim4)T_\theta$，$t_s < (3\sim4)T'_\theta$，工作时间与停歇时间周期性地交替。按国家标准规定，每个周期 $T=(t_w+t_s)\leqslant 10\text{min}$。在刚开始工作的几个周期内，电动机温升提高较快，经若干周期后，电动机温升就在一稳定的小范围内波动。实际生产中的起重机械、电梯、轧钢机的辅助机械等电动机属于周期断续工作制电动机。

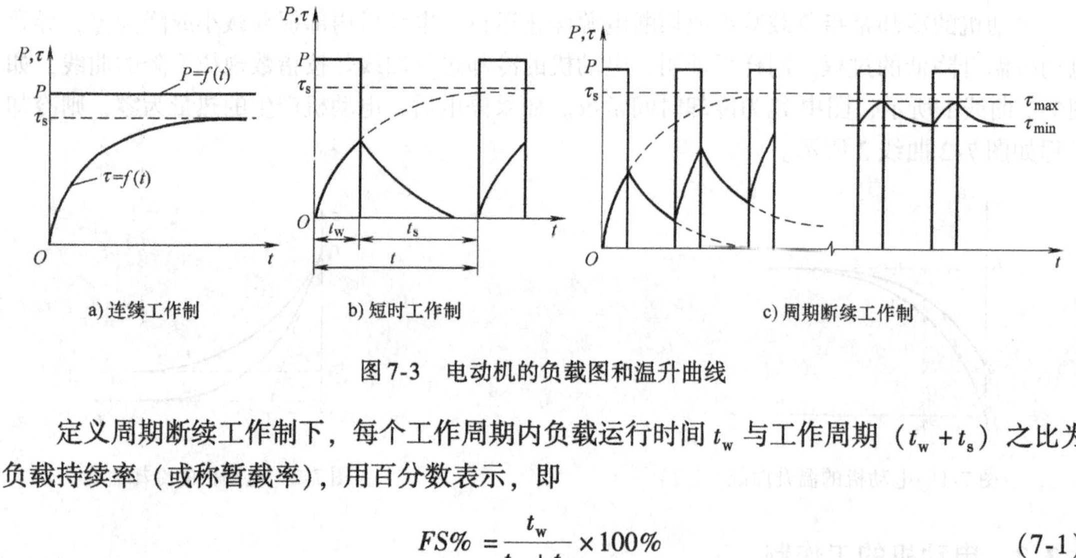

图 7-3 电动机的负载图和温升曲线

定义周期断续工作制下，每个工作周期内负载运行时间 t_w 与工作周期（t_w+t_s）之比为负载持续率（或称暂载率），用百分数表示，即

$$FS\% = \frac{t_w}{t_w+t_s}\times 100\% \tag{7-1}$$

我国规定的标准负载持续率有 15%、25%、40% 和 60% 四种。

7.3 电动机容量的选择

7.3.1 连续工作制电动机容量的选择

连续工作制电动机的负载分恒定负载和变化负载，其中恒定负载是指长时间不变或变化不大的负载，如空气压缩机、风机、泵类等；变化负载是指长期施加的但大小变化的负载，如输送量变化的连续运输机、恒速轧钢机等，这类负载的变化一般是具有周期性或在统计的规律下具有周期性。

1. 连续恒定负载的电动机容量选择

连续恒定工作制的电动机由于带额定负载工作时，其稳定温升在电动机绝缘允许的最高温升内，只要使电动机的额定容量略大于负载所需的容量，即可满足发热条件。根据负载转矩和转速，可计算所需的负载功率，使选择的电动机功率略大于负载功率，即

$$P_N \geqslant P_L = \frac{T_L n_N}{9550} \tag{7-2}$$

式中，T_L 为折算到电动机轴上的负载转矩（N·m）；n_N 为电动机的转速（r/min）。转速的确定应根据电动机和传动机构两方面的因素综合考虑，因为相同功率条件下，额定转速越高则电动机尺寸、重量和成本越小；但如果生产机械要求的转速一定，选用的电动机转速越高，传动机构的传动比越大、机构越复杂、价格也越高。通常电动机转速不低于500r/min。

如果负载恒定，但运行过程中需在基速以上调速时，选择额定功率应按最高转速计算，即

$$P_N \geqslant P_L = \frac{T_L n_{max}}{9550} \tag{7-3}$$

式中，n_{max} 为电动机的最高工作转速（r/min）。

对于选用笼型异步电动机、同步电动机传动或带载起动的情况，还需校验电动机的起动能力，电动机的最小起动转矩为

$$T_{smin} \geqslant \frac{T_{Lmax} k_s}{k_U^2} \tag{7-4}$$

式中，T_{Lmax} 为起动过程中负载的最大转矩（N·m）；k_s 为保证可靠起动的可靠系数，一般取1.15~1.25；k_U^2 为电压波动系数，一般取0.85。

对于有冲击性的生产机械，还应校验电动机的过载能力，即应满足

$$T_{Lmax} \leqslant \lambda_m T_N \tag{7-5}$$

式中，λ_m 为电动机的过载倍数。

2. 连续周期变化负载的电动机容量选择

工程上对于连续周期变化负载的电动机容量的选择一般可按平均损耗法或等效法进行发热校验，其中等效法又包括等效电流法、等效转矩法、等效功率法，下面分别进行介绍。

（1）平均损耗法

图7-4所示为连续周期变化负载图，其特点是变化周期比较短，发热时间常数比较大，当变化周期 $T < 10\text{min}$，而发热时间常数 $T_\theta \gg T$ 时，在稳态循环过程中温升曲线上下波动不大，可近似用平均损耗代替平均温升。该方法的基本思想是将对发热的校验转为对单个循环周期内电动机平均损耗的校验。具体方法：先计算出生产机械所需功率，并画出生产机械负载图；然后预选电动机额定功率并画出电动机的功率图；再进行发热、过载、起动能力的校验，

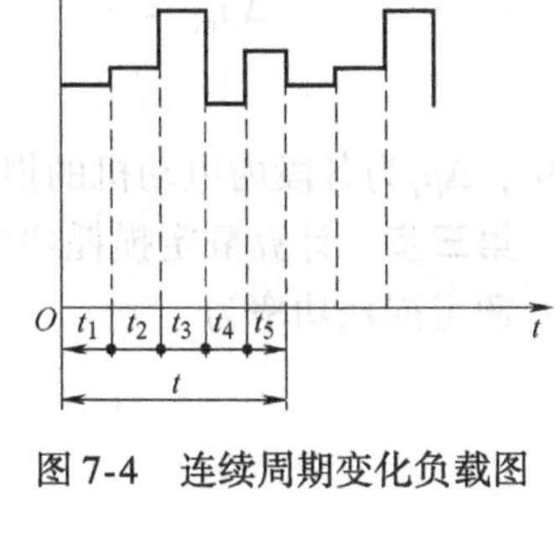

图7-4 连续周期变化负载图

直至校验通过，否则重复上述过程，直到通过为止。按平均损耗法选择电动机的具体步骤如下[17]：

第一步　预选电动机

预选电动机的额定功率，应根据生产机械折算到电动机轴上的功率负载图 $P_L=f(t)$ 或转矩负载图 $T_L=f(t)$，求平均负载功率 P_{av} 或平均负载转矩 T_{av}。设变化负载如图 7-4 所示，则平均负载功率计算公式为

$$P_{Lav}=\frac{P_1t_1+P_2t_2+P_3t_3+P_4t_4+P_5t_5}{t_1+t_2+t_3+t_4+t_5}=\frac{\sum_{i=1}^{n}P_{Li}t_i}{\sum_{i=1}^{n}t_i} \tag{7-6}$$

平均负载转矩计算公式为

$$T_{Lav}=\frac{\sum_{i=1}^{n}T_{Li}t_i}{\sum_{i=1}^{n}t_i} \tag{7-7}$$

式中，P_{Li}、T_{Li}分别为对应 t_i段的负载功率和负载转矩；$\sum_{i=1}^{n}t_i$ 为一个周期。

根据经验公式预选电动机额定功率为

$$P_N=(1.1\sim1.6)P_{Lav} \tag{7-8}$$

或

$$P_N=(1.1\sim1.6)\frac{T_{Lav}n_N}{9550} \tag{7-9}$$

式（7-8）和式（7-9）中给出的系数是一个范围，如果实际电动机的过渡过程在整个工作时间中占较大比重，则系数应取偏大些。

第二步　计算平均损耗

若不考虑过渡过程，则电动机的输出功率即为负载功率 P_L，设生产机械负载图如图 7-4 所示，图中各时间段内电动机的损耗为

$$\Delta p_i=\frac{P_i}{\eta_i}-P_i \tag{7-10}$$

式中，P_i为各段电动机的输出功率，亦是负载功率；η_i为各时间段内电动机的效率，所以平均损耗为

$$\Delta p_{av}=\frac{\Delta p_1t_1+\Delta p_2t_2+\Delta p_3t_3+\Delta p_4t_4+\Delta p_5t_5}{t_1+t_2+t_3+t_4+t_5}=\frac{\sum_{i=1}^{n}\Delta p_it_i}{\sum_{i=1}^{n}t_i} \tag{7-11}$$

式中，Δp_i为各段内电动机的损耗。

第三步　计算额定损耗功率

额定损耗功率为

$$\Delta p_N=\frac{P_N}{\eta_N}-P_N \tag{7-12}$$

式中，P_N 为电动机的额定功率。

设预选电动机的额定损耗为 Δp_N，则当满足 $\Delta p_{av} \leqslant \Delta p_N$ 时，说明预选的电动机额定功率能满足发热条件。否则，应重选一台电动机，并重新进行发热校验，直至满足发热条件为止。

平均损耗法直接反映了电动机的平均温升，所以该方法适用于各种电动机的选择，且准确度高，但因计算较复杂，在缺少电动机效率曲线时，无法使用该方法。

（2）等效法

1）等效电流法。等效电流法是用一恒值电流来代替变化负载下的变化电流，并使恒值电流产生的热效应与变化电流产生的热效应相等，该恒值电流称为等效电流，用 I_{eq} 表示。

电动机的总损耗应为不变损耗（铁损）与可变损耗（铜损）之和，因不变损耗是不随负载电流变化而变化的，而在第 i 段时间内电动机的铜损为 $I_i^2 r$，按热效应相等原则，等效电流的计算公式为

$$I_{eq} = \sqrt{\frac{\sum_{i=1}^{n} I_i^2 t_i}{\sum_{i=1}^{n} t_i}} \tag{7-13}$$

若满足 $I_{eq} \leqslant I_N$，则发热校验通过；否则，应重新选择电动机。

等效电流公式是在铁损和电阻 r 不变的条件下推导而得的，如果电动机在运行过程中铁损和电阻变化较大，如经常起、制动的电动机或双笼型和深槽异步电动机是不宜采用等效电流法的，否则将引起较大的误差。

2）等效转矩法。等效转矩法是用一恒值转矩来代替变化负载下的变化转矩，并使恒值转矩产生的热效应与变化转矩产生的热效应相等，该恒值转矩称为等效转矩，用 T_{eq} 表示。

设电动机的电流与转矩成正比，则等效转矩为

$$T_{eq} = \sqrt{\frac{\sum_{i=1}^{n} T_i^2 t_i}{\sum_{i=1}^{n} t_i}} \tag{7-14}$$

若满足 $T_{eq} \leqslant T_N$，则发热条件通过；否则，应重新选择电动机。

等效转矩法的应用条件：铁损和电阻为常数，并且 $T \propto I$，即主磁通 Φ 为常数，该方法只适用于恒励磁的他励直流电动机或负载接近额定运行且功率因数变化不大的异步电动机。

3）等效功率法。等效功率法是用一恒值功率来代替变化负载下的变化功率，并使恒值功率产生的热效应与变化功率产生的热效应相等，该恒值功率称为等效功率，用 P_{eq} 表示。

设电动机的转速为常数，功率与转矩成正比，即 $P \propto T$，则等效功率法计算公式为

$$P_{eq} = \sqrt{\frac{\sum_{i=1}^{n} P_i^2 t_i}{\sum_{i=1}^{n} t_i}} \tag{7-15}$$

若满足 $P_{eq} \leqslant P_N$，则发热条件通过；否则，应重新选择电动机。

等效功率法的应用条件：铁损、电阻和主磁通为常数，且转速也为常数。

(3) 考虑起动、制动、停歇过程对等效法的修正

1）他励直流电动机减弱磁通调速时对转矩的修正。等效转矩法要求主磁通为常数，但有时对于负载图上弱磁段的转矩经过修正后，仍可采用等效转矩法，其修正公式为

$$T_i' = \frac{\Phi_N}{\Phi} T_i \tag{7-16}$$

式中，T_i'为修正转矩；T_i为弱磁段的转矩；Φ_N 为额定磁通；Φ 为弱磁段的磁通。

2）转速变化时对功率的修正。等效功率法要求转速为常数，如果电动机运行过程中，个别段不满足 $P \propto T$，可对这些段的功率进行修正后，仍能应用等效功率法，其修正公式为

$$P_i' = \frac{n_N}{n} P_i \tag{7-17}$$

式中，P_i'为修正功率；P_i为与转速 n 对应的功率；n_N 为额定转速。当在第 i 段时 $n < n_N$，利用式（7-17）对功率进行修正，但是对直流电动机因弱磁升速使 $n > n_N$，则不需进行修正，因此时存在 $P \propto I$。

3）对于负载图存在非恒值段时的等效值的修正。若电流负载图是不规则的，如图 7-5 所示，图中 t_1、t_5 时间段中的电流 I_1、I_5 非恒值，应将非恒值折算为恒值，才能应用等效法。因 t_1 段的电流按直线规律变化，则有

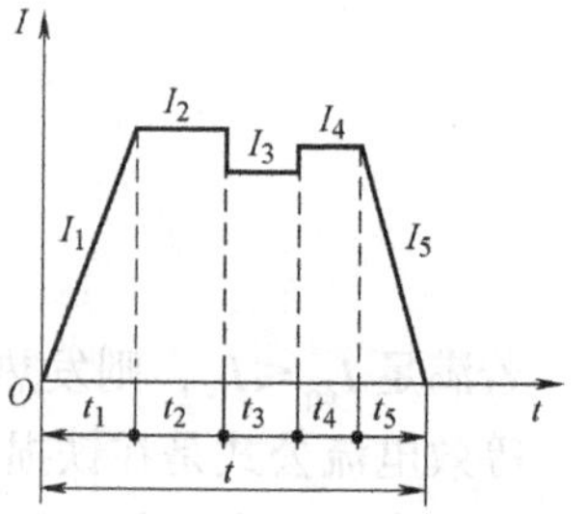

图 7-5 不规则电流负载图

$$I_1 = \frac{I_2}{t_1} t, (0 < t < t_1) \tag{7-18}$$

再按变化量的方均根值求出折算值，计算公式为

$$I_1' = \sqrt{\frac{\int_0^{t_1} I_1^2 \mathrm{d}t}{t_1}} = \sqrt{\frac{\int_0^{t_1} \frac{I_2^2}{t_1^2} t^2 \mathrm{d}t}{t_1}} = \frac{I_2}{\sqrt{3}} \tag{7-19}$$

同理 t_5 段中的折算值为

$$I_5' = \frac{I_4}{\sqrt{3}} \tag{7-20}$$

然后应用等效电流法，其等效电流为

$$I_{eq} = \sqrt{\frac{I_1'^2 t_1 + I_2^2 t_2 + I_3^2 t_3 + I_4^2 t_4 + I_5'^2 t_5}{t}} = \sqrt{\frac{\frac{I_2^2}{3} t_1 + I_2^2 t_2 + I_3^2 t_3 + I_4^2 t_4 + \frac{I_4^2}{3} t_5}{t}} \tag{7-21}$$

式中，$t = t_1 + t_2 + t_3 + t_4 + t_5$。

若具有非恒值段的负载图为功率或转矩，折算的方法与上述相同。

4）散热条件恶化时对等效值的修正。自冷式电动机轴上带有电风扇，运行时能自行冷却，但在起、制动及短时停车时，电动机散热条件恶化，在发热校验时应考虑这些因素。为此分别引入起、制动散热恶化系数 α 和短时停车散热恶化系数 β，α 和 β 均为小于 1 的系数。现假设一个周期 T 内，t_1 为起动时间，t_2 为恒值稳定运行时间，t_3 为制动时间，t_4 为短时停车时间，则修正公式为

$$T_{eq}=\sqrt{\frac{T_1^2t_1+T_2^2t_2+T_3^2t_3}{\alpha t_1+t_2+\alpha t_3+\beta t_4}} \tag{7-22}$$

一般工程中，直流电动机取 $\alpha=0.75$，$\beta=0.5$；异步电动机取 $\alpha=0.5$，$\beta=0.25$。

5）非标准环境温度时的修正。电动机是按国家标准环境温度40℃设计的，电动机工作时的环境温度直接影响电动机的实际输出。绝缘材料的允许温升是指绝缘材料的允许温度与周围环境温度之差，而电动机额定容量所对应的最高允许温升是按绝缘材料允许最高温度减去40℃设计的。如果电动机运行的实际环境温度不是标准环境温度，则允许温升就不同，电动机所带负载的能力也就不同，为此应加以修正。修正的方法是将额定电流 I_N、额定转矩 T_N、额定功率 P_N 均乘以修正系数 X，其计算公式为

$$X=\sqrt{\frac{\theta_m-\theta_0}{\theta_m-40}(1+k)-k} \tag{7-23}$$

式中，θ_m 为电动机允许温度；θ_0 为实际环境温度；k 为额定情况下，不变损耗与可变损耗的比例系数，一般电动机取 $k=0.6$。

值得一提的是，电动机制造厂在规定绝缘材料的最高允许温度时，已将自然气候变化因素考虑在内，故当环境温度因季节变化而低于40℃时，不应进行修正。

7.3.2 短时工作制电动机容量的选择

由前面分析可知，短时工作制的特点为：工作时间短，停歇时间长，在工作时间内电动机的温升达不到稳态值，而在停歇时间内电动机的温升可降至周围环境温度。短时工作制下电动机的选择，应优先选择专用的短时工作制电动机，在无专用短时工作制电动机的情况下，亦可选用连续工作制电动机或周期断续工作制的电动机。

1. 选用短时工作制电动机

国产的短时工作制电动机的标准工作时间有：10min、30min、60min、90min 四种。如果实际工作时间与标准工作时间一致或与之接近，可按对应的工作时间和功率直接选择，满足 $P_L\leqslant P_N$ 即可。若负载功率是变化的，可按计算出的等效功率选择电动机，满足 $P_{eq}\leqslant P_N$。预选电动机后，还应校验电动机的过载能力，对笼型异步电动机还应校验起动能力。

如果实际工作时间与标准工作时间不一致，则要进行功率折算。把实际工作时间 t_r 对应的负载功率 P_r 折算成标准工作时间 t_s 对应的等效功率 P_s，折算的原则是实际时间内的损耗与标准工作时间内的损耗相等，则有

$$I_r^2t_r=I_s^2t_s \tag{7-24}$$

则电流折算公式为

$$I_s=I_r\sqrt{\frac{t_r}{t_s}} \tag{7-25}$$

同理可得转矩和功率分别为

$$T_s=T_r\sqrt{\frac{t_r}{t_s}} \tag{7-26}$$

$$P_s=P_r\sqrt{\frac{t_r}{t_s}} \tag{7-27}$$

应用上述折算公式折算时，应选取与实际时间 t_r 最接近的标准时间 t_s 值，经折算后求出的折算值应能满足 $P_s \leqslant P_N$。

2. 选用连续工作制电动机

选用连续工作制电动机用于短时工作制时，从发热角度看，电动机的容量是留有一定裕量的，为了能充分利用电动机，应使实际短时工作时间 t_r 内电动机的温升 τ_r 正好达到电动机带额定负载连续工作时的稳定温升 τ_{max}，而电动机短时工作时所带的负载功率折算到连续工作制下的负载功率的公式为

$$P'_L = P_L\sqrt{\frac{1-e^{-\frac{t_r}{T_\theta}}}{1+\alpha e^{-\frac{t_r}{T_\theta}}}} \tag{7-28}$$

式中，P_L 为电动机短时工作时所带负载的功率；P'_L为电动机折算到连续工作制下的负载功率；T_θ 为电动机发热时间常数；α 为电动机在额定负载下不变损耗与可变损耗的比值。

如果令

$$\lambda = \frac{P_L}{P'_L} = \sqrt{\frac{1+e^{-\frac{t_r}{T}}}{1-e^{-\frac{t_r}{T}}}} \tag{7-29}$$

式中，λ 为按发热观点得出的功率过载倍数。

选用连续工作制电动机的额定功率公式为

$$P'_L \geqslant \frac{P_L}{\lambda} \tag{7-30}$$

根据式（7-30）选择，电动机既能满足发热条件，又能得到充分利用。但如果按发热观点得出的功率过载倍数 λ 大于电动机的过载倍数 λ_m，电动机过载能力就无法通过，为此应按下式选择连续工作制电动机，即

$$P'_L \geqslant \frac{P_L}{\lambda_m} \tag{7-31}$$

式中，λ_m 为电动机的过载倍数。对于异步电动机，还需考虑电网电压波动的因素，则应按下式选择连续工作制电动机，即

$$P'_L \geqslant \frac{P_L}{0.9^2\lambda_m} = \frac{P_L}{0.81\lambda_m} \tag{7-32}$$

由于电动机的过载能力满足要求时，发热条件也能满足要求，因此不需再进行发热检验，对笼型异步电动机还需校验起动能力。

3. 选用周期断续工作制电动机

在没有合适的短时工作制电动机可选择的情况下，也可选用周期断续工作制电动机，两种工作制之间的对应关系见表 7-2。

表 7-2　短时工作制 t_s 与周期断续工作制 $FS\%$ 之间的对应关系

t_s/min	30	60	90
$FS\%$	15%	25%	40%

7.3.3　周期断续工作制电动机容量的选择

与短时工作制电动机类似，周期断续工作制电动机的额定功率与其铭牌标注的标准负载

持续率 $FS\%$ 值相对应，一般周期断续工作制负载持续率在 $10\% \leqslant FS\% \leqslant 70\%$ 之间，若周期断续工作制电动机的 $FS\% < 10\%$，应按短时工作制选择电动机；若 $FS\% > 70\%$，应按连续工作制选择电动机。

1. 选用周期断续工作制电动机

(1) 实际负载持续率与标准的相同

周期断续工作制电动机的特点：电动机起、制动频繁，机械强度高等，针对这些特点专门设计的周期断续工作制电动机，其标准负载持续率有15%、25%、40%和60%四种。

若负载恒定，实际负载持续率又与标准的相同或接近，则可根据负载功率 P_L 的大小选择电动机的额定功率 P_N。

若在工作时间内负载变化，可按前面介绍的平均损耗等方法来校验电动机的发热和过载能力。

(2) 实际负载持续率与标准的不相同

将实际的负载持续率 $FS_r\%$ 下的实际功率 P_r 换算成标准负载持续率 $FS\%$ 下的功率 P，即有

$$P = P_r\sqrt{\frac{FS_r\%}{FS\%}} \tag{7-33}$$

式中，P_r 和 $FS_r\%$ 为实际功率和实际负载持续率，P 和 $FS\%$ 为折算成标准负载持续率下的功率和标准负载持续率。然后按 P 选择对应标准持续率下的额定功率，使其满足

$$P_N \geqslant P \tag{7-34}$$

2. 选用连续工作制电动机

周期断续工作制生产机械选用连续工作制电动机时，可认为连续工作制电动机的负载持续率为 $FS\% = 100\%$，再按式（7-34）进行选择。

3. 选用短时工作制电动机

若无现成的周期断续工作制电动机，亦可选用短时工作制电动机，两者之间的换算见表7-2。

7.4 实例（应用）

【实例7-1】 已知某台电动机额定功率为 P_N，额定电压为 U_N，额定电流为 I_N，额定转速为 n_N，其绝缘材料的允许温升为 $\tau_m = 70°$，不变损耗为全部损耗的38%，可变损耗为全部损耗的62%。试求电动机在下列情况下的修正：(1) 介质温度为25℃；(2) 介质温度为45℃。

解 不变损耗与可变损耗的比例系数：$k = 38\%/62\% = 0.613$

电动机的允许温度：$\theta_m = 70℃ + 40℃ = 110℃$

(1) 介质温度为25℃时

$$P = P_N\sqrt{\frac{\theta_m - \theta_0}{\theta_m - 40}(1+k) - k} = P_N\sqrt{\frac{110-25}{110-40}(1+0.613) - 0.613} = 1.16P_N$$

由于额定电压不变，则电流修正：$I = 1.16I_N$。

(2) 介质温度为45℃时

$$P=P_N\sqrt{\frac{\theta_m-\theta_0}{\theta_m-40}(1+k)-k}=P_N\sqrt{\frac{110-45}{110-40}(1+0.613)-0.613}=0.941P_N$$

由于额定电压不变，则电流修正：$I=0.941I_N$。

【点评】 电动机是按国家标准环境温度 40℃设计的，其工作时的环境温度直接影响电动机的实际输出，实际工作温度与标准环境温度不符时，应加以修正。

【实例 7-2】 已知有一短时生产机械负载功率为 $P_L=18\text{kW}$，拟采用短时工作制电动机拖动，现有两台电动机可供选择，试确定选用哪台电动机。两台电动机数据如下：

电动机Ⅰ数据：$P_{N1}=10\text{kW}$，$n_{N1}=1460\text{r/min}$，过载倍数 $\lambda_{m1}=2.5$，起动转矩倍数 $k_{Tst1}=2$；

电动机Ⅱ数据：$P_{N2}=14\text{kW}$，$n_{N2}=1460\text{r/min}$，过载倍数 $\lambda_{m2}=2.8$，起动转矩倍数 $k_{Tst2}=2$。

解 由于 $T\propto U_1{}^2$，考虑电网电压可能降低 10%，过载倍数和起动转矩倍数均与 U_1^2 成正比，则降低为原值的 0.81。

（1）对于电动机Ⅰ

$$\lambda'_{m1}=0.81\lambda_{m1}=2.025,k'_{Tst1}=0.81k_{Tst1}=1.62$$

过载能力校验：$\lambda'_{m1}P_{N1}=2.025\times10\text{kW}=20.25\text{kW}>P_L=18\text{kW}$，过载校验通过；

起动能力校验：$P_{st1}=k'_{Tst1}P_{N1}=1.62\times10\text{kW}=16.2\text{kW}<P_L=18\text{kW}$，起动校验未通过；故不能选用电动机Ⅰ。

（2）对于电动机Ⅱ

$$\lambda'_{m2}=0.81\lambda_{m2}=2.268,k'_{Tst2}=0.81k_{Tst2}=1.62$$

过载能力校验：$\lambda'_{m2}P_{N2}=2.268\times14\text{kW}=31.752\text{kW}>P_L=18\text{kW}$，过载校验通过；

起动能力校验：$P_{st2}=k'_{Tst2}P_{N2}=1.62\times14\text{kW}=22.68\text{kW}>P_L=18\text{kW}$，起动校验通过；故可以选用电动机Ⅱ。

【点评】 异步电动机机械特性参数表达式表明转矩与电源电压二次方成正比，即 $T\propto U_1^2$，因此在选择电动机时，不仅要校验发热、过载能力、起动能力，同时还应考虑电网电压波动因素，通常按电网电压降低 10% 考虑。

本章小结

电动机选择的主要内容包括：电动机种类、型式、额定电压、额定转速、额定功率（容量）等的确定，其中电动机额定功率（容量）的选择最重要，本章重点介绍了电动机额定功率（容量）的选择。

选择电动机的原则：在电动机满足生产机械负载要求的前提下，尽量选择容量小一些的电动机，使电动机在运行中既能被充分利用，又使其温升不超过但接近国家标准规定的温升。

根据电动机所带实际负载的不同，电动机分为连续工作制（S1）、短时工作制（S2）和周期断续工作制（S3）三种工作方式。实际生产机械负载主要有恒定负载和变化负载两种。选择电动机时应根据负载功率、环境温度等因素选择电动机的额定功率，并进行发热校验、过载校验，有的还需进行起动能力校验。发热校验方法有平均损耗法、等效电流法、等效转矩法和等效功率法，各种方法有一定的适用条件，采用时必须加以注意。

思考题与习题

7-1　电动机的选择主要应包括哪些内容？

7-2　电动机运行时热量的来源是什么？电动机的温升受到哪些方面的影响？

7-3　为什么选择电动机容量时需着重考虑电动机的发热？

7-4　电动机运行时温升按什么规律变化？发热时间常数的物理意义是什么？

7-5　两台同型号电动机，在下列条件下拖动负载运行时的起始温升、稳定温升、发热时间常数是否相同？

1）相同负载，电动机Ⅰ运行环境温度为一般室温，电动机Ⅱ运行环境为高温环境；

2）相同负载，相同环境，电动机Ⅰ原来未运行，电动机Ⅱ则是刚停下来后又接着运行；

3）相同环境，电动机Ⅰ半载，电动机Ⅱ满载；

4）相同环境，相同负载，电动机Ⅰ自然冷却，电动机Ⅱ采用风吹冷；

7-6　国标 GB 755—2008《旋转电机　定额和性能》将电动机的工作制分为几种？其中 S1 ~ S3 的三种工作制如何划分？负载持续率 *FS%* 如何定义？

7-7　如何选择电动机额定容量？电动机容量选择的原则是什么？

7-8　试说明等效电流、等效转矩、等效功率法和平均损耗法的异同点以及各方法的适用场合。

7-9　一台连续工作制电动机的额定功率为 P_N，如果在短时工作方式下运行，其额定功率该怎样变化？

7-10　同一台电动机分别工作在连续工作制、短时工作制、周期断续工作制下时，试分析电动机的发热情况。

7-11　一台电动机绝缘材料等级为 B 级，额定功率为 P_N，若把绝缘材料改为 E 级，该电动机额定功率将如何变化？

7-12　已知电动机Ⅰ的 $FS_1\% = 15\%$ 时，$P_{N1} = 33\text{kW}$；电动机Ⅱ的 $FS_2\% = 60\%$ 时，$P_{N2} = 26\text{kW}$，试比较两台周期断续工作制电动机的容量大小。

7-13　已知某台电动机额定功率为 P_N，额定电压为 U_N，额定电流为 I_N，额定转速为 n_N，其绝缘材料的允许温升为 $\tau_m = 90°$，不变损耗为全部损耗的 40%，可变损耗为全部损耗的 60%，试求电动机在下列情况下的修正：（1）介质温度为 27℃；（2）介质温度为 40℃。

7-14　一台三相异步电动机拖动通风机负载运行，若工作点在机械特性的非运行段上，并且有 $T = T_N$，试分析：（1）电动机能否稳定运行？（2）电动机长期运行会出现什么结果？

7-15　生产机械需要一台电动机来拖动工作时间 $t_w = 5\text{min}$ 的短时工作制负载，其功率为 $P_L = 18\text{kW}$，空载起动，现有两台电动机可供选择，试确定选用哪台电动机。两台电动机数据如下：

电动机Ⅰ数据：$P_{N1} = 10\text{kW}$，$n_{N1} = 1460\text{r/min}$，过载倍数 $\lambda_{m1} = 2.1$，起动转矩倍数 $k_{Tst1} = 2$；

电动机Ⅱ数据：$P_{N2} = 14\text{kW}$，$n_{N2} = 1460\text{r/min}$，过载倍数 $\lambda_{m2} = 1.8$，起动转矩倍数 $k_{Tst2} = 1.2$。

附　　录

附录 A　部分变压器磁心型号

表 A-1　部分变压器磁心型号表

输出功率＼工作频率	66kHz		132kHz	
	三层绝缘线	使用安全边距结构	三层绝缘线	使用安全边距结构
0～10W	EF12.6 EE13 EF16 EE16 EE19 EI22 EI22/19/6	EI22 EE19 EI22/19/6 EEL16 EF20 EI25 EEL19	EF12.6 EE13 EF16 EE16	EI22 EE19 EI22/19/6 EEL16
10～20W	EF20	EI28 EEL22 EF25	EE19 EI22 EI22/19/6 EF20	EF20 EI25 EEL19
20～30W	EF25	EI30 EPC30 EEL25		EI28
30～50W	EI28 EI30 E30/15/7 EER28	E30/15/7 EER28 ETD29 EI35 EI33/29/ 13－Z EER28L	EF25	EEL22 EF25 EI30 EPC30
50～70W	ETD29 EI35 EF32	EF32 ETD34	EI28	EEL25 E30/15/7 EER28
70～100W	ETD34 E36/18/11 EI40	EI40 E36/18/11 EER35	EI30 E30/15/7 EER28 ETD29	ETD29 EI35 EI33/29/ 13－Z EER28L EF32
100～150W	ETD39 EER40	ETD39 EER40 E42/21/15	EI35 EF32 ETD34	ETD34 EI40 E36/18/11 EER35

附录 B 交流绕组连接规律举例

1. 三相单层叠绕组

以一台三相二极异步电动机为例，其相数 $m_1=3$，极对数 $p=1$，定子槽数 $Z_1=24$，画绕组一相展开图。

画绕组一相展开图的步骤如下：

第一步 计算极距 τ

极距是指每一磁极所占定子内圆周的距离，即有

$$\tau=\frac{Z_1}{2p} \tag{B-1}$$

则 $\tau=\frac{24}{2\times1}=12$。

第二步 计算节距 y

组成绕组的基本单元是线圈，它可以是单匝或多匝，线圈在定子槽内的直线部分称有效边。节距是指线圈两有效边之间的距离。单层绕组是整距绕组，即有 $y=\tau=12$。

第三步 计算每极每相槽数 q

每极每相槽数是指一个磁极下一相绕组所占有的槽数，即有

$$q=\frac{Z_1}{2pm_1} \tag{B-2}$$

则 $q=\frac{24}{2\times1\times3}=4$。

第四步 划分相带

相带是指一相绕组在一个磁极下连续所占定子内表面圆周的范围。电动机圆周空间角度为360°或2π弧度，称这种角度为机械角。对于一对磁极由 N→S→N 变化一周相当于360°电角度或2π电弧度。当电机有 p 对磁极时，电角度 $=p\times$机械角。

每一磁极占180°电角度，三相绕组的每相绕组在一个极下只占1/3，即60°相带。根据题意，相带的排列见表 B-1。

表 B-1 相带划分 I

相带	A	Z	B	X	C	Y
槽号数	23、24、1、2	3、4、5、6	7、8、9、10	11、12、13、14	15、16、17、18	19、20、21、22

第五步 画展开图

用24根长短相等、间距相同的直线表示24个槽，根据极距 $\tau=2$ 划分极距，标好相带。按图 B-1 所示规律连接，就构成了一相绕组。其他两相绕组与 A 相绕组连接规律相同。由图 B-1 可见，这样的叠绕组缺点是端接部分太长，浪费材料，一般不采用。为了节省材料，当 $q=2$ 时，采用链式绕组；当 $q=3$ 时，采用交叉式绕组；当 $q=4$ 时，采用同心式绕组。

2. 三相双层叠绕组

双层绕组是在每个槽中安放两个不同线圈的有效边，每个线圈的一个有效边放在某槽的

上层，另一有效边放在相距 $y_1 \approx \tau$ 的另一槽的下层。双层绕组一般采用短距，即有 $y_1 < \tau$，采用短距的目的是为了改善电动机的电磁性能。现以一台三相四极异步电动机为例，其相数 $m_1 = 3$，极对数 $p = 2$，定子槽数 $Z_1 = 24$，节距 $y_1 = 5/6\tau$，画绕组一相展开图。

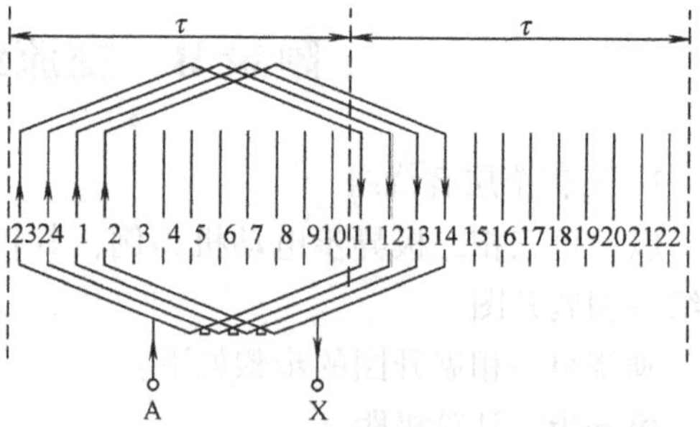

图 B-1 三相单层叠绕组 A 相绕组展开图

画绕组一相展开图的步骤如下：

第一步 计算极距 τ

$$\tau = \frac{24}{4} = 6$$

第二步 计算节距 y_1

$$y_1 = \frac{5}{6}\tau = \frac{5}{6} \times 6 = 5$$

第三步 计算每极每相槽数 q

$$q = \frac{Z_1}{2pm_1} = \frac{24}{2 \times 2 \times 3} = 2$$

第四步 计算槽距角 α

槽距角是指相邻两槽之间所占有的电角度，即有

$$\alpha = \frac{p \times 360°}{Z_1} \tag{B-3}$$

则 $\alpha = \frac{2 \times 360°}{24} = 30°$。

第五步 划分相带

表 B-2 所示为相带划分。

表 B-2 相带划分 Ⅱ

相带	A	Z	B	X	C	Y
N_1、S_1	1、2	3、4	5、6	7、8	9、10	11、12
N_2、S_2	13、14	15、16	17、18	19、20	21、22	23、24

上表中只列出了每个线圈安放在槽上层的一个有效边所对应的槽号数，另一个有效边安放在哪个槽的下层，应由节距 y_1 决定。

第六步 画展开图

双层绕组每相共有 $2p$ 个线圈组，每个线圈组是完全对称的，线圈组之间可并联也可串联，若全部并联，则每相最大并联支路数 $a = 2p = 4$；若全部串联，则每相最小串联支路数 $a = 2$。一般线圈的上层边用实线表示，下层边用虚线表示，如图 B-2 所示。

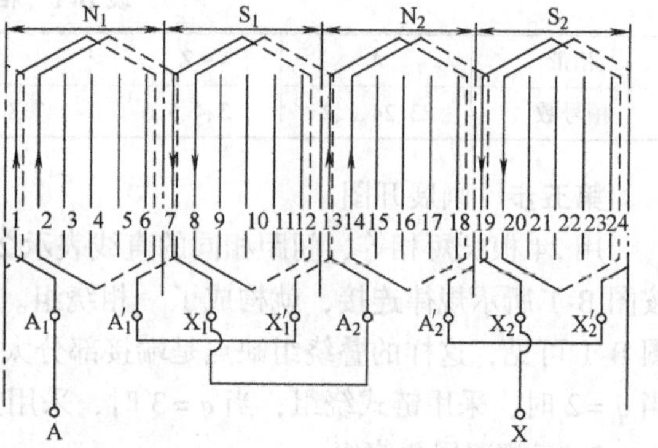

图 B-2 三相双层叠绕组 A 相绕组展开图（$a = 1$）

附录C 交流绕组的分布系数和短距系数

1. 分布系数

一分布线圈由 q 个相同的线圈串联而成，分布于相邻的 q 个槽中，各槽相距空间电角度为槽距角 α。现以 $q=3$ 为例，推导分布系数。

设在定子内圆表面槽中均匀嵌放三个匝数为 N_y 的整距线圈 1-1′、2-2′、3-3′，三线圈头尾连接，相互串联形成线圈组，为整距分布线圈。相邻线圈的槽距角为 α，每极每相槽数 $q=3$，如图 C-1b 所示。

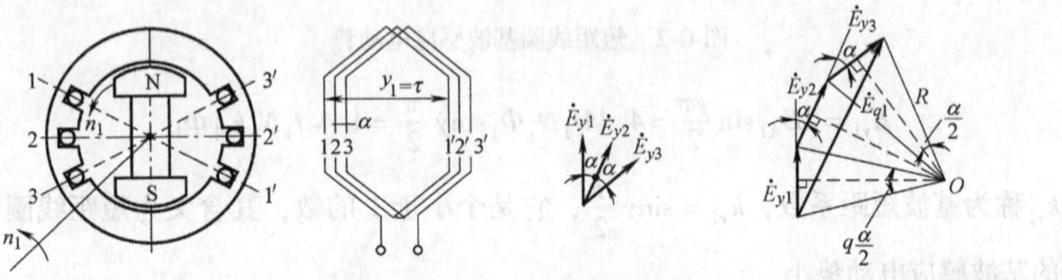

a) 轴剖面示意图　b) 整距分布线圈　c) 感应电动势相量图　d) 电动势构成的圆内接正多边形

图 C-1 整距分布线圈的基波感应电动势

由于三线圈相差 α 空间电角度，所以产生的感应电动势也要相差 α 时间电角度，如图 C-1c 所示，整距分布线圈的基波感应电动势为

$$\dot{E}_{q1}=\dot{E}_{y1}+\dot{E}_{y2}+\dot{E}_{y3} \tag{C-1}$$

利用几何关系，作 q 个感应电动势相量的外接圆，如图 C-1d 所示，其中 0 为外接圆的圆心，R 为外接圆的半径，则根据图示的几何关系得

$$E_{y1}=2R\sin\frac{\alpha}{2} \tag{C-2}$$

$$E_{q1}=2R\sin q\frac{\alpha}{2} \tag{C-3}$$

若将 q 个整距线圈集中放在一个槽中，每个线圈的基波感应电动势大小相等，相位相同，总的电动势为 qE_{y1}。而现在是将 q 个整距线圈分布放置在 q 个槽中，则其总的基波电动势有效值为 E_{q1}，将 E_{q1} 除以 qE_{y1} 得

$$\frac{E_{q1}}{qE_{y1}}=\frac{2R\sin q\dfrac{\alpha}{2}}{q\times 2R\sin\dfrac{\alpha}{2}}=\frac{\sin q\dfrac{\alpha}{2}}{q\sin\dfrac{\alpha}{2}}=k_{q1} \tag{C-4}$$

式中，k_{q1} 称为绕组的基波分布系数，$k_{q1}=\dfrac{\sin q\dfrac{\alpha}{2}}{q\sin\dfrac{\alpha}{2}}$，是个小于 1 的数，其含义为分布放置的线圈要比将各线圈集中放置在一个槽中的基波感应电动势小。

2. 短距系数

如果线圈的节距 $y_1 < \tau$，则为短距线圈，如图 C-2 所示。令短距线圈的节距 $y_1 = y\pi$，其中 $0 < y < 1$，由图 C-2c 可见，短距线圈的基波感应电动势有效值为

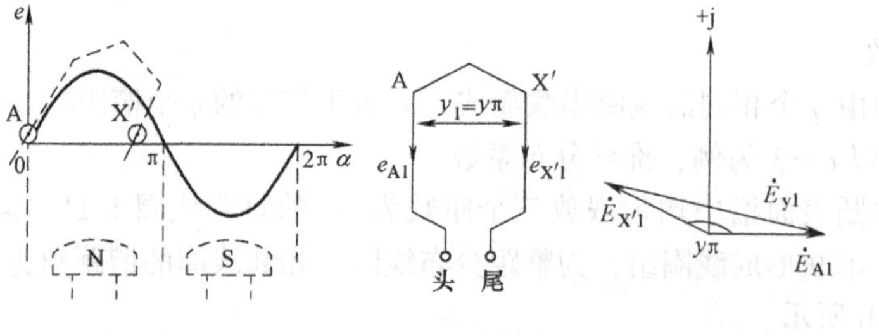

a) 波形　　b) 短距线圈　　c) 相量图

图 C-2　短距线圈基波感应电动势

$$E_{y1} = 2E_{A1}\sin\frac{y\pi}{2} = 4.44f_1N_y\Phi_1\sin y\frac{\pi}{2} = 4.44f_1N_yk_{y1}\Phi_1 \tag{C-5}$$

式中，k_{y1} 称为基波短距系数，$k_{y1} = \sin y\frac{\pi}{2}$，它是个小于 1 的数，其含义为短距线圈要比整距线圈的基波感应电动势小。

附录 D　直流电机的电枢绕组

1. 电枢绕组的基本术语

直流电机中，各元件在电枢表面的几何关系一般用元件的节距表示，如图 D-1 所示，下面分别进行介绍。

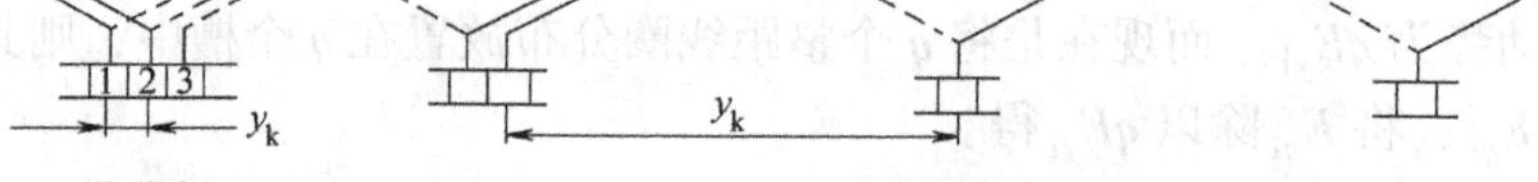

a) 单叠绕组　　b) 单波绕组

图 D-1　电枢绕组节距

(1) 第一节距 y_1

第一节距指同一元件的两个有效边在电枢表面跨过的距离，用槽数表示，如图 D-1 所示。其表达式为 $y_1 = \frac{Q_u}{2p} \mp \varepsilon =$ 整数，式中 ε 为把 y_1 凑整的小于 1 的分数。当 $\varepsilon = 0$ 时，$y_1 = \tau$ 称为整距元件；当 $\varepsilon > 0$ 时称为长距元件；当 $\varepsilon < 0$ 时称为短距元件，实际电机中采用短距元件，可节省铜。

（2）第二节距 y_2

第二节距指两个相串联的元件中第一个元件的下层边与第二个元件的上层边所跨的距离，用槽数表示。

（3）合成节距 y

合成节距指直接串联的两个元件的对应边所跨的距离。

（4）换向器节距 y_k

换向器节距指同一元件的两个出线端所接的两换向片之间所跨的距离，用换向片数表示。

2. 单叠绕组

单叠绕组是以相邻元件依次串联的连接规律连成的，每个元件的两个出线端分别接到相邻的两个换向片上，最后形成一闭合回路。为简单起见，现以总元件数为6的电机为例，说明单叠绕组的连接。

设 S(元件数) $=K$(换向片数) $=Q$(槽数) $=6$，$u=1$，$2p=2$，则合成节距 $y=1$，极距 τ，第一节距 y_1，换向器节距 $y_k=1$（右行绕组），第二节距 $y_2=y_1-y=3-1=2$，上述数据所表示的实际电机绕组安放示意图如图 D-2 所示。

为了帮助了解电枢绕组在电路上的连接情况，可用绕组展开图表示。绕组展开图是把立体的电枢绕组变成平面图。单叠绕组展开图如图 D-3 所示。在画展开图时，第一个元件的上元件边放在第1槽的上层，由于 $y_1=3$，故其下元件边则安放在第4槽的下层。为使元件的端接部分对称，应将元件1的始末端所连接的两个换向片的分界线与元件1的中心线重合。将元件1的上元件边所接的换向片编号为1，则元件1的下元件边应接到2号换向片上，这就完成了1号元件的连接；2号元件的上元件边应放在第2槽的上层，并与2号换向片连接，依次类推，将所有元件按上述规律连接，绕电枢一周，重新回到起点，形成一个闭合回路。磁极应均匀分布在电枢绕组上，每个磁极宽约为 0.7τ。电刷的安放原则是使刷间获得最大电动势的输出。对端部对称的元件，则应放在磁极轴线下的换向片上，即放在被电刷短接的元件所连接的换向片下。有时为了清楚起见，可将绕组展开图等效成并联支路图（或称等效电路），单叠绕组等效电路如图 D-4 所示。

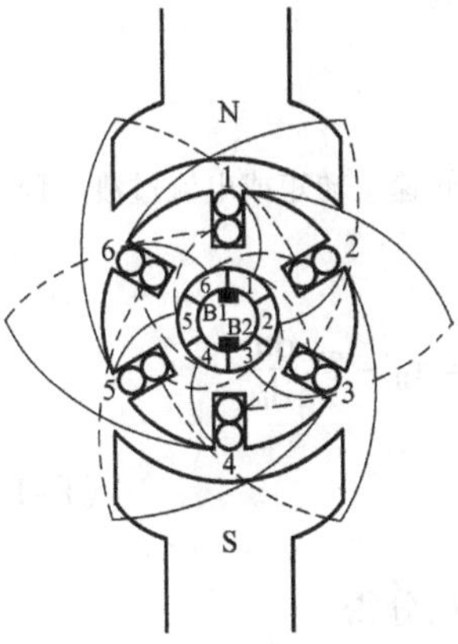

图 D-2　绕组安放示意图

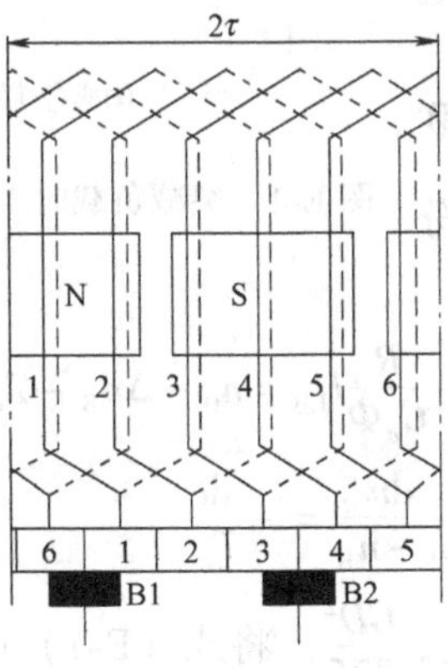

图 D-3　单叠绕组展开图

（$2p=2$，$S=Q=6$）

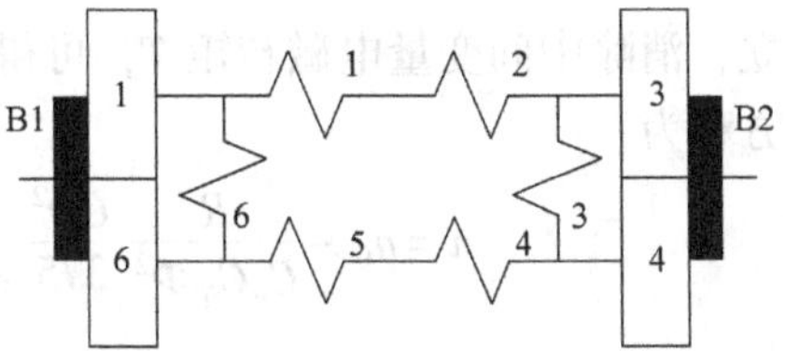

图 D-4　单叠绕组等效电路

直流电机电枢绕组展开图能反映绕组的连接规律和说明电机内部的电磁过程，但绘制过程繁琐，若只需分析电机内部的电磁过程，可采用第 4 章中图 4-13 所示的直流电机模型。

附录 E 他励直流电动机过渡过程

由 $T-T_{\mathrm{L}}=\frac{GD^2}{375}\frac{\mathrm{d}n}{\mathrm{d}t}$可知，当惯性转矩为零时，电力拖动系统处于稳定运行状态（静态），研究稳态时用静态特性即机械特性；当惯性转矩不为零时，电力拖动系统处于由某个稳定运行状态变化到另一稳定运行状态的过渡过程（动态），实际生产中如系统的起动、制动、反转、调速都有过渡过程，研究动态时用动态特性，如 $n=f(t)$、$T=f(t)$ 和 $I_{\mathrm{a}}=f(t)$。产生过渡过程的外因：负载变化或电气参数（U、R、Φ）变化；而产生过渡过程的内因：系统飞轮矩 GD^2 的存在，会产生机械惯性，使转速不能突变；电枢回路的电感和励磁回路的电感的存在，会产生电磁惯性，使电流（或转矩）不能突变。只考虑飞轮矩影响的过渡过程称机械过渡过程，只考虑电感影响的过渡过程称电磁过渡过程，同时考虑飞轮矩和电感影响的过渡过程称电气-机械过渡过程。一般情况下，电磁惯性远远小于机械惯性，且在机械过渡过程刚开始时就已结束。所以，为了简化分析，以下只讨论机械过渡过程。

1. 过渡过程数学分析

(1) 过渡过程中转速变化规律

设电动机原稳定工作在图 E-1a 所示的 A 点上，现负载突然由 T_{LA} 减小到 T_{LB}，电动机工作点从 A 点过渡到 B 点，下面讨论过渡过程中转速的变化规律。将机械特性方程 $n=\frac{U}{C_e\Phi}-\frac{R}{C_eC_T\Phi^2}T$ 和电力拖动系统运动方程 $T-T_{\mathrm{LB}}=\frac{GD^2}{375}\frac{\mathrm{d}n}{\mathrm{d}t}$联立，消除中间变量电磁转矩 T，可得微分方程为

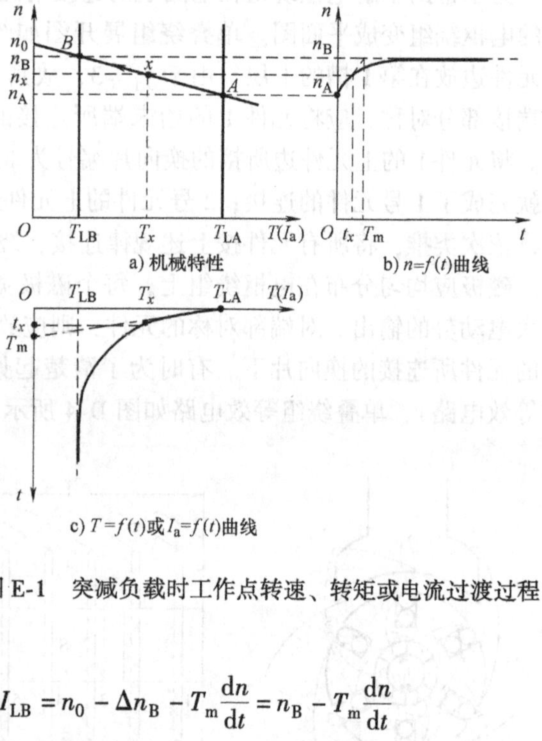

图 E-1 突减负载时工作点转速、转矩或电流过渡过程

$$n=n_0-\frac{R}{C_eC_T\Phi^2}\frac{GD^2}{375}\frac{\mathrm{d}n}{\mathrm{d}t}-\frac{R}{C_e\Phi}I_{\mathrm{LB}}=n_0-\Delta n_{\mathrm{B}}-T_{\mathrm{m}}\frac{\mathrm{d}n}{\mathrm{d}t}=n_{\mathrm{B}}-T_{\mathrm{m}}\frac{\mathrm{d}n}{\mathrm{d}t}$$

$$\frac{\mathrm{d}n}{n-n_{\mathrm{B}}}=-\frac{\mathrm{d}t}{T_{\mathrm{m}}} \tag{E-1}$$

式中，T_{m} 为机电时间常数，$T_{\mathrm{m}}=\frac{R}{C_eC_T\Phi^2}\frac{GD^2}{375}$。将式（E-1）两边积分得

$$\ln(n-n_{\mathrm{B}})=-\frac{t}{T_{\mathrm{m}}}+C \tag{E-2}$$

$$n-n_{B}=e^{-\frac{t}{T_{m}}+C}=e^{-\frac{t}{T_{m}}}e^{C}=C'e^{-\frac{t}{T_{m}}} \tag{E-3}$$

将 $t=0$、$n=n_A$ 的初始条件代入上式求积分常数 C' 得

$$C'=n_{A}-n_{B} \tag{E-4}$$

把积分常数代入式（E-3）整理后得转速变化规律为

$$n=n_{B}(1-e^{-\frac{t}{T_{m}}})+n_{A}e^{-\frac{t}{T_{m}}} \tag{E-5}$$

由式（E-5）可见，转速由两部分组成：一部分是稳态分量；另一部分是暂态分量。转速 n 的过渡过程是一条按指数规律变化的曲线，起始值为 n_A，稳态值是 n_B，$n=f(t)$ 曲线如图 E-1b 所示。

（2）过渡过程中电磁转矩或电枢电流变化规律

设机械特性斜率为 $\beta=\dfrac{R}{C_eC_T\Phi^2}$，由图 E-1a 可知：$n=n_0-\beta T$、$n_A=n_0-\beta T_{LA}$、$n_B=n_0-\beta T_{LB}$，代入式（E-5）整理后得

$$T=T_{LB}(1-e^{-\frac{t}{T_{m}}})+T_{LA}e^{-\frac{t}{T_{m}}} \tag{E-6}$$

可见，转矩也由两部分组成：一部分是稳态分量；另一部分是暂态分量。电磁转矩 T 的过渡过程是一条按指数规律变化的曲线，起始值为 T_{LA}，稳态值是 T_{LB}，$T=f(t)$ 曲线如图 E-1c所示。同理可推得过渡过程中，电枢电流变化规律为

$$I_{a}=I_{aB}(1-e^{-\frac{t}{T_{m}}})+I_{aA}e^{-\frac{t}{T_{m}}} \tag{E-7}$$

电枢电流动态特性 $I_a=f(t)$ 也是一条按指数规律变化的曲线。

（3）过渡过程时间的计算

由式（E-5）可见，当 $t\to\infty$ 时，$n=n_B$。实际上，当 $t=(3\sim4)T_m$ 时，$n\approx n_B$，工程上认为系统进入稳态，所以只要已知机电时间常数 T_m，就可求出整个过渡过程所需的时间。但实际生产中，往往还需要求过渡过程进行到某一阶段所需的时间，例如求图 E-1a 中 A、B 之间的任意一点 x，转速 n_x 为已知，即

$$n_{x}=n_{B}+(n_{A}-n_{B})e^{-\frac{t_{x}}{T_{m}}} \tag{E-8}$$

经整理得过渡过程时间 t_x 为

$$t_{x}=T_{m}\ln\frac{n_{A}-n_{B}}{n_{x}-n_{B}} \tag{E-9}$$

如果已知电磁转矩 T_x，则过渡过程时间 t_x 为

$$t_{x}=T_{m}\ln\frac{T_{LA}-T_{LB}}{T_{x}-T_{LB}} \tag{E-10}$$

如果已知电枢电流 I_{ax}，则过渡过程时间 t_x 为

$$t_{x}=T_{m}\ln\frac{I_{aA}-I_{aB}}{I_{ax}-I_{aB}} \tag{E-11}$$

2. 他励直流电动机各种运行状态的过渡过程

（1）他励直流电动机起动的过渡过程

从上述转速、转矩或电枢电流的过渡过程可知，只要已知起始值、稳态值和机电时间常数这三要素，就可得到过渡过程的动态特性方程。

例如他励直流电动机串固定电阻 R_c 起动其机械特性如图 E-2a 所示，B 为起动点，起动转矩为 $T_B=T_{st}$，起动电流为 $I_B=I_{st}$，转速 $n_B=0$，A 为稳态点，稳态转矩为 $T_A=T_L$，稳态

电流为 $I_{aA}=I_L$，稳态转速为 $n=n_A$，则过渡过程的动态特性方程为

$$\begin{cases} n=n_A(1-e^{-\frac{t}{T_m}}) \\ T=T_L(1-e^{-\frac{t}{T_m}})+T_{st}e^{-\frac{t}{T_m}} \\ I_a=I_L(1-e^{-\frac{t}{T_m}})+I_{st}e^{-\frac{t}{T_m}} \end{cases} \tag{E-12}$$

式中，机电时间常数 $T_m=\frac{GD^2}{375}\frac{R_a+R_c}{C_eC_T\Phi_N^2}$。起动过渡过程的动态曲线如图 E-2b、c 所示。起动时间 $T_{st}=(3\sim4)T_m$。

（2）他励直流电动机制动的过渡过程

1）能耗制动的过渡过程。设他励直流电动机拖动位能性负载机械特性如图 E-3a 所示，设电动机稳定运行在 A 点上，能耗制动瞬间，工作点突变到 B 点，从 B 点沿 BC 特性到 C 点，则能耗制动过渡过程的动态特性为

$$\begin{cases} n=n_Be^{-\frac{t}{T_m}}+n_C(1-e^{-\frac{t}{T_m}}) \\ T=T_Be^{-\frac{t}{T_m}}+T_L(1-e^{-\frac{t}{T_m}}) \\ I_a=I_Be^{-\frac{t}{T_m}}+I_L(1-e^{-\frac{t}{T_m}}) \end{cases} \tag{E-13}$$

式中，机电时间常数 $T_m=\frac{GD^2}{375}\frac{R_a+R_c}{C_eC_T\Phi_N^2}$。

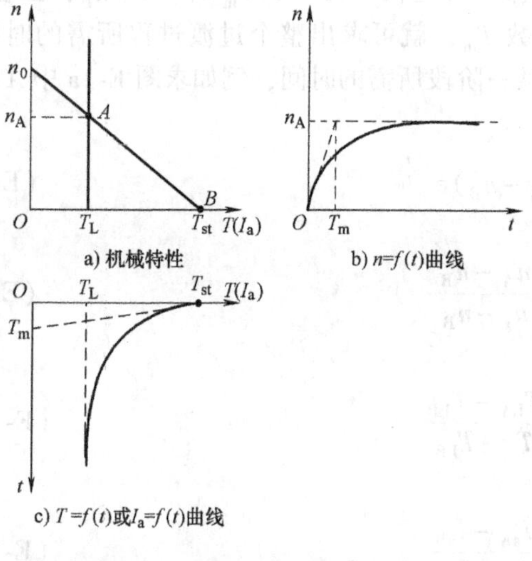

图 E-2 他励直流电动机串固定电阻起动过渡过程

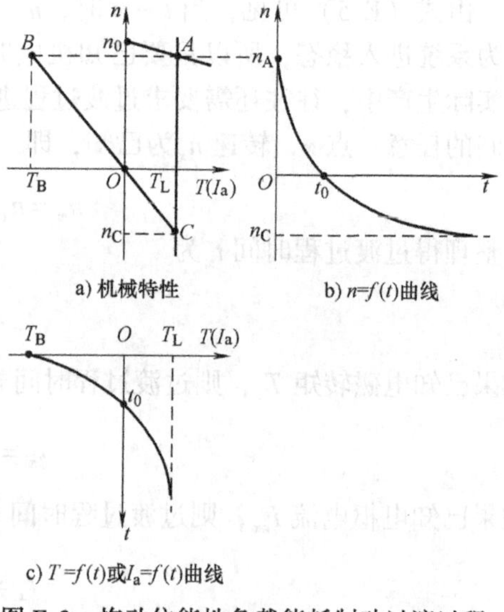

图 E-3 拖动位能性负载能耗制动过渡过程

能耗制动开始到停车所需时间为 t_0，其计算公式为

$$t_0=T_m\ln\frac{n_C-n_A}{n_C} \tag{E-14}$$

停车所需时间也可用电磁转矩或电枢电流计算，读者可自行推导。整个能耗制动过渡过程时间为 $t=(3\sim4)T_m$，动态特性如图 E-3b、c 所示。如果电动机拖动反抗性恒转矩负载，

其能耗制动过渡过程如图 E-4 所示，动态特性方程同式（E-13），但在 $n=0$ 时，过渡过程结束，如图实线部分所示，C 点是假想稳定点，实际并不存在，故部分曲线用虚线表示。

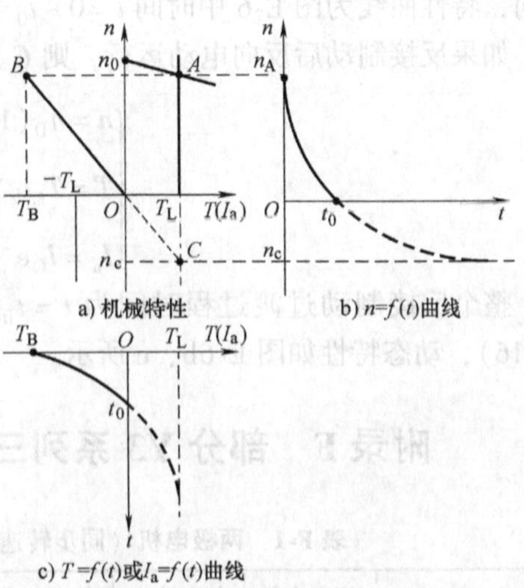

图 E-4　拖动反抗性恒转矩负载能耗制动过渡过程

2）反接制动的过渡过程

① 拖动位能性恒转矩负载。他励直流电动机拖动位能性恒转矩负载反接制动过渡过程如图 E-5 所示，设电动机稳定运行在 A 点上，反接制动瞬间，工作点突变到 B 点，从 B 点沿 BE 特性到 E 点，则反接制动过渡过程的动态特性为

$$\begin{cases} n = n_B e^{-\frac{t}{T_m}} + n_E(1 - e^{-\frac{t}{T_m}}) \\ T = T_B e^{-\frac{t}{T_m}} + T_L(1 - e^{-\frac{t}{T_m}}) \\ I_a = I_B e^{-\frac{t}{T_m}} + I_L(1 - e^{-\frac{t}{T_m}}) \end{cases} \quad \text{(E-15)}$$

整个反接制动过渡过程时间为 $t=(3\sim4)T_m$，动态特性如图 E-5b、c 所示。其中转速 $n=0$ 的过渡过程时间 t_0 的计算公式为

$$t_0 = T_m \ln \frac{n_E - n_A}{n_E} \quad \text{(E-16)}$$

② 拖动反抗性恒转矩负载。他励直流电动机拖动反抗性恒转矩负载反接制动过渡过程如图 E-6 所示，设电动机稳定运行在 A 点上，反接制动瞬间，工作点突变到 B 点，从 B 点沿 BE 特性到 C 点为反接制动停车过程，如果制动是为了停车，过渡到 C 点应及时切除电源（否则会反向起动），E 点是它的虚稳态点，其动态特性变化同拖动位能性恒转矩负载情况

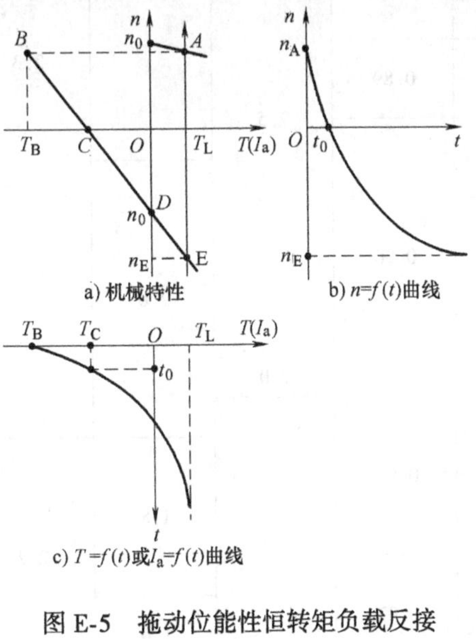

图 E-5　拖动位能性恒转矩负载反接制动过渡过程

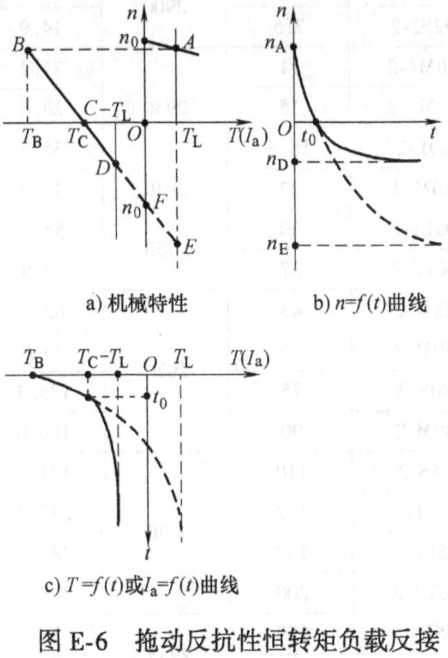

图 E-6　拖动反抗性恒转矩负载反接制动过渡过程

相同，特性曲线为图 E-6 中时间 $t=0\sim t_0$ 实线部分。

如果反接制动后反向电动运行，则 C 点为初始点，D 点为稳态点，其动态特性为

$$\begin{cases} n=n_{\mathrm{D}}\left(1-\mathrm{e}^{-\frac{t}{T_{\mathrm{m}}}}\right) \\ T=T_{\mathrm{C}}\mathrm{e}^{-\frac{t}{T_{\mathrm{m}}}}-T_{\mathrm{L}}\left(1-\mathrm{e}^{-\frac{t}{T_{\mathrm{m}}}}\right) \\ I_{\mathrm{a}}=I_{\mathrm{C}}\mathrm{e}^{-\frac{t}{T_{\mathrm{m}}}}-I_{\mathrm{L}}\left(1-\mathrm{e}^{-\frac{t}{T_{\mathrm{m}}}}\right) \end{cases} \tag{E-17}$$

整个反接制动过渡过程时间为 $t=t_{\mathrm{BC}}+t_{\mathrm{CD}}=t_0+(3\sim4)T_{\mathrm{m}}$，其中 t_0 计算公式同式（E-16），动态特性如图 E-6b、c 所示。

附录 F 部分 Y3 系列三相异步电动机的技术数据[18]

表 F-1 两极电机（同步转速 3000r/min，额定电压为 380V，50Hz）

<table>
<tr><th>型号</th><th>额定功率
/kW</th><th>额定转速
/(r/min)</th><th>额定电流
/A</th><th>效率
/%</th><th>功率因数
cosφ</th><th>堵转电
流倍数</th><th>堵转转
矩倍数</th><th>过载
倍数</th></tr>
<tr><td>Y3-63M1-2</td><td>0.18</td><td rowspan="4">2800</td><td>0.53</td><td>65.0</td><td>0.80</td><td rowspan="2">5.5</td><td rowspan="4">2.3</td><td rowspan="3">2.2</td></tr>
<tr><td>Y3-63M2-2</td><td>0.25</td><td>0.69</td><td>68.0</td><td>0.81</td></tr>
<tr><td>Y3-71M1-2</td><td>0.37</td><td>1.01</td><td>69</td><td>0.81</td><td rowspan="3">6.1</td></tr>
<tr><td>Y3-71M2-2</td><td>0.55</td><td>1.38</td><td>74</td><td>0.82</td><td rowspan="19">2.3</td></tr>
<tr><td>Y3-80M1-2</td><td>0.75</td><td rowspan="2">2825</td><td>1.83</td><td>75.0</td><td>0.83</td><td rowspan="11">2.2</td></tr>
<tr><td>Y3-80M2-2</td><td>1.1</td><td>2.61</td><td>76.2</td><td rowspan="2">0.84</td><td>6.9</td></tr>
<tr><td>Y3-90S-2</td><td>1.5</td><td rowspan="2">2840</td><td>3.46</td><td>78.5</td><td rowspan="2">7.0</td></tr>
<tr><td>Y3-90L-2</td><td>2.2</td><td>4.85</td><td>81.0</td><td>0.85</td></tr>
<tr><td>Y3-100L-2</td><td>3.0</td><td>2880</td><td>6.34</td><td>82.6</td><td>0.87</td><td rowspan="12">7.5</td></tr>
<tr><td>Y3-112M-2</td><td>4.0</td><td>2890</td><td>8.20</td><td>84.2</td><td rowspan="3">0.88</td></tr>
<tr><td>Y3-132S1-2</td><td>5.5</td><td rowspan="2">2900</td><td>11.1</td><td>85.7</td></tr>
<tr><td>Y3-132S2-2</td><td>7.5</td><td>14.9</td><td>87.0</td></tr>
<tr><td>Y3-160M1-2</td><td>11</td><td rowspan="3">2930</td><td>21.2</td><td>88.4</td><td rowspan="3">0.89</td></tr>
<tr><td>Y3-160M2-2</td><td>15</td><td>28.6</td><td>89.4</td></tr>
<tr><td>Y3-160L-2</td><td>18.5</td><td>34.7</td><td>90.0</td></tr>
<tr><td>Y3-180M-2</td><td>22</td><td>2940</td><td>41.0</td><td>90.5</td><td rowspan="5">0.90</td><td rowspan="7">2.0</td></tr>
<tr><td>Y3-200L1-2</td><td>30</td><td rowspan="2">2950</td><td>55.4</td><td>91.4</td></tr>
<tr><td>Y3-200L2-2</td><td>37</td><td>67.9</td><td>92.0</td></tr>
<tr><td>Y3-225M-2</td><td>45</td><td rowspan="4">2970</td><td>82.1</td><td>92.5</td></tr>
<tr><td>Y3-250M-2</td><td>55</td><td>99.8</td><td>93.0</td></tr>
<tr><td>Y3-280S-2</td><td>75</td><td>135.3</td><td>93.6</td><td rowspan="6">0.91</td><td>7.0</td></tr>
<tr><td>Y3-280M-2</td><td>90</td><td>160.0</td><td>93.9</td><td rowspan="7">7.1</td></tr>
<tr><td>Y3-315S-2</td><td>110</td><td rowspan="4">2980</td><td>195.4</td><td>94.0</td><td rowspan="4">1.8</td><td rowspan="6">2.2</td></tr>
<tr><td>Y3-315M-2</td><td>132</td><td>233.2</td><td>94.5</td></tr>
<tr><td>Y3-315L1-2</td><td>160</td><td>282.4</td><td>94.6</td></tr>
<tr><td>Y3-315L2-2</td><td>200</td><td>348.4</td><td>94.8</td></tr>
<tr><td>Y3-355M-2</td><td>250</td><td rowspan="2">2985</td><td>433.7</td><td>95.2</td><td rowspan="2">0.92</td><td rowspan="2">1.6</td></tr>
<tr><td>Y3-355L-2</td><td>315</td><td>545.3</td><td>95.4</td></tr>
</table>

表 F-2 四极电机（同步转速 1500r/min，额定电压为 380V，50Hz）

型号	额定功率 /kW	额定转速 /(r/min)	额定电流 /A	效率 /%	功率因数 cosφ	堵转电流倍数	堵转转矩倍数	过载倍数
Y3-63M1-4	0.12	1400	0.44	57.0	0.72	4.4	2.1	2.2
Y3-63M2-4	0.18		0.62	60.0	0.73			
Y3-71M1-4	0.25		0.79	65.0	0.74	5.2		
Y3-71M2-4	0.37		1.12	67.0	0.75			
Y3-80M1-4	0.55	1390	1.57	71.0			2.4	2.3
Y3-80M2-4	0.75		2.05	73.0	0.76	6.0		
Y3-90S-4	1.1	1400	2.85	76.2	0.77		2.3	
Y3-90L-4	1.5		3.72	78.5	0.78			
Y3-100L1-4	2.2	1420	5.09	81.0	0.81	7.0		
Y3-100L2-4	3.0		6.73	82.6	0.82			
Y3-112M-4	4.0	1440	8.80	84.2				
Y3-132S-4	5.5		11.7	85.7	0.83			
Y3-132M-4	7.5		15.6	87.0	0.84			
Y3-160M-4	11	1460	22.5	88.4			2.2	
Y3-160L-4	15		30.0	89.4	0.85	7.5		
Y3-180M-4	18.5	1470	36.3	90.0	0.86			
Y3-180L-4	22		42.9	90.5				
Y3-200L-4	30	1480	58.0	91.4	0.87	7.2		
Y3-225S-4	37		70.2	92.0				
Y3-225M-4	45		85.0	92.5				
Y3-250M-4	55		103.3	93.0				
Y3-280S-4	75		138.3	93.6	0.88	6.8		
Y3-280M-4	90	1485	165.5	93.9				
Y3-315S-4	110		201.0	94.5		6.9	2.1	2.2
Y3-315M-4	132		240.4	94.8				
Y3-315L1-4	160		287.8	94.9	0.89			
Y3-315L2-4	200		359.8	94.9				
Y3-355M-4	250	1490	443.3	95.2	0.90			
Y3-355L-4	315		558.6	95.2				

附录 G 部分 Z4 系列直流电动机的技术数据[18]

表 G-1 Z4 系列直流电动机的技术数据表（额定电压为 440V）

型号	额定功率 /kW	额定转速/弱磁转速 /(r/min)	额定电流 /A	效率 /%	励磁功率 /W	电枢回路电阻/Ω
Z4-100-1	4.0	3000/4000	10.7	80.1	315	2.85
	2.2	1500/3000	6.5	70.6		9.23
	1.5	1000/2000	4.8	63.2		16.8

（续）

型号	额定功率/kW	额定转速/弱磁转速/(r/min)	额定电流/A	效率/%	励磁功率/W	电枢回路电阻/Ω
Z4-112/2-1	5.5	3000/4000	14.7	81.1	335	2.02
	3.0	1500/3000	8.7	72.8		6.26
	2.2	1000/2000	7.1	63.5		11.7
Z4-112/2-2	7.5	3000/4000	19.6	83.5	390	1.29
	4.0	1500/3000	11.3	76		4.45
	3.0	1010/2000	9.3	67.3		7.94
Z4-112/4-1	11	3000/3500	28.9	83.3	510	0.939
	5.5	1500/1800	15.6	75.7		3.28
	4.0	1000/1100	12.3	68.7		5.95
Z4-112/4-2	15	3035/3600	38.6	85.4	640	0.565
	7.5	1500/1800	20.6	78.4		2.2
	5.5	1025/1200	16.1	71.9		4.0
Z4-132-1	18.5	3000/4000	47.4	85.9	650	0.409
	11	1500/2200	29.6	80.9		1.31
	7.5	1000/1600	21.4	74.5		2.56
Z4-132-2	22	3090/3600	55.3	88.3	730	0.223
	15	1510/2500	39.3	83.4		0.806
	11	1000/1400	30.7	77.7		1.62
Z4-132-3	30	3000/3600	75.0	88.6	815	0.168
	18.5	1540/2200	48.0	84.7		0.558
	15	1050/1600	41.0	80.5		1.02
Z4-160-11	37	3000/3500	93.4	88.5	820	0.183
	22	1500/3000	58.8	82.6		0.62
Z4-160-21	18.5	1000/2000	51.1	79.4	920	0.915
Z4-160-22	45	3000/3500	113	89.1		0.143
Z4-160-31	30	1500/3000	77.8	85.7	1050	0.376
	22	1000/2000	59.2	81.7		0.675
Z4-160-32	55	3010/3500	137	90.2		0.0967
Z4-180-11	37	1500/3000	95	86.5	1200	0.263
	18.5	750/1900	51.2	78.1		0.912
	15	600/2000	43.8	74.1		1.41
Z4-180-21	45	1500/2800	115	87.0	1400	0.217
	30	1000/2000	79.0	83.7		0.423
	22	750/1400	60.3	79.7		0.766
	18.5	600/1600	52.0	76.8		0.973

附录H 小功率异步电动机的技术数据[19]

表 H-1 一般用途小功率异步电动机的技术数据表

机座号	铁心号	产品名称									
		单相电阻起动异步电动机		单相电容起动异步电动机		单相电容运转异步电动机		单相双值电容异步电动机		罩极异步电动机	
		基本系列代号									
		BO2		CO2		DO2		EO2		FO	
		n_1									
		3000	1500	3000	1500	3000	1500	3000	1500	3000	1500
		功率/W									
45	1					10	6			4	2
	2					16	10			6	4
50	1					25	16			10	6
	2					40	25			16	10
56	1					60	40			25	16
	2					90	60			40	25
63	1	90	60			120	90				
	2	120	90			180	120				
71	1	180	120	180	120	250	180	250	180		
	2	250	180	250	180	370	250	370	250		
80	1	370	250	370	250	550	370	550	370		
	2	550	370	550	370	1150	550	750	550		
90S		750	550	750	550	1500	750	1100	750		
90L	1	1100	750	1100	750	1500	1100	1500	1100		
	2			(1500)	(1100)						
100L	1			1500	1100			2200	1500		
	2			2200	1500			3000	2200		
112M				3000	2200			3700	3000		
132S				3700	3000						
132M					3700						

注：1. n_1 为同步转速（r/min）；

2. 虚线框内为 YC 系列。

附录 I 部分 S9 系列配电变压器的主要技术数据[20]

表 I-1 部分 S9 系列配电变压器的主要技术数据

型号	额定容量/kVA	额定电压/kV		联结组标号	损耗/W		空载电流百分比（%）	阻抗电压百分比（%）
		高压	低压		空载	负载		
S9 30/10(6)	30	11,10.5,10,6.3,6	0.4	Yyn0	130	600	2.1	4
S9-50/10(6)	50			Yyn0	170	870	2.0	4
				Dyn11	175	870	4.5	4
S9-63/10(6)	63			Yyn0	200	1040	1.9	4
				Dyn11	210	1030	4.5	4
S9-80/10(6)	80			Yyn0	240	1250	1.8	4
				Dyn11	250	1240	4.5	4
S9-100/10(6)	100			Yyn0	290	1500	1.6	4
				Dyn11	300	1470	4.5	4
S9-125/10(6)	125			Yyn0	340	1800	1.5	4
				Dyn11	360	1720	4.0	4
S9-160/10(6)	160			Yyn0	400	2200	1.4	4
				Dyn11	430	2100	3.5	4
S9-200/10(6)	200			Yyn0	480	2600	1.3	4
				Dyn11	500	2500	3.5	4
S9-250/10(6)	250			Yyn0	560	3050	1.2	4
				Dyn11	600	2900	3.0	4
S9-315/10(6)	315			Yyn0	670	3650	1.1	4
				Dyn11	720	3450	3.0	4
S9-400/10(6)	400			Yyn0	800	4300	1.0	4
				Dyn11	870	4200	3.0	4
S9-500/10(6)	500			Yyn0	960	5100	1.0	4
				Dyn11	1030	4950	3.0	4
S9-630/10(6)	630			Yyn0	1200	6200	0.9	4.5
				Dyn11	1300	5800	3.0	5
S9-800/10(6)	800			Yyn0	1400	7500	0.8	4.5
				Dyn11	1400	7500	2.5	5
S9-1000/10(6)	1000			Yyn0	1700	10300	0.7	4.5
				Dyn11	1700	9200	1.7	5
S9-1250/10(6)	1250			Yyn0	1950	12000	0.6	4.5
				Dyn11	2000	11000	2.5	5
S9-1600/10(6)	1600			Yyn0	2400	14500	0.6	4.5
				Dyn11	2400	14000	2.5	6
S9-2000/10(6)	2000			Yyn0	3000	18000	0.8	6
				Dyn11	3000	18000	0.8	6
S9-2500/10(6)	2500			Yyn0	3500	25000	0.8	6
				Dyn11	3500	25000	0.8	6

参考文献

[1] 汤蕴璆，罗应立，梁艳萍．电机学．[M]．3版．北京：机械工业出版社，2008.
[2] 潘晓晟，郝世勇．MATLAB电机仿真精华50例［M］．北京：电子工业出版社，2007.
[3] 戈宝军，梁艳萍，温嘉斌．电机学［M］．北京：中国电力工业出版社，2007.
[4] 周定颐．电机及电力拖动［M］．北京：机械工业出版社，2010.
[5] 黄纯华，葛少云．工厂供电［M］．2版．天津：天津大学出版社，2001.
[6] 陈勇，陈亚爱．电机与拖动基础［M］．北京：电子工业出版社，2007.
[7] 刘凤春，孙建忠，牟宪民．电机与拖动MATLAB仿真与学习指导［M］．北京：机械工业出版社，2008.
[8] 牛秀岩．电机学［M］．北京：冶金工业出版社，1990.
[9] 李德华．交流调速控制系统［M］．北京：电子工业出版社，2003.
[10] 阮毅，陈伯时．电力拖动自动控制系统［M］．4版．北京：机械工业出版社，2009.
[11] 西安微电机研究所．微电机［M］．北京：机械工业出版社，2002.
[12] 林瑞光．电机与拖动基础［M］．杭州：浙江大学出版社，2002.
[13] 吴建华．开关磁阻电机设计与应用［M］．北京：机械工业出版社，2000.
[14] 唐苏亚．微电机新产品开发和应用前景展望［J］．微特电机，1997（5）：33-37.
[15] 唐苏亚．超微电动机及其应用前景［J］．电工电能新技术，1996（1）：24-27.
[16] GB 755—2008 旋转电机　定额和性能［S］．北京：中国标准出版社，2008.
[17] 周绍英．电力拖动［M］．北京：冶金工业出版社，1990.
[18] 邱阿瑞．电机与拖动基础（少学时）［M］．北京：高等教育出版社，2006.
[19] 机械工程手册，电机工程手册编辑委员会．电气工程师手册［M］．北京：机械工业出版社，1987.
[20] 刘介才．工厂供电［M］．4版．北京：机械工业出版社，2004.

